Java 核心编程

从问题分析到代码实现

（第 3 版　上册）

[美]约翰·迪恩（John Dean）　雷蒙德·迪恩（Raymond Dean）　著

姜振东　郭一恒　胡晓晔　张亚飞　译

中国水利水电出版社
www.waterpub.com.cn

·北京·

John Dean，Raymond Dean

INTRODUCTION TO PROGRAMMING WITH JAVA: A PROBLEM SOLVING APPROACH, THIRD EDITION

ISBN 978-1-259-87576-2

Copyright ©2021 by McGraw-Hill Education.

图书在版编目（ＣＩＰ）数据

Java核心编程从问题分析到代码实现 ：第3版 ：全两册 /（美）约翰·迪恩,（美）雷蒙德·迪恩著；姜振东等译. -- 北京：中国水利水电出版社，2022.5

书名原文：INTRODUCTION TO PROGRAMMING WITH JAVA: A PROBLEM SOLVING APPROACH, THIRD EDITION

ISBN 978-7-5226-0445-9

Ⅰ．①J… Ⅱ．①约… ②雷… ③姜… Ⅲ．①JAVA语言－程序设计 Ⅳ．①TP312.8

中国版本图书馆CIP数据核字(2022)第019771号

书　　名	Java 核心编程从问题分析到代码实现（第 3 版　上册） Java HEXIN BIANCHENG CONG WENTI FENXI DAO DAIMA SHIXIAN (DI 3 BAN)（SHANGCE）
作　　者	[美]约翰·迪恩（John Dean）　[美]雷蒙德·迪恩（Raymond Dean）　著 姜振东　郭一恒　胡晓晔　张亚飞　译
出版发行	中国水利水电出版社 （北京市海淀区玉渊潭南路 1 号 D 座 100038） 网址：www.waterpub.com.cn E-mail: zhiboshangshu@163.com 电话：（010）62572966-2205/2266/2201（营销中心）
经　　售	北京科水图书销售有限公司 电话：（010）68545874、63202643 全国各地新华书店和相关出版物销售网点
排　　版	北京智博尚书文化传媒有限公司
印　　刷	河北文福旺印刷有限公司
规　　格	190mm×235mm　16 开本　58.75 印张（总）　1558 千字（总）
版　　次	2022 年 5 月第 1 版　2022 年 5 月第 1 次印刷
印　　数	0001—3500 册
总 定 价	198.00 元（全两册）

凡购买我社图书，如有缺页、倒页、脱页的，本社营销中心负责调换

版权所有·侵权必究

目录

上　册

第 8 章

软件工程 296

第 9 章

前言

内容提要

在本书中，我们将带领您进入有趣且令人兴奋的计算机编程世界。在整个"旅程"中，我们将为您提供大量的解决问题的练习。毕竟，优秀的程序员需要善于解决问题。我们将展示如何使用 Java 程序实现问题解决方案。我们提供了大量的示例，简短的示例集中解释一个概念，而较长的示例更贴近真实的程序设计。我们以会话的方式呈现材料，以便于理解，让这个"旅程"更加愉快。读完这本书后，你应该可以成为一名熟练的 Java 程序员。

我们的教材面向广泛的读者。它主要适合标准的大学水平的"程序设计入门"课程或课程序列的学生（假设这些学生没有任何编程经验）。我们已经包括了大学理事会为正在学习计算机科学的高中学生推荐的主题，因此本书对这些学生也有好处。

此外，我们的教材也适合有一些编程经验并想学习 Java 的行业从业者和大学水平的学生。这部分的读者可以跳过前面关于一般编程概念的章节，将重点放在 Java 不同于他们已经知道的语言的特性上。特别是，具有 C++ 背景（C++ 和 Java 是相似的）的读者应该能够在一个三学分的课程中完成本书内容的学习。（但我们应该对那些没有编程经验的读者重申一下：使用本书不需要具备编程经验。）

最后，我们的教材还适合自学 Java 的学生。这部分的读者应该根据具体情况确定阅读整本教材速度。

此版本有哪些新内容

这一版的改变有大有小。大的改变包括新增的章节、重新组织的章节、新的编程结构、新的程序示例以及新的练习题。小的改变包括解释与趣闻的更新。我们对整本书进行了梳理，以期提升本书的清晰度与可读性。下面罗列了此版本中我们做出的较为重要的改变。

- 导论章

为了跟上计算机行业的发展，我们对第 1 章做了大量修改，比如更新了计算机硬件的信息和 Java 的历史部分。

- switch 结构

Java 12 和 Java 13 对古老的 switch 语句进行了改进，这一版中描述了这些改进。在全书的程序中都使用了新的 switch 技术（多逗号分隔 case 常量和无 break 语句）。我们根据问题的需求来使用 switch 语句或者 switch 表达式。如果你是旧式 switch 语句的拥趸，不必担心，我们会提供一个说明来帮你处理遗留代码。

- 局部变量类型推断

Java 10 引入了使用 var 作为局部变量声明类型（而不是 int、double 等）的功能，这里的声明是初始化的一部分。我们讲述了这种新语法，但是出于自文档化的原因，大部分情况下，我们坚持使用传统的显式类型声明。

- 静态变量和静态方法的名称更改

官方（Oracle 文档人员）现在使用术语*静态变量*和*静态方法*来表示之前的类变量和类方法，因此我们也相应进行了更新。

- 其他 Java API 库更新

自第 2 版之后，随着 Java 新版本的发布，Java API 库进行了大量的更新。我们也在适当的地方使用新的 API 方法或构造器更新了我们介绍的内容和程序。我们的大多数新 API 内容出现在 GUI 部分，但还有其他的 API 更改散布在全书。例如，随着 Java 弃用包装器类的构造函数，我们对程序进行了重构，以依赖包装器类的 valueOf 方法。

- 新内容——forEach 方法和流

我们引入 forEach 方法作为 ArrayList 上下文中 for-each 循环的简单替代方案；然后，还在流的上下文中使用 forEach 方法，这里是它真正发挥作用的地方。我们深入地描述了流及其令人兴奋的潜力，即利用并行处理来提升程序效率。

- lambda 表达式和方法引用

lambda 表达式和方法引用是允许你将方法函数化的技术，从而使你可以在方法调用中将其作为参数来使用。我们首先会在 forEach 方法调用中将 lambda 表达式和方法引用作为参数来使用；之后，会广泛采用 lambda 表达式和方法引用来帮助完成 GUI 程序。

- 静态方法和默认方法的接口

我们重写了第 14 章关于接口的部分，引入了对静态方法和默认方法的介绍。Oracle 将它们添加进接口，因为它们支持接口有效实现多重继承的能力。

- 章末的 GUI 部分

我们重写了全部的每章末尾的 GUI 部分，以利用 Java 较新的 GUI 构件。

- 新增三章——JavaFX

在本书的第 2 版，我们的两个 GUI 章节里使用的是 AWT 和 Swing 平台。在这次的第 3 版里，将这些章节移到了本书的网站上。在本书主体部分，我们提供了三个新的章节，描述了如何使用 JavaFX 平台进行 GUI 编程。作为演示的一部分，你将学习到如何使用 JavaFX CSS 属性来设置你的程序的样式。

- 新附录——模块

我们在附录 4 中引入了模块，它使你可以将包组合在一起。模块可以更轻松地组织和共享类，以满足不同的编程需求，促进针对不同硬件和软件平台的 Java 软件的配置。

- 新的练习题

我们对大多数练习题进行了一定程度的修改，并以某种方式改变了几乎所有的练习题。像之前一样，我们在本书的网站上受密码保护的教师部分提供了练习题的解决方案。

符合大学理事会的 AP 计算机科学 A 课程内容

我们投入了诸多努力来确保本书符合大学理事会的预修（AP）计算机科学 A 的课程内容。它遵循了所有的 AP 计算机科学 A 指南。因此，它出现在大学理事会的推荐教材名单里，详见 https://apcentral.collegeboard.org/ courses/ap-computer-science-a/course-audit。

教材的基石 1：解决问题

解决问题的能力是所有程序员必须掌握的核心技能。我们通过强调算法开发和程序设计两个关键元素讲解程序化地解决问题的方法。

强调算法开发

在第 2 章，我们在算法示例中使用伪代码代替 Java，使读者沉浸在算法开发中。在使用伪代码时，读者能够自己解决复杂的问题，而不会陷入 Java 的语法困境中——不用担心类头部、分号、括号等。[1]解决复杂问题可以使读者获得对创造力、逻辑能力以及组织能力的初步理解。没有这种理解，读者就会倾向于以死记硬背的态度来学习 Java 语法。但是有了这种理解，读者学习 Java 语法往往会更高效，因为他们有了学习它的基础动力。除此之外，因为他们有了之前类似的复杂伪代码家庭作业的经验，他们可以更早地处理复杂的 Java 家庭作业。

在第 3 章和之后的章节的算法开发示例中，我们主要依靠 Java。但对于更复杂的问题，我们有时候会使用高级的伪代码来描述第一个提出的解决方案。使用伪代码可以使读者绕过语法细节，专注于解决方案中的算法部分。

强调程序设计

解决问题不仅仅是开发一个算法，还包括找出算法的最佳实现，即程序设计。程序设计非常重要，这也是为什么我们会为它付出大量时间。通常，我们会解释一个人在提出解决方法时可能经历的思考过程。举例来说，我们解释怎样选择不同的循环类型，怎样将一个方法切分为多个方法，怎样决定适当的类，怎样选择示例和静态成员，以及怎样使用继承和组合确定类的关系。我们考验读者针对特定任务找出最优实现方案的能力。

我们用一整章的篇幅来介绍程序设计——第 8 章。在那一章，我们为程序员和用户提供了对代码风格约定和文档的深度观察，介绍了设计策略，如关注点分离、模块化和封装等。此外，我们讲述了备选的设计策略——自上而下、自下而上、基于案例以及迭代增强。

解决问题部分

我们经常在解释概念的自然流程中解决问题（算法开发和程序设计），同时也在完全致力于解决章节中涵盖的问题。在每个解决问题的章节，我们都展示一个含有待解决问题的场景。在提出问题解决方案的过程中，我们试图通过迭代设计策略来模仿现实世界中解决问题的经验。我们会提供一个第 1 版的解决方案，分析此方案，然后讨论对它进行可能的改进。我们使用对话式的试错方式。例如，"我们应该使用哪一种布局管理器？我们先试一下 GridLayout 管理器。这样可行，但还不够好。现在，让我们再试一下 BorderLayout 管理器。"这种口语化的语气使读者放松，因为它传出这样一个信息，即程序员在

---

[1] 不可避免地，我们的伪代码会使用特定样式，但是我们反复强调，其他的伪代码样式只要能传达预期的含义，也是可以的。我们的伪代码风格是高级任务采用自由格式描述、低级任务采用更具体指令的组合。我们选择的伪代码风格是直观的，以欢迎新程序员，同时它也是结构化的，以适配程序逻辑。

找到最佳方案之前需要反复解决问题，这是很正常的，而且事实上也是符合预期的。

其他解决问题机制

我们在整本书中都引入了解决问题的示例和解决问题的建议（不仅在第 2 章、第 8 章以及解决问题的章节）。作为重点，在包含解决问题的示例或提示文本旁边，我们插入一个解决问题的方框，它带有一个图标和简洁的提示。

我们是通过示例来学习的坚定追随者。因此，我们的教材中包含大量完整的程序示例，鼓励读者使用我们的程序作为范本来自己解决类似的问题。

教材的基石 2：基本原理优先

将需要复杂语法的概念延后

我们认为许多入门级的教材太快地跳跃到需要复杂语法的概念。太早使用复杂语法，读者会养成没有完全理解语法就输入代码的习惯，甚至更糟——没有完全理解示例代码就直接从示例代码复制粘贴。这可能会得不到理想的课程效果，限制读者解决各种不同问题的能力。因此，我们倾向于将需要复杂语法的概念延后。

作为这一理念的典型例子，我们在前期介绍简单的 GUI 编程形式（在可选的图形化编程训练中），在本书的后面涵盖更复杂的 GUI 编程形式。特别是，我们把事件驱动的 GUI 编程延后到本书的结尾部分。这一点和一些其他的 Java 教材不同，它们偏向于早期就完全沉浸在事件驱动的 GUI 编程中。我们认为这是错误的策略，因为正确的事件驱动 GUI 编程需要建立在对编程有十足的熟练度之上。当我们的读者在本书的结尾去学习它时，他们能够更好地去完全理解它。

示例追踪

要想高效地编写代码，彻底理解代码势在必行。我们发现，一步一步地追踪程序代码是确保彻底理解代码的有效途径。因此，在本书较靠前的部分，当引入一个新的编程结构时，我们经常会对它进行细致入微的说明。我们采用的细节追踪技术阐明了程序员在调试时的思考过程，是由集成开发环境（IDE）软件的调试器生成，在显示器上展示的一系列内容的输出替代品。

输入和输出

在可选的 GUI 跟踪部分，以及本书末尾的 GUI 章节，我们使用 GUI 命令来输入和输出（I/O）。不过鉴于我们强调的是基本原理，在本书的其他部分使用控制台命令。[2]对于控制台输入，我们使用 Scanner 类；对于控制台输出，我们使用标准的 System.out.print、System.out.println 和 System.out.printf 方法。

---

[2]　我们在第 3 章结尾通过对话框引入了 GUI I/O。这为 GUI 的粉丝打开了一扇可以选择的门。如果读者有这种偏好，他们可以不使用控制台 I/O，而是使用 Alert、TextInputDialog 以及 ChoiceDialog 类，通过 GUI I/O 来实现所有的程序。

教材的基石 3：贴近现实

如今，课堂上的学生和业界中的从业者往往更喜欢通过上手实践与贴近现实的方式来学习。为满足这一需求，我们的教材以及配套的网站引入了以下资源。

- 编译工具。
- 完整的程序示例。
- 程序设计中的实践指导。
- 基于行业标准的代码风格指南。
- 用于类关系图的统一建模语言（Unified Modeling Language，UML）。
- 分配的实践性家庭作业。

编译工具

我们没有将本书和任何特定的编译工具绑在一起，你可以根据自己的喜好选择任何一种编译工具。如果你还没有喜欢的编译器，那你可能想要尝试其中的一个或多个。

- Java 标准版本开发工具箱，出自 Oracle。
- TextPad，出自 Helios。
- Eclipse，出自 Eclipse 基金会。
- Netbeans，由 Oracle 支持。
- BlueJ，出自肯特大学和迪肯大学。

要获取上面这些编译器，可以访问我们教材的网站 http://www.mhhe.com/dean3e，找到适当的编译器链接并免费下载。

完整的程序示例

除了提供代码片段说明特定概念，我们的教材还包括大量完整的程序示例。有了完整的程序，读者可以看到分析的代码如何与程序的其他部分结合在一起，并且可以通过运行来测试代码。

编码风格惯例

我们的编码风格提示贯穿整本书。这些编码风格提示基于 Oracle 的编码风格惯例（ https://www.oracle.com/technetwork/java/codeconvtoc-136057.html ）、Google 的编码风格惯例（ https://google.github.io/styleguide/ javaguide.html ），以及业界的实践。在附录 5，我们提供了一整套关于本书中编码风格惯例的参考资料，并配有对应的示例程序来说明这些惯例。

UML 表示法

UML 已经成为大型软件项目中用于描述实体的标准。我们会提供一套 UML 的子集，而不是把全套 UML（全套 UML 相当宽泛）语法压向初级程序员。在整本教材中，我们结合 UML 表示法，以图形的形式表示类和类的关系。对于那些对细节更感兴趣的读者，我们在附录 7 提供了其他的 UML 表示法。

家庭作业题目

我们提供的家庭作业题目是具有说明性、实用性的，并且措辞清晰。这些题目从简单到具有挑战性，被划分成三种类型：复习题、练习题和项目题。我们在每章的末尾引入复习题和练习题，而项目题则是提供在我们教材的网站上。

复习题一般具有简短的答案，而且答案就在教材里。复习题使用如下方式：简答、多选、判断、填空、描述、调试以及编写代码段。每道复习题都是基于对应章相对较小的部分内容。

练习题一般具有简短到中等长度的答案，而且答案不在教材中。练习题使用如下方式：简答、描述、调试以及编写代码段。练习题的重点是对应章中最高的先决条件的小节，但有时会整合该章中多个部分的内容。在此次第 3 版中，我们几乎对所有的章末练习题做了修改，包括那些正文中没做修改的部分相关联的练习题。

项目题由问题描述组成，它们的解决方案是完整的程序。项目题答案不在教材中。项目题需要读者具备创造力和解决问题的能力，而且要应用在对应章学到的内容。这些项目题往往包含可选的部分，以供那些更有才华的读者去挑战。项目题的关键是对应章中最高先决条件的小节，但它们往往整合了该章前面几部分的内容。在此次第 3 版中，我们修改了旧的项目题，并添加了新的项目题，使所有的项目题符合当前的正文内容。因为最后三章正文部分的修改是最多的，所以大多数项目题的修改和新增都是与这几章相关的。

本书的一个重要特点就是它说明问题的方式。"示例会话"展示由一组特定输入值生成的准确输出。这些示例会话包含的输入内容所呈现的是典型情况，有时候还包括极端或边界情况。

学术领域项目题

为提升项目题的吸引力并且展示当前章节的编程技术可能被应用到的不同兴趣领域，我们的项目题内容来自以下几个学术领域。

- 计算机科学和数值方法。
- 商务和会计。
- 社会科学和统计学。
- 数学和物理。
- 工程学和建筑学。
- 生物学和生态学。

大多数学术领域项目题并不需要特定领域的必备知识。因此，教师可以放心地把几乎所有项目题布置给任何学生。为向普通读者提供足够的专业知识以应对特定学术领域的问题，我们有时候会扩充问题的题干，从而解释此学术领域的一些专业概念。

大多数学术领域项目题不需要学生去完成之前章节的项目题，也就是说，大多数项目题不是建立在之前的项目题之上的。因此，对于大部分项目题，教师可以放心地布置项目作业，无须担心是否需要以之前的项目题为先决条件。有的情况下，一道项目题会使用不同的技术手段重复之前章节的项目题。教师可以选择利用这种重复，使替代方案的可用性更具戏剧化，但这并不是必须的。

项目题的布置可以根据读者的需求量身定制。举例来说：

- 对于非学术界读者，读者可以选择他们感兴趣的项目题。
- 如果课程的学生是来自某一学术领域，教师可以布置相关学术领域的项目题。
- 如果课程的学生有着不同的学术背景，教师可以让学生自己选择他们自身学术领域的项目题，或者忽略学术领域的界限，直接布置最吸引人的项目题。

为了帮助你选择要做哪些项目题，我们在"前言"的后面引入了一个"项目题总结"的部分。它罗列了每一章和每一节的项目题，对于每道项目题，它具体说明了：

- 以哪一章节为前提。
- 学术领域。
- 难易程度。
- 标题以及简述。

通过使用"项目题总结"明白了你可能想要做哪些项目题之后，在本书的网站上可以浏览完整的项目题描述。

组织

在撰写本书的过程中，我们引导读者去了解三种重要的编程方法：结构化编程、OOP 和事件驱动编程。在结构化编程的涵盖范围，我们介绍了一些基本概念，如变量和操作符、if 语句、循环；然后向读者展示了如何调用 Oracle 的 Java API 库中预置的方法。其中的很多方法，如 Math 类中的那些方法是非 OOP 方法，它们可以被直接调用；其他的方法，如 String 类中的那些方法是 OOP 方法，它们必须通过之前创建的对象调用。在让读者通过"间章"简单体验了在非 OOP 环境下编写方法的感觉之后，我们会进入 OOP 编程，并且介绍基本的 OOP 概念，如类、对象、实例变量、实例方法和构造器。我们还介绍了静态变量和静态方法，它们在特定情形下非常有用。但是，我们指出，它们的使用频率应该低于实例变量和实例方法。接下来，我们转向更高级的 OPP 概念——数组、集合、接口以及继承。异常处理和文件的章节是进入事件驱动的 GUI 编程之前的过渡。我们在最后三章讲述并运用事件驱动的 GUI 编程。

我们提倡的内容和顺序使学生能够在编程基本原理的坚实基础上发展他们的技能。为培养这种基本原理优先的方法，我们的教材从一组最少的概念和细节开始，逐步扩展概念并添加细节，把相对不是很重要的细节延后到之后的章节中，以避免前面的章节负担过重。

GUI 跟踪

许多程序员觉得图形用户界面（GUI）编程很有趣。因此，GUI 编程可以成为保持读者兴趣和参与度的绝佳激励工具。这就是为什么从第 1 章开始，图形编程内容就穿插在整本书中。我们把这些内容称为我们的"GUI 跟踪之旅"。大多数章末部分的内容是使用 GUI 代码来完成此章前面部分展示的非 GUI 内容。对于那些没有时间阅读 GUI 跟踪部分的读者，没有任何问题。任意或全部的 GUI 跟踪部分都可以被跳过，因为本书的其他部分并不依赖于任何的 GUI 跟踪内容。

尽管书中的其他部分并不依赖于 GUI 跟踪部分，但是请注意有些 GUI 跟踪的内容依赖一些之前的

GUI 跟踪内容：

- 第 3 章的 GUI 部分介绍了用于用户输入的对话框，而对话框会在之后第 10、第 11、第 15 和第 16 章的 GUI 部分用到。
- 第 8、第 10 和第 16 章的 GUI 部分实现了同一个程序，在每一次更新的 GUI 部分进行了迭代增强。
- 第 12 和第 13 章的 GUI 部分实现了同一个 GridWorld 程序[该程序是为对大学理事会的（AP）计算机科学 A 课程感兴趣的读者设计的]。GridWorld 的代码用到了 AWT 和 Swing GUI 软件。

第 1 章

在第 1 章，我们首先解释了基本的计算机术语——硬件组件、源码对象代码等。然后我们会缩小焦点，描述在本书剩余部分将使用到的编程语言——Java。最后，我们会带读者快速浏览经典的简单程序"Hello World"。我们会解释如何使用最简单的软件，即 Microsoft 的记事本和 Oracle 的命令行 JDK 工具来创建并运行此程序。

第 2 章

在第 2 章，我们展示解决问题的技术时会侧重于算法设计。在实现算法方案的过程中，我们会使用通用工具——流程图和伪代码，其中，伪代码的分量要更重一些。作为解释算法设计的一部分，我们描述了结构化编程技术。为了让读者理解语义细节，我们展示了如何追踪算法。

第 3~5 章

在第 3~5 章呈现的是使用 Java 的结构化编程技术。第 3 章讲述了顺序编程的基础——变量、输入/输出、赋值语句以及简单的方法调用。第 4 章讲述非顺序编程流程——if 语句、switch 语句以及循环语句。在第 5 章，我们解释了方法更多的细节，并向读者展示如何使用 Java API 库中的预置方法。在这三章中，我们通过解决问题并使用新介绍的 Java 语法编写程序来教授算法设计。

间章

这一"迷你章"包含两个程序，展示了如何在不使用 OOP 的情况下编写多个方法。间章是两种学习路线的岔路口。对于标准的学习路线，按标准顺序阅读每章（从第 1 章到第 19 章）。对于"对象延后"的学习路线，读完第 5 章后，先在线上阅读增补的 S6 和 S9 章，然后再回到第 6 章，开始认真学习 OOP。

第 6 和 7 章

第 6 章介绍了 Java 中 OOP 的基本元素，包括实现类和实现这些类里的方法和变量。我们使用 UML 类图和面向对象追踪技术来说明这些概念。第 7 章提供了更多的 OOP 细节，解释了如何赋值给引用变量，进行平等测试，以及给方法传递参数，也解释了重载方法和构造器，还解释了使用静态变量、静态方法和不同类型的命名常量的使用方法。

第 8 章

程序设计的艺术和计算机解决问题的科学是通过整本教材建立起来的，第 8 章中，我们在 OOP 的背景下关注这些方面。这一章首先系统地介绍了编程风格和 javadoc，这是自动为程序员用户创建文档的 Java 应用。同时介绍了如何与非程序员用户交流，以及一些组织策略，如关注点分离、模块化、封装以及提供通用工具类。示例代码演示了如何实现这些策略。文中还介绍了一些主要的编程范式：自上而下设计、自下而上设计、为低级模块使用预编写的软件以及原型。

第 9 和 10 章

第 9 章介绍了数组，包括原始类型数组、对象数组和多维数组。它通过完整的排序、搜索以及构建直方图程序来说明数组的使用。第 10 章介绍了 Java 强大的数组替代品——ArrayList，提供了一个通用元素规范的简单示例，还介绍了 Java 集合框架，这反过来又提供了 Java 接口的自然说明。Java 集合框架中预编写的类简单介绍了集合、映射以及队列。一个相对简短但是完整的程序演示了 Java 预编写的这些数据结构的实现如何被用于创建和遍历一个多联通随机网络。

第 11 章

第 11 章介绍了处理数据集合的另一种方式——递归。这一章包含了多种递归策略的介绍。它使用一个现实生活中的例子和一个使用循环或递归可以轻易解决的问题来介绍递归，然后逐步转向使用递归解决比使用循环解决更简单的问题。尽管这一章出现在第 10 章（ArrayList 和 Java 集合框架）之后，但是它只使用了普通数组，并没有依赖这些概念。

第 12 章

在早期，学生需要沉浸在解决问题的活动中，过早覆盖太多的语法细节会影响这一目标。因此，我们最初忽略了一些不太重要的语法细节，并在第 12 章回到这些细节。这一章提供了以下内容的更多细节：

- byte 和 short 原始类型。
- Unicode 字符集。
- 递增与递减运算符的前缀与后缀模式。
- 条件运算符。
- 短路运算。
- enum 数据类型。
- forEach 方法。
- lambda 表达式。
- 方法引用。
- 流。

本章最后通俗地介绍了一个相对较大的名为 GridWorld 的程序，它已经多年被大学理事会收录为 AP 计算机科学 A 课程的一部分。这让学生得以窥见稍大一些的程序是如何组织的。

第 13 和 14 章

第 13 和 14 章使用多个示例深度讲解了类的关系。第 13 章介绍聚合、组合和继承的有关内容。第 14 章介绍进阶的继承关系细节，如 Object 类、多态、抽象类以及接口更细节的内容。第 13 章末尾可选的章节部分扩展了第 12 章引入的 GridWorld 程序，并对 Java 经典的 AWT 和 Swing 图形进行了更多的介绍。第 13 和 14 章的练习题将这两章中的内容和 GridWorld 的对应的功能联系起来。

第 15 和 16 章

第 15 章介绍异常处理，第 16 章介绍文件。我们把异常处理放在文件之前是因为文件处理的代码需要使用到异常处理。例如，要打开文件，就必须检查异常。除了简单的文本 I/O，我们对文件的处理还包括缓冲、随机访问、通道以及内存映射。

第 17 ~ 19 章

作为最后的 GUI 章节部分，第 17 ~ 19 章使用 JavaFX 平台来呈现 GUI 的概念。但是编程策略是不同的。下面是第 17 ~ 19 章使用的策略（和之前章节末 GUI 部分的策略不同）：对于用户输入，程序使用的组件有 TextField、TextArea、Button、RadioButton、CheckBox、ComboBox、ScrollPane 和 Menu；对于布局，程序使用的容器有 FlowPane、VBox、HBox、GridPane、BorderPane、TilePane 和 TextFlow；对于样式，程序使用的是 JavaFX CSS 属性。

基于对不同 GUI 技术类型的不同喜爱程度，你可以选择学习一个或多个的章末 GUI 部分，或者将它们全部跳过。这不会影响你对第 17 ~ 19 章的学习。如果时间有限，你也可以忽略本书中全部的 GUI 内容，不会影响对本书其他部分的理解。

第 S17 和 S18 章

第 S17 和 S18 章（这里的 S 表示追加）发布在网络上。它们讲述旧的 Java GUI 平台——AWT 和 Swing。如今的趋势是新的 Java 程序使用 JavaFX, 而不是 AWT 和 Swing。但是, 现在还有相当多的 AWT 和 Swing 代码正在产生中, 这就意味着 Java 程序员仍然需要理解旧的技术, 从而可以更新并改进现有的代码。如果发现你身处这种情况, 那么第 S17 和 S18 章正是你学习所需知识的良好起点。

附录

大部分附录是关于引用的内容，如 ASCII 字符集和运算符优先级表。在此次第 3 版中，我们对附录 4 做了更新，引入了对 Java 模块的细节描述。

主题依赖和改变顺序的机会

我们把教材中的内容按自然顺序排列，以满足那些既想要学习基础知识又想尽早了解OOP的读者。我们认为这种顺序是成为一名熟练的 OOP 程序员的最高效的顺序。尽管如此，我们意识到不同的读者有不同的内容顺序偏好。为适应这些不同的偏好，我们提供了一些内部结构上的灵活性。图 0.1 说明了这种灵活性，它展示了章节之间的依赖关系，更重要的是，展示了章节之间的非依赖关系。举例来说，第 3 章和第 4 章之间的箭头表示阅读第 4 章之前必须先阅读第 3 章。因为没有箭头从第 1、第 11 和第 16 章指向其他完整章，你可以跳过这些章，这样并不会错过之后章节所必须的先决知识。我们使用圆角矩形表示那些你可能想要提前阅读的章节。如果选择这种选项，你需要在完成提前的章节之后再回到正常的章节顺序。

下面是图 0.1 中给出的一些顺序更改的机会。

- 读者可以跳过第 1 章。
- 为了提前介绍 OOP，读者可以在阅读第 1 章后直接阅读第 6 章的 OOP 概览部分。
- 读者可以在完成第 3 章的 Java 基础之后学习 OOP 句法和语义。
- 想要额外的循环练习，读者可以在第 4 章学完循环之后到第 9 章学习数组。
- 读者可以跳过第 11 章和第 16 章。
- 不想太早学习对象技术的读者可以延后阅读第 6 章，先阅读第 S6 章、第 9.1 ～ 第 9.6 节（数组的基础知识）和第 S9 章。
- 对于 GUI 编程，喜欢 Swing 平台的读者应该阅读第 S17 和第 S18 章。

为支撑内容顺序的灵活性，本书含有"超链接"。超链接是从本书一个位置跳转另一个位置的可选操作。就先决知识而言，这些跳转是合理的，意思是就理解之后的内容而言，被跳过（被省略）的内容不是必要的。我们为图 0.1 中的每个非顺序箭头提供超链接。例如，我们为从第 1 章跳转到第 6 章和从第 3 章跳转到第 12 章提供了超链接。在每个超链接的尾部端（在靠前的章节），我们告诉读者可以选择跳转到哪里。在每个超链接的目标端（在靠后的章节），我们在目标文本旁边提供了一个图标，它可以帮助读者定位开始阅读的位置。

教学方法

图标

程序优雅
表示相关的文本涉及程序的代码风格——可读性、可维护性、健壮性和可扩展性。优雅的程序要具备这些品质。

问题解决
表示相关文本涉及问题解决的议题。与此图标关联的注释试图概括相邻文本中突出显示的材料。

常见错误
表示相关文本涉及的常见错误。

超链接目标
表示超链接的目标端。

程序效率
表示相关文本涉及程序效率的问题。

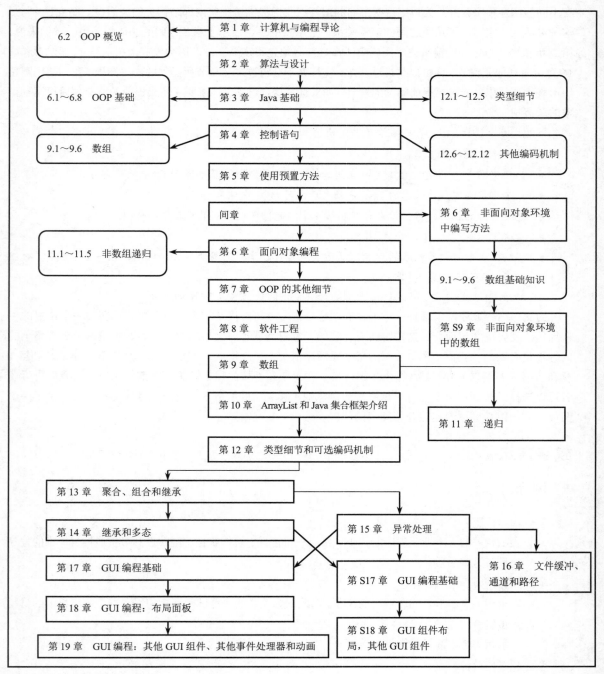

图0.1 章节依赖关系

学生资源

在本书的网站上（http://www.mhhe.com/dean3e），读者（包括教师）可以查阅和下载如下原版资源。

- 编译器软件的下载链接，包括 Oracle 的 JDK，Helio 的 TextPad、Eclipse、NetBeans 和 BlueJ。
- TextPad 教程。
- Eclipse 教程。
- 没有隐藏笔记的学生版 Microsoft PowerPoint 授课幻灯片。
  - ➤ 学生版幻灯片和教师版幻灯片内容一样，只是没有隐藏笔记和隐藏幻灯片，并且省略的测验内容。
  - ➤ 省略掉隐藏笔记可以使学生认真听课，聆听教师的讲解。
- GridWorld 代码。
- 项目题作业。
- 书中所有的示例程序和相关的资源文件。
- 补充章节。
- 补充附录。

教师资源

在本书的网站上（http://www.mhhe.com/dean3e），教师可以查阅和下载如下原版资源。

- 带有隐藏笔记的教师版 PowerPoint 授课幻灯片。
  - ➤ 隐藏笔记为授课幻灯片上展示的文本提供了注释。
  - ➤ 举例来说，如果展示文本提出一个问题，隐藏笔记会提供答案。
- 练习题答案。
- 项目题答案。
- 试题库材料。

本书联系方式

本书中文版资源陆续更新中，读者也可通过公众号查取最新消息：使用手机微信"扫一扫"功能扫描下面的二维码，或在微信公众号中搜索"人人都是程序猿"，关注后输入本书的13位条形码数字进行查看。

读者可加入QQ群815101452，与其他读者交流学习。

由于时间仓促和水平有限，本书在编校过程中难免会存在差错。读者在阅读过程中发现错误或者问题，可发送邮件至zhiboshangshu@163.com，我们会尽快为你解答。

致谢

本书的灵感源自教学，否则就不会有这本书。因此，感谢使用过本书之前版本并提供宝贵反馈意见的学生们。帮助他们学习也是驱动本书进步的因素。当然，也非常感谢那些使用本书的教师们。借助他们来自不同学术背景的不同观点，我们收集了很多极具价值的见解，从而使本书被更多的读者所接受。

每个编写过教材的人都可以证明，这需要一个规模庞大，并且精心组织的团队的共同努力。这样一本书从来都不是某一个人，甚至少部分人能够完成的。我们深深感谢 McGraw-Hill 高等教育集团，他们对我们的写作表现出持续的信心，并且为之慷慨投资。

很高兴能与产品开发经理 Heather Ervolino 一起工作，他全程监督了此次第 3 版的编写过程。项目经理 Jason Stauter 帮助我们完成了编写这一版的各个阶段的任务。我们也要感谢高级营销经理 Shannon O'Donnell，他在最后阶段提供了帮助。

我们与 McGraw-Hill 集团的每一位专业人士都合作得非常愉快，我们衷心感谢他们的努力。

我们也要感谢那些审阅过本书这一版与之前版本的人，他们提供了大量有价值的评论、建议以及建设性的批评与赞赏。特别是：

- Christopher Crick，俄克拉荷马州立大学。
- Christopher Taylor，密尔沃基工程学院。
- Chris Johnson，威斯康星大学欧克莱尔分校。
- Dennis Lang，堪萨斯州立大学。
- Daniel Leyzberg，普林斯顿大学。
- Geoffrey Decker，北伊利诺伊大学。
- Jeffrey A. Meunier，康涅狄格大学。
- Mark Pauley，内布拉斯加大学奥马哈分校。
- Patricia Roth Pierce，南方理工州立大学。

我们要感谢帕克大学的同事 Guillermo Tonsmann 和 Ken Dewey 的持续支持。他们致力于在解决问题、面向对象编程和 Java 基础知识方面为学生提供坚实的基础，并且富有成效。

感谢那些为了家庭作业能够加分而提供反馈意见并且努力寻找错误的学生。特别要感谢 Shyan Locke、Michael Dake、Marcus Shivers、Olivia Leung、Manish Lamsal、Pranoj Thapa、Peter Boyle 以及 Jake Thomas。

诚挚敬意

John 和 Ray

本书的一大特色就是项目题的多样性。项目题的主题跨越了六大广泛的学术领域，见下表：

缩　写	描　述	简　单	中　等	困　难	合　计
CS	计算机科学和数值方法	15	14	6	35
商业	商业和会计	11	13	3	27
社会学	社会科学和统计学	6	8	5	19
数学和物理	数学和物理	11	6	3	20
工程学	工程学和建筑学	3	8	6	17
生物和生态	生物学和生态学	0	3	4	7
合计		46	52	27	125

上面第一列中的缩写会被用在下面一个更大的表里，作为某一特定学术领域的简称。上面右侧的四列是不同类别的项目题数量。毫无疑问，最多的项目题数量（35）出现在计算机科学和数值方法领域。29 个简单到中等的 CS 项目题是典型的 CS 行业的编程问题。6 个困难的 CS 项目题包含一些进阶的主题，如链表操作、数据库操作和模拟退火算法。

此外，商业和会计领域有 27 个项目题，包括杂项财务计算、简单的记账问题和成本核算应用。社会科学和统计学领域有 19 个项目题，包括社会学和政治学的应用，以及一般经验。数学和物理领域有 20 个项目题，包括经典和混沌力学相关的应用。工程学和建筑学领域有 17 个项目题，包括暖通和空调（HVAC）、电气工程，以及土木工程。最后，生物学和生态学领域有 7 个项目题，包括实际增长和捕食者-猎物模拟。尽管我们会为每个项目题分配一个主要的学术领域，但是其中很多项目题也适用于其他学术领域。

由于这些项目题中有许多要应用计算机科学领域之外的学科，我们不会期望普通读者已经知道所有这些"其他"主题。因此，在我们的题目里，除了问题，我们还会花费相当多的时间来解释题目涉及的主题。而且，我们往往会解释怎样以通俗易懂的语言去解决问题。因此，完成很多这些项目题的过程类似于给本身并非程序员的客户实现计算机的解决方案，他们熟悉他们的业务题材，并且知道他们需要你（程序员）为他们做什么。他们会解释他们的问题，以及如何去解决问题。但是他们希望你创造出实际上能解决该问题的程序。

因为我们对项目题的解释往往需要占据相当多的印刷空间，所以我们没有把它们放在书本里，而是放在我们的网站 http://www.mhhe.com/dean3e 上。

下面的表格里提供的是本书网站上项目题的总结。表格中按照与书中相匹配的顺序罗列了本书所有的项目题。第一列用于说明你第一次可以做这道项目题的章节号，格式为"章号.节号"。第二列是相关章节中项目题的唯一编号。第三列用于说明项目题主要的学术领域，使用的是上面较短的表格里解释过的简称。第四列用于说明相对你目前所学 Java 水平的难易程度。例如，我们所说的"简单"考虑到了随着你阅读本书而逐渐增多的代码页数。最后两列内容为每道项目题的标题和简述。

项目题总结

章号. 节号	编　号	学术领域	难易程度	标　题	简　述
2.7	1	商业	简单	年终分红（流程图）	绘制用于计算年终分红的算法流程图
2.7	2	商业	简单	年终分红（伪代码）	编写用于计算年终分红的算法伪代码
2.7	3	商业	简单	邮票数量（流程图）	绘制用于计算信封上需要贴多少张邮票的算法流程图。每五张纸需要使用一张邮票
2.7	4	商业	简单	邮票数量（伪代码）	编写用于计算信封上需要贴多少张邮票的算法伪代码。每五张纸需要使用一张邮票
2.7	5	生物和生态	适中	五界分类（伪代码）	编写用于根据一组特征识别一种生物界的算法伪代码
2.7	6	数学和物理	简单	声速（流程图）	绘制用于提供声音在特定介质中的速度的算法流程图
2.7	7	数学和物理	简单	声速（伪代码）	编写用于提供声音在特定介质中的速度的算法伪代码
2.7	8	商业	适中	股市收益（流程图）	绘制用于输出股市类型和特定收益率的概率的算法流程图
2.7	9	商业	适中	股市收益（伪代码）	编写用于输出股市类型和特定收益率的概率的算法伪代码
2.8	10	商业	适中	银行结存（伪代码）	编写用于计算增长的银行结存需要多少年可以达到 100 万美元的算法伪代码
2.9	11	工程学	适中	通过用户查询终止循环（流程图）	绘制用于根据用户输入的一系列公里数和加仑数来计算每加仑合多少公里的算法流程图
2.9	12	工程学	简单	通过用户查询终止循环（伪代码）	编写用于根据用户输入的一系列公里数和加仑数来计算每加仑合多少公里的算法伪代码
2.9	13	工程学	适中	通过哨兵值终止循环（伪代码）	编写用于根据用户输入的一系列公里数和加仑数来计算每加仑合多少公里的算法伪代码
2.9	14	工程学	简单	通过计数器终止循环（伪代码）	编写用于根据用户输入的一系列公里数和加仑数来计算每加仑合多少公里的算法伪代码
2.10	15	CS	适中	平均权重（伪代码）	编写用于计算一组项目的平均权重的伪代码
3.2	1	CS	简单	Hello World 实验	使用 Hello.java 程序做实验，学习典型的编译时和运行时错误信息的意义
3.3	2	CS	适中	调研	学习 Oracle 的 Java 编码风格惯例
3.3	3	CS	适中	调研	学习附录 5：Java 编码风格惯例
3.16 3.23	4	工程学	困难	桁架分析	根据桥梁中心负载和所有桁架组件的重量，计算合格桁架组件的压缩力或张力
3.17	5	CS	简单	命令序列	记录一个命令序列并编写程序执行这些命令

续表

章号. 节号	编　号	学术领域	难易程度	标　题	简　述
3.17 3.23	6	CS	适中	计算机速度	根据一组简单的硬件和软件特性，编写程序来估算运行一个计算机程序需要耗费的总时长
3.17 3.23	7	工程学	适中	HVAC 负荷	计算一栋典型住宅的加热和冷却负载
3.17 3.23	8	社会学	困难	活动策划	编写程序来帮助对筹备选票、资金以及人力的估算
3.22	9	CS	简单	字符串处理	追踪一组字符串处理指令，并编写程序来实现它们
3.23	10	CS	简单	交换	追踪一个用于交换两个变量值的算法，并且编写程序来实现它
3.23	11	数学和物理	简单	圆参数	编写一个程序，生成并输出与圆相关的值
3.23	12	社会学	简单	百岁生日	编写一个程序，提示用户输入自己的出生日期（月、日、年），并且输出该用户百岁生日的日期
4.3	1	数学和物理	简单	停止距离	编写程序来判断一辆汽车的尾部距离是否安全，给定条件为车速、汽车尾部距离以及计算停车所需距离的公式
4.3 4.8	2	工程学	适中	柱子安全	编写一个程序来判断结构柱的粗细程度是否足以支撑柱子预期的负荷
4.3	3	商业	简单	经济政策	编写一个程序，用于读取增长率与通货膨胀率，并输出一项推荐的经济政策
4.8	4	商业	适中	银行结存	编写一个程序来判断增长的银行结存需要多少年可以达到 100 万美元
4.9 4.12	5	CS	困难	NIM 游戏	实现 NIM 游戏。游戏开始时由用户设定一堆石子的数量。用户和计算机轮流从石子堆中拿走一颗或两颗石子。拿到最后一颗石子的玩家被判负
4.10 4.12	6	数学和物理	简单	三角形	编写一个程序，根据用户输入的三角形大小，生成一个由星号组成的等腰三角形
4.12	7	社会学	简单	玛雅日历	实现一个用于判断一个日历盘中的 Tzolkins 和 Haabs 的数量
4.12	8	CS	简单	输入校验	实现一个算法，它会反复提示用户输入一些数值，直到输入的数值落在符合要求的范围之内，并计算有效输入值的平均值
4.7 4.14	9	商业	适中	税收筹划	编写一个程序，使用如下规则计算客户的所得税： ● 应缴税费等于应税收入乘以税率 ● 应税收入等于总收入减去每次免税的 1000 美元 ● 应税收入不能小于 0
4.14	10	CS	适中	文本解析	编写一个将单词转为大写拉丁字母的程序

章号.节号	编　号	学术领域	难易程度	标　题	简　述
5.3	1	数学和物理	简单	三角函数	编写一个演示程序，询问用户选择 arcsin、arccos、arctan 这三种可能的反函数之一，并输入一个三角函数比值。它应该生成正确的输出值，并具备判断功能
5.3	2	数学和物理	简单	组合分贝	判断两个声源组合而成的声音的音量强度等级
5.5	3	CS	适中	变量名检查器	编写一个程序来检查用户输入的变量名的正确性。例如，它是属于这三种情况之一：不合法；合法，但是编码风格不好；编码风格良好。假定"编码风格良好"的变量名只包括字母和数字，并且首字母为小写
5.6	4	CS	适中	电话号码解析器	实现一个程序，它可以读取电话号码，并且展示电话号码的三个组成部分——国家编号、区号、本地号码
5.6	5	CS	困难	电话号码解析器——健壮版	实现一个上面电话号码解析器程序的健壮版。允许短的电话号码——只有本地号码而没有其他部分，以及只有本地号码和区号而没有其他部分
5.7	6	商业	适中	净现值计算	给定贴现率和任意一笔未来的现金流，编写一个程序来计算拟议投资的净现值
6.4	1	生物和生态	适中	观察植物发芽	编写一个程序：使用 MapleTree 类创建一个名为 tree 的对象；调用 plant 方法记录播种；调用 germinate 方法记录幼苗的第一次观察并记录其高度；调用 dumpData 方法展示所有实例变量的当前值
6.4	2	商业	简单	银行账户	给定一个 BankAccount 类的代码，提供一个驱动程序，实例化一个对象并调用它的方法——setCustomer、setAccountNum 以及 printAccountInfo 来测试该类
6.8	3	数学和物理	适中	Logistic 方程	练习 Logistic 方程：nextX = presentX + r * present X *(1−presentX)，其中 presentX = (present X) / (maximum X)，r 为增长因子
6.9	4	数学和物理	简单	圆	给定一个 CircleDriver 类的代码，编写一个 Circle 类，在类中定义一个实例变量 radius、一个方法 setRadius、一个方法 printAndCalculateCircleData，使用该圆的半径计算并输出圆的直径圆周以及面积
6.10	5	工程学	适中	数字滤波器	给定用于"Chebyshev 二阶低通"过滤或"Butterworth 二阶低通"过滤的公式，使用适当的参数值，编写一个程序，询问用户提供一组原始输入值并输出响应的过滤输出
6.10	6	社会学	困难	自动售货机	编写一个程序模仿自动售货机的操作。程序应该读取塞入了自动售货机多少钱，询问用户选择一个项目，然后输出返给用户的找零
6.12	7	数学和物理	简单	矩形	实现一个 Rectangle 类，它定义了一个矩形，具有长和宽实例变量、赋值方法和访问方法、一个 boolean isSquare 方法
6.12	8	生物和生态	困难	猎食者—猎物动力学	编写一个程序，它可以模拟一种可能是猎食者或猎物或两者皆是的物种。运行模拟系统，其中包括猎食者、猎物以及猎物的有限可再生食物
6.13	9	数学和物理	适中	吉他力学	编写一个程序来模拟被拨动吉他弦的运动

章号. 节号	编　号	学术领域	难易程度	标　题	简　述
7.6	1	CS	简单	汽车描述	使用方法调用链来帮助显示汽车的属性
7.5 7.9	2	CS	困难	链表	已经给定一个驱动类，实现一个 Recipe 类，它创建并维护一个食谱的链表。题目中使用 UML 类图说明所有的实例变量和方法
7.7 7.9	3	生物和生态	困难	碳循环	给定一个驱动类的代码，为程序编写两个类来模拟生态系统中的碳循环。使用两个通用类：一个类是 Entity，定义事物；另一个类是 Relationship，定义相互作用
7.8	4	CS	简单	IP 地址	实现一个 IpAddress 类，以点分十进制字符串和四个八字节整数的形式存储互联网（IP）地址
7.9	5	数学和物理	适中	分数处理器	给定一个驱动类的 main 方法，编写一个 Fraction 类。包括如下实例方法：add、multiply、print、printAsDouble，以及用于每个实例变量的一个单独的访问方法
7.10	6	数学和物理	简单	矩形	编写一个类用于梳理矩形对象。引入一个变量存储对象的总数以及一个用于获取此数据的方法
7.11	7	社会学	简单	Person 类	定义一个类，模拟 Person 对象的创建和显示
7.11	8	社会学	困难	政治支持率	编写一个程序，确定统计样本的平均值和标准偏差
7.12	9	社会学	适中	家庭作业分数	编写一个处理家庭作业分数的程序。将特定作业的实际分数和最高分数设置为实例变量，将所有作业组合的实际分数和最高分数设置为静态变量
7.12	10	工程学	困难	HVAC 和太阳能收集器的太阳能输入	编写一个程序，追踪太阳并确定在任意地点和时间太阳能有多少穿透任意朝向的玻璃窗户
7.13	11	工程学	适中	电路分析	编写集总电路元素的分支和节点类。分支将电流通过电阻器和电感器串联。节点将电压保持在连接到公共接地的变压器上。在题目中已经提供了驱动类代码
7.13	12	商业	困难	成本核算	编写一个面向对象程序，演示制造商的成本核算
7.13	13	社会学	困难	竞选活动	编写一个程序，帮助组织对选票、资金和人力的估算。这是第 3 章第 8 道项目题的面向对象版本
7.13	14	商业	适中	净现值计算	编写一个程序，在给定贴现率和任意一笔未来的现金流的情况下，计算拟议投资的净现值。这是第 5 章第 6 个项目题的面向对象版本
7.13	15	数学&物理	困难	三体问题	编写一个程序，模拟两个等大的月球在不同轨道环绕地球的三体问题。这里演示的是混沌动力学问题
8.5	1	CS	简单	输入校验	实现一个算法，它会反复提示用户输入一些数值，直到输入的数值落在符合要求的范围之内，并计算有效输入值的平均值。这是第 4 章第 8 道项目题的面向对象版本
8.5	2	工程学	困难	HVAC 负载	计算一栋典型住宅的加热和冷却负载。这是第 3 章第 7 道项目题的面向对象版本
8.5	3	社会学	适中	电梯控制	编写一个程序，模拟电梯的内部操作。此程序应当模拟用户选择指定楼层时和用户拉下火警时会发生什么

章号. 节号	编　号	学术领域	难易程度	标　题	简　述
8.8	4	CS	简单	原型重构	将图 4.17 中的 NestedLoopRectangle 程序视为原型，使用自上而下的方法论，将它重构为 OOP 的形式
9.4	1	生物和生态	困难	人口预测	编写一个程序，使用出生率和资源获取率方程来预测未来的世界人口数和个人平均财富，并将政府税收和支出的影响纳入考虑范围
9.6	2	CS	适中	掷骰子模拟器	编写一个程序，模拟掷两个骰子，并输出一个直方图，用于展示可能的投掷结果的概率
9.6	3	CS	困难	模拟退火算法——旅行商问题	编写一个程序，使用模拟退火算法，找出刚好能一次性访问世界上所有主要城市的最短路线
9.7	4	社会学	简单	派对宾客名单	编写一个程序，创建一个 Party 对象，添加宾客到派对，并输出派对信息
9.9	5	社会学	简单	元音计数器	编写一个程序，计算用户输入的文本行中大写和小写的元音数量，并输出元音数量的总结报告
9.9	6	数学和物理	困难	联立代数方程求解	编写一个程序，加载一组联立代数方程到二维数组，并使用上下分解的方法求解等式
9.9	7	数学和物理	适中	线性回归	编写一个程序，计算线性回归，将一组随机数拟合到一条直线
9.10	8	商业	适中	购物凭证	编写一个程序，创建购买记录的商业凭证，展示当前的凭证信息，并记录那些购物的支付信息
9.10	9	商业	适中	教师研究领域备忘录	编写一个程序，存储并输出教师信息以及他们的研究领域
10.2	1	社会学	简单	一副扑克牌	编写一个类，它使用 ArrayList 保存一副扑克牌
10.4	2	商业	简单	书店	编写一个程序，完成按照书名保存和检索书籍的模型
10.9	3	商业	简单	LIFO 存货	编写一个程序，使用栈完成一个后进先出的存货计价模型
10.10	4	CS	简单	队列行为	编写一个程序，演示普通队列和优先级队列的行为
10.10	5	CS	适中	使用双变量键调查	添加 Hash 码以形成将人员和事件关联到对该事件的评估
10.10	6	工程学	困难	队列系统的离散事件模拟	使用迭代增强编写离散事件模拟代码，用于服务时间固定的单服务队列；服务时间随机的优先级队列；多服务并且队列长度固定的队列
11.5	1	商业	简单	贷款支付和平衡	编写一个程序，使用递归确定在给定数量的等额分期情况下，还清贷款所需的付款金额
11.5	2	数学和物理	适中	Hénon 地图图形显示	使用递归和 GUI 生成经典的 Hénon 地图图像。修改你的程序，从而放大并以更高粒度显示。然后从递归转换为迭代，并进一步放大
11.6	3	社会学	适中	穿越迷宫	使用递归沿着一面墙穿越迷宫。修改程序以在死角处备份，并再次修改来找到内部目标
11.10	4	CS	适中	增强树模拟	增强第 11.10 节中的 GUI 程序，添加有色彩的树叶，给树干和树枝上色并调整粗细，随机化树枝的长度和角度

章号. 节号	编　号	学术领域	难易程度	标　题	简　述
12.3	1	CS	简单	ASCII 表	编写一个程序，输出 128 个 ASCII 字符到一个 8 列的表格
12.7	2	CS	简单	循环队列	给定一个实现循环数组队列的程序。重写 isFull、remove、showQueue 方法，使用更简单、更具可读性的代码替换条件运算符，嵌入赋值，并且嵌入自增运算符
12.7	3	数学和物理	适中	多项式插值	将多项式拟合到数据数组中一对点的任一侧的点上，并使用它来估计这对点之间位置的值
12.9	4	CS	适中	位运算	使用算术和逻辑移位来显示数字的二进制值
12.11	5	CS	适中	堆排序	使用堆排序算法对数据进行排序
12.14	6	数学和物理	简单	质数	使用嵌套流生成小于用户输入值的所有质数
10.9 12.15	7	生物和生态	困难	产卵游戏	这个"游戏"模拟了矩形网格中细胞的繁殖和生长。X 代表生命。当刚好相邻的三个细胞是活着的时候，死去的细胞复活。活着的细胞只有在周围有两到三个活着的细胞时才能继续生存
13.2	1	商业	简单	储蓄账户	使用复利累积计算并显示储蓄账户余额
13.4	2	数学和物理	困难	统计函数	编写一个程序，生成用于伽马、不完全伽马、贝塔、不完全贝塔以及二项分布函数的数值
13.5	3	商业	简单	汽车程序	使用继承，编写一个程序，用以记录新旧车辆信息
13.10	4	社会学	困难	红心游戏	编写一个程序，模拟任意玩家数量的基本红心游戏。给所有玩家提供一套相同的、提升获胜机会的优质策略
14.7	1	商业	困难	杂货店存货	编写一个存货程序来记录各种类型的食物。在 Inventory 类中使用不同的方法来处理表示普通食品和品牌食品的异构对象。把这些对象保存在同一个 ArrayList 中
14.7	2	工程学	困难	电路分析	编写一个程序，计算带有电阻器、电感器、电容器以及电压源的双回路中的稳态电流，包含执行复数的加、减、乘、除的方法
14.8	3	商业	适中	工资单	使用多态性编写一个员工工资单程序，用于计算并输出一个具有时薪、受薪、受薪加佣金员工的公司每周的工资单，不同类型的员工的工资使用不同的计算方程。使用一个抽象的基类
14.8	4	商业	适中	银行账户	编写一个银行账户程序，用于处理一组银行账户的账户余额。使用两种类型银行账户、支票账户和储蓄账户以及继承自一个名为 BankAccount 的抽象类
15.4	1	社会学	适中	体质指数	编写一个程序，提示用户输入身高和体重，并展示相应的体质指数（BMI）
15.5	2	CS	困难	数组中对象的存储和检索	在关系表中搜索与键值匹配的项，使用两种不同的搜索算法：顺序搜索和 Hash 搜索
15.8	3	生物和生态	适中	观察鲸鱼	从观察到的尾鳍跨度估计鲸鱼体长。使用异常帮助用户改正输入格式错误
15.9	4	CS	适中	日期格式	创建一个名为 Date 的类，用于存储日期值，并使用数字格式或字母格式进行输出

续表

章号.节号	编 号	学术领域	难易程度	标 题	简 述
15.9	5	CS	困难	输入工具类	编写读取和解析从键盘输入的以下类型的工具类：string、char、double、float、long、int
16.2	1	工程学	适中	道路使用调查	模拟交通公路上经过特定地点的交通流，保存观察记录，然后读取文件用于分析
16.2	2	商业	适中	邮件合并	编写一个程序，从文本文件读取格式字母并修改自定义字段
16.4	3	CS	简单	向对象文件追加数据	实现用于向对象文件追加数据的代码
16.2 16.9	4	CS	适中	文件转换	编写一个程序，修改文本文件中的空白位置
17.13	1	CS	简单	修改按钮颜色并对齐	编写一个交互程序，修改 GUI 窗口中一个按钮的颜色和位置
17.13	2	社会学	适中	颜色记忆	编写一个程序，测试用户对一组颜色序列的记忆力
17.13	3	社会学	适中	语序游戏	创建一个简单的交互程序，用于帮助儿童练习他们的字母技能
17.13	4	商业	适中	机票预订	编写一个 GUI 程序，分配飞机上的座位
17.13	5	商业	困难	便利店库存 GUI	编写第 14 章中"便利店库存"项目题的 GUI 版本
18.3	1	CS	简单	点击追踪器	编写一个交互程序，修改 GUI 窗口中按钮的边框和标签
18.7	2	社会学	适中	三子棋	创建一个交互式的三子棋游戏
18.8	3	社会学	适中	语序游戏再探	修改第 17 章的"语序游戏"程序，使它使用嵌入式面板
18.9	4	工程学	简单	车库门	编写一个程序，展示一个半开的车库门
19.5	1	工程学	困难	地球热扩散	编写一个程序，计算并展示一年中不同时间地球表面下不同深度的色标温度
19.10	2	工程学	适中	动画化车库门	编写一个程序，模拟车库门及其控件的操作，并且在它操作时可视化地展示它的位置

第 1 章

计算机与编程导论

目标

- 描述组成计算机的各种部件。
- 列出程序开发中涉及的步骤。
- 了解使用伪代码编写算法的意义。
- 了解使用编程语言代码编写程序的意义。
- 理解源代码、目标代码和编译过程。
- 描述字节码如何使 Java 可移植。
- 熟悉 Java 的历史——最初被开发的原因、名字的来由等。
- 编写、编译和运行一个简单的 Java 程序。

纲要

1.1　引言

这本书是关于如何解决问题的。具体地说，是通过一组精确陈述的指令来设计问题的解决方案。当这样一组指令以计算机可以接收和执行的格式描述时，称之为*程序*。为了理解程序是什么，请考虑下面的情况。假设你管理一家百货商店，由于很难跟踪库存，不知道什么时候该补货。解决这个问题的办法是编写一套指令，在商品购进和售出时对其进行跟踪。如果这些指令是正确的，而且是以计算机能够理解的格式编写的，就可以把这些指令作为一个程序输入并运行，在商品购进和售出时记录数据。之后，就可以在任何需要的时候从计算机中检索库存信息。这种准确且容易获取的知识使你能够有效地补充货架，从而更有可能实现盈利。

学习编写程序的第一步是学习背景概念。本章将讲授背景概念，并在后续章节使用这些概念来解释真正的精华内容——如何编程。

本章开始将讲述计算机的各个组成部分。然后，介绍编写程序和运行程序的步骤。接下来聚焦重点，讲解本书使用到的编程语言——Java。我们会逐步介绍如何输入和运行一个真正的 Java 程序，这样你就能在早期获得一些实践经验。本章的最后设置了一个选修的 GUI 跟踪部分，讲述如何进入和运行一个图形用户界面（GUI）程序。

1.2　硬件术语

一个*计算机系统*由计算机运转所需的所有组件以及这些组件之间的连接共同组成。这些组件可分为两个基本类别——*硬件*和*软件*。硬件由与计算机相关的物理组件组成，软件则由指挥计算机的程序组成。

对计算机硬件的阐述将为你提供作为一个入门级程序员所需的必要信息。掌握了这些信息之后，如果还想了解更多内容，请访问 Webopedia[①]的硬件专栏页面 https://www.webopedia.com/Hardware。

1.2.1　整体概览

图 1.1 展示了计算机系统中的基本硬件组件，图片左侧为输入设备（键盘、鼠标和扫描仪），右侧为输出设备（显示器和打印机），底部为存储设备，中间则是中央处理器（CPU）和主存储器，箭头代表各部件之间的连接。例如，从键盘到 CPU 和主存储器的箭头代表一条电缆（连接线），将信息从键盘传输到 CPU 和主存储器。本节将解释 CPU、主存储器和图 1.1 中的其他设备。

1.2.2　输入/输出设备

输入和输出设备被统称为 *I/O 设备*。人们对*输入设备*有不同的定义，但通常是指将信息传入计算机的设备。请记住，信息进入计算机就是输入。例如，键盘是一种输入设备，因为当一个人按下一个键时，键盘会向计算机输入信息（告诉计算机哪个键被按下了）。

---

① Webopedia 是一款专为 IT 专业人士、学生和教育工作者打造的在线技术词典。——译者注

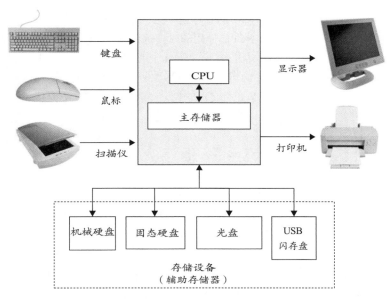

图 1.1　计算机的简化图

Photodisc/Getty Images; Amos Morgan/Getty Images; Ryan McVay/Photodisc/Getty Images;
Brand X Pictures/PunchStock/Getty Images; Ryan McVay/Photodisc/Getty Images.

　　人们对*输出设备*也有不同的定义，通常指的是将信息从计算机中传输出去的设备。请记住，信息从计算机中流出就是输出。例如，*显示器*（也被称为*监视器*或*屏幕*）是一个输出设备，因为它显示从计算机流出的信息。

1.2.3　中央处理器

　　*中央处理器*通常被称为*处理器*或*微处理器*，可被视为计算机的大脑。与生物大脑一样，中央处理器将其时间分配给两种基本活动——思考和管理其系统的其他部分。思考活动发生在 CPU 读取及执行程序指令的时候，而系统管理的活动则是在 CPU 与计算机系统的其他设备之间进行信息传输。

　　举一个关于 CPU 思考活动的例子。假设有一个程序，可以跟踪卫星在其绕地轨道上的位置。这样一个程序包含相当多的数学计算，这些数学计算需交由 CPU 执行。

　　再举一个 CPU 系统管理活动的例子。假设有一个工作申请程序，该程序呈现一组输入框，某人在其中输入姓名、电话号码等信息后，使用鼠标单击"完成"按钮。对于此种程序，CPU 是这样进行系统管理的：为了呈现最初的工作申请表格，CPU 向显示器发送信息；为了收集此人的数据，CPU 从键盘和鼠标上读取信息。

　　如果你正考虑购买一台计算机，则需要能够判断其各个组件的质量，也就是说需要了解相关组件的细节。对于 CPU 来说，应该知道当下流行的 CPU 产品及其大致的速度范围。

　　在撰写本书第 3 版时：

- 流行的 CPU——英特尔酷睿（Core）i9、AMD 锐龙（Ryzen）9。
- 目前的 CPU 速度——2.5～5.0GHz。

什么是 *GHz*？GHz 是*千兆赫兹*（gigahertz）的缩写。*giga* 的意思是十亿，而 *hertz*（赫兹）是一个计量单位，即指某件事情每秒发生的次数。一个 2.5GHz 的 CPU 使用的时钟每秒跳动 25 亿次。这已经很快了，但 5.0GHz 的 CPU 更快，它使用的时钟每秒跳动 50 亿次。CPU 的时钟速度为 CPU 完成工作的速度提供了一个粗略的衡量标准。时钟脉冲是计算机任务的启动器。每秒的时钟脉冲越多，完成任务的机会就越多。在给定时间内完成更多事情的另一种方法是并行完成它们。英特尔 i9 有 8 个内核，可以跟踪 16 个线程。换句话说，这个 CPU 芯片本身包含 8 个独立的处理单元，它可以跟踪多达 16 个连续操作。

1.2.4　主存储器

当计算机执行指令时，它经常需要保存中间结果。例如，在计算 100 次速度测量的平均值时，CPU 需要先计算所有速度值的总和再除以测量次数。CPU 通过创建一个存储区域来计算总和。对于每一个速度值，CPU 都会将该值添加到总存储区。如果把内存想象成一组存储盒，则总和值便被存储在内存的一个存储盒中。

存储器有两类——*主存储器*和*辅助存储器*。CPU 与主存储器的工作关系更为密切。如果把 CPU 比作老板，那么主存储器就是老板办公室隔壁的一个储藏间，只要老板有需要，就会把东西存放在储藏间的存储盒里；而辅助存储器则可被想象成老板所在大楼对面的一个仓库，老板用这个仓库来存储东西，但不经常去那里。由于辅助存储器被认为相对于主存储器更加次要，有时也被称为*二级存储*。第 1.2.5 小节将讲解辅助存储器的细节，现在先关注主存储器吧。

CPU 对主存储器的依赖性很强，它不停地对主存储器存储并从读取数据。在这种不断的互动中，CPU 和主存能够快速通信是很重要的。为了确保快速通信，CPU 和主存储器在物理上紧密相连。它们都集成在*芯片*里，插在计算机的主电路板（即*主板*）上。图 1.2 为主板、CPU 芯片和主存储器芯片的示意图。

主存储器包含若干个存储盒，每个存储盒都包含一段信息。举例来说，如果有个程序要存储本书两位作者的姓氏 Dean，它将使用 8 个存储盒：一个存储 D 的前半部分，一个存储 D 的后半部分，一个存储 e 的前半部分，一个存储 e 的后半部分，以此类推。在存储了这 4 个字母后，程序很可能需要在以后的某个时间点检索它们。为了能够被检索到，信息必须有一个地址。*地址*是一个可指定的位置。邮政地址使用街道、城市和邮政编码值来指定一个位置，而计算机地址则使用信息在主存储器中的位置来指定一个位置。主存储器的第一个存储盒在 0 的位置，所以说它的地址是 0；第二个存储盒在 1 的位置，所以说它的地址是 1。图 1.3 展示了从地址 50000 开始存储在内存中的 Dean。

在谈论主存储器的大小时，了解正式的术语是很重要的。假设你要买一台计算机，想知道计算机的主存储器有多大，如果直接问销售人员它包含多少个"存储盒"，你可能会看到一个疑惑的眼神。你需要做的是问它的*容量*——这是内存大小的正式术语。如果你问主存储器的容量，销售人员会说："它是 1 *千兆字节*。"你已经知道，*千兆*是指十亿。1 字节指的是一个存储盒的大小。因此，一个 1 千兆字节容量的主存储器可以容纳 10 亿个存储盒。

图 1.2　主板、CPU 芯片、主存储器芯片

Hellen Sergeyeva/123RF; Oleksandr Chub/Shutterstock; tonytao/Shutterstock.

下面更详细地介绍一下存储盒。你知道存储盒可以保存类似字母 D 这样的字符，但计算机并不是很聪明：它们不理解字母表，只理解 0 和 1。因此，计算机将每个字母字符映射为一连串的 16 个 0 和 1。例如，字母 D 是 00000000 01000100。因此，在存储字母 D 时，主存储器实际上存储了 00000000 01000100。每个 0 和 1 都被称为一个*比特*。而每一个 8 比特位的分组被称为一个*字节*。

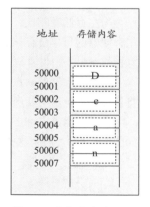

图 1.3　从内存地址 50000 开始存储的字符 D、e、a、n

知道为什么计算机使用 0 和 1 吗？计算机只能区分高能量的信号和低能量的信号。当计算机产生一个低能量的信号时，那就是 0；而当计算机产生一个高能量的信号时，那就是 1。

你知道计算机以 0 和 1 的形式存储字符，但你知道计算机也以 0 和 1 的形式存储数字吗？从形式上看，计算机使用*二进制数字系统*。二进制数字系统只使用 0 和 1 两个数字来表示所有的数字。例如，计算机将数字 19 存储为 32 位，即 00000000 00000000 00000000 00010011。这 32 位代表 19 的原因是，每个 1 值位代表 2 的 1 次幂。如下图所示，从右侧位置 0 开始 1 值位分别位置 0、1 和 4。一个位的位置决定了它的 2 次幂。因此，最右边的位，即位置 0 代表 2 的 0 次幂，也就是 1（$2^0=1$）；位置 1 代表 2 的 1 次幂，也就是 2（$2^1=2$）；位置 4 代表 2 的 4 次幂，即 16（$2^4=16$）。将这三个幂相加就会得到 19（1+2+16=19）。搞定了！附录 8 包含了关于二进制数字系统的更多信息。现在就可以随意浏览这篇附录，也可以等到读过讲解十六进制的第 12 章后再看。这篇附录在深入讨论二进制和十六进制数字系统之外，还会介绍第三种数字系统——八进制。

请注意，主存储器通常被称为 *RAM*。RAM 是*随机存取存储器*（random access memory）的意思。之所以认为主存储器是"随机存取"，是因为数据可以在任何（随机）地址直接访问。这与一些存储设备形成了鲜明的对比，在那些设备中，数据的访问是从最开始的地方开始，然后逐步遍历所有的数据，直到到达目标数据。

再一次提到，如果你要购买一台计算机，需要鉴别其组件的质量。对于 RAM/RAM 组件来说，需要知道其容量是否足够。在撰写本书时，典型的主存储器容量从 4GB 到 16GB 不等，其中 *GB* 表示*千兆字节*，但你会看到翻新后的计算机具有更大的主存储器容量。

1.2.5 辅助存储器

主存储器是*易失*的，这意味着当计算机断电时，数据会丢失。你可能会问：如果数据在断电时就会丢失，那怎么会有人在计算机上永久地保存东西？这个问题的答案是你经常在做（或应该做）的事情。当你执行"保存"命令，计算机会对正在处理的主存储器数据进行复制，并将副本存储在辅助存储器中。辅助存储器是*非易失*的，这意味着当计算机断电时，数据不会丢失。

与主存储器相比，辅助存储器的第一个优点是它的非易失性，第二个优点是它的每单位存储成本比主存储器的每单位存储成本低得多，第三个优点是它比主存储器更*可移植*（即它可以更容易地从一台计算机移到另一台计算机上）。

辅助存储器的缺点是它的访问时间比主存储器的*访问时间*要慢不少。访问时间是指找到单一数据并将其提供给计算机处理所需的时间。

辅助存储器有许多不同的形式，其中最常见的是机械硬盘、固态硬盘（SSD）、USB 闪存盘和光盘，如图 1.4 所示。所有这些设备都被称为*存储介质*或*存储设备*。

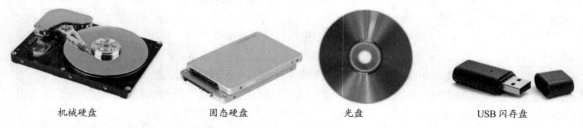

机械硬盘   固态硬盘   光盘   USB 闪存盘

图 1.4 机械硬盘、固态硬盘、光盘与 USB 闪存盘

PaulPaladin/Shutterstock; Howard Kingsnorth/Photodisc/Getty Images; Scanrail/Dreamstime.com; MMXeon/Shutterstock; chanchai howharn/Shutterstock.

1.2.6　机械硬盘和固态硬盘

*机械硬盘*和*固态硬盘*的基本用途相同：它们为计算机提供主要的永久存储。它们有着不同的优缺点，这使它们对不同类型的计算机具有吸引力。大多数*台式计算机*（固定在桌子上或旁边的计算机）使用机械硬盘。除此之外，许多*笔记本电脑*（便携到可以放在腿上的计算机）和几乎所有的*平板电脑*（使用触摸屏而非键盘和鼠标作为主要输入设备的计算机）都使用固态硬盘而不是机械硬盘。

固态硬盘特别适用于笔记本电脑和平板电脑，原因有两点：①它们没有移动的机械部件，更能抵御损坏；②它们比机械硬盘更小、更轻。固态硬盘的一个缺点是其成本偏高：与具有相同容量的机械硬盘相比，固态硬盘的价格会高出不少。因此，对于有大容量需求的计算机来说，固态硬盘的成本可能过高。由于对大容量的需求，大多数台式计算机仍然使用机械硬盘（尽管随着价格的下降，固态硬盘正变得越来越流行）。便携式计算机的趋势是依靠*云存储*，即计算机通过互联网传输其数据，存储在第三方数据中心托管的计算机池中。有了云存储，便携式计算机的本地存储需求就会减少，而固态硬盘就会变得更实惠。

访问机械硬盘存储比访问固态硬盘存储慢，因为计算机要访问机械硬盘上的特定数据，必须等待磁盘旋转到可以读取数据的地方。旋转和读取机制构成了机械硬盘的*驱动器*。当驱动器旋转其磁盘（或多个磁盘）时，其*磁头*（电子传感器）在磁盘旋转过去时访问磁盘的数据。因此，机械硬盘有时也被称为*硬盘驱动器*（hard disk drive，HDD）。

访问固态硬盘存储比访问机械硬盘存储更快，因为固态硬盘不需要等待机械部件的移动，它们只需等待电子信号的到来。以光速移动的电子信号可比旋转的磁盘快得多。

1.2.7　离线存储

尽管机械硬盘和固态硬盘有时位于计算机的金属外壳外部，并用电缆与计算机连接（这种硬盘被称为*外置硬盘*），但为了追求速度，大多数硬盘和固态硬盘都位于计算机的金属外壳内部。导致它们很难从一台计算机转移到另一台计算机。与此相对，USB 闪存盘和光盘等离线存储设备则可以很容易地从一台计算机转移到另一台计算机，因为它们被设计成可以很容易地连接和断开与计算机的连接。

USB 闪存盘也被称为拇指驱动器，特别便于携带，因为它们只有一个人的拇指大小，而且几乎可以*热插拔*（指在计算机开机时将设备插到计算机上）到任何计算机上。USB 闪存盘中的 USB 代表通用串行总线（universal serial bus），是一种特殊类型的连接线和连接插座。闪存盘使用这种类型的连接，称它为 *USB 闪存盘*。USB 闪存盘插入 USB 端口，其中*端口*是连接插座的正式术语。USB 端口在各种计算机上大都存在，这也是 USB 闪存盘特别方便的另一个原因。

USB 闪存盘采用*闪存*，这是一种流行的、没有移动机械部件的非易失性存储形式。固态硬盘也使用闪存。然而，USB 闪存盘存储比固态硬盘慢得多（比机械硬盘略慢），因为 USB 闪存盘是用一个狭窄的、相对较慢的 USB 接口连接到计算机的，而固态硬盘则是用宽的、相对较快的接口连接到计算机的其余部分。

光盘提供了一种成本较低、速度较慢的离线存储形式。最流行的光盘类型可以归纳如下。

- CD-Audio：用于存储录制的音乐，通常只被称为 CD（指光盘）。
- CD-ROM、CD-R、CD-RW：用于存储计算机数据和录制的音乐。

- DVD、DVD-R、DVD-RW：用于存储视频、计算机数据和录制的音乐。
- 蓝光：用于存储视频和计算机数据，旨在取代 DVD。

CD-ROM 中的 ROM 代表只读存储器（read-only memory）。*只读*存储器是指可以读出，但不能写入的存储器。因此，可以读取 CD-ROM，但不能改变它的内容。CD-R 只可以写一次，想读多少次就读多少次。CD-RW 则可以随心所欲地写和读。

DVD 是数字多功能光盘（digital versatile disc）或数字视频光盘（digital video disc）的缩写。DVD 与 CD-ROM 相似，可以从它们中读出，但不能写入。同样地，DVD-R 和 DVD-RW 在读写方面的能力与 CD-R 和 CD-RW 相同。

蓝光也称为蓝光光盘（blu-ray disc，BD），是一种光盘格式的名称，用于存储高清视频和大量的数据。该技术之所以被称为蓝光，是因为与使用红色激光的 DVD 不同，蓝光光盘是使用蓝紫色激光进行访问的。人们最初认为蓝光光盘会相当快地取代 DVD，但这并未成为现实，原因如下：①蓝光更昂贵（光盘和驱动器）；②蓝光硬件是向后兼容的（因此 DVD 可以在蓝光播放器上运行）；③流媒体越来越流行，辅助 CD、DVD 和蓝光都受到了冲击。

1.2.8　存储容量比较

不同的存储设备存储容量各异。在撰写本书时：

- 典型的机械硬盘的容量范围从 450GB 到 4TB（*TB 代表太字节，其中太是 1 万亿*）不等。
- 典型的固态硬盘的容量范围从 250GB 到 1TB 不等。
- 典型的 USB 闪存盘的容量范围从 8GB 到 1TB 不等。
- 典型的 CD-ROMs、CD-Rs 和 CD-RWs 的容量为 700MB（*MB 代表兆字节，兆是 100 万*）不等。
- 典型的 DVD、DVD-R 和 DVD-RW 的容量范围从 4.7GB 到 9.4GB 不等。
- 典型的蓝光光盘的容量范围从 25GB 到 100GB 不等。

1.2.9　文件访问

访问计算机上的数据，就是访问包含数据的文件。*文件*是一组相关的指令或数据。例如，①一个程序是包含一组指令的文件；②一个 Word 文档是一个存有由 Microsoft Word 创建的文本数据的文件。

文件被存储在辅助存储器设备上。为了检索一个文件（基于查看、复制等目的），需要指定存储该文件的存储设备。在使用 Microsoft Windows 的计算机上，不同的存储设备是用一个盘符后跟一个冒号来指定的。如果计算机上有机械硬盘或固态硬盘，将使用盘符 C（C:）指代其中一个驱动器；如果有额外的硬盘或固态驱动器，将使用后续的驱动器字母（D:、E:等）来指代它们；如果有光盘驱动器，将使用不早于 D:开始的第一个未使用的驱动器字母来指代它们；如果有额外的存储设备，如外部硬盘和 USB 闪存盘，将使用下一个未使用的驱动器字母来指代它们，同样不早于 D:。

你可能已经注意到，到目前为止，在这个讨论中没有提到驱动器字母 A 和 B。在过去，A:和 B: 用于软盘驱动器。*软盘*是离线存储设备，从 20 世纪 70 年代中期到 2005 年左右非常流行。与硬盘中的磁盘相反，之所以被称为软盘，是因为这些设备的原始形式会弯曲，硬盘不会弯曲。如今计算机制造商已经不再提供软盘驱动器，因为软盘已经被更耐用、容量更大的离线存储设备（如 USB 闪存盘）取代。

尽管软盘不再被使用，但它们的影响仍然存在。因为过去基于 Windows 的计算机为软盘驱动器保留了驱动器字母 A 和 B，所以基于 Windows 的计算机继续以驱动器字母 C 开始，用于机械硬盘和固态硬盘。由于软盘在 20 世纪 80 年代和 90 年代成为文件存储的代名词，软件制造商推出了软盘图标来表示文件的存储，单击它就可以保存用户的当前文件。使用软盘图标进行文件保存操作仍然是当今的常态。

1.2.10　常见的计算机硬件词汇

在购买计算机或与朋友谈论计算机时，还要确保了解一些白话——人们在日常讲话中使用的术语，而不是教科书中的术语——这样你才能得心应手。当一个精通计算机的人提到计算机的存储时，他通常指的是主存储器——计算机的 RAM；提到计算机的*磁盘空间*时，通常是指计算机硬盘的容量。

1.2.11　计算机改进的速度

自从内存和 CPU 组件出现以来，这些设备的制造商一直能够以持续的高速度提高其产品的性能。例如，内存和硬盘驱动器的容量大约每两年翻一番，CPU 的速度也大约每两年翻一番。

都市传奇（urban legend）是指很多人普遍相信并以各种形式自发传播的故事。下面的交锋是一个典型的互联网都市传奇，它评述了计算机技术的快速发展。虽然这样的对话从未发生过，但其中的评论，特别是第一条，是很有意义的。

据报道，在 20 世纪 90 年代的一场计算机经销商博览会（COMDEX）上，比尔·盖茨将计算机行业与汽车行业相提并论，他说："如果通用汽车像计算机行业那样跟上技术发展，我们都能开上 25 美元的汽车，每加仑汽油可行驶 1000 英里。"[①] 针对盖茨的评论，通用汽车公司发布了一份新闻稿，称：

如果通用汽车公司像 Microsoft 那样开发技术，我们开的会是具有以下特点的汽车。

（1）你的车每天都会没有任何缘由地崩溃两次。

（2）每当人们重新粉刷道路上的标线时，你将不得不买一辆新车。

（3）偶尔你的车会无缘无故地死在高速公路上。你只能接受这个事实，重新启动，然后继续行驶。

（4）苹果公司将制造一辆由太阳能驱动的汽车，非常可靠，速度是原来的五倍，驾驶起来也容易得多，但它只能在 5% 的道路上行驶。

（5）燃油、水温和交流发电机警告灯都将被一个"本车进行了非法操作"的警告灯所取代。

（6）偶尔，没有任何理由，你的车会把你锁在外面，拒绝让你进去，直到你同时抬起门把手，转动钥匙，并抓住无线电天线。

（7）安全气囊系统在打开前会问"你确定吗？"。

[①] 1 加仑（美）=3.784412 升，1 英里=1.609344 千米，感兴趣的读者可自行换算。——编者注

1.3　程序开发

如前所述，程序是一组可以用来解决问题的指令。通常，一个程序包含许多指令，而且这些指令相当复杂。因此，开发一个成功的程序需要仔细地规划，认真地执行，以及持续地维护。以下是程序开发过程中涉及的典型步骤。

- 需求分析。
- 设计。
- 实施。
- 测试。
- 文档撰写。
- 维护。

*需求分析*是确定程序的需求和目标。*设计*是编写程序的大纲。*实施*是编写程序本身。*测试*是验证程序的运行。*文档撰写*是对程序进行描述。*维护*是在以后的工作中进行改进和修复错误。这些步骤是按照合理的顺序排列的，通常先进行需求分析，然后是设计等。但有些步骤应该在整个开发过程中进行，而不是在某个特定的时间。例如，应该在整个开发过程中进行文档撰写工作，在实施步骤和维护步骤之后进行测试步骤。注意，实际项目中经常根据需要重复某些步骤。例如，如果项目的一个目标改变了，就需要在不同程度上重复所有的步骤。

本节讨论需求分析步骤和设计步骤；在第 2 章中详细讨论设计步骤；在本章的"源代码"部分讨论实施步骤；在第 8 章中讨论测试步骤；从第 3 章开始讨论文档撰写步骤；在第 8 章中讨论维护步骤，并在全书中用实例对以上步骤进行说明。

1.3.1　需求分析

程序开发过程中的第一步是需求分析，以确定程序的需求和目标。程序员必须要完全了解客户的愿望。不幸的是，往往程序员制作了一个程序后，才发现客户想要的是不同的东西。这种不幸的情况大都可以归咎于客户和程序员在项目开始时没有精确的沟通。如果客户和程序员仅仅依靠对拟议解决方案的口头描述，很容易遗漏重要的细节，直到他们意识到对如何实现这些细节有不同的假设时，这些遗漏的细节就会成为一个问题。

为了前期沟通的顺利进行，客户和程序员应该创建输入数据界面和输出报告的屏幕截图。屏幕截图是计算机屏幕的照片。要创建屏幕截图，你可以编写使用假设输入打印数据输入屏幕的短程序，也可以编写包含假设结果的报告的短程序。还有一个更快的办法，是借助绘图软件创建屏幕截图。当然，如果你是一个讲究的艺术家，也可以用铅笔和纸进行创建。

1.3.2　程序设计

在需求分析步骤之后，第二步是程序设计，要写出程序的草稿，重点是基本的逻辑，而不是措辞的细节。更具体地说，写出的指令要保证连贯且逻辑正确，但不用担心遗漏小步骤或写错字。这种程序被称为*算法*。例如，一份包含解决烘烤蛋糕问题的指令的蛋糕食谱就是一种算法。这些指令是连贯且逻辑正确的，但它们不包含每一个小步骤，比如在把蛋糕从烤箱里取出来之前，先戴上防烫手套。

1.3.3　伪代码

在编写算法时，应该把重点放在组织指令的流程上，尽量避免被细节困住。为便于集中精力，程序员经常使用伪代码来编写算法的指令。伪代码是一种非正式的语言，使用常规的英语术语来描述程序的步骤。使用伪代码，不需要精确的计算机*句法*（syntax）。句法由语言的单词、语法和标点符号构成，而伪代码的句法更加宽容：需要足够清晰，让人能够理解，但单词、语法和标点符号不一定要完美。这里提到这种宽松，是为了与程序开发的下一阶段所要求的精确性进行对比。在第 1.4 节会介绍下一阶段的内容，你将看到编写源代码是多么需要完美的单词、语法和标点符号。

1.3.4　使用伪代码计算车速示例

假设写一个算法来计算汽车给定距离的车速。为了确定平均车速，需要用总的行驶距离除以总的时间。假设必须计算两个给定地点之间的总距离。为了确定总距离，需要用终点位置减去起点位置。再假设必须以同样的方式计算总时间，即用结束时间减去起始时间。综合起来，计算平均车速的伪代码看起来是这样的：

计算终点位置减去起点位置。

把结果放在总距离中。

计算结束时间减去起始时间。

把结果放在总时间里。

用总距离除以总时间。

在当前时间节点上，部分读者可能想了解一种相对高级的程序开发形式——面向对象的编程，或通常所说的 OOP。OOP 的理念是，当设计一个程序时，应该首先考虑到程序的组成部分（对象），而不是程序的任务。当然，现在还不需要学习 OOP，也没有做好学习 OOP 实现细节的准备，但如果对高层次的概述感兴趣，可以参考第 6.2 节。

1.4　源代码

在程序开发的早期阶段，用伪代码编写算法。接下来，要将伪代码翻译成*源代码*。源代码是一组用编程语言编写的指令。

1.4.1　编程语言

*编程语言*是一种使用专门定义的单词、语法和标点符号的计算机可以理解的语言。如果在计算机上运行伪代码指令，计算机将无法理解它们。然而，如果在计算机上运行编程语言指令（即源代码），计算机会理解它们。

正如世界上有许多种语言（汉语、英语、印地语等），编程语言也纷繁众多，如 Java、C++和Python。每种编程语言都有自己的一套语法规则。本书将重点介绍 Java 编程语言。使用 Java 编写程序，必须在单词、语法和标点符号方面精确地遵循 Java 的句法规则。如果使用不正确的句法编写 Java 源代码（例如，拼错了一个单词或忘记了分号等必要的标点符号），计算机将无法理解它。

1.4.2　使用 Java 计算车速示例

继续前面的例子，你写了一些伪代码来计算某次汽车行驶的车速，现在把伪代码翻译成 Java 源代码。下表左边的伪代码被翻译成右边的 Java 源代码。

程序员通常把 Java 源代码指令称为 Java *语句*。为了使 Java 语句发挥作用，它们必须使用精确的语法，例如，①用-表示减法；②用/表示除法；③以分号结束。Java 语句所要求的精确性与伪代码的灵活性形成了鲜明的对比。伪代码允许任何句法，只要它能被人理解。例如，在伪代码中，允许使用-或 "减去" 来表示减法，以及用/、÷ 或 "除以" 来表示除法。

伪代码	Java 源代码
计算终点位置减去起点位置。将结果放在总距离中	distanceTotal = locationEnd - locationStart;
计算结束时间减去开始时间。将结果放在总时间中	timeTotal = timeEnd - timeStart;
将总距离除以总时间	averageMPH = distanceTotal / timeTotal;

1.4.3　跳过伪代码步骤

最初，对你来说，编程语言的代码比伪代码更难理解。但在积累了编程语言的经验后，可能就非常熟悉它了，甚至可以完全跳过伪代码步骤，直接使用编程语言代码编写程序。

对于大型程序，建议不要跳过伪代码这一步。对于大型程序来说，首先要关注大的方面，因为如果没有做好这一点，那么其他方面就不重要了。而如果使用伪代码，就无须担心语法细节，更容易关注大局了。在实现了一个伪代码解决方案之后，将伪代码转换为源代码就相对容易了。

1.5　将源代码编译成目标代码

要让计算机执行程序指定的任务，通常要分两步走：①执行一个编译命令；②执行运行命令。当执行*编译*命令时，计算机将程序的源代码翻译成计算机可以运行的代码；当执行*运行*命令时，计算机运行翻译后的代码，并执行代码所指定的任务。本节将描述翻译过程。

翻译过程由计算机中一个被称为*编译器*的特殊程序负责。如果将源代码提交给编译器，编译器会将其翻译成计算机可以运行的代码。更正式地说，编译器对源代码进行编译，*产生目标代码*[①]。目标代码是一组二进制格式的指令，可以直接由计算机运行来解决问题。一个目标代码指令是由所有的 0 和 1 组成的，因为计算机只理解 0 和 1。下面是一个目标代码指令的例子：

```
0100001111101010
```

这个特殊的目标代码指令被称为 *16 位指令*，因为每个 0 和 1 都被称为*位*，而且这里有 16 位。每个

[①]　大多数编译器生成目标代码，但不是全部。正如将在下一节中看到的，Java 编译器生成一种中间形式的指令。稍后，该中间形式的指令被翻译成目标代码。

目标代码指令只负责一个简单的计算机任务。例如，一个目标代码指令可能负责将一个数字从主存储器的某个地方复制到 CPU 的某个地方。了解目标代码工作的细节是计算机的工作，普通程序员没有必要去了解。

因为目标代码是用二进制写的，是计算机"机器"所能理解的，因此，它也被称为机器代码。

1.6 可移植性

在第 1.2 节中提到辅助存储器比主存储器更可移植，因为它可以更容易地从一台计算机转移到另一台计算机。在这种场景下，可移植性指的是硬件。可移植性也可以指软件。如果一个软件可以在许多不同类型的计算机上使用，它就是*可移植*的。

1.6.1 目标代码的可移植性问题

目标代码的可移植性不高。因为目标代码由二进制格式的指令组成，这些二进制格式的指令与特定类型的计算机有密切的关系。在 X 型计算机上创建的目标代码只能在 X 型计算机上运行。同样地，在 Y 型计算机上创建的目标代码也只能在 Y 型计算机上运行。[①]

那么，关于可移植性有什么值得关注的呢？谁在乎目标代码的可移植性不高？软件制造商在乎。如果他们想出售一个能在不同类型的计算机上运行的程序，通常必须在不同类型的计算机上编译他们的程序，产生了不同的目标代码文件，然后出售这些文件。如果软件制造商能够提供一种在所有类型的计算机上运行的程序形式，那不是更容易吗？

1.6.2 Java 对可移植性问题的解决方案

Java 的发明者试图通过在源代码和目标代码层级之间引入*字节码*层级来解决目标代码中固有的缺乏可移植性的问题。Java 编译器不会一直编译到目标代码，而是编译到字节码，以拥有目标代码和源代码的最佳特性。

● 像目标代码一样，字节码使用一种与计算机硬件密切相关的格式，所以它运行得很快。

● 像源代码一样，字节码是通用的，因此它可以在任何类型的计算机上运行。

为什么字节码可以在任何类型的计算机上运行？当一个 Java 程序的字节码运行时，字节码被计算机的字节码解释器程序翻译成目标代码。该字节码解释器程序被称为 Java 虚拟机，简称 JVM。图 1.5 显示了 JVM 如何将字节码翻译成目标代码，以及 Java 编译器如何将源代码翻译成字节码。

[①] 当今常用的计算机类型多种多样。维基百科（Wikipedia）列出了对应于 38 种 CPU 类别的 38 种计算机类型，每种 CPU 类别都有自己独特的指令集，指令集定义了在特定类型的 CPU 上工作的所有目标代码指令的格式和含义。对指令集的全面讨论超出了本书的范畴，如果想了解更多信息，请访问维基百科网站并在搜索框中输入 comparison of instruction set architectures（指令集架构比较）。

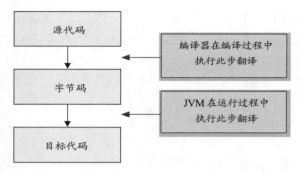

图 1.5 Java 程序如何将源代码转化成目标代码

要运行 Java 字节码，计算机上必须安装一个 JVM。幸运的是，安装 JVM 很简单。它是个小程序，所以在内存中不会占用很多空间。而且它很容易获得——任何人都可以从互联网上免费下载 JVM。第 1.9 节将讲解如何下载 JVM 并将其安装在自己的计算机上。

1.6.3　为什么字节码解释器程序被称为 Java 虚拟机？

现在来解释一下"Java 虚拟机"这一名称的由来。对于用大多数编程语言编写的程序而言，由 CPU "机器"运行程序的编译代码。而对于用 Java 编写的程序，则是由字节码解释器程序运行程序的编译代码。因此，对于 Java 来说，字节码解释器程序的作用就像一台 CPU 机器。但字节码解释器只是一个软件，而不是像真正的 CPU 那样的硬件。因此，Java 设计者决定将字节码解释器程序称为 Java 虚拟机。

1.7　Java 的出现

1.7.1　家用电器软件

在 20 世纪 90 年代初，将智能技术应用于家用电器被认为是下一个"热门"技术。智能家用电器包括由计算机控制的咖啡壶和由交互式可编程设备控制的电视等。由于预见到这类物品的强大市场，Sun Microsystems 公司在 1991 年资助了一个研究小组，专门从事一项秘密的"绿色项目"，其任务是开发智能家用电器的软件。

一个智能家用电器的智能来自其嵌入式处理器芯片和在这些处理器芯片上运行的软件。家电处理器芯片经常变化，是因为工程师们不断地寻找使它们更小、更便宜、更强大的方法。为了适应新芯片的频繁更换，在其上运行的软件应该非常灵活。

最初，Sun Microsystems 公司计划使用 C++来开发其家用电器软件，但很快意识到 C++的可移植性不够强。Sun 决定为其家用电器软件开发一种全新的编程语言，而不是编写 C++软件和对抗 C++固有的可移植性问题。

Sun 的新语言最初被命名为 Oak（橡树，因为项目负责人 James Gosling 的窗外有一棵橡树），结果发现 Oak 已经被另一种编程语言占用了。故事继续，当一群 Sun 公司的员工在当地的一家咖啡店休息时，他们想出了"Java"这个名字。他们喜欢"Java"这个名字，因为咖啡因在软件开发者的生活中扮演着重要的角色。☺

1.7.2　万维网

当智能家用电器软件的市场被证明没有预期的那么繁荣时，Sun 公司差点在 Java 项目预发布的开发阶段将其叫停。对 Sun 公司（以及如今所有的 Java 爱好者）来说，幸运的是，万维网迅速流行开来。Sun 公司意识到，网络的发展可以促进对像 Java 这样的语言的需求，所以 Sun 公司决定继续其 Java 的开发工作。这些努力取得了成果，他们在 1995 年 5 月的 SunWorld 大会上发布了 Java 的第一个版本。此后不久，当时世界上最流行的浏览器制造商——Netscape 公司宣布打算在其浏览器软件中使用 Java。在 Netscape 公司的支持下，Java 一鸣惊人，并持续发展到现在。

网络依赖于在不同类型的计算机上被下载并运行的网页。为了在这样一个多样化的环境中工作，网页软件必须具有极高的可移植性。你可能在想，Java 是救星！事实上，这有点夸大其词。网络并不需要被拯救，甚至在 Java 问世之前网络就已经做得相当好了。但是 Java 能够为普通的陈旧网页添加一些急需的功能。

在 Java 出现之前，网页只限于与用户进行单向交流。网页向用户发送信息，但用户并不向网页发送信息。更确切地说，网页显示信息供用户阅读，但用户并不输入数据供网页处理。当网络社区发现如何在网页中嵌入 Java 程序时，这就为更多令人兴奋的网页应用打开了大门。嵌入 Java 的网页能够阅读和处理用户的输入，为用户提供了一个更愉快的互动体验。

网页中的 Java 程序被称为 *Applet*（小程序），它帮助 Java 成长为世界上领先的编程语言之一。虽然 Applet 速度快、功能多，同时也带来了安全问题，而一些其他类型的网页程序开始表现出类似的性能和多功能性，却没有伴随的安全问题。因此，Java Applet 在 2017 年的 Java 9 中被废弃，并在 2018 年的 Java 11 中被删除。

Java 服务器页面（JSP）是一个嵌入了 Java 程序片段（而不是 Applet 这样一个完整的 Java 程序）的网页。*Servlet* 是一款支持网页但可以在不同计算机上运行的 Java 程序。与 Applet 相比，JSP 和 Servlet 使网页更安全，显示更迅速。JSP 和 Servlet 是在 *Java 企业版（Java EE）*平台的支持下编写的。Java EE 提供了一个底层软件框架，使程序员能够编写安全、大规模地依赖于 JSP、Servlet 和数据库等技术的程序。

*数据库*是数据的集合，这种组织方式使数据可以很容易地被检索、更新或排序。

1.7.3　今天的 Java

2010 年 1 月，Oracle 公司以 74 亿美元的价格收购了 Sun Microsystems。通过这次收购，Oracle 公司接管了 Java 编程语言。根据首席执行官拉里·埃里森（Larry Ellison）的说法，拥有 Java 有助于 Oracle 公司业务增长最快部分的发展——Oracle 数据库软件的 Java 中间件。[①]*中间件*是将另外两个通常很难相互沟通的软件组件进行连接的软件。在 Oracle 的案例中，其中间件用于将其数据库软件与用户界面软件连接起来，使数据库软件更易于使用，而易用性会让客户更满意。

在当今世界，计算系统的范围（从大到小）包括以下几种。

[①] Patrick Thibodeau. *Oracle's Sun Buy: Ellison Praises Solaris, Thumbs Nose at IBM*，Computer World，2009 年 4 月 20 日。

- 云计算机，这是每个人都可以使用的大型中央计算机。
- 企业计算机，这是针对企业的大型中央计算机。
- 个人计算机（PC 或台式机），可能与企业或云计算机同步数据。
- 笔记本电脑和平板电脑，可能与个人计算机、企业计算机或云计算机同步数据。
- 手机。
- 联网的控制器，如远程可读/可编程的水电表、恒温器、照明控制、汽车控制等。

Oracle 由于商业利益以多种方式涉足上述大多数计算系统，但改进管理软件是很昂贵的，而且 Java 的一些改进方面（如改进视觉显示）对 Oracle 的核心利益并不重要。因此，在 2018 年 9 月发布的 Java 11 中，Oracle 放弃了对 Java 的强化图形软件 JavaFX 的责任。目前维护和升级 JavaFX 的责任由一个基础更广泛的名为 OpenJDK 的行业组织负责。作为 OpenJDK 的成员，Oracle 保留了对 Java 旧有部分的责任，但对 JavaFX 和其他专门 Java 功能则已被分配给 AdoptOpenJDK 等 OpenJDK 的其他成员。

就这样，Java 逐渐走向多样化。在宏观上，网络和数据库应用使用前面提到的 Java 企业版（Java EE）平台；在微观上，像移动电话这样资源有限的设备在内存容量和功率方面受到限制（其他如嵌入式控制器等小规模的设备让人联想到 20 世纪 90 年代初使 Java 起步的家用电器软件）的设备通常使用 *Java 微型版（Java ME）*平台。标准计算机（台式机或笔记本电脑）通常使用 OpenJDK 所支持的 *Java 标准版（Java SE）*平台。本书重点讨论 Java SE 应用程序，因为 Java SE 应用程序是最通用的，为学习编程概念提供了最佳环境。

尽管你将与最容易在台式机或笔记本电脑上实现的通用应用程序打交道，但你将学习一种可以说是比其他计算机语言更通用的语言。这是因为：①JVM 使 Java 程序与硬件无关；②Java 模块有助于将安装的范围限制在不超过需要的范围内。虽然可敬的 C 语言可能仍然是嵌入式控制器的首选语言，但如果某个特定品牌的硬件"不能"运行 Java，则可能是因为制造商不想让人们访问可下载的免费材料，这些材料可是他们的销售竞品。

1.8　计算机伦理

在学习如何编写第一个 Java 程序之前，你可能要花点时间思考一下编程和使用计算机软件的道德与社会影响。这种思考是一项大型研究领域的一部分——计算机伦理学。我们并不自诩这本书能教会你所有关于计算机伦理的知识，但你至少应该知道这个领域的存在。当阅读本书时，如果有什么东西激发了你对计算机伦理问题的兴趣，可以通过网络上搜索查看计算机伦理研究所的网站 http://computerethicsinstitute.org 或计算机专业人员社会责任协会的网站 http://cpsr.org。

1992 年，计算机伦理研究所创建了计算机伦理十诫，具体内容如下。[①]

（1）不可使用计算机危害他人。

（2）不可干涉他人的计算机工作。

（3）不可窥探他人的计算机文件。

---

① Ramon C. Barquin《追求计算机伦理的"十诫"》。计算机伦理研究所，1992 年 5 月 7 日，http://computerethicsinstitute.org/barquinpursuit1992.html。

（4）不可使用计算机进行盗窃活动。

（5）不可使用计算机做伪证。

（6）不可复制或使用未付费的专利软件。

（7）不可在未经授权或在没有适当补偿的情况下使用他人的计算机资源。

（8）不可挪用他人的智力成果。

（9）应当注意你编写的程序或设计的系统所造成的社会后果。

（10）使用计算机时应当总是考虑到他人并尊重他们。

尽管这些戒律肯定不如黄金法则（即"有钱人说了算"）那样根深蒂固，但这些戒律普遍受到了好评。请注意，这些戒律是对个人行为的建议。另一种看待计算机伦理的方式是，少关注个人行为，多关注整体目标。例如，*系统可靠性*的目标是确保软件做它应该做的事；*隐私*的目标是使一个人或一群人能够向外界隐藏个人信息；*知识产权保护*的目标是使个人或群体能够保护头脑中的创造物（如发明、文学作品或软件），使外人无法据为己有。

1.9　第一个程序：Hello World

前面学习了编译和运行一个 Java 程序的含义，但通过阅读学习只是纸上谈兵，现在是学以致用的时候了。本节将会把一个 Java 程序输入计算机，编译并运行它。

1.9.1　开发环境

在计算机里编写 Java 程序有不同的方法，可以使用集成开发环境，也可以使用纯文本编辑器。

集成开发环境（IDE）是一个支持编写、编译和运行程序的较大的软件。编写、编译和运行都是程序开发的一部分，而这三个功能被整合到一个环境中，因此被称为"集成开发环境"。有些 IDE 是免费的，有些则相当昂贵。我们在本书的网站上提供了几个流行的 IDE 的教程。

*纯文本编辑器*是一款允许输入文本并将文本保存为文件的软件，对编译或运行程序一无所知。如果使用纯文本编辑器来编写程序，则需要使用单独的软件工具来编译和运行程序。请注意，Microsoft Word等文字处理器可以被称为文本编辑器，但它们不是纯文本编辑器。文字处理器允许输入文本并将文本保存为文件，但保存的并不是"纯文本"。当文字处理器将文本保存到文件中时，它会添加隐藏的字符，为文本提供行高、颜色等格式化功能。这些隐藏的字符会给 Java 程序带来问题。如果试图使用文字处理器将程序输入到计算机中，程序无法编译成功，当然也不会运行。

不同类型的计算机有不同的纯文本编辑器。例如，使用 Windows 的计算机有一个叫记事本（Notepad）的纯文本编辑器，使用 UNIX 或 Linux 的计算机有一个叫 vi 的纯文本编辑器；使用 Mac OS X[①]的计算机有一个叫 TextEdit 的纯文本编辑器。注意：Windows、UNIX、Linux 和 Mac OS X 都是操作系统。操作系统是一组帮助运行计算机系统的程序的集合。在运行计算机系统时，操作系统就像一个交通警察那样管理计算机组件之间的信息传输。

下面将讲解如何使用免费的基础工具编写、编译和运行一个程序。使用纯文本编辑器来编写程序，

---

① 　自 2016 年起改名为 macOS。——译者注

并使用来自 Oracle 的简单软件工具来编译和运行程序。如果不喜欢使用这种基础的工具，更愿意坚持使用集成开发环境，那么请参考本书网站上的集成开发环境教程，并可随意跳过本节的其余部分。如果不确定该怎么做，建议尝试一下这些基础工具。它们是免费的，而且不需要像 IDE 那样多的内存。它们作为一个标准的基线，应该能够在几乎所有的计算机上使用。

1.9.2　向计算机编写程序

记事本是各个版本的 Windows 都有的纯文本编辑器，现在将介绍如何使用记事本将程序写入计算机。

把鼠标光标移到 Windows 桌面左下角的"开始"按钮上面，单击"开始"按钮，打开一个菜单，向下滚动找到并打开"Windows 附件"，在其中单击"记事本"，即可打开记事本文本编辑器。

在新打开的记事本文本编辑器中，编写第一个程序的源代码。更具体地说，单击记事本窗口中间的某处，然后输入图 1.6 中的七行文字。当输入文本时，请确保完全按照图中的大写字母和小写字母来输入。具体来说，Hello 中的 H、String 和 System 中的 S 都要用大写字母，其他字母使用小写。使用空格而不是制表符进行缩进。此时，输入的文本就组成了众所周知的 Hello World 程序的源代码。Hello World 程序是所有编程入门者的第一个程序，只是简单地输出一条问候信息。第 3 章将讲述 Hello World 源代码中文字背后的含义。本章只是讲解如何输入、编译和运行 Hello World 程序。

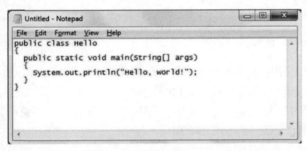

图 1.6　输入了 Hello World 程序的记事本文本编辑器

©Oracle/Java

将源代码输入记事本窗口后，需要将源代码保存在文件中，请单击左上角的**"文件"**菜单，在展开的子菜单中选择**"另存为"**选项，弹出**"另存为"***对话框*（对话框是执行某项任务的小窗口，对于这个对话框而言，其任务是保存一个文件）。

注意：对话框底部的**"文件名"**框就是要输入文件名的地方。首先创建一个*目录*来存储文件。目录也叫*文件夹*，是包含一组文件和其他目录的组织实体。[①]

在**"另存为"**对话框左侧的目录树中，向下滚动，可以看到一个朝右的三角形（▷），其右边是**计算机**图案。单击这个三角形，显示你的计算机内容。在现在打开的计算机空间中可以看到一个朝右的三角形，其右边是 **C:**。如果想保存在 C 盘上，单击 **C:**。如果想保存在一个 USB 闪存盘上，确保有一个

[①]　在 Windows 和 Macintosh 世界中，人们倾向于使用术语——*文件夹*，而在 UNIX 和 Linux 世界中，人们倾向于使用术语——*目录*。正如将在第 16 章中看到的，Oracle 使用*目录*作为 Java 编程语言的一部分。我们喜欢遵循 Oracle，因此使用术语*目录*而不是*文件夹*。

USB 闪存盘插到了计算机上，在计算机空间中搜索与你的 USB 闪存盘相关的盘符，并单击该盘符，使该盘符出现在 **"另存为"** 对话框的顶部。确认你的 **"另存为"** 对话框现在看起来与图 1.7 中的 **"另存为"**（Save As）对话框相似。特别是，注意 "另存为" 对话框顶部的 G:驱动器。你的盘可能不同，这取决于你单击的是哪个盘符。

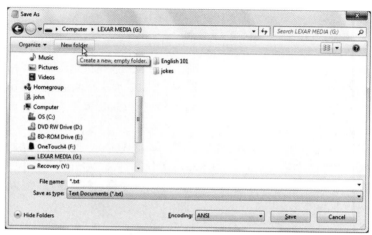

图 1.7　记事本的 "另存为" 对话框，用户正准备创建新文件夹

©Oracle/Java

如图 1.7 所示，将你的鼠标光标移到 **"另存为"** 对话框左上角的 **"新建文件夹"**（New folder）按钮上。单击该按钮，目录树中出现了一个新目录，其名称默认为 "新建文件夹"（New Folder），处于被选中并突出显示的状态。输入 myJavaPgms，覆盖新文件夹的名称。单击对话框右下角的 "打开"（Open）按钮，myJavaPgms 目录出现在 "另存为" 对话框的顶部。

在对话框底部的 "文件名"（File name:）框中输入 "Hello.java"。必须完全按照下图输入 Hello.java。

©Oracle/Java

不要忘记引号、大写的 H 和小写的后续字母。单击对话框右下角的 **"保存"**（Save）按钮，**"另存为"** 对话框消失，而记事本窗口的顶部现在应该显示 **Hello.java**。单击记事本窗口右上角的 ，关闭记事本。

1.9.3　安装 Java 编译器和 JVM

在上一小节中，你编写了 Hello World 程序并将其保存到一个文件中。通常情况下，下一步将是编译该文件。还记得什么是编译吗？那就是编译器将源代码文件翻译成字节码文件。对于 Hello World 程序，编译器将把 Hello.java 源代码文件翻译成 Hello.class 字节码文件。如果你在学校的计算机实验室工作，你的计算机很有可能已经安装了 Java 编译器。如果你的计算机上没有安装 Java 编译器，现在需要安装它，以便完成本节的实践部分。

通常情况下，如果有人对安装 Java 编译器（用于编译 Java 程序）感兴趣，他们也会对安装 JVM（用于运行 Java 程序）感兴趣。为了使安装更容易，Oracle 将 Java 编译器与 JVM 捆绑在一起。Oracle 将捆绑的软件称为 *Java 开发工具包*（*Java Development Kit*），简称 *JDK*。

要在计算机上安装 JDK，请访问 http://www.mhhe.com/dean3e，单击编译器软件的链接，然后单击 Oracle 的 Java 下载网站链接。在 Oracle 的网站上，下载 Java SE 并按照指示安装 JDK。如果你愿意，还可以同时下载并安装 Oracle 的 NetBeans IDE。

1.9.4　编译一个 Java 程序

接下来将介绍如何使用*命令提示符窗口*（也叫*控制台*）来编译程序。命令提示符窗口允许输入操作系统的指令，这些指令是以文字的形式存在的，其中的关键字被称为命令。例如，在运行 Windows 操作系统的计算机上，删除一个文件的命令是 del（delete 的缩写），在运行 UNIX 或 Linux 操作系统的计算机上，删除一个文件的命令是 rm（remove 的缩写）。

要在运行 Windows 10 操作系统的计算机上打开"命令提示符"窗口，单击 Windows 桌面左下角的"**开始**"按钮，依次在打开的菜单上单击"**所有程序**"选项→"**Windows 系统**"目录，展开的子菜单中单击"**命令提示符**"选项打开"命令提示符"窗口。图 1.8 显示了新打开的"**命令提示符**"窗口，注意这一行：

　　C:\Users\john

这就是一个*提示*。一般来说，提示符告诉你要做什么。对于一个"命令提示符"窗口来说，该提示告诉你输入一个命令。很快，你将在实际的"命令提示符"窗口中输入命令。但首先要注意>符号左边的文字。C:\Users\john 这段文字构成了当前目录的*路径*。路径指的是一个目录的位置。更具体地说，一个路径以一个盘符开始，并包含一系列的一个或多个斜杠分隔的目录名。在我们的例子中，**C:**指的是硬盘，Users 指的是硬盘上的 Users 目录，john 指的是 Users 目录下的 john 目录。

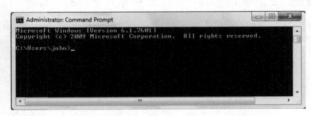

图 1.8　新打开的"命令提示符"窗口

©Oracle/Java

要编译 Hello World 程序，需要首先进入它所在的驱动器和目录。假设"命令提示符"窗口的提示显示当前驱动器是 C:，而 Hello.java 保存在 F:上。那么就需要把驱动器换成 F:，即在"命令提示符"窗口中输入 f:。

要改变 Hello World 程序的目录，输入以下的 cd 命令[cd 代表 change directory（改变目录）]：

　　cd \myJavaPgms

现在已经准备好编译程序了。输入以下的 javac 命令[javac 代表 java compile（Java 编译）]：

　　javac Hello.java

在输入该命令时，如果"命令提示符"窗口显示错误信息，请参考图 1.9 了解可能的解决方案。如果"命令提示符"窗口没有显示任何错误信息，就表示成功了。

编译的错误信息示例	解　释
'javac' is not recognized	这三条错误信息都表明，计算机不理解 javac 命令，因为它找不到 javac 编译器程序。这个错误可能是由于 PATH 变量设置不当造成的。查看 JDK 的安装说明，并相应地重置 PATH 变量
javac: command not found	
bad command or filename	
Hello.java: *number*: *text*	Hello.java 源代码中存在一个语法错误。number 提供了 Hello.java 中发生错误的大致行数，text 提供了对该错误的解释。查看 Hello.java 文件的内容，确保每个字符都是正确的，并使用了正确的大小写

图 1.9　编译错误和解释

更具体地说，它表明编译器创建了一个名为 Hello.class 的字节码文件。要运行 Hello.class 文件，请输入以下 java 命令：

```
java Hello
```

"命令提示符"窗口现在应该显示程序的输出：Hello, world!。图 1.10 呈现的是完成前述步骤后的"命令提示符"窗口。从 Java 11 开始，可以选择只用一条命令来编译和执行一个非 GUI 程序，例如：

```
>java Hello.java
```

分别执行这两个步骤可以加强你对这个过程的理解，因此，编译和执行本例时没有采用快捷方式。

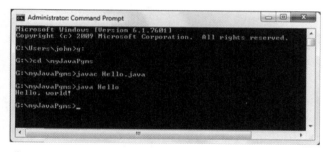

图 1.10　编译和运行 Hello World 程序

1.10　GUI 跟踪：Hello World（可选）

本节是可选的 GUI 跟踪的第一部分。在每个 GUI 跟踪部分，使用 JavaFX 库中预置的 GUI 软件来说明一组相关的 GUI 概念。例如，本节介绍用两种简单方法来显示一条简单的消息。

没有时间进行 GUI 编程的读者可以跳过各章末的 GUI 部分（包括本节），第 17～第 19 章也可以跳过。第 17～第 19 章中的 GUI 与可选的章末 GUI 部分中的 GUI 是独立的，它们是互补的 GUI 跟踪。根据自己的时间和兴趣，你可以在跟着这本书学习 Java 时组合学习各部分 GUI 材料，但不要跳过所有的材料，毕竟，GUI 编程实在太有趣了！

1.10.1　GUI Hello World

本小节介绍了两个备选的 GUI Hello World 程序。在研究这些程序之前，让我们看看它们产生了什么。

图 1.11 中上面的显示来自一个叫 TitleHello 的程序。下面的显示来自一个叫作 LabelHello 的程序。在

这两种情况下，你都会看到一个带有标题栏的窗口，上面有标准的按钮，可以将窗口暂时移出屏幕、改变其大小或关闭它。单击标题栏的空白部分并移动鼠标，可以将这两个窗口拖到屏幕的另一部分。

图 1.11　两个可供选择的 GUI 入门程序产生的窗口显示

图 1.12 包含图 1.11 中 TitleHello 程序的代码。这段代码比图 1.6 中的代码稍微复杂一些，它在用户执行命令后立即在"命令提示符"窗口（见图 1.10）中显示输出。一些额外的复杂性是 GUI 的代价的一部分。

```
/*******************************
 * TitleHello.java
 * Dean & Dean
 *
 * 在窗口标题中显示文本
 *******************************/

import javafx.application.Application;
import javafx.stage.Stage;

public class TitleHello extends Application
{
  public void start(Stage stage)
  {
    stage.setWidth(280);
    stage.setHeight(70);
    stage.setTitle(" Hello World! ");
    stage.show();
  } //start 结束
} //TitleHello 类结束
```

图 1.12　TitleHello 程序产生了图 1.11 中上面的输出

首先，导入一些 Java 语言的预置软件。在本例中，导入了以下两个预置的类。

● javafx.application 包中的 Application 类。
● javafx.stage 包中的 Stage 类。

每个导入的预置软件包都包含一组相关的类和被称为*枚举*（enum，enumeration 的简称）的备选常量集合。如果想从一个给定的包中使用一个以上的类和枚举，可以在包的名称后加一个星号。例如，javafx.stage 包包含 Stage 类和 StageStyle 枚举。如果想让程序同时使用这两样东西，可以通过语句 import javafx.stage.*;导入整个软件包来同时获取它们，这里使用了 JavaFX 的 javafx.application 和 javafx.stage 包中预置的软件。Application 和 Stage 是这些软件包中预置的类。

附加在类标题的 extends Application 短语表达的是，正在定义的类在代码明确提供的特性之外，还将自动包括已经纳入 JavaFX 的预置 Application 类的所有特性。其实，Application 类的"特性"之一是要求程序提供一个名为 start 的方法，该方法有一个 Stage 类型的参数。因此，任何继承 Application 的程序都必须定义一个带有 Stage 类型参数的 start 方法。为什么呢？因为每当像 TitleHello 这样的 JavaFX 程序执行时，底层软件会自动调用其 start 方法，并传入一个 Stage 类型的参数。

请把 JavaFX 的 start 方法想成普通 Java 程序的 main 方法。当然，它们并不完全相同。main 方法接受一个字符串参数数组，用户可以在执行命令的最后提供这些参数。start 方法需要一个由预置的应用软件自动提供的 Stage 参数。每个 JavaFX 程序都必须有一个 start 方法，这就是程序中由程序员编码的部分通常开始执行的地方。

Stage 是一个 GUI 窗口。JavaFX 的后台活动创建了这个窗口，并将其传送给程序的 start 方法，而 start 方法又将其配置并显示在计算机屏幕上。现在可以看到图 1.12 的 start 方法语句的具体作用。它们将窗口的宽度设置为 280 像素，高度设置为 70 像素，给出一个文本标题，并显示在计算机屏幕上。随着学习的深入，你会更好地理解这些和其他细节。我们目前的目标是让你对程序的运行有一个大致的感觉。

因此，请继续将程序代码敲入文本编辑器。但是这一次，不要用 Hello.java 这个名称来保存源代码文件，而要用 TitleHello.java 这个名称来保存它。在保存 TitleHello.java 时，确保用大写的 T 和 H 来拼写文件名，因为 TitleHello 在程序的类标题中就是这样拼写的。然后，使用控制台命令编译并运行该程序：

```
>javac TitleHello.java
>java TitleHello
```

这应该可以正常工作。然而，如果试图在 IDE 中编译，你可能会得到一个错误信息，如"类 'TitleHello'没有主方法"。在第 2 章的 GUI 部分将介绍如何避免这种可能的烦恼。

图 1.13 包含 LabelHello 程序的代码，它产生了图 1.11 中下面的显示。这段代码比图 1.6 的代码更复杂，也比图 1.12 的代码更复杂。额外的复杂性提供了更多的通用性，使程序员有更多的能力来定制显示。

这一次，程序没有在窗口的标题栏中显示信息，而是在标题栏下面的区域中显示信息——这便是进行场景布置和演员表演的舞台。显然，JavaFX 的设计者选择了"场景（scene）"和"舞台（stage）"这两个术语，以促进 GUI 编程和戏剧创作之间，以及 GUI 显示和表演艺术之间的类比。

在这个程序的 start 方法中，第一条语句创建了一个标签，并在上面写上所需的 Hello World 文本信息——在两端留有空白以改善外观。为了增强戏剧性，它指定了较大的字体尺寸。然后，通过将标签移到舞台上来设置场景。最后，和前面的 TitleHello 程序一样，stage.show(); 语句"拉开帷幕"，在计算机屏幕上显示结果。

在当前时间节点上，我们并不期望你能完全理解 Label、label 和 new Scene 这样的结构。然而值得注意的是，像 Application、Stage、Scene、Label 和 Font 这样首字母大写的术语是指 Java 类。类是事物的类型。像 stage 和 label 这样的非首字母大写的术语是这些类型的特定实例。在后面，将使用术语 object 来指代一个特定的实例。

在第 11 版中，设计者将 JavaFX 与 Java 的其他部分分开了。如果你下载了最新版本的 Java，可以从不同的来源获得这两部分，也可以把它们放在计算机的不同位置。你的计算机的 path 变量可能需要包括（非 GUI）Java 的路径，也可能需要明确指定（GUI）JavaFX 的路径。一种方法是创建一个文本文件（比如 fx.txt），例如：

```
-p C:\Java11\javafx-sdk-11.0.1\lib -add-modules javafx.controls
```

```
/*********************************************************
* LabelHello.java
* Dean & Dean
*
* 将在舞台场景中的标签显示为大文本
*********************************************************/

import javafx.application.Application;
import javafx.stage.Stage;
import javafx.scene.Scene;
import javafx.scene.control.Label;
import javafx.scene.text.Font;
public class LabelHello extends Application
{
    public void start(Stage stage)
  {
     Label label = new Label("Hello World!");
     label.setFont(new Font(30));
     stage.setScene(new Scene(label));
     stage.show();
  } //start 结束
} //LabelHello 类结束
```

图 1.13　LabelHello 程序产生了图 1.11 中下面的输出

文本字符串 C:\Java11\javafx-sdk-11.0.1\lib 确定了计算机上的 JavaFX 软件的路径（最后的 \lib，在每台计算机中可能是不同的）。把这个 fx.txt 文件保存在包含代码所在的盘根目录。然后导航到包含代码的目录，并按如下方式进行编译和执行：

```
>javac @\fx.txt TitleHello.java
>java @\fx.txt TitleHello
```

总结

- 计算机系统是计算机运行所必需的所有部件以及这些部件之间的连接。更具体地说，一个计算机系统由 CPU、主存储器、辅助存储器和 I/O 设备组成。
- 程序员编写算法，作为编程问题的首次尝试解决方案。
- 算法是用伪代码编写的，与编程语言代码相似，只是不需要精确的句法（单词、语法和标点符号）。
- 源代码是编程语言指令的正式术语。
- 目标代码是一组二进制编码的指令，可由计算机直接执行。
- 大多数非 Java 编译器将源代码编译为目标代码。
- Java 编译器从源代码编译为字节码。
- 当一个 Java 程序运行时，Java 虚拟机将程序的字节码翻译成目标代码。
- 起初，Sun 公司开发 Java 是为了用于智能家用电器软件。
- 为了加快开发速度，Java 程序员经常使用集成开发环境，但也可以使用纯文本编辑器和"命令提示符"窗口。

复习题

§1.2   硬件术语

1. 下面的缩写分别是什么含义?

（1）I/O

（2）CPU

（3）RAM

（4）GHz

（5）MB

2. 说出两个重要的计算机输入设备。

3. 说出两个重要的计算机输出设备。

4. 判断:

（1）主存储器比辅助存储器运行速度快。（对/错）

（2）辅助存储器是不稳定的。（对/错）

（3）主存储器的第一个位置是在地址 1。（对/错）

（4）CPU 被认为是一个外围设备。（对/错）

（5）热插拔是指在计算机开机状态时将一个设备插入计算机。（对/错）

5. 平板电脑通常首选哪种类型的存储设备：机械硬盘还是 SSD? 为什么?

§1.3   程序开发

6. 什么是算法?

7. 什么是伪代码?

§1.4   源代码

8. 语法规则对哪种类型的代码更宽松：伪代码或编程语言代码?

§1.5   将源代码编译成目标代码

9. 当编译一个程序时会发生什么?

10. 什么是目标代码?

§1.6   可移植性

11. 什么是 Java 虚拟机?

§1.7   Java 的出现

12. 列出五种不同类型的 Java 程序。

练习题

1. [§1.2]对于以下每一个计算机系统组件，说出人体内外的对应器官。

（1）输入设备

（2）输出设备

（3）CPU

（4）辅助存储器

2. [§1.2] 对于下列每一项，判断其属于主存储器还是辅助存储器。

（1）CD　　　　　　　主存储器还是辅助存储器？

（2）固态硬盘　　　　主存储器还是辅助存储器？

（3）RAM　　　　　　主存储器还是辅助存储器？

（4）硬盘驱动器　　　主存储器还是辅助存储器？

3. [§1.2] 一个字节有多少位？

4. [§1.2] 用 32 位二进制表示法写出数字 9。

5. [§1.2] C: 通常指的是哪种类型的计算机内存？

6. [§1.2] 什么是摩尔定律？你在本书中找不到这个问题的答案，但可以在互联网上找到它。（提示：戈登·摩尔是英特尔的创始人之一。）

7. [§1.3] 重新排列下面左侧的语句，以描述一只熊采集蜂蜜的算法。按下面右侧的规则排列，两个箭头从两个重复的语句中发出，并指向各自重复的开始位置。

　　将爪子插入蜂巢，抓取蜂蜜。　　　　〈语句〉

　　如果树很结实，就爬上树。　　　　　〈语句〉

　　如果仍然饥饿，重复。　　　　　　　〈语句〉

　　挥动爪子驱散蜜蜂。　　　　　　　　〈语句〉

　　找到有蜂巢的树。　　　　　　　　　〈语句〉

　　如果仍然饥饿，而且蜂巢有更多的蜂蜜，重复。　　〈语句〉

　　否则就把树拉倒。　　　　　　　　　〈语句〉

8. [§1.5] 源代码和目标代码之间有什么区别？

9. [§1.6] 字节码如何像源代码？又如何像目标代码？

10. [§1.6] 如何称呼将 Java 字节码转换为特定类型计算机的机器码的计算机程序？

11. [§1.7] Java 编译器有几种不同的配置或版本。用于移动设备和控制器的版本的名称是什么？

12. [§1.8] 根据 BBC 新闻，维基解密是一个举报网站，它以公布政府和其他知名组织的敏感材料而闻名。至少提供一个支持维基解密所做工作的论据。至少提供一个反对维基解密所做工作的论据。

13. [§1.9] 通过本书网站上的"TextPad 入门"教程学习如何使用 TextPad。提交倒计时程序的源代码的硬拷贝（即从 TextPad 中输出程序）。请注意，不需要提交 Hello World 程序的源代码以及这两个程序的输出。

14. [§1.9]（本练习假定计算机包含一个如图 1.6 所示的 Hello.java 文件。如果没有，请使用一个纯文本编辑器创建这样的文件。）在一台操作系统是最新版本 Microsoft Windows 的计算机上，依次点击：

　　开始 → Windows 系统 → 命令提示符

导航到有 Hello.java 源代码的目录。输入 dir Hello.*，列出所有以 Hello 开头的文件。如果这个列表包括 Hello.class，输入 del Hello.class 删除该文件。输入 javac Hello.java 编译源代码。再次输入 dir Hello.*并验证字节码文件 Hello.class 已经被创建。现在你可以输入 java Hello 执行编译后的程序。输入 type Hello.java 和 type Hello.class，感受一下字节码与源代码的区别。

15. [§1.9]（本练习假定你的计算机包含一个如图 1.6 所示的 Hello.java 文件。如果没有，请使用一个纯文本编辑器创建这样的文件。）通过 Hello.java 程序的实验，了解典型的编译时和运行时错误信息的含义。

（1）省略标题块中的最后一个/。

（2）省略 main 后面的括号中的任何部分参数。

（3）省略输出语句末尾的分号。

（4）一个接一个地省略大括号（{}）。

（5）尝试使用小写字母、$、_或数字作为类名的第一个字符。

（6）使程序的文件名与类的名称不同。

（7）将 main 改为 Main。

（8）逐一尝试在 main 前省略 public、static 和 void。

复习题答案

1. 下面的缩写分别是什么含义？

（1）I/O：输入/输出设备

（2）CPU：中央处理单元或处理器

（3）RAM：随机存取存储器或主存储器

（4）GHz：千兆赫兹=十亿赫兹，即某件事每秒发生十亿次

（5）MB：兆字节=百万字节，其中 1 个字节是 8 位

2. 键盘和鼠标是输入设备的两个最明显的例子。另一个可能的输入设备是一个电话调制解调器。

3. 显示器和打印机是两个最明显的重要输出设备的例子。其他的例子包括电话调制解调器和扬声器。

4. 判断：

（1）对。主存储器在物理上更接近处理器，连接主存储器和处理器的总线比连接辅助存储器和处理器的总线要快。主存储器也更昂贵，因此通常更小。

（2）错。当电源关闭时，主存储器会失去信息，而辅助存储器则不会。不过，意外断电可能会破坏辅助存储器中的信息。

（3）错。主存储器的第一个位置是在地址 0。

（4）错。CPU 被认为是计算机本身的一部分，它不是一个外围设备。

（5）对。热插拔是指在计算机开机时将一个设备插入计算机。

5. 平板电脑通常首选固态硬盘，因为它更小、更轻、更耐损坏。

6. 算法是解决一个问题的分步过程。

7. 伪代码是一种非正式的语言，使用常规的英语术语来描述程序的步骤。

8. 语法规则对伪代码（相对于编程语言代码）更为宽松。

9. 大多数编译器将源代码转换为目标代码。Java 编译器将源代码转换为字节码。

10. 目标代码是处理器可以阅读和理解的二进制格式指令的正式术语。

11. Java 虚拟机（JVM）是一个解释器，将 Java 字节码翻译成目标代码。

12. 五种不同类型的 Java 程序是 Applets、Servlets、JSP 页面、微型版应用程序和标准版应用程序。

第 2 章

算法与设计

目标

- 学习如何撰写非正式的文字描述，说明想让计算机程序做的事情。
- 理解流程图如何描述计算机程序的作用。
- 熟悉标准且规范的控制模式。
- 学习如何构建条件执行。
- 学习如何构建与终止包括嵌套循环在内的循环操作。
- 学习如何追踪程序的操作序列。
- 了解如何在不同细节层次上描述程序操作。

纲要

2.1　引言

正如第 1 章所述，编写计算机程序涉及两项基本活动：①搞清楚你想做什么；②编写代码来实现它。你可能很想绕过第一步，直接跳到第二步——编写代码。请克制这种冲动。直接开始编写代码的结果往往只能得到糟糕的程序，这些程序运行得不理想，还因为组织导致混乱难以理解，修复起来也麻烦。因此，除了最简单的问题外，最好先思考你想做什么，然后再组织你的想法。

作为组织过程的一部分，你要写一个*算法*（algorithm）[①]。算法是解决一个问题的指令序列，有以下两种常见格式。

第一种格式是一种自然语言的纲要，称为*伪代码*（pseudocode），其中前缀 pseudo 意味着虚构或假装，所以它不是真正的代码。和真正的代码一样，伪代码由一条或多条*语句*组成。一条语句相当于自然语言中的一个句子。如果句子很简单，相应的语句通常会出现在一行中；但如果句子很复杂，语句可能会分散在几行中。就像在一个大纲中一样，语句也可以相互嵌套。我们会经常使用"语句"这个词，随着我们学习的深入，你会对它有更多的体会。

第二种格式是方框和箭头的排列，帮助你直观地了解算法的步骤。盒子和箭头最具体的形式被称为*流程图*。流程图中的方框通常包含类似于伪代码语句的简短语句。

本章将向你展示如何将伪代码和流程图应用于一组基本的标准编程问题——这些问题几乎出现在所有大型程序中。本章还将向你展示如何追踪一个算法——每次从一条语句入手，看看它到底在做什么工作。我们的目标是给你一套基本的非正式工具，你可以用它来描述你希望程序做些什么。这些工具可以帮助你在开始编写实际程序之前组织你的思维。追踪帮你弄清一个算法（或完成的程序）实际上是如何工作的。它可以帮助你验证程序的正确性，并在程序不对的时候发现问题所在。

2.2　输出

第一个要考虑的问题是显示程序的最终结果——它的输出。这听起来像是应该在最后才考虑的问题，那为什么要先考虑呢？输出就是目标，是*终端用户*（即最终使用该程序的客户）希望得到的，首先考虑输出，可以防止你浪费时间去解决错误的问题。

> 把自己放在用户的位置上。

2.2.1　Hello World 算法

在第 1 章中，我们向你展示了一个在计算机屏幕上生成"Hello, world!"输出的 Java 程序。现在我们将重新审视这个问题，但重点是算法，而不是程序。你可能还记得，第 1 章的 Hello World 程序有七行。图 2.1 展示了 Hello World 的算法——它只包含一行，即一个伪代码输出语句。算法的意义在于展示解决问题所需的步骤，而不被语法细节所困扰。Hello World 算法就是这样做的，它显示了一个简单

[①] 9 世纪的波斯数学家花拉子密（Muhammad ibn Musa al-Khwarizmi）被认为是代数之父。algorithm（算法）一词来自 Algoritmi，即他的短名 al-Khwarizmi 的拉丁语形式。

的输出语句，这是完成 Hello World 程序所需的唯一一步骤。

> print "Hello, world!"

图 2.1　Hello World 算法——输出信息"Hello, world!"

图 2.1 的"Hello, world!"信息是一个字符串文本。*字符串*是一个字符序列的通用术语，其字符被明确地写入并以引号括起来。如果要输出一个字符串文本，就会按照命令中的字符依次输出。因此，图 2.1 所示的算法输出了 H、e、l、l、o、,、空格、w、o、r、l、d 和!这些字符。

2.2.2　矩形算法

对于下一个例子，假设你想计算一个特定矩形的面积，首先考虑你希望算法做什么。在图 2.2 中，输出栏下面的一行代码 **area = 40** 表示该算法的输出是什么样子的。

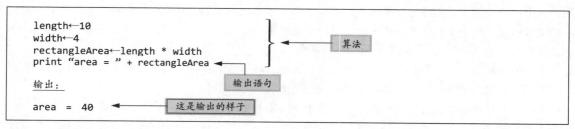

图 2.2　计算矩形面积的矩形算法

图 2.2 的上半部分是计算矩形面积的算法。请注意，其中一些单词，如 length（长度）和 width（宽度）是以*等宽字体*出现的。等宽字体是指每个字符的宽度是统一的，我们用等宽字体来表示*变量*。变量是容纳值的容器。使用反向箭头符号←表示把一个值分配到一个变量中，变量名在左边，值在右边。例如，图 2.2 所示的算法中，前两行分别向 length 变量赋值 10，向 width 变量赋值 4。这些使用反向箭头的语句都是伪代码赋值语句。第三行是一个更复杂的赋值语句，其描述了两个操作：首先，通过 length 乘以 width 来计算面积（*是乘法的乘号）；然后将结果（乘积）赋给变量 rectangleArea。第四行输出两个项目——字符串文本"area ="和 rectangleArea 变量的值。当一个变量出现在输出语句中时，输出语句输出的是该变量中存储的值。rectangleArea 变量中存储了 40，所以输出语句输出的是 40。在输出语句中，注意"area ="和 rectangleArea 之间的+符号。这样做是为了帮助你在以后的 Java 编码中养成良好的习惯。Java 要求当你使用输出语句来输出一个字符串和其他内容时，在你要输出的每个内容之间插入一个+号。本章是关于算法和伪代码的，而伪代码是非常宽容的，所以如果你在本章中忘记使用+号来分隔一个字符串和另一个要输出的内容，也不是什么大问题。

2.3　变量

现在让我们更详细地讲解变量。图 2.2 所示的矩形算法有三个变量：length、width 和 rectangleArea。在 rectangleArea 中，注意我们是如何将"rectangle（矩形）"和"area（面积）"这两个单词放在一起的且以大写字母开始第二个单词的。这样做是为了帮助你在以后的 Java 编码中养成良好的习惯（这与我们希望你在想输出的内容之间插入+号的道理是一样的）。Java 不允许变量名称中有任何空格，因此，如果你想使用一个包含多个单词的变量名时，不要用空格来分隔这些单词。相反，为了区分这些单词，建议在第一个单词之后将所有单词的第一个字母大写。所有其他字母，包括第一个单词的首字母，都应该是小写的。因为中间有一个或多个凸出的点，因此这种写多字变量名的技术被称为 *camelCase*（驼峰命名法）。下面两个例子展示了如何用 camelCase 命名变量。

描述	好的变量名
运动队名（sports team name）	teamName
重量，以克计（weight in grams）	weightInGrams

变量可以容纳不同*类型*的数据。teamName 变量可能包含哪种类型的数据——数字还是字符串？它可能会被用来保存一个字符串（如 Jayhawks 或 Pirates）。那么 weightInGrams 变量可能包含哪种类型的数据，数字还是字符串？它可能会被用来保存一个数字（如 12.5）。对于人类来说，仅仅通过思考变量的名称就可以比较容易地确定其类型，但是这种思考对于计算机来说是非常困难的。所以在一个真正的 Java 程序中，我们必须告诉计算机每个数据项的类型。

然而，由于伪代码是严格为人类而非计算机设计的，所以在伪代码中，我们不需要理会类型的说明。请注意，图 2.2 的程序的伪代码表示没有提到任何数据类型。伪代码忽略了数据类型，这样就可以把重点放在算法的本质——它的指令上。

2.4　运算符和赋值语句

上一节描述了变量本身。现在让我们通过观察运算符和赋值来考虑变量之间的关系。

下面是图 2.2 中的第三条语句。

```
rectangleArea ← length * width
```

如前所述，*符号是乘法运算符。其他常见的算术运算符包括：+表示加法，-表示减法，/表示除法。这些大家应该都很熟悉。length 和 width 变量是*操作数*。在数学中，以及在编程中，操作数是指被运算符操作一个实体（如一个变量或一个值）。length 和 width 变量是操作数，因为它们是由*运算符操作的。

当我们说 "variableA←x" 时，我们的意思是 "将 x 的值放入 variableA" 或 "将 x 的值分配给 variableA"。所以 "rectangleArea ← length * width" 语句将 length 乘以 width 的乘积放入 rectangleArea 变量中。一图胜千言，图 2.3 直观地描述了这个语句的作用。

图 2.3　以反向箭头表示的赋值操作

图 2.3 显示了伪代码语句中没有显示的一对小括号。你可能还记得小学时的数学，小括号在所有数学运算符中具有最高的*优先级*。这意味着括号内的任何运算（如乘法或加法）都应该在括号外的运算之前进行。因此，图 2.3 表明，在将结果分配给反向箭头左侧的变量之前，反向箭头右侧的所有内

容应该被完全计算。这就是伪代码中的方式，也是 Java 中的方式。如果你愿意，你可以在你的代码中加入小括号，但大多数人都不愿多此一举，因为他们知道小括号是隐式的。反向箭头的方向（从右到左）表示赋值语句从右到左执行，这有助于使隐式小括号更加明显。换句话说，在从右向左执行的情况下，反向箭头的右边必须先被计算，然后才能将其值转移到反向箭头的左边。

2.5　输入

在前面的矩形算法中，算法本身提供了 length 和 width 变量的值。我们这样做是为了使介绍性的讨论尽可能简明。有时给变量预定义值是一个合适的策略，但在这个特定案例中，这种做法是很愚蠢的，因为该算法只得到了一组特定的值。为了使算法更加通用，你应该让*用户*（运行程序的人）提供这些值，而不是让算法提供 length 和 width 变量的值。当用户为程序提供数值时，就叫作*用户输入*或直接叫*输入*。图 2.4 是一个改进的矩形算法，其中输入 length 和 width 执行用户输入操作。

注意图 2.4 中的前两条输出语句——它们被称为*提示*，因为它们告诉（或提示）用户要输入什么。如果没有提示，大多数用户会留下不愉快的感觉和令人费解的问题：“我现在该怎么做？”

在本书中，我们提供了一些*示例会话*，以此来展示当一个算法或程序在一组典型的输入下运行时会发生什么。如果有空间，我们会在展示算法或程序的图中给出相应的示例会话。你能找出图 2.4 的示例会话中的用户输入值吗？我们的惯例是将示例会话的输入值用斜体表示，以区别于输出。因此，*10* 和 *4* 是用户输入值。

写出你要做的事情以及你要怎么做。　伪代码算法和示例会话的组合是指定简单算法或程序的一种方便而有效的方法。示例会话呈现了所需输入和输出的格式，以及有代表性的输入和输出的数值，使程序员能够验证他完成的程序实际上是按要求行事的。在本书的许多项目中（项目在本书的网站上），我们提供了一些伪代码和示例会话的组合，以说明我们要求你解决的问题。

```
print "Enter a length in meters: "
input length
print "Enter a width in meters: "
input width
rectangleArea ← length * width
print "The area is" + rectangleArea + "square meters."

示例会话:
Enter a length in meters: 10              用户的输入用斜体表示
Enter a width in meters: 4
The area is 40 square meters.
```

图 2.4　矩形算法从用户得到长度和宽度值

2.6　控制流和流程图

在前面的章节中，我们描述了输出语句、赋值语句和输入语句，并着重介绍了它们的工作机制。

现在是时候关注语句之间的关系了。确切地说，我们将关注*控制流*。控制流是指程序语句的执行顺序。在对控制流的讨论中，将同时提及算法和程序。控制流的概念同样适用于两者。

控制流最好借助流程图来解释。流程图对于理解这些概念来说很有帮助，因为它们是图片，可以帮助你"看到"一个算法的逻辑。流程图使用两个基本符号：①矩形，包含输出、分配和输入等命令；②菱形，包含是/否问题。在每一个菱形上，控制流都会分流。如果答案为"是"，控制流就会流向某个方向；如果答案为"否"，则流向另一个方向。

图 2.5 中的虚线框表示控制流的三种标准结构：顺序结构、条件结构和循环结构。左边的流程图表示顺序结构，是图 2.2 中描述的矩形算法的图片。*顺序结构* 包含的语句是按照其编写的顺序/次序来执行的。换句话说，在执行一条语句后，计算机会执行紧随其后的语句。*条件结构* 包含一个是/否问题，问题的答案决定了是执行后面的语句块还是跳过它。*循环结构* 也包含一个是/否问题，问题的答案决定了是否重复循环的语句块或继续执行循环之后的语句。

结构化编程 是要求程序将其控制流限制在顺序、条件和循环结构中的一门学问。如果一个程序可以被分解成图 2.5 中的模式，那么它就被认为是结构良好的。你应该努力追求结构良好的程序，因为它们往往更容易理解和操作。为了让你了解什么是不应该做的，请看图 2.6。它的控制流很糟糕，因为有两个进入循环的点，当你在循环内时，很难知道过去发生了什么。当一个程序难以理解时，它就容易出错且难以修复。实现这种算法的代码有时被称为"*意大利面式*"*代码*，因为当你画出代码的流程图时，流程图看起来像意大利面。

> 不要写意大利面式代码。

当你看到意大利面的时候，就把它解开吧！

除了规范顺序、条件和循环结构外，结构化编程还将大问题分割成更小的子问题。在 Java 中，我们把每个子问题的解决方案放在一个单独的代码块中，称为*方法*。我们将在第 5 章中讨论方法，但现在，我们先关注图 2.5 所示的三种控制结构。

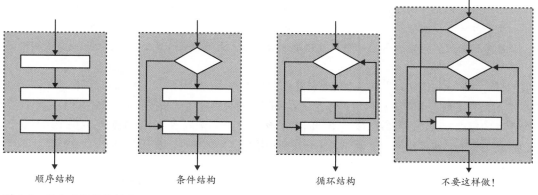

顺序结构   条件结构   循环结构   不要这样做！

图 2.5   结构良好的控制流   图 2.6   结构不良的控制流

2.7   if 语句

在前面描述输出、赋值和输入语句的章节中，你看到了图 2.5 左侧的顺序结构的例子。现在我们来考虑一下图 2.5 中间的条件结构。在经历一连串的步骤时，有时你会走到一个"岔路口"，这时你必须选择走哪条路。你的选择取决于实际情况。更具体地说，它取决于一个问题的答案。当一个程序有一个岔路口时，程序员使用 *if 语句* 来实现这个岔路口。if 语句提出了一个问题，问题的答案告诉算法该走哪条路。更正式地说，if语句包含一个*条件*，即一个答案为"是"或"否"的问题。条件问题的答案决定了接下来执行哪个语句。下面是if语句的三种形式：

- if
- if-else
- if-else if

现在让我们分别看一下这三种形式。

2.7.1　if

首先，假设你想做一件事或者什么都不做。在这种情况下，你应该使用 if 语句的简单 if 形式。格式如下：

注意"条件"和"语句"的斜体字。在本书中，我们用斜体来表示需要描述的项目。因此，当你看到"*条件*"时，它告诉你一个实际的条件，而不是"条件"这个词，应该跟在 if 这个词后面。同样，当你看到"*语句*"时，它告诉你一个或多个实际的语句，而不是"语句"这个词，应该放在 if 语句的标题下面。

在上面的 if 语句中，注意语句是如何缩进的。伪代码通过使用缩进显示封装或从属关系来模仿自然语言的大纲。在 if 语句标题下的语句是从属于 if 语句的，因为它们被认为是更大的、包括 if 语句在内的一部分。由于它们是从属的，所以应该缩进。下面是简单 if 语句的 if 形式的工作原理。

- 如果条件为真，执行所有的从属语句；也就是说，执行紧挨着if的所有缩进语句。
- 如果条件为假，则跳到最后一个从属语句之后的行；也就是说，跳到 if 下面第一个未缩进的语句。

让我们把这些概念付诸实践，在一个完整算法的背景下展示一个 if 语句。图 2.7 的闪电算法用于计算用户离雷击处有多远。该算法提示用户输入从看到闪电到听到闪电的相关雷鸣声之间的秒数。计算离雷击处距离的标准方法是用秒数除以一个"闪电系数"。闪电系数除数是不同的，这取决于用户是在地面上还是在飞机上，该算法使用if语句来区分这两种情况。具体来说，在图 2.7 中，注意该算法如何将闪电系数初始化为 3，然后使用 if 语句；如果用户在飞机上，则将闪电系数改为 3.4。在 if 语句之后（即在 if 语句的标题内没有更多的缩进语句之后），注意该算法如何将输入的秒值除以闪电系数，然后输出结果距离。①

在闪电算法中，注意 if 语句的条件是 inAnAirplane 等于 y。inAnAirplane 变量存有用户的输入，y

---

① 对于在飞机上的情况，闪电系数的除数较大，因此计算出来的距离较小。为什么在飞机上时计算出来的距离要小一些？当飞机在典型的巡航高度 10000 米（=33000 英尺）飞行时，气温约为–57℃（=–70°F）。因为声音在冷空气中的传播速度更慢。所以在飞机上，当你听到雷声时，它比正常延迟显示的距离更近一些。

或 n，表示用户是否在飞机上。该条件将 inAnAirplane 变量的内容与 y 值进行比较，看它们是否相等。如果它们相等，则执行 if 语句内的两个缩进语句。

```
lightningFactor ← 3
print "How many seconds were between the lightning and the thunder? "
input seconds
print "Are you flying in an airplane (y/n)? "
input inAnAirplane
if inAnAirplane equals "y"          条件
    print "Beware - the lightning may be closer than you think! "
    lightningFactor ← 3.4                                          这两条语句从属于外
distance ← seconds / lightningFactor                               层 if 语句
print "You are" + distance + "kilometers from the lightning."
当用户在飞机上时的示例会话
How many seconds were between the lightning and the thunder? 6
Are you flying in an airplane (y/n)? y
Beware - the lightning may be closer than you think!
You are 1.76 kilometers from the lightning.
当用户不在飞机上时的示例会话
How many seconds were between the lightning and the thunder? 6
Are you flying in an airplane (y/n)? n
You are 2 kilometers from the lightning.
```

图 2.7　计算用户与雷击处的距离的闪电算法

还有一个问题要从闪电算法中学习。请注意，distance 赋值命令与随后的输出命令是独立的语句。这是完全可以接受的，也是很常见的。但是你应该注意另一种实现方式，即这两个命令被合并成一条语句：

```
print "You are" + (seconds / lightningFactor) + "kilometers from the lightning."
```

在这种情况下，我们在数学计算的语句外部加上括号，以强调我们希望计算机输出计算结果，而不是各个变量的值。

2.7.2　if-else

现在是 if 语句的第二种形式——if-else 形式。如果你想做一件事或另一件事，就使用 if-else 形式。格式如下：

```
if 条件
    语句
else
    语句
```

下面是 if 语句的 if-else 形式的工作原理。

● 如果条件为真，执行所有从属于 if 的语句，并跳过所有从属于 else 的语句。

● 如果条件为假，跳过所有从属于 if 的语句，并执行所有从属于 else 的语句。

下面是一个使用 if 语句 if-else 形式的例子。

```
if grade ≥ 60
  print "Pass"
else
  print "Fail"
```

注意我们是如何缩进从属于 if 条件的输出 Pass 语句，以及从属于 else 的输出 Fail 语句的。

2.7.3　if-else if

if 语句的 if-else 形式解决了正好有两种可能性的情况。但如果有两种以上的可能性呢？例如，假设你想为一个特定的数字分数输出五个可能的字母等级中的一个，你可以通过使用 if 语句的 if-else if 形式建立平行路径来实现：

```
if grade ≥ 90
  print "A"
else if grade ≥ 80
  print "B"
else if grade ≥ 70
  print "C"
else if grade ≥ 60
  print "D"
else
print "F"
```

如果成绩是 85 分会怎样？输出 A 的语句被跳过，而执行输出 B 的语句。一旦发现其中一个条件为真，那么整个 if 语句的其余部分将被跳过。所以第三、第四和第五条输出语句不会被执行。

如果所有条件都是假的会怎样？如果所有条件都为假，那么 else 下面的从属语句就会被执行。因此，如果成绩是 55 分，就会执行输出 F 的语句。请注意，你不需要在 if-else if 语句中加入 else 语句。如果没有 else 语句，而且所有的条件都是假的，那么就不会有任何语句被执行。

2.7.4　if 语句总结

使用最合适的方式。　使用第一种形式（if）处理你想做一件事或什么都不做的问题。使用第二种形式（if-else）处理你想做一件事或另一件事的问题。对于有三种或更多可能性的问题，使用第三种形式（if-else if）。

2.7.5　流程图和伪代码练习题

让我们来练习一下你所学到的关于 if 语句的知识，首先展示一个将 CEO 过高的薪水减半的算法流程图（见图 2.8），并编写相应的伪代码。

在流程图中，我们省略了菱形条件中的 if 一词，并加上一个问号，将条件变成问题。问题的格式与箭头上的"是"和"否"非常吻合。如果条件为真，问题的答案为"是"；如果条件为假，问题的答案为"否"。参考图 2.8 中的流程图，试着写一个伪代码版本的"CEO 工资减半"算法。当你完成后，请将你的答案与我们的答案进行比较。

```
print "Enter CEO Salary: "
input ceoSalary
```

```
if ceoSalary > 500000
  ceoSalary ← ceoSalary * 0.5
  print "Reduced CEO Salary is $" + ceoSalary
```

在图 2.8 所示的流程图中，注意菱形的左箭头和底部矩形的下箭头是如何连接的。这样做是因为每个流程图都应该有一个起点和一个终点，所以不要忘记连接流程图的底部组件。

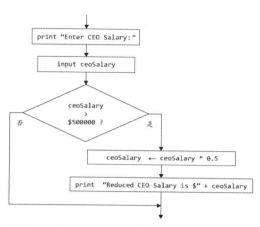

图 2.8 "CEO 工资减半"流程图

2.7.6 只用伪代码的练习题

大家都知道"一图胜千言"这句话，这也许是对的，但是把构建图 2.8 的流程图所消耗的空间和精力与编写相应的伪代码所消耗的空间和精力相比，似乎又不是这么回事。图片可以帮助你入门，你一旦知道自己在做什么，文字就会更有效率。因此，现在让我们尝试跳过流程图，立即进入伪代码的编写。

首先，编写一个算法，如果气温低于 0°F[①]，就输出 "No school!"。对于这个问题，你应该使用哪种 if 语句形式？因为问题描述的是要么做什么，要么什么都不做，你应该使用简单的 if 形式。

```
print "Enter a temperature: "
input temperature
if temperature < 0
  print "No school!"
```

接下来，再编写一个算法，如果气温高于 50°F，则输出 "warm"，否则输出 "cold"。对于这个问题，你应该使用哪种 if 语句形式？因为问题描述的是要做一件事或另一件事，你应该使用 if-else 形式。

```
print "Enter a temperature: "
input temperature
if temperature > 50
  print "warm"
else
  print "cold"
```

最后，再编写一个算法，如果气温高于 80°F 就输出 "hot"，如果在 50 ~ 80°F 之间就输出 "OK"，如果低于 50°F 就输出 "cold"。对于这个问题，使用 if-else if 的形式是最合适的，例如：

```
print "Enter a temperature: "
input temperature
if temperature > 80
  print "hot"
else if temperature ≥ 50
  print "OK"
else
  print "cold"
```

①换算公式：摄氏度（℃）=[华氏度（°F）−32]÷1.8，感兴趣的读者可自行转换。——编者注

2.8　循环

到目前为止已经讨论了图 2.5 中三种结构中的两种——顺序结构和条件结构。现在我们来讨论第三种结构——*循环结构*。循环结构重复执行一个特定的语句序列。如果你需要多次执行一个代码块，当然可以在你需要的地方重复编写代码。然而，这会导致冗余，这在你的计算机程序中应该避免，因为它为"不一致"打开了大门。最好是写一次代码，然后重复使用它。重复使用一个代码块的最简单的方法是回到该代码块开始的地方再运行一遍，这就是所谓的*循环*。每个循环都有一个条件，决定了要重复多少次循环。设想你在堪萨斯州的西部开车，沿途每次看到"草原犬鼠镇"（Prairie Dog Town）的标志，你的孩子都会央求你参加一次草原犬鼠的驾车游览。关于重复游览多少次的决定与循环语句中的条件相似。

2.8.1　简单示例

假设你想输出"Happy birthday!"100 次。与其写 100 条"print "Happy birthday!""语句，不如使用一个循环。图 2.9 以一个带有循环的流程图的形式展示了这个问题的解决方案。流程图用一个箭头实现了循环逻辑，这个箭头从"count← count + 1"回到了"count≤100?"的条件上。

在一个循环中，你通常会使用一个 count 变量来追踪循环的重复次数。你可以选择向上计数或向下计数。"生日快乐"算法的流程图是向上计数的。

要实现向上计数，你需要在 count 变量上加 1。在流程图中，下面是向上计数的语句：

```
count← count + 1
```

初学者的一个常见错误是试图通过使用以下语句而不是其他语句来进行计数：

```
count + 1
```

这段代码确实在 count 的当前值上加了 1，但随后总和发生了什么呢？它只是消亡了，没有被保存在任何地方。如果需要使一个变量实现自增，你该做的不仅仅是向该变量加 1，而是必须使用一个赋值运算符，将新的值赋给变量本身。在伪代码中，我们使用反向箭头进行赋值操作，所以这里再一次说明你应该如何实现一个需要计数的算法的计数部

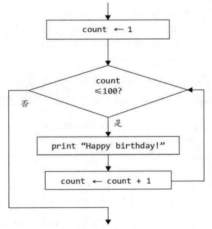

图 2.9　"生日快乐"算法流程图

分（是的，虽然上面已经介绍了同样的代码，但是这非常重要，这里决定再次展示）：

```
count ← count + 1
```

在反向箭头的两边都有相同的变量可能看起来很奇怪，但是这是必要的。它反映了这样一个事实：该语句为不同的目的使用了两次 count 变量。如你所知，赋值语句是从右向左工作的，所以语句的 count + 1 部分会首先被执行。接下来，结果（count + 1 的总和）被赋值到 count 变量中，用新的值替换原来的 count 值。

在实践中，所有的循环都应该有某种形式的终止。也就是说，它们应该在某个点上停止执行。一

个向上计数的循环通常使用一个最大值作为终止条件。例如,图 2.9 的循环在 count 小于或等于 100 时继续进行,当 count 达到 101 时终止(停止循环)。一个向下计数的循环通常使用一个最小值作为终止条件。例如,一个循环可能从 count 等于 100 开始,只要 count 大于 0 就继续。然后,当 count 达到 0 时,循环就会终止。

当一个循环的条件将一个计数器变量与一个最大值进行比较时,经常会出现这样的问题:是使用"小于等于"还是仅仅使用"小于"。同样,当一个循环的条件将一个计数器变量与一个最小值进行比较时,经常会出现是使用"大于等于"或只使用"大于"的问题。这些问题没有绝对的答案。有时你需要用一种方式,有时你需要用另一种方式,这取决于实际情况。例如,再看一下图 2.9 中"生日快乐"算法的决策条件。假设你使用了"小于",那么,当 count 等于 100 时,你会在输出最后一个(第 100 个)"Happy birthday!"之前退出。因此,在这种情况下,你应该使用"小于或等于"。如果你错误地使用了"小于",这将是一个*差一错误*(off-by-one error)。这种错误被称为"差一",因为它们发生在比应该执行的循环多一次或少一次的时候。为了避免差一错误,你应该反复检查算法循环的边界情况。

2.8.2 while 循环

大多数流行的编程语言都有几种不同类型的循环。虽然这可能有点复杂,但从理论上来说总有一种方法可以将任何一种类型的循环转换为其他类型。因此,为了简单描述起见,在这部分关于算法的讨论中,我们将只考虑一种类型的循环,当进入 Java 语言的细节时再看其他类型。现在要考虑的循环类型是一个非常流行的类型,即 while 循环,它有着如下格式:

```
while 条件
{
  语句
}
```

这个格式看起来很熟悉,因为它与 if 语句的格式相似。条件在顶部,从属语句是缩进的。但是对于 while 循环来说,从属语句是由大括号括起来的。这些从属语句被称为循环的*主体*。循环执行其主体的次数被称为*迭代次数*。循环有可能永远重复,这被称为*无限循环*。循环也有可能重复零次。对于出现零次迭代的情况,没有特殊的名称,但重要的是要意识到这种情况可能会发生。例如,让我们看看图 2.9 的"生日快乐"算法流程图在用 while 循环呈现的伪代码中是怎样的,参见图 2.10。

```
count ← 1
while count ≤ 100
{
  print "Happy birthday!"
  count ← count + 1
}
```

图 2.10 另一种"生日快乐"算法的伪代码

下面是 while 循环的工作原理。

● 如果条件为真,执行循环的所有从属语句,然后跳回到循环的顶部,再次检查循环的条件。

● 当循环的条件最终变为假时,跳到循环的下面(即循环的最后一条从属语句之后的第一条语句),在那里继续执行。

2.9　循环终止技术

在本节中，我们将描述三种常见的终止循环的方法。

● 计数器

使用一个计数器变量来追踪迭代的次数。

● 用户查询

询问用户是否要继续。如果用户回答"是"，那么就执行循环的主体。在每次通过循环中的从属语句后，再次询问用户是否要继续。

● 哨兵值

当一个循环包括一个数据输入语句时，确定一个超出正常输入范围的特殊值（哨兵值），并使用它来指示循环应该终止。例如，如果正常的输入范围是正数，哨兵值可以是一个负数，如−1。下面是操作方法：继续读入数值并执行循环，直到输入值等于哨兵值，然后停止循环。在现实世界中，哨兵是让人们继续通过的警卫，直到敌人到来。因此，程序的哨兵值就像现实世界中的哨兵，它允许循环继续或不继续。

2.9.1　计数器终止

图 2.10 所示的"生日快乐"算法是一个使用计数器来终止循环操作的好例子。然而，应该指出的是，计算机开始计数的正常位置是 0，而不是 1。如果使用标准的从 0 开始的惯例，图 2.10 的伪代码就变成了下面这样：

```
count ← 0
while count < 100
{
  print "Happy birthday!"
  count ← count + 1
}
```

请注意，当我们将初始计数值从1改为0时，也将条件比较符号从≤改为了<。这将产生同样的100次迭代，但这次的计数值将是 0、1、2、…、98、99。每次创建一个计数器循环时，重要的是保证迭代的次数是你想要的。因为你可以从不同于 1 的数字开始，而且终止条件可以采用不同的比较运算符，所以有时很难确定你将得到的总迭代次数。这里有一个方便的技巧，可以让你更有信心。

简化问题以
洞察本质。

检查一个循环的终止条件，暂时改变终止条件，以产生你认为正好是 1 个迭代的结果。例如，在这个最新的"生日快乐"算法的伪代码版本中（初始计数为 0），将最终计数从 100 改为 1，然后问自己："输出操作会发生多少次？"在这种情况下，初始计数是 0。第一次测试条件时，条件是"0<1"，这是真。因此，条件得到满足，执行循环的从属语句。由于循环中的最后一条语句将计数增加到 1，在下一次测试条件时，条件是"1<1"，即为假。所以条件不满足，循环终止。因为在循环条件中使用 1 会产生一次迭代，所以你可以确信当循环条件为 100 时会产生 100 次迭代。

2.9.2 用户查询的终止

为了理解用户查询的终止，考虑一个反复向用户询问数字并计算和输出输入值的平方的算法。只要用户对"Continue?"的提示回答 y，这个操作就应该继续。

图 2.11 展示了这个算法的伪代码。在 while 循环体内，第一条语句提示用户输入一个数字，第三条语句进行计算，第四条语句输出结果。"Continue? (y/n)"的输出和相应的输入就在主体结束之前。这个循环总是至少执行一次，因为我们在循环开始前将 y 分配给了 continue 变量。

```
continue ← "y"
while continue equals "y"
{
  print "Enter a number: "
  input num
  square ← num * num
  print num + " squared is " + square
  print "Continue? (y/n): "
  input continue
}
```

图 2.11 使用查询循环的输出平方数算法

假设你想让用户可以在输入哪怕一个数字计算平方之前就退出，可以通过使用下面这两条语句替换第一条语句来实现：

```
print "Do you want to print a square? (y/n): "
 input continue
```

这样就能为用户提供输入 n 的选择，就不会有平方的计算了。

2.9.3 哨兵值终止

为了理解哨兵值终止，设计一个反复读入保龄球得分的算法，直到输入一个哨兵值-1，然后输出平均分数。

通常情况下，在写下任何东西之前，你都应该花时间思考一个问题的解决方案。而且，你应该首先从高层次上思考解决方案，而不是担心所有的细节问题。因此，我们鼓励你现在把书放在一边，思考一下"保龄球得分"算法中需要的步骤。

仔细想想吧。

你思考完了吗？如果思考完了，请将你的想法与下面这个高层次描述进行比较。

（1）反复读入分数，计算所有分数的总和。

（2）当-1 被输入时，用总和除以输入分数的次数。

在这个高层次的描述中，有两个细节是你现在需要解决的。首先，你需要考虑如何找到所有分数的总和。在要求任何输入以及任何循环之前，给 totalScore 变量分配一个初始值 0。换句话说，把它 *初始化* 为 0。然后，在同一循环中反复询问用户是否输入下一个分数，在输入该分数后，立即将其添加到 totalScore 变量中，以累加输入的分数。这样，当所有的分数都输入后，totalScore 变量就会包含所有分数的总和。

所有分数的总和是有用的，因为我们的目标是确定平均分，而要计算平均分，你需要获取总分。

为了计算平均分，你还需要项目的总数，而这是无法提前知道的。怎样才能追踪到目前为止所输入分数的数量呢？在初始化和更新 totalScore 变量的同时，初始化并累积一个 count 变量。注意，只需一个循环即可完成所有的三个活动（输入、更新 totalScore 和更新 count）。我们选择–1 作为"保龄球得分"算法的哨兵值，因为它是一个永远不会作为有效保龄球得分的值（当然，任何负数都可以作为哨兵值）。

图 2.12 说明了这个问题的算法解决方案。注意，提示信息添加了说明"（–1 to quit）"。这是必要的，因为没有它，用户就不知道如何退出程序。一般来说，在编写程序时应当总是提供足够的提示信息，使用户知道下一步该做什么，知道如何退出。

```
totalScore ← 0
count ← 0
print "Enter score (-1 to quit): " input score
while score ≠ -1
{
  totalScore ← totalScore + score
  count ← count + 1
  print "Enter score (-1 to quit): "
  input score
}
avg ← totalScore / count
print "Average score is " + avg
```

图 2.12　使用哨兵值循环的"保龄球得分"算法

如果用户在第一次输入时输入–1，你认为会发生什么呢？这将导致循环体被跳过，而且 count 变量也永远不会由最初的初始值（0）被更新。当 average 赋值语句尝试计算平均分数时，会用 count 去除 totalScore。因为 count 是 0，所以它将除以 0。正如你在数学课程中可能记得的，除以 0 会产生问题。如果用一个数除以 0，其结果是未定义的。如果一个 Java 程序除以 0，计算机会输出一个神秘的错误信息，然后立即关闭该程序。因为"保龄球得分"算法允许除以 0 的可能性，所以它不是很*健壮*（robust）[①]。要做到健壮，它的行为应该是一个典型的用户会认为既合理又有礼貌的方式，即使是在输入不合理的情况下。为了使程序更加健壮，可以用如下的 if 语句代替图 2.12 算法中的最后两个语句：

```
if count ≠ 0
  avg ← totalScore / count
  print "Average score is " + avg
else
  print "No entries were made."
```

使用这个 if 语句可以使程序告诉用户为什么没有产生正常的输出，而且可以避免除以 0 所带来的固有问题。

[①]robust 也有"鲁棒"的音译表达。——译者注

2.10 嵌套循环

在前面两节中，我们介绍的每个算法都只包含一个循环。随着对本书的学习和编程生涯的开展，你会发现大多数程序都包含一个以上的循环。如果一个程序中的循环是独立的（即，第一个循环在第二个循环开始之前结束），那么这个程序的流程应该是相当简单的。此外，如果一个程序的内部有一个循环，那么这个程序的流程就会更难理解。在本节中，我们将尝试让你适应*嵌套循环*，这是一个正式术语，用来表示内循环在外循环中。

假设你被要求编写一个算法，从一个用户输入的数字列表中找出最大的质数，用户通过输入一个负数表示他已经完成了。例如，假设用户输入是这样的：

   5   80   13   21   1   −3

数字 5 是质数，因为它只有两个因子：1 和 5。数字 13 也是质数，因为它只有两个因子：1 和 13。数字 80 和 21 不是质数，因为它们都有两个以上的因子。根据质数的定义，数字 1 也不是质数。因此，列表中最大的质数是 13。

当研究一个不简单的算法时，在写下任何东西之前，你应该思考一个非常重要的问题：应该使用什么类型的循环？对于寻找最大的质数算法，你需要一个外循环，当用户输入一个负数时终止。这将是哪种类型的循环呢？计数器循环、用户查询循环还是哨兵值循环？这将是一个哨兵值循环，用一个负数作为哨兵值。

> 使用最合适的循环类型。

弄清内循环就没有那么容易了。事实上，你可能一开始都没有意识到内循环是必要的。为了确定一个数字 x 是否是质数，试着找到一个大于 1 且小于 x，并能将 x 整除的数字。那么，循环在哪里？要回答这个问题，你需要把你的思考过程分解成足够简单的步骤，以成为算法的一部分。具体来说，要找到一个大于 1 且小于 x，并能将 x 整除的数字，需要哪些步骤？在你阅读下一段的答案之前，先停下来，试着自己回答这个问题。提示：你需要使用一个循环。

你可以使用一个计数器循环，从 2 数到 x−1。[①] 为了确定这一点，用 x 除以 count 变量，如果余数为 0，那么就说 count 变量的值能够将 x 整除。如果 count 变量一直到 x−1 都没有找到 x 的一个因子，那么 x 就是质数。

现在看看图 2.13 中的完整的算法解决方案。请注意，该算法确实使用了一个哨兵值外循环——该循环将数值读入一个名为 x 的变量，并在用户输入一个负数时终止。也请注意，该算法确实还使用了一个计数器内循环：该算法将一个 count 变量初始化为 2，在循环内将 count 增加 1，当 count 达到 x 的值时终止循环。它像一个通常的计数器循环，但还包括一些额外的逻辑，如果它在 count 一直递增到 x 之前找到 x 的一个因子，就立即终止循环。具体而言，代码使用一个 prime 变量来追踪 x 是否为质数。对于每个用户输入的 x 值，该算法将 prime 初始化为 yes，然后在内循环中，如果发现 x 有一个因子，则将质数改为 no。改为 no 会导致内循环的终止。

[①] 实际上，你只需要检查从 2 到 x 的平方根之间的因子。如果你找到一个大于 x 的平方根的因子，它一定有一个小于 x 的平方根的"伙伴因子"，这样两个因子的乘积就等于 x。因此，如果在大于 x 平方根的数字之前找到了小于 x 平方根的数字，那么再找到一个大于 x 平方根的因子将不会显示任何新的东西。

```
largestPrime ← 1
print "Enter a number (negative to quit):"
input x
while x ≥ 0
{
    count ← 2
    prime ← "yes"
    while count < x and prime equals "yes"
    {
        if x / count has no remainder
            prime ← "no"
        else
            count ← count + 1
    }
    if prime equals "yes" and x > largestPrime
        largestPrime ← x
    print "Enter a number (negative to quit):"
    input x
}

if largestPrime equals 1
    print "No prime numbers were entered."
else
    print "The largest prime number entered was" + largestPrime + "."
```

外循环

内循环

图 2.13　从用户输入的数字列表中找出最大质数的算法

还有一件重要的事情需要留意。该算法的目标不仅仅是找到质数，还是要从一个数字列表中找到最大的质数。从一个数字列表中找到最大的数值是一个常见的问题，我们应该做的是熟悉它的解决方案。让我们从高层次来思考一下，每找到一个新的质数后，算法应该问一个问题：新的质数是否比之前最大的质数大？如果新的质数更大，那么它就成为新的"冠军"，也就是说，新的最大质数。请注意，前面的句子以*如果*开头，这说明你可以用 if 语句来实现这个逻辑。从图 2.13 中找到紧跟在内循环之后的 if 语句，验证它是否实现了上述的逻辑。你会看到 if 语句检查新的数字，检查是否：①新的数字为质数；②新的数字比之前最大的质数大。如果这两个条件都满足，算法就会将新的数字分配到 largestPrime 变量中。这一赋值让新的数字成为新的最大质数。

用一个糟糕的值进行初始化。

请注意算法顶部的"largestPrime ← 1"初始化语句。将 largestPrime 初始化为 1 有什么意义？你应该用一个糟糕的初始值来初始化冠军变量（largestPrime），这样它在第一次有新的素数与之比较时就会自动输掉。你知道在寻找最大素数的比赛中，1 会输给第一个输入的素数，因为根据定义，素数是大于 1 的。在第一个质数取代了 largestPrime 的初始值 1 后，后面的质数可能会取代 largestPrime 的值，也可能不会，这取决于新的质数的值和 largestPrime 的值。如果用户没有输入任何质数，那么 largestPrime 将保留其最初的值 1。算法的底部会检查这种可能性，如果 largestPrime 等于 1，则输出"No prime numbers were entered."。

2.11　追踪

到现在为止，我们一直关注设计。现在让我们来看看*分析*，即把一个整体分解成它的各个部分。在目前的情况下，这意味着对一个已经存在的算法的细节进行分析。我们将使用的分析技术叫作追踪，在这里你基本上可以假装自己是计算机。你逐行浏览一个算法（或一个程序），并仔细记录所发生的一切。在本书的前面几章中，我们将使用追踪来说明我们试图解释的编程细节。追踪为你提供了一种方法，以确保你真正理解新学的编程机制。追踪也给了你一种方法来验证现有的算法或 Java 代码是否正确，或者它是否有 *bug*。

`挖掘细节。`

什么是 bug？为什么它们被称为 bug？作为早期的数字计算机之一，哈佛大学的 Mark Ⅱ 使用的是机械继电器而不是晶体管，程序员通过改变电气连接进行编程。故事是这样的[①]，尽管所有的电气连接都是正确的，但计算机却一直在犯错。最后，程序员发现有一只飞蛾挤在其中一个继电器的触点之间。显然，这只飞蛾在继电器触点关闭时被压扁了，而飞蛾的尸体打断了这些触点之间的正常电流。在程序员把飞蛾拉出来后——"调试（debug）"了计算机程序——计算机给出了正确的答案。当你追踪一个算法或程序以寻找软件的 bug 时，有时你可能会觉得自己像这些老前辈一样在 CPU 内部爬来爬去，寻找飞蛾。

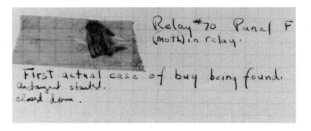

由弗吉尼亚州达尔格伦的海军水面作战中心提供的美国海军历史和遗产司令部照片，1988 年。

2.11.1　短式追踪

我们提出了两种追踪形式——本小节中描述的短式追踪和下一小节中描述的长式追踪。短式追踪程序在工业界和课堂上普遍使用。它在动态环境中运行良好，你可以在伪代码（或之后的 Java 代码）和追踪列表之间来回移动，并在移动时填写信息。你可能会看到你的老师在白板上进行这种动态操作。例如，这里有一个输出"生日快乐歌"的算法：

```
print "What is your name?"
input name
count ← 0
while count < 2
{
  print "Happy birthday to you."
  count ← count + 1
}
print "Happy birthday, dear " + name + "."
print "Happy birthday to you."
```

[①] https://www.computerhistory.org/tdih/september/9.

下面是短式追踪在追踪完成后的样子：

输入	姓名	计数	输出
~~Arjun~~	Arjun	~~0~~	What is your name?
		~~1~~	Happy birthday to you.
		2	Happy birthday to you.
			Happy birthday, dear Arjun.
			Happy birthday to you.

上面的追踪列表有四列：输入、姓名、计数和输出。输入列显示的是算法的假设性输入；输出列显示的是算法在给定输入下运行时产生的结果；姓名和计数列显示了存储在 name 和 count 变量中的值。在这个例子中，我们从输入值 Arjun 开始，然后，一步一步地浏览代码。在浏览代码的过程中，我们在姓名、计数和输出列下添加了一些数值，并划掉了旧的计数值，因为它们被新的计数值所覆盖。图 2.14 描述了短式追踪的一般流程。

追踪设置：
- 如果有输入，设置一项标有输入的列标题。
- 为每个变量设置一项列标题。
- 设置一项标有输出的列标题。

通过每次执行一行算法来追踪程序，对每一行都这样做：
- 对于 **input** 语句，划掉输入列下的一个输入值。
- 对于赋值语句，在变量列下写上新的值来更新变量。如果该列下已有数值，则在最底部的数值下插入新数值，并划去旧数值。
- 对于 **print** 语句，在输出列下写上输出值。如果该列下已有数值，则在最底部的数值下插入新的输出值。

图 2.14　短式追踪的一般流程

短式追踪在实时交互式环境下的效果很好，但在印刷书籍纸页这样的静态环境下，效果就不太理想。这是因为，在书中，短式追踪并不能很好地描绘更新过程的动态。通过简单的"生日快乐歌"算法，你可能已经能够直观地看到动态变化。但是对于更多的复杂算法来说，在一本书的页面上列出的短式追踪只能大概反映它需要强调的细节。因此，在本书中，我们将使用一个长式追踪流程，它能更好地追踪过程中的每个步骤。

2.11.2　长式追踪

在长式追踪流程中，额外增加了重点追踪你在算法中的位置。为了实现这一重点：①你需要在追踪表中为算法中执行的每一步单独设置一行；②对于追踪表中的每一行，你需要提供一个行号，表明该行在算法中的相关行。我们来看图 2.15 所示的"生日快乐歌"算法的长式追踪。

图 2.15 所示的长式追踪看起来有点像之前的短式追踪，但有几个明显的区别。"输入"列被移到了追踪表的主要部分之上。取而代之的是"行号"列，它保存了算法中与追踪表中的行对应的行号。注意第 6 行和第 7 行是如何被执行一次后再执行一次的。这展示了追踪是如何"展开"循环并在每次循环迭代时重复循环中的语句序列的。

```
1. print "What is your name? "
2. input name
3. count ← 0
4. while count is < 2
5. {
6.     print "Happy birthday to you."
7.     count ← count + 1
8. }
9. print "Happy birthday, dear " + name + "."
10. print "Happy birthday to you."
```

输入
Arjun

行号	姓名	计数	输出
1			What is your name?
2	Arjun		
3		0	
6			Happy birthday to you.
7		1	
6			Happy birthday to you.
7		2	
9			Happy birthday, dear Arjun.
10			Happy birthday to you.

图 2.15 "生日快乐歌"算法的长式追踪

2.11.3 使用追踪来查找 bug

现在是时候让你从所有这些追踪的讨论中得到你想要的东西了。我们将为你提供一个算法，并由你来确定它是否正常工作。更具体地说，追踪该算法以确定每一步是否产生合理的输出。如果它产生了错误的输出，找到算法的 bug 并修复算法。

检查每一步。

假设帕克大学的学生宿舍办公室编写了图 2.16 中的算法，该算法应当读取新生的名字，并将每个新生分配到两栋宿舍中的一个。名字以 A～M 开头的新生被分配到 Chestnut Hall，而名字以 N～Z 开头的新生被分配到 Herr House。请使用图 2.16 中提供的追踪设置尝试完成追踪，或者在追踪中找到出现问题的位置。

```
1. print "Enter last name (q to quit): "
2. input lastName
3. while lastName ≠ q
4. {
5.     if lastName's first character is between A and M
6.         print lastName + " is assigned to Chestnut Hall."
7.     else
8.         print lastName + " is assigned to Herr House."
9. }
输入
Wilson
Mercy
Aidoo
Nguyen
q
```

行号	姓氏	输出

图 2.16 "新生宿舍分配" 算法及其追踪设置

你已经完成追踪了吗？如果已经完成了，请将你的答案与下面的表进行比较。

行号	姓氏	输出
1		Enter last name (q to quit):
2	Wilson	
8		Wilson is assigned to Herr House.
8		Wilson is assigned to Herr House.
8		Wilson is assigned to Herr House.
⋮	⋮	

追踪指出了一个问题：算法反复输出 Wilson 的宿舍分配，但没有其他人的。这似乎是一个无限循环。你能找出这个 bug 吗？追踪显示 **lastName** 得到了第一个输入值，即 Wilson，但它从未得到任何其他的输入值。回到图 2.16，你可以看到算法在循环上方提示输入姓氏，但在循环内部没有提示。因此，第一个输入值被读入，但没有其他的。解决办法是在 while 循环内的底部增加一个输入姓氏的提示。下面是更正后的算法：

```
print "Enter last name (q to quit): "
input lastName
while lastName ≠ q
{
  if lastName's first character is between A and M
    print lastName + "is assigned to Chestnut Hall."
  else
    print lastName + "is assigned to Herr House."
  print "Enter last name (q to quit): "
  input lastName
}
```

我们鼓励你自己追踪这个修正后的算法，你会发现四位新生都被分配到了合适的宿舍。

2.11.4　软件开发工具

大多数软件开发工具都会在每行代码上临时标注行号，以帮助识别编程错误的位置。这些行号实际上并不是代码的一部分，但当它们可用时，你可以在长式追踪的"行号"列中使用它们作为标识符。许多软件开发工具还包括一个*调试器*（debugger），使你能够在程序执行过程中一行一行地浏览它。调试器可以让你在执行过程中查看变量值。我们的追踪程序模拟了调试器的逐步求值类型。本书中使用的追踪经验将使你更容易理解自动调试器告诉你的内容。

2.12　解决问题：其他伪代码格式与资产管理示例

伪代码有许多不同的种类。在本节中，我们将首先描述几种不同伪代码的差异。然后，我们将重点放在高层次的伪代码上，这对开发大规模的项目特别有帮助。最后，我们将展示一个高级别伪代码的例子，它被用于一个大型水务系统资产管理项目的初始设计阶段。

2.12.1　其他伪代码格式

到目前为止，我们已经为基本的伪代码命令提供了一套结构：用于赋值的反向箭头（←），用于测试相等的 equals 一词，用于重复的 while 一词，等等。本书中的伪代码结构则是相当常见的，但我们不想给你一个印象，认为它们形成了一个普遍遵循的标准。恰恰相反，伪代码就其本质而言，应该是灵活的。它的目的是提供一种机制来描述解决问题的必要步骤，而不至于被语法细节困扰。因此，即使你把 while 用两个 i 拼错了（即 whiile）也没有问题，伪代码的意思仍然很清楚。另外，遵循有助于提高清晰度的规则也很重要，比如在 if 或 while 循环标题下要进行缩进的规则。

为了保持一致性，我们将坚持使用到目前为止所介绍过的伪代码结构。然而，你应该了解其他一些常见的伪代码结构。对于伪代码赋值，有些程序员使用等号（=），有些使用 *set* 和 *to* 这两个词。例如：

```
x = y
set x to y
```

这些结构都是可以接受的（如果你的老师/领导喜欢的话，你可以使用它们），但是我们更喜欢用反向箭头进行赋值，因为它强调赋值操作是由右向左流动的，右边的计算发生在结果被转移到左边之前。

在伪代码中，为了检查两个实体是否相等，有些程序员使用等号（=），有些使用两个等号（==）。例如：

```
if (answer = "yes")
if (answer == "yes")
```

这些结构都是可以接受的，但我们更喜欢用 *equals* 这个词来检查两个实体是否相等，因为我们觉得它更清晰。另外，如果你在你的伪代码算法中养成了使用=或==进行相等检验的习惯，你的习惯可能会延续到 Java 中，而这可能是有问题的。正如你将在后面的章节中会学到的，在 Java 中使用=来测试相等性会导致难以检测的错误。如果你要比较字符串，在 Java 中使用==测试相等性也会导致难以检测的错误。

2.12.2　高层次的伪代码

由于伪代码非常灵活，你也可以用它在更高、更宏观的层次上描述算法——赋予更多的抽象性。这里的诀窍是忽略从属操作的细节，只描述和追踪这些从属操作的输入和输出。这种策略展示了外界所看到的"大局"。它着眼于"森林"而不是"树木"。它可以帮助你保持正确的方向，确保不会解决错误的问题。

例如，下面的"保龄球得分"算法使用了比你过去看到的更高层次的伪代码：

```
Input all scores. （输入所有分数。）
Compute average score. （计算平均分。）
Print the average score. （输出平均分。）
```

这种高层次的描述只介绍了主要的功能，而不是所有的细节。它指出了程序应该做什么，但不是如何做。

2.12.3　资产管理示例

在本小节中，我们请你在一个相当抽象的层面上思考一个现实世界的管理问题。设想你是在一个小城市的政府部门工作的信息技术（IT）专家，该市水务部门的负责人很尊重你的组织能力，并要求你参加市议会的会议，带领大家讨论如何开发一款计算机程序来帮助议会管理该市水务系统的资产。

首先，你建议市议会成员帮助你想出一套整体的步骤顺序。你将在一块黑板上为"程序"写出高级伪代码。为了避免行话，你把这个高级伪代码称为"待办事项清单"。

经过一些讨论，市议会成员同意并由你列出以下总体步骤[①]。

（1）对水务系统的全部资产进行清点。

（2）对这些资产进行优先级排序。

（3）对这些资产的未来变化、替换和增加做出安排。

（4）编制长期预算。

市议会感谢你的帮助，在下一次会议上，他们要求你充实这份清单并提供足够的细节，以显示你计划如何实施这 4 个步骤中的每一步。他们不希望看到一堆 Java 源代码，只想看看你是如何进行的，以便对项目的难度有所了解。

你回到办公室，拿出记事本开始工作。你在会议上介绍的 4 个步骤构成了高层次的伪代码。为了"充实清单"，你决定为每个清单项目编写更详细的伪代码。对于第（1）步，你确定了 7 个变量：assetName（资产名称）、expectedLife（预期寿命）、condition（条件）、serviceHistory（服务历史）、adjustedLife（调整寿命）、age（年龄）和 remainingLife（剩余寿命）。对于每项资产，你都将要求水务部门的人为前 6 个变量提供适当的输入。然后你的程序将计算出最后一个变量的值。你必须为每一项重要的资产重复这一步骤。于是，下面是第（1）步实现的简略伪代码：

```
more ← 'y'
while more equals 'y'
```

---

① 这 4 个步骤及其随后的阐述基于《小型水务系统资产管理手册》（*Asset Management: A Handbook for Small Water Systems*），美国环保局水务办公室（4606M）816–R–03–016，https://nepis.epa.gov/Exe/ZyPDF.cgi?Dockey=P100U7T2.txt，2003 年 9 月。

```
{
  input assetName
  input expectedLife
  input condition
  input serviceHistory
  input adjustedLife
  input age
   remainingLife ← adjustedLife - age
  print "Another asset? (y/n): "
  input more
}
```

这个算法不包括对各个变量的提示。其中一些变量可能有多个组成部分，你可能希望建立并执行某些约定，以确定哪些输入值是可以接受的。例如，condition 和 serviceHistory 可能各有几个从属组件。你将在后面处理这些细节问题。

对于第（2）步，你确定了 5 个变量：assetName、remainingLife、importance（重要程度）、redundancy（冗余程度）和 priority（优先级）。assetName 和 remainingLife 变量与第（1）步使用的两个变量相同，因此不需要再次输入这些变量。但是且慢！如果这是一个单独的循环，你仍然需要识别每个资产，以确保新值与正确的资产相关联。你可以通过要求用户重新输入 assetName 来做到这一点，或者通过循环浏览所有现有的资产，并在要求提供该资产所需的额外信息之前输出每个名称。后者对用户来说更容易，所以你选择了它。下面是第（2）步实现的简略伪代码：

```
while another asset exists
{
  print assetName
  input importance
  input redundancy
  input priority
}
```

同样，该算法不包括提示，也没有建立和执行输入约束。你将在后面处理这些细节问题。

对于第（3）步，你确定了 5 个变量：assetName、activity（活动）、yearsAhead（未来年份）、dollarCost（美元成本）和 annualReserve（年度储备金）。同样，assetName 已经在系统中了，所以你也可以通过输出以进行确认。但在安排事情时，市议会成员会想先处理最重要的事情，所以在开始浏览资产之前，你会希望程序按优先级对它们进行排序。排序的操作可能有点棘手，但幸运的是已经有人为这项流行的计算机任务编写了代码，你就可以直接使用它而无须“重新发明轮子”。

activity、yearsAhead 和 dollarCost 是输入，你希望将程序计算 dollarCost/yearsAhead 的值作为 annualReserve 值。在计算完每个单项资产的 annualReserve 后，你希望程序将其添加到 totalAnnualReserve（年度总储备金）变量中，在循环结束后，你希望程序能输出 totalAnnualReserve 的终值。下面是第（3）步实现的简略伪代码：

```
sort assets by priority
totalAnnualReserve ← 0
while another asset exists
{
  print assetName
```

```
    input activity
    input yearsAhead
    input dollarCost
    annualReserve ← dollarCost / yearsAhead
    totalAnnualReserve ← totalAnnualReserve + annualReserve
  }
  print totalAnnualReserve
```

同样，该算法不包括提示信息。你将在后面处理这些细节问题。

对于第（4）步，你要确定 3 个变量，即 totalAnnualReserve、currentNetIncome（当前净收入）和 additionalIncome（额外收入）。为此，你需要让会计部门的人提供一个 currentNetIncome 的数值。然后让程序从第（3）步计算的 totalAnnualReserve 中减去该值，以获得使计划运作所需的 additionalIncome。如果答案是负的，你期望它只是输出 0，以表明你的城市将不必拿出任何额外的收入。下面是第（4）步实现的简略伪代码：

```
    input currentNetIncome
    additionalIncome ← currentNetIncome - totalAnnualReserve
    if additionalIncome < 0
      additionalIncome ← 0
    print "Additional income needed = " + additionalIncome
```

好了，到这里应该已经为下周的市议会会议做足准备了，至少你能让议员们对所需的工作量有一个合理的认识。

总结

- 使用伪代码来编写算法的非正式描述。为变量使用易于理解的名称。缩进从属语句。
- 当你的程序需要输入时，提供一则提示信息，告诉用户要提供什么样的信息。
- 流程图提供了一个可视化的图片，说明程序中的元素是如何关联的，以及在程序执行过程中流经这些元素的控制流是怎样的。
- 有三种基本的结构良好的控制流模式：顺序结构、条件结构和循环结构。
- 可以使用 if 语句的三种形式实现条件执行：if、if-else 和 if-else if。
- 为所有的循环提供某种终止条件，如计数器、用户查询或哨兵值。
- 如果需要在外循环的每次迭代中重复某些内容，则应使用嵌套循环。
- 使用追踪来深入了解一个算法的作用和调试有逻辑错误的程序。
- 使用更抽象的语言来简洁地描述更大和更复杂的编程操作。

复习题

§2.2　输出

1. 描述下面语句的作用。

```
    print "user name = " + userName
```

§2.3　变量

2. 为存放学生总数的变量提供一个合适的变量名称。

§2.4　运算符和赋值语句

3. 写一行伪代码，告诉计算机将 **distance** 除以 **time** 的结果分配给 **speed** 变量。

§2.5　输入

4. 写一行伪代码，告诉计算机将用户输入的信息放入一个名为 **height** 的变量中。

§2.6　控制流和流程图

5. 本节中描述的三种控制流是什么？

6. 只要下一件事是以前做过的，使用循环就很合适。（对/错）

§2.7　if 语句

7. 思考下面的伪代码：

```
if it is night, set speedLimit to 55;
otherwise, set speedLimit to 65.
```

假设变量 **night** 的值是 false。这段代码运行后，变量 **speedLimit** 的值应该是多少？

8. 上面的伪代码没有采用教材中建议的那种形式。这样做可以吗？

9. 画一幅实现下面逻辑的流程图：

如果气温高于 10℃并且没有下雨，输出 walk；否则，输出 drive。

10. 以伪代码的形式提供上一个问题的解决方案。

§2.8　循环

11. 一个 **while** 循环的终止决定是在哪里作出的？

12. 当 **while** 循环终止时，接下来执行什么？

13. **while** 循环可能有无限次迭代吗？

14. **while** 循环可能有 0 次迭代吗？

§2.9　循环终止技术

15. 本节中描述的三种循环终止技术是什么？

16. 哨兵值是用来做以下哪项工作的？

　　a. 指定输出的第一个值。

　　b. 输出一条错误信息。

　　c. 用作输入结束的信号。

§2.10　嵌套循环

17. 在本节的大部分内容中，我们使用的伪代码的形式是如何区分内循环和外循环的？

§2.11　追踪

18. 以下哪项是正确的？

　　a. 追踪显示执行的顺序。

　　b. 追踪可以帮助你调试一个程序。

　　c. 追踪突出了循环初始化和终止中的错误。

　　d. 以上都是。

19. 追踪下方"保龄球得分"算法（取自第 2.9 节）。使用该算法下面的设置。

```
1. totalScore ← 0
2. count ← 0
3. print "Enter score (-1 to quit): "
4. input score
```

```
5. while score ≠ -1
6. {
7.   totalScore ← totalScore + score
8.   count ← count + 1
9.   print "Enter score (-1 to quit): "
10.  input score
11. }
12. avg ← totalScore / count
13. print "Average score is " + avg
```

追踪设置：

输入
94
104
114
-1

行号	score	totalScore	count	avg	输出

练习题

1. [§2.5] 写出一个算法的伪代码：①要求用户输入一个三角形的底和高，单位是米；②计算三角形的面积；③输出三角形的面积。使用下面的示例会话。

    示例会话：
    ```
    Enter the base of the triangle in meters: 8
    Enter the height of the triangle in meters: 6
    The area of the triangle is 24 square meters.
    ```
    > 斜体内容为用户输入

2. [§2.6] 一些编程语言允许控制从程序的任何地方任意流向程序的任何其他地方。请对这种功能的可取性进行评论。

3. [§2.8] 请从以下伪代码中，圈出认为是在 while 循环体内的语句：
    ```
    input timeRemaining
    while timeRemaining > 3
    {
      print timeRemaining
      timeRemaining ← timeRemaining - 1
    }
    ```

4. [§2.9] 在练习题 3 中，假设用户输入的 timeRemaining 是 10，该算法将产生多少行的输出？

5. [§2.11] 追踪以下算法。本书介绍了两种进行追踪的方法——短式追踪和长式追踪。为了给你一个开始，下面给出了短式追踪和长式追踪的设置。为了解答本题，选择其中一种设置来使用即可。
    ```
    1. x ← 0
    2. input y
    3. while x ≠ y
    4. {
    5.   x ← y
    6.   input y
    7.   y ← x + y
    ```

```
8.   print "x = " + x
9.   print "y = " + y
10. }
```

短式追踪设置：

输入	x	y	输出
3			
2			
1			
0			

长式追踪设置：

输出
3
2
1
0

行号	x	y	输出

6. [§2.11] 追踪以下算法。本书介绍了两种进行追踪的方法——短式追踪和长式追踪。为了给你一个开始，下面给出了短式追踪和长式追踪的设置。为了解答本题，选择其中一种设置来使用即可。

```
1.  num ← 1
2.  count ← 5
3.  while count > 2
4.  {
5.     count ← count - num
6.     if count > 3
7.        print "Yippee"
8.     else
9.        while count > 0
10.       {
11.          count ← count - 1
12.       }
13.    print "The count is " + count + "."
14. }
```

短式追踪设置：

num	count	输出

长式追踪设置：

行号	num	count	输出

复习题答案

1. 该语句按字面意思输出引号中的内容，然后输出变量 **userName** 的当前值。

2. totalNumberOfStudents。

3. 告诉计算机将 distance 除以 time 分配给 speed 变量的伪代码如下：

   speed ← distance/time

4. 伪代码如下：

input height

5．顺序的、条件的和循环的。

6．对。只要下一件事是以前做过的事，用循环就很合适。

7．代码执行后，变量 **speedLimit** 的值应该是 65。

8．是的，这没问题。因为它只是伪代码，而且它明确地表达了意思。但是，如果它是计算机可以编译的代码，其语法就必须完全符合像 Java 这样的特定编程语言的规定规则。

9．实现该逻辑的流程图如下：

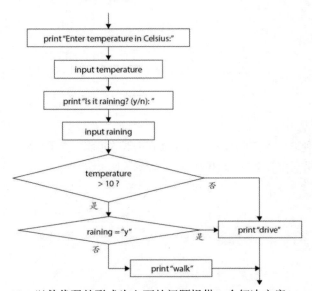

10．以伪代码的形式为上面的问题提供一个解决方案：

```
print "Enter temperature in Celsius: "
input temperature
print "Is it raining? (y/n): "
input raining
if temperature > 10 and raining equals "n"
  print "walk"
else
  print "drive"
```

11．一个 while 循环的终止决定是在循环的开始部分作出的。

12．在 while 循环终止后，接下来要执行的是循环结束后的第一个语句。

13．是的。

14．是的。

15．计数器、用户查询和哨兵值。

16．哨兵值的作用是：c. 用作输入结束的信号。

17．内循环完全在外循环的内部。与外循环相比，整个内循环向右缩进偏移。

18．d. 以上都是。追踪可以呈现执行的顺序，有助于调试，并能突出初始化和终止的错误。

19．"保龄球得分"算法的追踪：

输入
94
104
114
-1

行号	score	totalScore	count	avg	输出
1		0			
2			0		
3					Enter score (−1 to quit):
4	94				
7		94			
8			1		
9					Enter score (−1 to quit):
10	104				
7		198			
8			2		
9					Enter score (−1 to quit):
10	114				
7		312			
8			3		
9					Enter score (−1 to quit):
10	−1				
12				104	
13					Average score is 104

第 3 章

Java 基础

目标

- 编写简单的 Java 程序。
- 了解注释与可读性等风格问题。
- 声明、分配和初始化变量。
- 理解原始数据类型：整型、浮点型和字符型。
- 理解引用变量。
- 使用 String 类的方法进行字符串操作。
- 使用 Scanner 类进行用户输入。
- （可选）使用 GUI 对话框进行用户输入和输出。

纲要

3.1　引言

在解决一个问题之前，最好先花时间思考首先要做什么，并组织好思路。在第 2 章中，着重于思考和组织，为给定的问题描述编写了伪代码算法解决方案。在本章中，将采取下一步行动——专注于使用真正的编程语言（Java）来编写解决方案。通过使用真正的编程语言，将能够在计算机上运行程序并在计算机屏幕上输出结果。

通过本章，你会发现 Java 的许多代码其实与伪代码大致相似，主要的区别是 Java 要求语法精确，而伪代码的语法是宽松的，即其结构必须足够清晰，让人们能够理解，但其拼写和语法不一定是完美的。正规的编程代码的语法则是严格的，即其拼写和语法方面必须是完美的。为什么？因为正规的编程代码是由计算机阅读的，如果指令不完美，计算机是无法理解的。

因为本章是你第一次真正接触 Java，所以将从基础知识开始讲解。首先介绍*顺序执行*程序所需的 Java 语法。顺序执行程序是指所有程序的语句都按照其编写的顺序执行。当编写这种程序时，将会介绍输出、赋值和输入语句。然后介绍数据类型和算术运算。在本章末尾，将介绍一些稍微高级的主题——类型转换和字符串方法，这些内容将带来重要的功能，但不会增加太多的复杂性。

3.2　"I have a dream" 程序

在本节中，将介绍一个输出单行文本的简单程序。在接下来的几节中，将分析该程序的不同组成部分。了解程序的组成部分很重要，因为所有未来的程序都将使用这些相同的组成部分。在本章的其余部分，将引入新的概念，以便介绍更多的实质性程序。

图 3.1 呈现了一个输出 "I have a dream!" [①]的程序。在接下来的章节中，将把它称为 Dream 程序。该程序包含供人们阅读的注释和供计算机执行的指令。首先分析注释，然后分析指令。你可以把这个小程序作为所有其他 Java 程序的共同起点，输入并运行，查看它做了什么。修改并再次运行，以此类推，直到得到你需要的东西。

> 以这个代码的结构开始每个程序。

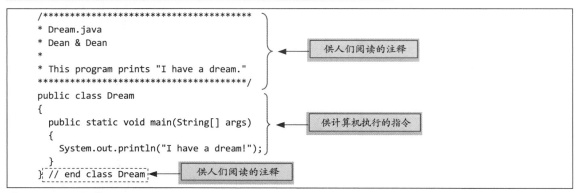

图 3.1　Dream 程序

[①]　作为 1963 年 8 月 28 日华盛顿特区民权游行的一部分，马丁·路德·金博士在林肯纪念堂的台阶上发表了他著名的 *I have a dream!* 的演讲，这篇演讲支持废除种族隔离制度，推动了 1964 年民权法案的通过。

3.3 注释与可读性

在现实世界中，你会花很多时间去阅读和修改别人的代码。而其他人也会在你去做其他事情的时候，花大量时间阅读和修复你的代码。在阅读别人的代码的过程中，每个人的代码都需要被理解。理解的关键是好的注释。*注释*是人类能够阅读但编译器①会忽略的文字。

3.3.1 单行注释

有两种类型的注释：单行注释和块注释。如果注释文本短到可以放在一行上，就使用单行注释。单行注释以两个斜杠开始。下面是一个例子：

```
} //end class Dream
```

编译器会忽略从第一个斜杠到行尾的所有内容。所以在上面这一行中，编译器只会注意到右大括号（}），而忽略这一行的其余部分。为什么注释会有帮助？如果在计算机屏幕上查看一段很长的代码，并且已经滚动到了代码的底部，那么看到代码的描述之后（如 end class Dream），就不必再一直滚动代码。

3.3.2 块注释

如果注释文本太长，不能放在一行中，可以使用多个单行注释，但每行注释都要重新输入//，这有点麻烦。可以使用块注释作为一种替代方法。块注释以/*开始，以*/结束。下面是一个例子：

```
/*
The following code displays the androids in a high-speed chase,
wreaking havoc on nearby vehicles.
*/
```

编译器会忽略第一个斜杠到最后一个斜杠之间的一切内容。

3.3.3 序言

使用*序言*（prologue）来描述一个特殊的块注释的例子。它提供了关于程序的信息，以便程序员可以快速浏览，了解程序的内容。在编写程序时，应该在每个程序的顶部放一个序言。为了使其突出，通常将序言放在一个星号框内。下面是 Dream 程序的序言。

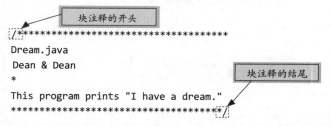

虽然开头的/*和结尾的*/与其他星号混合在一起，但编译器仍然可以将/*和*/识别为块注释的开始和结束。程序的序言部分应包括以下项目：

---

① *编译器*（在第 1 章中定义过）是一种特殊的程序，它将源代码程序转换成可执行程序。*可执行程序*是计算机可以直接执行的程序。

- 一行星号。
- 文件名。
- 程序员的名字。
- 一个星号组成的行。
- 程序描述。
- 一行星号。

3.3.4 可读性和空行

如果程序员可以很容易地理解程序的作用，那么这个程序*可读性*很强。注释是提高程序可读性的一种方法。另一个提高程序可读性的方法是使用空行。空行有什么用？理解几个简短的、简单的菜谱要比理解一个冗长的、复杂的菜谱要容易很多。同样，理解小块的代码要比理解大块的代码要容易。使用空行可以将大块的代码分割成小块的代码。在序言中插入一个空行，将文件名—作者部分与描述部分分开。同时，在序言下面插入一个空行，将其与程序的其他部分分开。

计算机并不关心可读性，只关心程序是否能够运行。更确切地说，计算机会跳过所有的注释、空行和连续的空格字符。因为计算机不关心可读性，即使没有注释和空行，计算机同样会轻松地编译与执行程序，如下面这个 Dream 程序：

```
public class Dream{public static void
main(String[]args){System.out.println("I have a dream!");}}
```

但是一个试图阅读该程序的人可能会因为该程序的可读性差而感到恼火。

3.4 类的标题

到目前为止，已经介绍了计算机忽略的代码——注释。现在来介绍一下计算机关注的代码。这是 Dream 程序中的第一个非注释行：

```
public class Dream
```

这一行被称为*类（class）标题*，因为它是程序类定义的标题。什么是类？在现阶段，可以把类简单地看作程序代码的一个容器。

让我们来看看类标题中的三个词。最后一个词（Dream）是这个类的名字，编译器允许程序员为类设置任何名字，但是为了使代码可读，你应该选择一个或几个描述程序的词。因为 Dream 程序输出的是 I have a dream!，Dream 是一个合理的类名。

类标题中的前两个词（public 和 class）是保留字（reserved word），也叫关键字①（keyword）。保留字是由 Java 语言为特定目的而定义的字，不能被程序员重新定义为其他意思。这意味着程序员在他们的程序中选择名称时不能使用保留字。例如，可以使用 Dream 作为类的名称，因为 Dream 不是保留字，但不能使用 public 或 class 作为类的名称。

那么，public 和 class 这两个保留字的含义是什么？class 是一个标记，表示类的开始。目前，对于简

---

① 在 Java 中，保留字和关键字是一样的，但是在一些编程语言中有着细微的区别——这两个术语都是指由编程语言定义的单词，但是关键字可以由程序员重新定义，而保留字不能由程序员重新定义。

单的单类程序来说，class 也表示程序的开始。

public 是一个*访问*修饰符，它修改了类的权限，使类可以被"公开"访问。让类可以被公开访问是至关重要的，这样当用户试图运行它时，用户的运行命令就能找到它。

有一些编码惯例是大多数程序员所遵循的，在附录 5 中列出了这些惯例。在整本书中，当我们提到"标准编码约定"时，指的便是附录 5 中的编码惯例。标准编码风格惯例规定类名以大写的第一个字母开始，因此 Dream 类名中的 D 是大写的。Java 对于字母*大小写*是很*敏感*的，这意味着 Java 编译器会区分小写和大写字母。因为 Java 对于大小写很敏感，所以文件名也应该以大写字母开始。

3.5　main 方法标题

介绍了类的标题后，接下来介绍一下类标题下面的标题——main 方法标题。在启动一个程序时，计算机会寻找一个 main 方法标题，并从其之后的第一条语句开始执行。main 方法的标题必须是这样的：

```
public static void main(String[] args)
```

从解释 main 这个词本身开始对 main 方法标题进行分析。到目前为止，你可能知道的关于 main 的所有信息是：在启动一个程序时，计算机会寻找它。但 main 不仅仅是这样，它是一个 Java *方法*。Java 方法类似于一个数学函数。数学函数接收参数，进行计算，并返回一个答案。例如，sin(*x*)数学函数接收 *x* 参数，计算给定的 *x* 角度的正弦，并返回计算出的 *x* 的正弦值。同样，一个 Java 方法可以接收参数，进行计算，并返回一个答案。

main 方法标题的其余部分包含了相当多的神秘词汇，这些词汇的解释可能会令人困惑。在后面的章节中，当学习得比较透彻时，再详细解释这些词。现在，把 main 方法的标题当作一行文字就可以了，只需复制并粘贴在类标题的下方。

3.5.1　详细解释

接下来解释 main 方法标题的前三个保留字：public static void。如前所述，public 是一个访问修饰词，它授予权限，使 main 可以被"公开"访问。因为 main 是所有 Java 程序的起点，所以它必须是可公开访问的。

public 指定了谁可以访问 main 方法（所有人），而 static（静态）指定了如何访问 main 方法。对于一个非 static 方法，必须在访问它之前做一些额外的工作。[①]另外，一个 static 方法可以立即被访问，而不需要做额外的工作。因为 main 是所有 Java 程序的起点，它必须能被立即访问，因此它需要 static 这个词。

main 方法标题中的第三个保留字——void（空）。方法就像一个数学函数——它计算一些东西并返回计算值。实际上，一个 Java 方法有时会返回一个值，有时什么都不返回。void 表示一个方法什么都不返回。因为 main 方法不返回任何东西，所以在 main 方法的标题中使用 void。

现在来看看 main 方法标题中的(String[] args)部分。一个数学函数需要参数，同样，main 方法也需要参数。[②]这些参数用 args 这个词来表示。在 Java 中，如果你曾经有一个参数，你需要告诉计算机这个参数可以容纳什么类型的值。在本例中，参数的类型被定义为 String[]，它告诉计算机 args 参数可以容纳

[①]　要访问非 static 方法（*实例方法*），必须首先实例化一个对象。

[②]　虽然 main 方法接收参数，但是 main 方法很少使用这些参数。本书的大部分程序都没有使用 main 方法的参数。

一个字符串数组。方括号[]表示一个数组。*数组*（array）是一个结构，用于存放相同类型的元素的集合。在本例中，String[]是一个容纳字符串集合的数组。*字符串*（string）是一个字符的序列。在第 3.22 节中会进一步讲解字符串，在第 9 章中将讲解数组。

3.6 括号

在 Dream 程序中，我们在类标题和 main 方法标题的下面插入了左大括号（{），并在程序的底部插入了右大括号（}）。大括号为人类和计算机识别分组。它们必须成对出现——每当有一个左大括号，就需要一个相对应的右大括号。在 Dream 程序中，顶部和底部大括号将整个类的内容分组，内部大括号将 main 方法的内容分组。为了便于阅读，应该把左大括号单独放在一行，与前一行的第一个字符放在同一列[①]。请看下面的代码片段，注意左大括号的位置是否正确。

```
public class Dream
{
  public static void main(String[] args)
  {
    System.out.println("I have a dream!");
  }
} // Dream 类结束
```

第一个左大括号的位置紧挨着类标题的第一个字符，第二个左大括号的位置紧挨着 main 方法标题的第一个字符。为了便于阅读，应该把右大括号与它所对应的左大括号放在同一列中。请看上面的代码片段，注意右大括号是如何放置的。

在伪代码中，还记得是如何缩进那些在逻辑上属于其他东西的语句的吗？应该在 Java 中做同样的事情。可以依靠大括号来提醒什么东西在别的东西中。在 Dream 程序中，Dream 类的大括号围绕着 main 方法，所以应该缩进整个 main 方法。同样地，main 方法的大括号包围着 System.out.println 语句，所以应该进一步缩进该语句。

3.7 System.out.println

在 Dream 程序中，main 方法包含这样一条语句：

```
System.out.println("I have a dream!");
```

System.out.println 语句告诉计算机要输出一些东西。System 指的是计算机。System.out 指的是计算机系统的输出部分，即计算机的屏幕。println（全称为 print line，输出行）指的是 Java 的 println 方法，它负责将信息输出到计算机屏幕上。上面的语句通常被称为 println 方法调用。当你想执行一个方法时，你就会调用它。

println 后面的括号包含了要输出的信息。上面的语句在计算机屏幕上输出了以下信息：

```
I have a dream!
```

注意 System.out.println("I have a dream!");中的双引号。要输出一组字符（如 I、空格、h、a、v、e…），

[①] 其实是编程风格习惯问题，有许多程序员选择采用不独占行方式使代码更加紧凑。——译者注

需要将它们分组。正如在第 2 章中所介绍的，双引号负责将字符分组以形成一个字符串文本。

注意 System.out.println("I have a dream!");末尾的分号。Java 语言中的分号就像自然语言中的句号。它表示一条语句的结束。需要在每个 System.out.println 语句的末尾加上一个分号。

在编程时，会经常调用 System.out.println 方法，所以需要记住这一语句的拼写方法。为了便于记忆，可以把它想象成一个缩写 Sop，代表 System、out 和 println。别忘了，S 是大写字母，其余的命令是小写字母。

System.out.println 方法输出一条信息，然后移到下一行的开头。这意味着，如果有另一个 System.out.println 方法的调用，它将在下一行开始输出。接下来举个例子来说明刚刚介绍的内容。

3.7.1 示例

在 Dream 程序中，只输出了很短的一行——I have a dream!，在下一个例子中，将输出不同长度的多行。请看图 3.2 的 Sayings 程序及其相关输出。注意三个 println 方法的调用是如何产生一个单独的输出行的。第二个 println 方法的调用命令太长，不能放在一行中，所以把它分到了左大括号的右边。

```
/**********************************************************
 * Sayings.java
 * Dean & Dean
 *
 * 这个程序输出了几句谚语
 **********************************************************/

public class Sayings
{
  public static void main(String[] args)
  {
    System.out.println("The future ain't what it used to be.");
    System.out.println(
      "Always remember you're unique, just like everyone else.");
    System.out.println("If you are not part of the solution," +
      " you are part of the precipitate.");
  } // main 结束
} // Sayings 类结束
```

这能连接分开的字符串

```
输出:
The future ain't what it used to be.
Always remember you're unique, just like everyone else.
If you are not part of the solution, you are part of the precipitate.
```

图 3.2　Sayings 程序及其相关输出

第三个 println 方法的调用比第二个 println 方法的调用命令更长，因此，如果在左括号后分割，它就不能放在两行中。换句话说，以下代码是不可行的：

```
System.out.println(
```

```
"If you are not part of the solution, you are part of the pr
```

空间不足

因此，将第三个 println 方法调用中的字符串进行拆分。要拆分一个字符串文本，需要在两个被拆分的子字符串上加上引号，并且需要在子字符串之间插入一个加号（＋）。请看图 3.2 的第三个 println 方法调用中的引号和加号。

3.8　编译与执行

到目前为止，只介绍了 Java 代码背后的理论（Dream 程序的代码背后的理论和 Sayings 程序的代码背后的理论）。要想对代码有更全面的了解，需要在计算机上输入代码，编译并运行它。毕竟，学习如何编程需要大量的亲身实践。这是一项"接触性运动"！我们在本书的网站上提供了几个教程，可以帮助大家逐步完成几个简单的 Java 程序的编译与执行。建议你现在花点时间来学习一个或多个教程。本节的其余部分包括一些与编译与执行有关的基本概念。请注意，在教程中涵盖了这些概念和其他细节。

在计算机上输入程序的源代码后，将其保存在一个文件中，文件名由类名加.java 扩展名组成。例如，由于 Dream 程序的类名是 Dream，其源代码文件名必须是 Dream.java。

将程序的源代码保存在一个适当的文件中后，通过将源代码文件提交给 Java 编译器来创建 Java 字节码[①]。在编译源代码时，编译器会生成一个字节码程序文件，其名称由类名加.class 扩展名组成。例如，因为 Dream 程序的类名是 Dream，它的字节码文件名将是 Dream.class。

创建字节码程序文件后的下一步是运行它。要运行一个 Java 程序，需要将字节码程序文件提交给 Java 虚拟机（JVM）。

3.9　标识符

在本章中，到目前为止，你是通过看代码来学习 Java 的。最终，你将需要通过编写自己的代码来学习它。当你这样做时，你需要为你的程序组件命名。Java 对程序组件的命名有一定的规则。下面介绍一些规则。

标识符 是程序组件名称的术语，如类名、方法名等。在 Dream 程序中，Dream 是类名的标识符，main 是方法名的标识符。

标识符必须完全由字母、数字、美元符号（＄）或下划线（＿）字符组成。第一个字符不能是数字。如果一个标识符不遵循这些规则，程序将无法编译。当涉及标识符时，编码风格惯例比编译器规则更严格。编码风格惯例建议你将标识符限制在字母和数字上。不要使用美元符号，而且（除了命名的常量）不要使用下划线。另外，还建议你对所有标识符的字母使用小写，除了：

- 以大写字母开始的类名。例如，Dream 类以大写的 D 开头。
- 在一个多单词的标识符中，用大写字母表示第二个单词、第三个单词的第一个字母，以此类推。例如，假设一个方法要输出一种喜欢的颜色，一个合适的方法名是 printFavoriteColor。

[①]　第 1 章中定义的*字节码*（bytecode）是源代码的二进制编码版本。计算机不能执行源代码，但可以执行字节码。

也许最重要的编码风格惯例是指标识符必须是描述性的。回到输出最喜欢的颜色的方法的例子，printFavoriteColor 的描述性就很强。但是 favColor 呢？不，还不够好。有些程序员喜欢在他们的标识符中使用缩写（如 fav）。这有时是可以的，但不是经常的。建议尽可能少地使用缩写，除非它们是由标准规定的。在标识符中使用完整的、有意义的词语可以促进自我记录。如果代码本身解释了意义，而不需要手册或大量的注释，那么这个程序就是*自文档化*（self-documenting）的。

如果违反了编码风格惯例，它不会影响程序的编译能力，但会减弱程序的可读性。假设有一个 sngs 方法，可以输出一个本周前 40 名的歌曲列表。尽管 sngs 可能有效，但你若把它改名为 printTop40Songs 的方法，程序的可读性就更强了。

3.10　变量

到目前为止，所介绍的程序还没有做很多事情，它们只是输出了一条信息。如果要做更多的事情，就需要能够在变量中存储数值。一个 Java 变量只能保存一种类型的值。例如，一个整型变量只能保存整数，一个字符串变量只能保存字符串。

3.10.1　变量声明

计算机如何知道一个特定的变量可以容纳哪种类型的数据？在使用一个变量之前，必须在*声明语句*中声明其类型。声明语句的语法：

类型　用逗号分隔的变量;

声明的例子：

```
int row, col;
String firstName;    // 学生的名字
String lastName;     // 学生的姓氏

int studentId;
```

在每条声明语句中，左边的词指定右边的一个或多个变量的类型。例如，在第一条声明语句中，int 是 row 和 col 变量的类型。拥有 int 类型意味着 row 和 col 变量只能容纳整数（int 代表 integer）。在第二条声明语句中，String 是 firstName 变量的类型。拥有 String 类型意味着 firstName 变量只能容纳字符串。

你是否注意到，我们有时用大写的 S 来拼写字符串，有时用小写的 s 来拼写？当我们在一般意义上使用字符串时，指的是一串字符，使用小写的 s。在 Java 中，String 是一个数据类型，同时也是一个类名。正如你现在知道的，编码风格惯例类名以大写字母开头。因此，String 类/数据类型以大写的 S 开头。所以当在代码和对话文本中把 String 作为一种数据类型时，使用大写的 s。

当声明一个或多个变量时，不要忘记在每条声明语句的末尾加上一个分号。当用一个声明语句声明两个或两个以上的变量时，不要忘记用逗号来分隔这些变量。

3.10.2　风格问题

编译器接收在代码块中使用变量之前的任何地方声明变量，然而，为了保证可读性，通常应该把声明放在 main 方法的顶部，以容易被找到。

尽管这可能会浪费一些空间，但通常应该只在每个声明语句中声明一个变量。这样一来，就可以为每个变量提供一个注释（通常应该为每个变量提供一个注释）。

当然，这些建议也有一些例外情况。请注意 row 和 col 变量是如何用一个声明语句一起声明的：

```
int row, col;
```

这是可以接受的，因为它们是密切相关的。请注意，row 和 col 变量的声明没有注释。这也是可以接受的，因为 row 和 col 是所有程序员都应该理解的标准名称。如果加入这样的注释，就太多余了：

```
int row, col;            // row 和 col 含有的是行列的索引数
```

注意这个 studentId 变量是如何在没有注释的情况下声明的：

```
int studentId;
```

这是可以接受的，因为 studentId 这个名字是完全具有描述性的，每个人都应该能够理解它。如果加入这样的注释，就太多余了：

```
String studentId;        // 学生的 ID 值
```

变量名是标识符。因此，为变量命名时，你应该遵循前面提到的标识符编码规则。studentId 变量的名字很好，除了它的第二个词 Id 的首字母，其余的都使用了小写字母。

关于变量声明的最后一项建议：尽量将注释对齐，使它们都在同一列开始。例如，注意这里的//是如何在同一列的：

```
String lastName;         // 学生的姓氏
String firstName;        // 学生的名字
```

3.11　赋值语句

你现在知道如何在 Java 中声明一个变量了。在声明之后，使用变量的第一步就是在里面放一个值。下面介绍一下赋值语句，将一个值赋给一个变量。

3.11.1　Java 赋值语句

Java 使用一个等号（＝）来表示赋值语句。参见图 3.3 的 BonusCalculator 程序，特别要注意 salary = 50000; 这一行。这是 Java 赋值语句的例子，它将数值 50000 赋给变量 salary。

在 BonusCalculator 程序中，注意声明语句下面的空行。根据良好风格的原则，应该在逻辑性强的代码块之间插入空行。一组声明语句通常被认为是一个逻辑性的代码块，所以通常应该在最后一条声明语句的下面插入一个空行。

接下来分析一下程序的 bonusMessage 赋值语句。注意执行乘法运算的*运算符。注意+运算符。如果+运算符出现在一个字符串和其他东西（如一个数字或另一个字符串）之间，那么+运算符将执行*字符串连接*。这意味着 JVM 将 + 运算符右边的内容附加到 + 运算符左边的内容上，形成一个新的字符串。在该例子中，因为数学表达式.02* salary 在括号中被首先计算。然后，JVM 将结果 1000 附加到 Bonus = $后面，形成新的字符串 Bonus = $1000。

在 bonusMessage 赋值语句中，注意.02 * salary 外部的括号。尽管编译器不需要这些括号，但我们更愿意在这里加入这些括号，因为它们提高了代码的可读性。它们之所以提高了可读性，是因为它们清楚地表明数学运算（.02 * salary）与字符串连接运算是分开的。使用括号来提高清晰度是一门艺术。有时

它很有帮助，但不要频繁使用。如果过于频繁地使用括号，代码就会显得很杂乱。

```
/***********************************************
 * BonusCalculator.java
 * Dean & Dean
 *
 * 这个程序计算和输出一个人的工作奖金
 ***********************************************/

public class BonusCalculator
{
  public static void main(String[] args)
  {
    int salary;          // 个人的工资
    String bonusMessage;  // 指定工作奖金

    salary = 50000;
    bonusMessage = "Bonus = $" + (.02 * salary);
    System.out.println(bonusMessage);
  } // main 结束
} // BonusCalculator 类结束
```

字符串连接运算符

图 3.3　BonusCalculator 程序

在 salary 语句中，注意 50000。你可能会想在 50000 中插入一个逗号，使其读起来更顺畅；也就是说，你可能会想输入 50,000[①]。如果你真的插入了逗号，你的程序将不能成功编译。另一方面，使用下划线来分隔数字组是合法的。因此在 BonusCalculator 程序中，可以使用 50_000 而不是 50000。这种下划线的功能（将在第 3.14 节中详细介绍）在分隔电话号码或社会安全号码中的数字组时可以派上用场。但是要注意，只能对属于源代码的数字使用下划线。如果要输入一个数字组，你必须使用所有的数字，不能有下划线或逗号！

3.11.2　追踪

作为程序演示的一部分，有时会要求你追踪程序。追踪迫使你彻底了解程序的细节。彻底了解程序细节对于编写好的程序是很重要的。要设置一个追踪，首先为每个变量和输出提供一个列标题，然后从 main 的第一条语句开始执行每条语句。对于声明语句，在声明变量列中写上 "?"，表示该变量存在但还没有值。对于赋值语句，在变量列中写上赋的值。对于输出语句，在输出列中写上输出值。[②]

对于第一个 Java 追踪，要求会简单一些。不要求你自己做一个追踪，只要求你研究图 3.4 中完成的追踪。但一定要仔细研究它，确保了解所有的列值是如何被填入的。[③]

[①]　英文习惯，中文读者可忽略。——译者注
[②]　如果想更详细地了解追踪，请参阅第 2.11 节。
[③]　如果你在计算机上运行代码片段，将在输出（Bonus = 1000.0）的末尾看到一个 .0。当你在本章后面学习混合表达式和升级转换时，就能明白 .0 的意义了。

```
1   int salary;
2   String bonusMessage;
3
4   salary = 50_000;
5   bonusMessage = "Bonus = $" + (.02 * salary);
6   System.out.println(bonusMessage);
```

行号	salary	bonusMessage	输出
1	?		
2		?	
4	50000		
5		Bonus = $1000.0	
6			Bonus = $1000.0

图 3.4　BonusCalculator 代码片段及其相应的追踪

3.12　初始化语句

声明语句指定了一个特定变量的数据类型，赋值语句将一个值放入一个变量中。初始化语句则是声明语句和赋值语句的组合，它为一个变量指定了数据类型，并将一个值放入该变量。

Java 语言是*强类型*的，意味着所有的变量类型都是固定的。一旦一个变量被声明，它就不能被重新声明。因此，一个特定的变量只能有一条声明语句。同样，由于初始化语句是声明语句的一种特殊形式，因此，一个特定的变量只能有一条初始化语句。下面是初始化语句的语法：

类型 变量 = 值;

下面是初始化的一些例子：

```
String name = "John Doe";    // 学生的姓名
int creditHours = 0;         // 学生的总学时
```

name 变量被声明为 String 类型，它的初始值为 John Doe[①]。creditHours 变量被声明为 int 类型，它的初始值为 0。

下面是使用声明和赋值语句（而不是使用初始化语句）来做同样事情的另一种方法：

```
String name;                 // 学生的姓名
int creditHours;             // 学生的总学时

name = "John Doe";
creditHours = 0;
```

使用初始化或声明/赋值这两种技术都可以。初始化的好处是紧凑，声明/赋值的好处是在声明中为注释留出更多空间。

---

① 在美国和英国，当不知道一个人的真实姓名时，通常用 John Doe 来填充。我们在这里将其用作学生姓名的默认值，表明学生的真实姓名尚未填写。

3.13　数值数据类型：int、long、float、double

3.13.1　整数

　　前面提到了一种 Java 的数字数据类型——int。接下来将更详细地介绍数字类型。持有整数的变量（如 1000、−22）通常应该用 int 数据类型或 long 数据类型来声明。整数是指没有小数点和小数部分的数字。int 使用 32 位的内存，long 使用 64 位的内存（是 int 的两倍）。在 int 变量中可以存储的数值范围大约是−20 亿 ~ 20 亿。long 变量可以存储的数值范围大约是−9×10^{18} ~ 9×10^{18}。下面是一个例子，声明 studentId 是一个 int 变量，satelliteDistanceTraveled 是一个 long 变量：

```
int studentId;
long satelliteDistanceTraveled;
```

　　如果你试图在一个 int 变量中存储一个非常大的数字（超过 20 亿），当你编译程序时，会得到 integer number too large（整数太大）的错误信息。为了安全起见，应该把整数变量声明为 long 类型而不是 int 类型。int 在内存中占用的存储空间更少。而使用更少的存储空间意味着计算机将运行得更快，因为有更多的自由空间。因此，为了提高效率，对于一个数值小于 20 亿的变量，使用 int 而不是 long。[1]如果不确定一个变量是否能容纳大于 20 亿的数值，那么为了安全起见，使用 long。如果想在金融计算中获得最大的精度，那么就把一切都转换为分，并使用 long 变量来保存所有的值。

3.13.2　浮点数

　　数学书大都把包含小数点的数字（如 66.和−1234.5）称为实数。在 Java 中，这类数字被称为*浮点数*。为什么呢？因为一个浮点数可以通过移动（浮动）其小数点来写成不同的形式。例如，数字−1234.5 可以等价写成−1.2345×10^3。看到小数点在第二个版本的数字中是如何“浮动”到左边的吗？

　　浮点数 float 和 double 有两种类型。一个 float 使用 32 比特内存。一个 double 使用 64 比特的内存。double 被称为双倍，因为它使用的比特数是 float 的两倍。

　　下面是一个例子，它将 gpa 声明为一个 float 变量，将 cost 声明为一个 double 变量：

```
float gpa;
double cost;
```

　　double 数据类型比 float 数据类型使用得更频繁。通常情况下，应该将浮点变量声明为 double 而不是 float，因为 double 变量可以保存范围更广的数字[2]，并且 double 变量可以存储更高精度的数字。更高精度意味着更多的有效位数。可以依赖 double 变量的 15 位有效数字，但 float 变量只有 6 位有效数字。

　　6 位有效数字看起来很多，但在许多情况下，6 位有效数字是不够的。只要有数学运算（加法、乘法等），只有 6 位有效数字，精度错误就会悄悄进入基于 float 的程序。如果这样的程序执行了大量的数学运算，那么精度误差就会变得非常大。因此，作为一般规则，对于执行大量浮点数运算的程序，应使用

---

[1]　为了提高效率而使用 int 的建议是有效的，但是要注意速度差异只是偶尔会很明显。只有当有大量的 long 数字和少量的可用内存时，比如当你在手机上运行一个相对较大的程序时，这才是显而易见的。

[2]　float 变量可以存储 1.2×10^{-38} 到 $3.4 \times 10^{+38}$ 之间的正值，以及$-3.4 \times 10^{+38}$ 到 1.2×10^{-38} 之间的负值。double 变量可以存储 2.2×10^{-308} 到 1.8×10^{308} 之间的正值，以及 1.8×10^{308} 到 2.2×10^{-308} 之间的负值。

double 而不是 float。而且，由于准确度对金钱、科学测量和工程测量来说特别重要，所以在涉及这些项目的计算中，使用 double 而不是 float。

double 变量中的 15 位有效数字应该足以满足所有的浮点编程需求，但是如果遇到了需要超过 15 位有效数字的浮点变量的情况，可以使用 BigDecimal 这个词来声明变量，而不能使用 double。BigDecimal 变量可以处理无限数量的有效数字。要想彻底了解 BigDecimal，需要学习一些高级概念（见第 12 章）。第 12 章不仅介绍了 BigDecimal，还介绍了 BigInteger。BigInteger 变量存储的是具有无限位数的整数。

3.13.3 不同类型之间的赋值

已经介绍了将整数赋值到整数变量中，将浮点数赋值到浮点变量中，但是还没有介绍不同类型之间的赋值。

将一个整数赋值到一个浮点变量中一切正常。请注意下面这个例子：

```
double bankAccountBalance = 1000;
```

将一个整数赋值到一个浮点变量中，就像把一个小东西放到一个大盒子里。int 类型可以存储的最大值约为 20 亿。把 20 亿放进一个 double 的"盒子"里很容易，因为 double 可以存储的最大值为 $1.8×10^{308}$。

另外，将一个浮点数赋值给一个整数变量，就像将一个大东西放进一个小盒子里。不能这样做。例如，下面这样就会产生一个错误：

```
int temperature = 26.7;
```

因为 26.7 是一个浮点值，所以它不能被赋给 int 变量 temperature。当你意识到不可能将.7，即 26.7 的小数部分存储在一个 int 中时，就明白了。毕竟，int 变量不存储浮点数，只存储整数。

下面这条语句也会产生一个错误：

```
int count = 0.0;
```

规则规定，将浮点数分配给一个整数变量是非法的。0.0 是一个浮点数。0.0 的小数部分（.0）如何并不重要，0.0 仍然是一个浮点数，将浮点数赋给整数变量总是非法的。这种类型的错误被称为*编译时错误*（compile-time error）或*编译错误*（compilation error），因为这种错误是在编译过程中被编译器识别的。

在本书的后面，将介绍关于整数和浮点数据类型的更多细节（见第 12.2 节）。

3.14 常量

在例子中使用了数字和字符串，但还没有介绍它们的正式名称。数字和字符串被称为常量。它们被称为常量是因为它们的值是固定的——它们不会改变。例如：

整数常数	浮点数常数	字符串常数
8	-34.6	Hi, Bob
-45	.009	yo
2000000	8.	dog
2_000_000	0.577_215	

在最下面一行，注意整数常量和浮点数常量中的下划线。对于大的数字，下划线可以帮助提高可读性。例如，可以很容易将底部的整数识别为 200 万。同样，也很容易看出底部的浮点数包含 6 位数的精

度。在计算一个有下划线的数字时，JVM 会忽略下划线，只关注数字本身。因此，在 Java 中，2_000_000 等于 2_00_00_00。在一个数字的任何两位数字之间放置下划线都是合法的（不包括数字左边、数字右边或小数点旁边的下划线）。但是因为大多数国家都是以千位数为单位，所以通常情况下，应该在每三个数字之间使用下划线。尽管许多国家使用逗号、点或空格作为数字组的分隔符，但这些符号在 Java 中不起作用。例如，如果试图在一个 Java 程序中使用 2,000,000（表示 200 万），则会编译错误。

一个常数要成为浮点常数，必须包含一个小数点，但小数点右边的数字是可选的。因此，8.和8.0表示同一个浮点常数。

整数常量的默认类型是 int 还是 long？你可能会猜是 int，因为 integer（整数）听起来像 int。这个猜测是正确的，即整数常量的默认类型是 int。所以上面的整数例子（8、−45 和 2000000）都是 int 常量。

浮点数常量的默认类型是 float 还是 double？虽然你可能会想说 float，因为 floating point（浮点数）听起来像 float，但正确的答案是 double。因为这一点很容易被遗忘，再重复一遍：浮点数常量的默认类型是 double。试着找出这个代码片段中的编译时错误：

```
float gpa = 2.30;
float mpg;
mpg = 28.6;
```

2.30 和 28.6 的常量都默认为使用 64 位的 double 类型。64 位不能挤进 32 位的 gpa 和 mpg 变量，所以这段代码产生了 possible loss of precision（可能丢失精度）的错误信息。

使用更大的数据类型。

对于这些类型的错误，有两种可能的解决方案。最简单的解决方案是一直使用 double 变量而不是 float 变量。这里有另一个解决方案：通过使用 f 或 F 的后缀，显式地将浮点数常量强转为 float，例如：

```
float gpa = 2.30f;
float mpg;
mpg = 28.6F;
```

3.14.1　两类常量

常量可以分为硬编码常量和命名常量两类。到目前为止，所涉及的常量可以被称为*硬编码常量*，指的是一个明确指定的值。硬编码常量也被称为文本。文本是一个不错的、描述性的术语，因为文本指的是按字面解释的项目。例如，5 意味着 5，hello 意味着 hello。在下面的语句中，斜杠（/）是除法运算符，299_792_458.0 是一个硬编码常数：

```
propagationDelay = distance / 299_792_458.0;
```

假设这个代码片段是一个计算通过空间传送信息的延迟的程序一部分。299_792_458.0 这个值背后的含义是什么？

在太空中，信息信号以光速传播。因为时间=距离/速度，信息信号从卫星上传播的时间等于卫星的距离除以光速。因此，在代码片段中，数字 299_792_458.0 代表光速。

上面的代码片段有些令人困惑。硬编码常数 299_792_458.0 背后的含义对于科学技术人员来说可能很清楚，但对于我们普通人来说却不是很清楚。为了获得更好的解决方案，请使用命名常量。

3.14.2   命名常量

命名常量 是一个有与之相关名称的常量。例如，在下面这个代码片段中，SPEED_OF_LIGHT 是一个命名常量。

```
final double SPEED_OF_LIGHT = 299_792_458.0; // 米/秒
...
propagationDelay = distance / SPEED_OF_LIGHT;
```

从这段代码中你应该可以看出，一个命名常量实际上是一个变量。现在有了矛盾的说法，即一个常量是一个变量。注意 SPEED_OF_LIGHT 是如何被声明为一个 double 变量的，并且它被初始化为 299_792_458.0。SPEED_OF_LIGHT 的初始化与前面所介绍的初始化有什么不同？左边多了 final 这个词。另外，插入了可选的下划线，以帮助识别适当的数字数量。

保留字 final 是一个*修饰符*，它修改了 SPEED_OF_LIGHT，使其值是固定的或"最终的"。而固定是命名常量的全部意义所在。因此，所有命名常量都使用 final 修饰符。final 修饰符告诉编译器，如果程序在以后试图改变 final 变量的值，就会产生一个错误。

　　标准的编码公约规则建议你在命名的常量中所有的字符都要大写，并在一个多字的命名常量中使用下划线来分隔各字，如 SPEED_OF_LIGHT。使用大写字母的原因是：大写字母使事物突出，而你希望命名的常量能够突出，因为它们代表了特殊的值。

3.14.3   命名常量和硬编码常量

不是所有的常量都应该是命名常量。例如，如果你需要将一个计数变量初始化为 0，可以使用这样的硬编码：

```
int count = 0;
```

那么，如何知道何时使用硬编码常量和命名常量呢？如果一个命名的常量能使代码更容易理解，就使用它。上面的计数初始化的方式很清楚。如果用一个命名的常量代替 0（如 int count = COUNT_STARTING_VALUE），并不能提高清晰度，所以坚持使用硬编码常量。另外，以下这段代码是不清楚的：

```
propagation Delay=distance/299_792_458.0;
```

将 299_792_458.0 替换为 SPEED_OF_LIGHT 命名常量，确实提高了清晰度，所以改用命名常量。

使用命名常量主要有以下两个好处：

（1）命名常量使代码更具有自文档性，因此更容易理解。

（2）如果程序员需要改变一个命名常量的值，很容易做到——在方法的顶部找到命名常量的初始化，并改变初始值。这样就可以在程序中自动实现改变。这样就不会存在忘记改变多次出现中的某一次的情况。这就是一致性。

> 使其容易改变。

3.14.4   示例

下面在一个完整的程序中实践一下学到的常量知识。在图 3.5 中的 TemperatureConverter 程序中，将一个华氏温度值转换成摄氏温度值。注意在程序的顶部有两个命名常量初始化：FREEZING_POINT 命名的常量被初始化为 32.0；CONVERSION_FACTOR 命名常量被初始化为 5.0/9.0。通常情况下，会想把每个命名常量初始化为一个硬编码的常量。例如，FREEZING_POINT 的初始值是 32.0。但要注意的是，使用常量表达式作为命名常量的初始值也是合法的。例如，CONVERSION_FACTOR 的初始值是 5.0 / 9.0。这个表达式被认为是一个常量表达式，因为使用的是常量而不是变量。

在 TemperatureConverter 程序中，该语句执行了转换：

```
celsius = CONVERSION_FACTOR * (fahrenheit - FREEZING_POINT);
```

通过使用命名常量 CONVERSION_FACTOR 和 FREEZING_POINT，能够在转换代码中嵌入一些意义。如果没有命名常量，该语句将看起来像这样：

```
celsius = 5.0 / 9.0 * (fahrenheit - 32.0);
```

5.0/9.0 可能会让一些读者分心。他们可能会花时间想知道 5.0 和 9.0 的意义。通过使用一个名为 CONVERSION_FACTOR 的常数，告诉读者："不要担心，这只是某个科学家想出来的一个转换系数。"如果一个不熟悉华氏温度的人读到上述声明，他们并不知道 32.0 的意义。使用一个名为 FREEZING_POINT 的常量便让事情变得更清楚。

```
/*********************************************************
 * TemperatureConverter.java
 * Dean & Dean
 *
 * 这个程序将华氏温度值转换为摄氏温度值
 *********************************************************/

public class TemperatureConverter
{
    public static void main(String[] args)
  {
    final double FREEZING_POINT = 32.0;
    final double CONVERSION_FACTOR = 5.0 / 9.0;
    double fahrenheit = 50;    // 华氏温度
    double celsius;            // 摄氏温度

    celsius = CONVERSION_FACTOR * (fahrenheit - FREEZING_POINT);
    System.out.println(fahrenheit + " degrees Fahrenheit = " +
      celsius + " degrees Celsius.");
  } // main 结束
} // TemperatureConverter 类结束

输出:
50.0 degrees Fahrenheit = 10.0 degrees Celsius.
```

图 3.5　TemperatureConverter 程序及其输出

3.15　算术运算符

前面介绍了如何声明数字变量、如何分配数字以及如何使用数字常量。此外，还展示了一些在数学表达式中使用数字的例子。在本节和下两节中，将更深入地研究表达式。表达式是操作数和运算符的组合，用于执行计算。操作数是变量和常数。运算符是一个符号，如+或−，用于执行运算。在本节中，将介绍数字数据类型的算术运算符。稍后，将研究其他数据类型的运算符。

3.15.1 加法、减法和乘法

Java 的+、-和*运算符很简单，它们分别执行加法、减法和乘法。

3.15.2 浮点数除法

Java 执行除法的方式，取决于被除数/操作数是整数还是浮点数。下面先介绍一下浮点数除法。

当 Java 虚拟机（JVM）对浮点数进行除法运算时，它执行的是计算器除法。之所以称其为计算器除法，因为 Java 的浮点数除法与标准计算器的除法效果相同。例如，如果在计算器上输入以下计算，结果是什么？

结果是 3.5。同样地，这行 Java 代码也会输出 3.5：

```
System.out.println (7.0 / 2.0);
```

尽管许多计算器在除法的按键上显示÷符号，但 Java 使用的是/符号。为了解释算术运算符，需要评估大量的表达式。为了简化介绍过程，将使用 ⇒ 符号，表示得或者等于。因此，下面一行的意思就是 7.0 / 2.0 等于 3.5：

```
7.0 / 2.0 ⇒ 3.5
```

下面一行要求你确定 5/4.0 等于多少：

```
5 / 4.0 ⇒ ?
```

5 是 int 类型，4 是 double 类型。这是一个混合表达式的例子。混合表达式是一个包含不同数据类型的操作数的表达式。因为它们包含一个小数部分，所以通常认为 double 类型比 int 类型更复杂。每当有一个混合表达式时，JVM 会暂时提升较不复杂的操作数的类型，使其与较复杂的操作数的类型相匹配，然后 JVM 会应用该运算符。在 5/4.0 表达式中，JVM 将 5 提升为 double 类型，然后对两个浮点数执行浮点除法。该表达式的结果为 1.25。

3.15.3 整数除法

当 JVM 对整数执行除法时，它执行的是小学除法。之所以称它为小学除法，是因为 Java 的整数除法与小学时学习的除法一样。还记得你是如何计算除法的吗？你计算出了一个商和一个余数。同样地，当需要整数除法时，Java 也有能力计算商和余数。但 Java 并不同时计算这两个值。如果使用了 Java 的/运算符，那么就会得出商。如果使用了 Java 的%运算符，那么就会得出余数。%运算符被更正式地称为*模*运算符。注意这些例子：

```
7 / 2 ⇒ 3
7 % 2 ⇒ 1
```

这些对应于相当于小学的算术符号：

输出细节，看看计算机是怎么做的。

我们会给你许多像这样的表达式评估问题。作为理智的检查，建议你至少在计算机上执行表达式来验证一些计算结果。为了执行表达式，将表达式嵌入输出语句中，将输出语句嵌入测试程序中，并运行测试程序。例如，要执行上述表达式，请使用图 3.6 中的 TestExpressions 程序。

```java
public class TestExpressions
{
  public static void main(String[] args)
  {
    System.out.println("7 / 2 = " + (7 / 2));
    System.out.println("7 % 2 = " + (7 % 2));
    System.out.println("8 / 12 = " + (8 / 12));
    System.out.println("8 % 12 = " + (8 % 12));
  } // main 结束
} // TestExpressions 类结束

输出：
7 / 2 = 3
7 % 2 = 1
8 / 12 = 0
8 % 12 = 8
```

图 3.6　TestExpressions 程序与输出

图 3.6 列出了以下例子：

7 / 12 ⇒ 0
8 % 12 ⇒ 8

下面是相应的小学算术符号：

这时，你可能会想："天哪，整数除法的东西确实很有趣，但我能用它来做一些实际的事情吗？"当然！你可以用它来把数字拆解为组成部分。例如，如果你正在编写一个糖果自动售货机的程序，每次顾客插入一美元时，你的程序可以使用整数除法运算符将顾客的零钱分成适当数量的 25 美分、10 美分和 5 美分。在第 6 章的一个项目中，你被要求这样做。作为另一个例子，下面的代码片段显示了如何将一个代表当前时间的数字分割成其组成部分，即小时和分钟：

```java
int time;
System.out.print("Enter the current time as an integer (no colon): ");
time = stdIn.nextInt();
System.out.println(
  "hours = " + (time / 100) + ", minutes = " + (time % 100));
```

如果用户输入了 1208，那么：

1208 / 100 ⇒ 12
1208 % 100 ⇒ 8

所以输出结果将是：

hours = 12, minutes = 8

3.16 表达式求值和运算符优先级

在上面的例子中，表达式是非常基本的，它们都只包含一个运算符，所以它们的计算是相当容易的。表达式有时是相当复杂的。在本节中，将介绍如何求解更复杂的表达式。

3.16.1 保龄球平均得分示例

假设你想计算三场保龄球比赛的平均得分。这条语句能行吗？

```
bowlingAverage = game1 + game2 + game3 / 3;
```

这段代码看起来很合理，但是还不够好。要成为一个好的程序员，你需要的是确定，不能靠感觉。应该关注的代码是右边的表达式：game1 + game2 + game3 / 3。更具体地说，你应该问一下自己，哪个运算符先执行是左边的+运算符还是/运算符？为了回答这个问题，要看看运算符优先级表。

3.16.2 运算符优先级表

理解复杂表达式的关键是理解图 3.7 所示的运算符优先级。

运算符优先级表可能需要一些说明。上面的分组比最下面的分组有更高的优先级。这意味着如果上面的运算符之一和下面的运算符之一同时出现在一个表达式中，那么上面的运算符就会优先执行。例如，如果*和+都出现在同一个表达式中，那么*运算符在+运算符之前执行（因为*运算符的组在表格中比+运算符的组高）。如果括号出现在一个表达式中，那么括号内的项目在括号外的项目之前执行（因为括号在表格的最上面）。

如果一个表达式有两个或更多的运算符在同一个组中（来自图 3.7 的分组），那么就从左到右应用这些运算符。在数学上，这被称为从左到右的关联性。在 Java 中，这意味着出现在左边的运算符应该在出现在右边的运算符之前执行。例如，因为*和/运算符在同一组中，如果*和/都出现在同一个表达式中，并且/在该表达式中比*更靠左，那么除法将在乘法之前执行。

第二组中的运算符是一元运算符。一元运算符是只适用于一个操作数的运算符。一元+运算符是装饰性的；它什么也不做。一元-运算符（负号）将其操作数的符号反转。例如，如果变量 x 包含一个 6，那么-x 的值是-6。（类型）运算符代表强制转换运算符。将在本章后面介绍强制转换运算符。

```
1. 用小括号进行分组：
   (表达式)
2. 一元运算符：
   +x
   -x
   (类型) x
3. 乘、除运算符：
   x * y
   x / y
   x % y
4. 加、减运算符：
   x + y
   x - y
```

图 3.7　简略的运算符优先级表（完整表格见附录 2）

优先级表顶端的运算符组比底部的运算符组有更高的优先级。一个特定组内的所有运算符具有相同的优先级，它们从左到右依次执行。

3.16.3 重新审视保龄球平均得分示例

回到保龄球平均得分的例子，运用所讲解的关于运算符优先级的知识。下面的语句能正确计算出三场保龄球比赛的平均分数吗？

```
bowlingAverage = game1 + game2 + game3 / 3;
```

不能。运算符优先级表显示，/运算符的优先级高于+运算符，所以首先进行除法。在 JVM 将 game3 除以 3 后，JVM 将 game1 和 game2 相加。计算平均数的正确方法是先将三场比赛的分数相加，然后将总和除以 3。换句话说，需要强制+运算符先执行。解决办法是像下面这样使用括号：

```
bowlingAverage = (game1 + game2 + game3) / 3;
```

3.16.4 表达式求值练习

┌──────────────┐
│ 手工计算有   │ 下面做一些表达式求值的练习题，以确保自己真正理解了运算符的优先级。给出
│ 助于理解。   │ 这些初始化：
└──────────────┘

```
int a = 5, b = 2;
double c = 3.0;
```

以下表达式的计算结果是什么？

```
(c + a / b) / 10 * 5
```

解题过程如下：

（1）(c + a / b) / 10 * 5 ⇒
（2）(3.0 + 5 / 2) / 10 * 5 ⇒
（3）(3.0 + 2) / 10 * 5 ⇒
（4）5.0 / 10 * 5 ⇒
（5）0.5 * 5 ⇒
（6）2.5

在解决表达式求值问题时，建议列出求值过程的每一步，这样有助于理解解决方案。在上面的解决方案中，列出了每一步，而且还标出了行号。通常情况下，没有必要显示行号，这样做是为便于解释。从第 1 行到第 2 行，用变量的值来替换它们。从第 2 行到第 3 行，执行最高优先级的运算符，即括号内的/。从第 3 行到第 4 行，执行下一个最高优先级的运算符，即括号内的+。

再做一道表达式计算练习题。基于下面这些初始化：

```
int x = 5;
double y = 3.0;
```

下面这个表达式的值是多少？

```
(0 % x) + y + (0 / x)
```

解题过程如下：

```
(0 % x) + y + (0 / x) ⇒
(0 % 5) + 3.0 + (0 / 5) ⇒
0 + 3.0 + (0 / 5) ⇒
0 + 3.0 + 0 ⇒
```

```
3.0
```

也许上述解决方案中最棘手的部分是对 0%5 和 0/5 的求值，它们都等于 0。下面相应的小学算术符号解释了原因。

3.17　更多运算符：自增、自减和复合赋值

到目前为止，已经介绍了与数学书中的运算相对应的 Java 数学运算符：加法、减法、乘法和除法。Java 还提供了一些数学书中没有的数学运算符。在本节中，将介绍自增、自减和复合赋值运算符。

3.17.1　自增和自减运算符

对于计算机程序来说，计算某事发生的次数是相当常见的。例如，你有没有见过一个显示访问者数量的网页？访问者数量是由一个程序记录的，该程序计算该网页在某人的网络浏览器上被加载的次数。由于计数是程序的一项常见任务，因此有一些特殊的运算符用于计数。自增运算符（++）向上计数，自减运算符（--）向下计数。

下面是来递增变量 x 的一种方法：

```
x = x + 1;
```

下面是使用自增运算符的方法：

```
x++;
```

这两种技术在功能上是等同的。有经验的 Java 程序员几乎总是使用第二种形式而不是第一种形式，而且正确的风格建议使用第二种形式。

下面是递减变量 x 的一种方法：

```
x = x - 1;
```

下面是使用自减运算符的方法：

```
x--;
```

为了规范和简单，应该使用第二种形式。

3.17.2　复合赋值运算符

下面介绍一下 Java 的五个*复合赋值*运算符：+=、-=、*=、/= 和 %=。

+= 运算符通过向变量添加指定的值来更新该变量。下面是将 x 增加 3 的一种方法：

```
x = x + 3;
```

下面是如何使用 += 运算符的方法：

```
x += 3;
```

这两种技术在功能上是等同的。有经验的 Java 程序员几乎总是使用较短的第二种形式而不是较长的第一种形式。而且正确的风格建议使用第二种形式。所以使用第二种形式。

寻找捷径。

-= 运算符通过从变量中减去一个指定的值来更新一个变量。下面是一种将 x 减去 3 的方法：

```
x = x - 3;
```

下面是使用−=运算符的方法：

```
x -= 3;
```

因此，应该使用第二种形式。

*=、/=和%=运算符与+=和−=运算符类似，不再对其余三个运算符进行详细解释。但我们鼓励你学习下面的例子：

```
x += 3;        ≡    x = x + 3;
x -= 4;        ≡    x = x - 4;
x *= y;        ≡    x = x * y;
x /= 4;        ≡    x = x / 4;
x %= 16;       ≡    x = x % 16;
x *= y + 1;    ≡    x = x * (y + 1);
```

这些例子在左边显示了赋值运算符的语句，在右边显示了其等价的长式语句。≡符号表示等同于。使用左边的形式比右边的形式更有风格，但不要忽视右边的形式。它们显示了赋值运算符的工作方式。

底部的例子是唯一一个复合赋值运算符使用表达式而不是单个值的例子；也就是说，*=赋值运算符右边的表达式是 y+1，而不是只有 1。像这样的情况，复合赋值形式有些令人困惑。因此，对于这些情况，从风格上讲，使用等价的长形式而不是复合赋值形式是可以接受的。

为什么+=、−=、*=、/=和%=运算符被称为复合赋值运算符？因为它们将数学运算与赋值运算复合（结合）起来。例如，+= 运算符执行加法和赋值。加法部分很明显，但赋值部分呢？+=运算符确实执行了赋值，因为 += 运算符左边的变量被分配了一个新值。

3.18　追踪

为了确保你真正理解自增、自减和复合赋值运算符，下面追踪一个包含这些运算符的程序。在本章之前展示过一个追踪，但是那个追踪针对的是非常有限的代码片段，它只包含两个赋值语句。在本节中，将展示一个更复杂的追踪。

请看图 3.8 中的 TestOperators 程序和相关追踪表。特别要注意追踪表中标题下的前三行。它们包含了变量的初始值。对于作为初始化的一部分声明的变量，其初始值是初始值。对于没有初始化的变量，我们说它们的初始值是"垃圾"，因为它的实际值是未知的。用一个问号来表示"垃圾值"。

把自己放在计算机的位置上。

我们建议你遮住追踪的底部，并尝试自己完成追踪。当你完成后，将你的答案与图 3.8 的追踪表进行比较。

自增和自减运算符有不同的模式：前缀模式和后缀模式。在本书的后面，将解释这些模式，并详细介绍它们是如何在追踪的背景下工作的（见第 12.5 节）。

```
1   public class TestOperators
2   {
3     public static void main(String[] args)
4     {
5       int x;
6       int y = 2;
7       double z = 3.0;
8
9       x = 5;
10      System.out.println("x + y + z = " + (x + y + z));
11      x += y;
12      y++;
13      z--;
14      z *= x;
15      System.out.println("x + y + z = " + (x + y + z));
16    } // main 结束
17  } // TestOperators 类结束
```

追踪:

行号	x	y	z	输出
5	?			
6		2		
7			3.0	
9	5			
10				x + y + z = 10.0
11	7			
12		3		
13			2.0	
14			14.0	
15				x + y + z = 24.0

图 3.8　TestOperators 程序及其追踪

3.19　类型转换

截至目前，我们已经描述了简单的算术运算符（+、-、*、/、%）、自增和自减运算符（++、--）以及复合赋值运算符（+=、-=、*=、/=、%=）。在本节中，将介绍另一个运算符，即强制转换运算符。

3.19.1　强制转换运算符

在编写程序时，有时需要将一个值转换为不同的数据类型。强制转换运算符可以用来进行这种转换。下面是语法：

可见，强制转换运算符由括号内的数据类型组成。你应该在你想转换的值的左边放置一个强制转换运算符。

假设你有一个名为 interest（利息）的变量，它将银行账户的利息存储为 double 类型。你想提取利息中的美元部分并将其存储在一个名为 interestInDollars 的 int 类型的变量中。要做到这一点，可以像这样使用 int 强制转换运算符：

```
interestInDollars = (int) interest;
```

int 强制转换运算符返回所转数值的整数部分，截断小数部分。因此，如果 interest 包含值 56.96，在赋值后，interestInDollars 包含值 56。请注意，强制转换运算并没有改变 interest 的值。赋值后，interest 仍然包含 56.96。

3.19.2　使用括号强制转换表达式

如果需要转换的不仅仅是一个值或变量，那么一定要给转换的整个表达式加上括号。注意这个例子：

```
double interestRate;
double balance;
int interestInDollars;
...
interestInDollars = (int) (balance * interestRate);
```

这里的括号是必要的

在 interestInDollars 赋值中，balance * interestRate 是计算利息的公式。这个代码片段执行的操作与前面的单行代码片段基本相同。它提取了利息的美元部分，并将其存储在一个名为 interestInDollars 的 int 类型变量中。不同的是，这次的利息是以表达式的形式，即 balance * interestRate，而不是以简单变量的形式，即 interest 表现的。因为希望强制转换运算符适用于整个表达式，所以需要给 balance * interestRate 加上括号。

在上面的代码片段中，如果表达式 balance * interestRate 没有括号，会发生什么？那么，转换将只适用于其右边的第一个变量——balance，而不是整个表达式。当你查看运算符优先级表时，这应该是有意义的。运算符优先级表显示，强制转换运算符的优先级非常高。因此，如果没有括号，强制转换运算符将在乘法运算符之前执行，因此强制转换运算符将只适用于 balance。这就导致了以美元为单位的利息计算不正确。

3.19.3　使用浮点转换来强制进行浮点数除法

假设你有一个名为 earnedPoints 的变量，用来存储一个学生一学期的课程所得分数。假设你有一个名为 numOfClasses 的变量，用来存储学生所上课程的数量。学生的平均成绩（GPA）是通过得到的分数除以课程数来计算的。在下面的语句中，earnedPoints 和 numOfClasses 是 int 类型，gpa 是 double 类型。该语句是否正确计算了学生的 GPA 呢？

```
gpa = earnedPoints / numOfClasses;
```

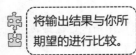

将输出结果与你所期望的进行比较。

假设 earnedPoints 是 14，numOfClasses 是 4。你希望 gpa 得到一个 3.5 的值（因为 14÷4=3.5）。但可惜的是，gpa 得到的值是 3，为什么？因为 "/" 运算符对其两个 int 操作数进行整数除法。整数除法意味着返回的是商。14÷4 的商是 3。

除法的方法是通过引入强制转换运算符来强制执行浮点运算。下面是更正后的代码：

```
gpa = (double) earnedPoints / numOfClasses;
```

在将 earnedPoints 转换为 double 类型后，JVM 看到了一个混合表达式，并将 numOfClasses 提升为 double 类型。然后进行浮点数除法。

在这个例子中，不应该给 earnedPoints/numOfClasses 表达式加上括号。如果这样做了，/ 运算符的优先级会高于强制转换运算符，JVM 会在执行强制转换操作之前执行除法（整数除法）。

在本书的后面，我们将提供关于类型转换的其他细节（见第 12.4 节）。

3.20 char 类型与转义序列

在过去，当我们存储或输出文本时，我们总是与文本字符组（字符串）一起工作，而不是与单个字符一起工作。在本节中，将使用 char 类型来处理单个字符。

3.20.1 char 类型

如果你知道你需要在一个变量中存储一个单独的字符，就使用 char 类型变量。下面是一个例子，它声明了一个名为 ch 的 char 类型变量，并将字母 A 分配给它。

```
char ch;
ch = 'A';
```

注意这个 'A'。char 字样必须用单引号包围。这种语法与字符串字面意义的语法相似，即字符串字面意义必须用双引号包围。

有一个 char 类型有什么意义呢？为什么不直接使用一个字符的字符串来处理所有的字符？因为对于操作大量单个字符的应用程序来说，使用简单的 char 类型变量比使用复杂的 string 变量更有效（更快）。例如，将允许查看网页的软件在下载到计算机上时必须读取和处理单个字符。在处理单个字符时，如果将它们作为单独的 char 类型变量而不是字符串变量来存储，效率会更高。

3.20.2 用 char 连接字符串

还记得如何使用+运算符将两个字符串连接在一起吗？也可以用+运算符把一个 char 类型变量和一个 string 类型变量连接起来。你认为这个代码片段输出的是什么？

```
char first, middle, last;     // 一个人的姓名的首字母
first = 'J';
middle = 'S';
last = 'D';
System.out.println("Hello, " + first + middle + last + '!');
```

下面是输出结果：

```
Hello, JSD!
```

3.20.3 转义序列

通常情况下，输出字符很容易。只要把它们放在 System.out.println 语句中即可。但有些字符是很难输出的。使用*转义序列*（escape sequence）来输出难以输出的字符，如制表符 Tab。转义序列是由反斜杠

（\）和另一个字符组成的。参见图 3.9 中的 Java 最常用的转义序列。

如果输出了制表符（\t），计算机屏幕的光标就会移动到下一个制表符的位置。计算机屏幕的光标是计算机在屏幕上输出的下一个位置。如果输出换行符（\n），计算机屏幕的光标就会移动到下一行的开头。

下面是一个例子，可以输出两列标题：BALANCE 和 INTEREST，用一个制表符隔开，后面是一个空行：

```
System.out.println("BALANCE" + '\t' + "INTEREST" + '\n');
```

```
\t 将光标移到下一个制表符（Tab）位置
\n 新行（newline），到下一行的起始位置
\r 回到（return）当前行的起始位置
\" 输出一个双引号
\' 输出一个单引号
\\ 输出一个反斜杠
```

图 3.9　常见的转义序列

请注意，转义序列确实是字符，所以为了输出制表符和换行符，用单引号包住了它们。

通常情况下，编译器将双引号、单引号或反斜杠解释为控制字符。控制字符负责为它后面的字符提供特殊含义。双引号控制字符告诉计算机：后面的字符是字符串字面的一部分。同样，单引号控制字符告诉计算机：后面的字符是一个 char 文本。反斜杠控制字符告诉计算机：下一个字符将被解释为转义序列字符。

但是，如果想要原封不动地输出这三个字符中的一个，而绕过该字符的控制功能呢？要做到这一点，可以在控制字符（双引号、单引号、反斜杠）的前面加上一个反斜杠。第一个反斜杠会关闭后续字符的控制功能，从而使后续字符可以原样输出。如果没有理解以上内容，那么真正需要知道的是这个：

要输出一个双引号，使用 "\""。

要输出一个单引号，请使用 "\'"。

要输出一个反斜杠，使用 "\\"。

假设你想输出这个信息：

```
"Hello.java" is stored in the c:\javaPgms folder.
```

以下是输出的方法：

```
System.out.println('\"' + "Hello.java" + '\"' +
    " is stored in the c:" + '\\' + "javaPgms folder.");
```

3.20.4　在字符串中嵌入转义序列

写一条输出语句，为一份计算机规格报告生成以下标题：

```
HARD DISK SIZE        RAM SIZE ("MEMORY")
```

具体来说，输出语句应该先产生一个制表符、一个 HARD DISK SIZE 列的标题，再产生两个制表符、一个 RAM SIZE（"MEMORY"）列的标题，然后是两个空行。下面是一个解决方案：

```
System.out.println('\t' + "HARD DISK SIZE" + '\t' + '\t' +
    "RAM SIZE (" + '\"' + "MEMORY" + '\"' + ")" + '\n' + '\n');
```

这就很杂乱了。幸运的是，有一个更好的方法。转义序列被设计成可以在文本字符串中像其他字符

一样使用，所以完全可以在字符串中嵌入转义序列，并省略加号和单引号。例如，这里 多找捷径。 有一个针对计算机规格报告标题问题的替代解决方案，其中的加号和单引号已被删除：

```
System.out.println("\tHARD DISK SIZE\t\tRAM SIZE (\"MEMORY\")\n\n");
```

现在所有的东西都在一个字符串文本内。通过省略加号和单引号，代码看起来更加清晰和简单。

3.20.5 转义序列的 escape 一词的由来

为什么 escape（逃离）这个词会被用于转义序列（escape sequence）？反斜杠强制一个指定字符"逃离"正常行为。例如，如果 t 在一条输出语句中，计算机通常会输出 t。如果\t 在一个输出语句中，计算机会避免输出 t，而是输出制表符。如果双引号字符（"）在一个输出语句中，计算机通常将其视为字符串文本的开始或结束。如果\"在一条输出语句中，计算机会摆脱字符串的开始或结束行为；相反，计算机会输出双引号字符。

在本书的后面，将介绍与 char 类型有关的相对高级的语法细节（见第 12.3 节）。

3.21 原始变量与引用变量

在本章中，已经定义并介绍了各种类型的变量：String、int、long、float、double 和 char 变量。接下来将全面了解 Java 中两类不同的变量：原始变量和引用变量。

3.21.1 原始变量

*原始变量*存储的是单一的数据。把原始变量的数据项看作固有的、不可分割的，这很有帮助。更正式地说，我们说它是原子的（atomic），因为它是一个基本的"构件"，像原子（atom）[①]一样不能被分解。原始变量是用原始类型声明的，这些类型包括：

```
int, long        （整型）
float, double    （浮点型）
char             （字符型）
```

还有一些额外的原始类型（boolean、byte、short），将在第 4 章和第 12 章中介绍，但对于大多数情况，这五种原始类型就足够了。

3.21.2 引用变量

原始变量存储的是单一数据，而*引用*变量存储的是指向数据集合的内存位置。这个内存位置不是一个字面的内存地址，如街道地址。它是一个编码的缩写，像一个邮局的信箱号码。然而，对于在 Java 中能做的一切，引用变量中的值就像一个字面的内存地址，所以把它当作是一个字面的内存地址。前面介绍过，一个引用变量的"地址"指向一个数据集合。更正式地说，它指向一个*对象*。将在第 6 章中介绍对象的细节，但现在，只需意识到对象是一个被保护壳包裹的相关数据的集合即可。要访问一个对象的数据，需要使用一个指向该对象的引用变量（或简称为*引用*）。

[①] atom 一词来自希腊语 a-tomos，意思是不可分割的。1897 年，汤姆逊发现了原子的一个组成部分——电子，从而消除了原子不可分割的概念。尽管如此，作为原子最初定义的延续，术语 atomic 仍然是指本质上不可分割的东西。

字符串变量是引用变量的例子。字符串变量保存一个指向字符串对象的内存地址。string 对象保存数据——字符串的字符。

引用变量是用引用类型来声明的。引用类型是一种提供存储数据集合的类型。字符串是一个引用类型，它提供了一个字符集合的存储。所以在下面的例子中，用 String 引用类型声明 name 意味着 name 指向字符集合 T、h、a、n、h、空格、N、g、u、y、e、n。

```
String name = "Thanh Nguyen";
```

String 只是众多引用类型中的一种。类、数组和接口都被认为是引用类型。将在第 9 章中讲解数组，在第 10 章中讲解接口。将在第 6 章中讲解类的细节，但现在，知道一个类是对某一特定类型对象中的数据的通用描述就足够了。例如，String 类描述了字符串对象中数据的性质。更具体地说，String 类说的是每个字符串对象可以存储 0 个或更多的字符，并且这些字符是以序列形式存储的。

3.21.3　示例

下面介绍一个使用原始变量和引用变量的例子。在这个代码片段中，声明了追踪一个人基本数据的变量。

```
int ssn;         // 社会安全号码
String name;     // 人的姓名
Calendar bday;   // 人的生日
```

从 int 和 String 的数据类型可以看出，ssn 是一个原始变量，name 是一个引用变量。在第三行中，Calendar 是一个类。这告诉我们，bday 是一个引用变量。Calendar 类允许存储日期信息，如年、月、日。[①]因为 bday 是和 Calendar 类一起声明的，所以 bday 能够存储年、月、日等数据项。

3.22　字符串

已经使用字符串很久了，但只是存储和输出它们而已。许多程序需要对字符串做更多的处理，而不仅仅是存储和输出。例如，Microsoft Office 程序（如 Word、Excel 和 PowerPoint）都包括文本搜索和文本替换功能。在本节中，将描述 Java 如何在 String 类中提供这种字符串处理功能。

3.22.1　字符串连接

如你所知，字符串通常是用+运算符连接的。请注意，字符串也可以用+=复合赋值运算符来连接。在下面的例子中，如果 animal 字符串最初引用的是 dog，那么在语句执行后就会引用 dogfish：

```
animal += "fish";
```

把自己放在计算机的位置上。　　　我们建议你现在进行一次追踪，以确保你彻底理解了字符串连接。请看图 3.10 中的代码片段。在看解决方案之前，试着自己追踪一下这个代码片段。

---

① 深入解释 Calendar 类超出了本章的范围。如果你想要深入的解释，可以打开网址 https://docs.oracle.com/en/java/javase/13/docs/api/java.base/java/util/package-summary.html，并搜索 Calendar。

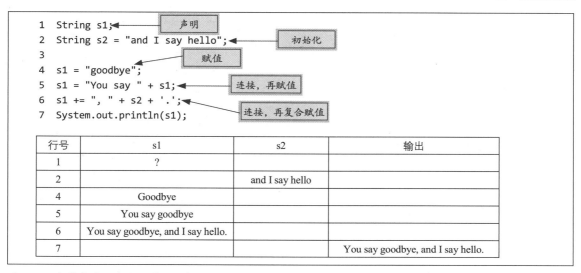

图 3.10　字符串连接的代码片段和相关追踪说明

3.22.2　字符串方法

在第 3.22.1 小节中，定义了一个对象是一个数据的集合。一个对象的数据通常是受保护的，因此，它只能通过特殊渠道被访问。通常情况下，它只能通过对象的方法来访问。一个字符串对象存储了一个字符集合，一个字符串对象的字符只能通过它的 charAt 方法访问。在本节的剩余部分，将描述 charAt 方法和其他三个流行的字符串方法，即 length、equals 和 equalsIgnoreCase。这些方法以及其他许多字符串方法，都是在 String 类中定义的。

如果你想了解更多关于 String 类及其所有方法，可以打开网址 https://docs.oracle.com/en/java/javase/13/docs/api/java.base/java/lang/package-summary.html，并搜索 String。

从源头上获得帮助。

3.22.3　charAt 方法

假设你初始化了一个字符串变量 animal，其值为 cow。然后，animal 变量指向一个包含 c、o 和 w 这三个数据项的字符串对象。要检索一个数据项（如一个字符），可以调用 charAt 方法。charAt 是指 character at，返回一个位于指定位置的字符。例如，如果 animal 调用 charAt 并指定第 3 个位置，那么 charAt 返回 w，因为 w 是 cow 的第 3 个字符。

那么，如何调用 charAt 方法呢？通过比较 charAt 方法调用和你已经熟悉的 println 方法调用来回答这个问题，如图 3.11 所示。

在图 3.11 中，注意 charAt 方法调用和 println 方法调用都使用了这种语法：

引用变量.方法名(参数)

在 charAt 调用中，animal 是引用变量，charAt 是方法名，2 是参数。参数是最棘手的部分。参数指定了要返回的字符的索引。字符在字符串中的位置是从索引 0 开始编号的，而不是索引 1。那么，如果 animal 包含 cow，animal.charAt(2) 会返回什么？如下表所示，w 字符在索引 2 处，所以 animal.charAt(2) 返回 w。

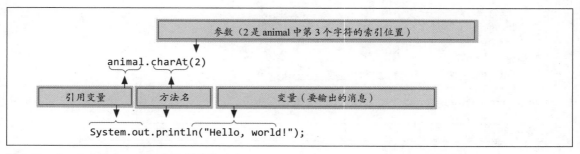

图 3.11　charAt 方法与 println 方法调用的对比

索引	0	1	2
cow 字符串的字符	c	o	w

如果在调用 charAt 时，参数是负的，或者等于或大于字符串的长度，代码会编译成功，但不能正常运行。例如，假设运行这个程序。

```java
public class Test
{
    public static void main(String[] args)
    {                                      不合适的索引
        String animal = "sloth";
        System.out.println("Last character: " + animal.charAt(5));
    }
}
```

因为 sloth 的最后一个索引是 4，而不是 5，JVM 会输出一个错误信息，具体如下：

```
Exception in thread "main"
java.lang.StringIndexOutOfBoundsException:
    String index out of range: 5          这里的 5 表示指定的索引，它"超出范围了"
    at java.lang.String.charAt(String.java:558)
    at Test.main(Test.java:6)             这里的 6 表示程序中错误发生的行号
```

问问：计算机想告诉我什么？　起初，这样的错误信息让人感到害怕和沮丧，但最终你会爱上它们。好吧，也许不完全是爱它们，但你会学会欣赏它们所提供的信息。它们提供关于错误类型和错误发生位置的信息。试着把每条错误信息看作一个学习的机会。在这一点上，不要担心无法理解上述错误信息中的所有细节。只需关注两个标志和它们所指的行即可。

上述错误是一个*运行时错误*的例子。运行时错误是指在程序运行时发生的错误，它导致程序的异常终止，也就是常说的*崩溃*。

3.22.4　length 方法

length 方法返回一个特定字符串中的字符数。这个代码片段输出的是什么？

```java
String s1 = "hi";
String s2 = "";
System.out.println("number of characters in s1 = " + s1.length());
System.out.println("number of characters in s2 = " + s2.length());
```

因为 s1 的字符串包含两个字符（h 和 i），第一条输出语句输出了：

```
number of characters in s1 = 2
```

在这个代码片段中，s2 被初始化为" 值。这个 "值通常被称为空字符串。空字符串是一个不包含任何字符的字符串。它的长度为 0。第二条输出语句输出了：

```
number of characters in s2 = 0
```

在调用 charAt 方法时，需要在方法调用的括号内插入一个参数（一个索引值），如 animal.charAt(2)。在调用 length 方法时，则不需要在方法调用的括号中插入参数，如 s1.length()。你可能会想"既然没有参数，为什么还要用括号呢？"在调用一个方法时，总是需要括号，即使它们是空的。没有括号，编译器就不会知道这是一个方法调用。

3.22.5　equals 方法

为了比较两个字符串是否相等，有必要在两个字符串中逐个比较相同位置的字符，一次一个。幸运的是，不必在每次想看两个字符串是否相等时都编写代码来进行这种相当乏味的比较操作。只需要调用 equals 方法，它就会在幕后自动进行烦琐的比较操作。更简单地说，如果两个字符串包含完全相同的字符序列，equals 方法会返回 true；否则就会返回 false。

我们建议你现在进行一次追踪，以确保你彻底理解了 equals 方法。请看图 3.12 中的代码片段。在看解决方案之前，试着自己追踪一下这个代码片段。

> 把自己放在计算机的位置上。

```
1 String animal1 = "Horse";
2 String animal2 = "Fly";
3 String newCreature;
4
5 newCreature = animal1 + animal2;
6 System.out.println(newCreature.equals("HorseFly"));
7 System.out.println(newCreature.equals("horsefly"));
```

行号	animal 1	animal 2	newCreature	输出
1	Horse			
2		Fly		
3			?	
5			HorseFly	
6				true
7				false

图 3.12　说明 equals 方法及其相关追踪的代码片段

因为 newCreature 包含值 HorseFly，当 newCreature 与 HorseFly 比较时，equals 方法返回值为 true。另一方面，当 newCreature 与小写的 horsefly 比较时，equals 方法返回的值是 false。

3.22.6　equalsIgnoreCase 方法

有时你可能想在比较字符串时不考虑大写和小写。换句话说，你可能希望 HorseFly 和 horsefly 被认为是相等的。要测试不区分大小写的平等，可以调用 equalsIgnoreCase 方法。这个代码片段输出的是什么？

```
System.out.println("HorseFly".equalsIgnoreCase("horsefly"));
```

因为 equalsIgnoreCase 认为 HorseFly 和 horsefly 是相等的，所以这段代码输出 true。

3.23　输入：Scanner 类

程序通常是双向的。它们通过在计算机屏幕上显示一些东西来产生输出，并从用户那里读取输入。到目前为止，所有的 Java 程序和代码片段都是单向的，它们在屏幕上显示一些东西，但它们没有读取任何输入。由于没有输入，因此程序是相当有限的。在本节中，将介绍如何从用户那里获得输入。

有了输入，就能写出更灵活、更有用的程序。

> **问问：如果……会怎样？**
>
> 假设你被要求编写一个计算退休基金收益的程序。如果没有输入，你的程序必须对缴费金额、退休前的年限等作出假设，然后根据这些假设来计算收益。也就是说，无输入时，你的程序为一个特定的退休基金计划计算收益。如果使用输入，就会要求用户提供缴费金额、退休前的年限等。然后根据这些用户的输入来计算收益。那么，哪个版本的程序更好，是无输入版本还是输入版本？输入版本更好，因为它允许用户输入假设的情况。如果我缴纳更多的钱会怎样？如果我把退休时间推迟到 90 岁会怎样？

3.23.1　输入的基础知识

Java API 库提供了一个名为 Scanner 的预置类，它允许你从键盘或文件中获得输入（在第 16 章讲解了文件输入）。在此之前，所提到的输入基本是指键盘输入。

Scanner 类不是核心 Java 语言的一部分。所以如果使用 Scanner 类，需要告诉编译器在哪里可以找到它。可以通过程序中导入 Scanner 类来做到这一点。更具体地说，需要在程序的顶部（在序言部分之后）包含这个 import 语句：

```
import java.util.Scanner;
```

将在第 5 章中介绍 import 的细节（如什么是 java.util）。现在，只需知道需要导入 Scanner 类，以便为程序的输入做准备。

还需要做一件事来准备程序的输入。在 main 方法的顶部插入这条语句：

```
Scanner stdIn = new Scanner(System.in);
```

new Scanner(System.in)表达式创建一个对象。正如你现在所知道的，一个对象存储一个数据集合。在本例中，该对象存储用户在键盘上输入的字符。stdIn 变量是一个引用变量，它被初始化为新创建的 Scanner 对象的地址。初始化后，stdIn 变量允许你进行输入操作。

有了上面的介绍，可以像这样通过调用 nextLine 方法来读取和存储一行输入：

变量 = stdIn. nextLine;

通过在一个完整的程序中使用 Scanner 类和 nextLine 方法的调用来实践所学到的知识，请看图 3.13 中的 FriendlyHello 程序。该程序提示用户输入他的名字，将用户的名字保存在一个名字变量中，然后输出一个问候语，问候语中包含用户的名字。

在 FriendlyHello 程序中，注意 System.out.print("Enter your name: ");这条语句。它使用了 System. out.print 语句，而不是 System.out.println 语句。记得 println 中的 ln 代表什么吗？它代表的是行（line）。

System.out.println 语句输出一条信息，然后将屏幕上的光标移到下一行。另外，System.out.print 语句输出了一条信息，仅此而已。光标最后与输出的信息在同一行（就在最后一个输出字符的右边）。

那么，为什么要用 print 语句而不是用 println 语句来处理 System.out.print("Enter your name: ");呢？因为用户习惯于在提示信息的右边输入信息。如果使用 println，那么用户就必须在下一行输入信息。还有一点：在提示信息的结尾处插入了一个冒号和一个空格，这也是基于用户习惯的做法。

```
/*************************************************
* FriendlyHello.java
* Dean & Dean
*
* 显示了一个个性化的问候程序
*************************************************/

import java.util.Scanner;        ◄───  这两条语句创建了键盘输入连接
  public class FriendlyHello
  {
    public static void main(String[] args)
    {
      Scanner stdIn = new Scanner(System.in);  ◄──┘
      String name;
      System.out.print("Enter your name: ");
      name = stdIn.nextLine();
      System.out.println("Hello " + name + "!");  ◄──  这里得到一行输入
    } // main 结束
  } // FriendlyHello 类结束
```

图 3.13 FriendlyHello 程序

3.23.2 输入的方法

在 FriendlyHello 程序中，调用了 Scanner 类的 nextLine 方法来获得一行输入。Scanner 类包含了相当多的其他方法来获得不同形式的输入。下面是一些方法：

next()	跳过前导空白，直到找到一个标记。将标记作为一个 String 值返回。
nextInt()	跳过前导空白，直到找到一个标记。将标记作为一个 int 值返回。
nextLong()	跳过前导空白，直到找到一个标记。将标记作为一个 long 值返回。
nextFloat()	跳过前导空白，直到找到一个标记。将标记作为一个 float 值返回。
nextDouble()	跳过前导空白，直到找到一个标记。将标记作为一个 double 值返回。

上面的描述需要进一步的介绍。

（1）什么是前导空白？

空白是指所有在显示屏幕或打印机上显示为空白的字符。这包括空格字符、制表符和换行符。换行符是通过 Enter 键产生的。前导空白指的是在输入的左边的空白字符。

（2）next 方法是寻找一个标记。什么是标记（token）？

由于 next 方法通常用于读入一个单词，所以可以把*标记*看作一个单词。但更正式地说，一个标记是一串非空格的字符。例如，gecko 和 53B@a!都是标记，Gila monster 包含了两个标记，而非一个，因为 Gila 和 monster 之间的空格是一个标记的结束信号。

（3）如果用户为 nextInt()、nextLong()、nextFloat()或 nextDouble()提供无效的输入，会发生什么？

JVM 会输出一个错误信息并停止程序。例如，如果一个用户输入了 hedgehog、45g 或 45.0，JVM 会输出错误信息并停止程序。

（4）什么是布尔值？

在第 4.2 节中将学习布尔值的知识。

3.23.3　示例

为了确保大家能够理解 Scanner 方法，请学习图 3.14 和图 3.15 中的程序。它们说明了如何使用 nextDouble、nextInt 和 next 方法。请特别注意示例会话，其中显示了程序在典型的输入下运行时的情况。在图 3.14 中，注意 34.14 和 2 的斜体部分。在图 3.15 中，注意 Ada Lovelace[①]的斜体部分。将输入值用斜体显示，以便与程序的其他部分区分开来。请注意，斜体是一种教学技巧，只是在书中用它来进行强调，但当输入值出现在计算机屏幕上时并不是斜体。

```
/*********************************************************
 * PrintPO.java
 * Dean & Dean
 *
 * 此程序计算并输出采购数量
 *********************************************************/
import java.util.Scanner;
public class PrintPO
{
  public static void main(String[] args)
  {
    Scanner stdIn = new Scanner(System.in);
    double price;  // 购货价格
    int qty;        // 购买的物品数量
    System.out.print("Price of purchase item: ");
    price = stdIn.nextDouble();
    System.out.print("Quantity: ");
    qty = stdIn.nextInt();
    System.out.println("Total purchase order = $" + price * qty);
  } // main 结束
} // PrintPO 类结束
```

示例会话：
Price of purchase item: *34.14*
Quantity: *2*
Total purchase order = $68.28

图 3.14　说明 nextDouble 方法和 nextInt 方法的 PrintPO 程序

[①]　Ada Lovelace（阿达·洛芙莱斯，1815—1852 年）被广泛认为是世界上第一个计算机程序员。她写了一个程序来计算伯努利数，以此来展示她的朋友查尔斯·巴贝奇的分析引擎的有用性，这被认为是世界上第一个可编程计算机的设计。尽管巴贝奇从未完成他的分析引擎的建造，洛夫莱斯认识到它解决问题的巨大潜力。为了纪念她，美国国防部创建了 Ada，这是一种流行的编程语言，因其灵活性而受到称赞，但因其相对缓慢而受到批评。

```
/*****************************************
 * PrintInitials.java
 * Dean & Dean
 *
 * 此程序输出用户输入的姓名的首字母
 *****************************************/
import java.util.Scanner;
public class PrintInitials
{
  public static void main(String[] args)
  {
    Scanner stdIn = new Scanner(System.in);
    String first;  // 名字
    String last;   // 姓氏
    System.out.print(
      "Enter your first and last name separated by a space: ");
    first = stdIn.next();
    last = stdIn.next();
    System.out.println("Your initials are " +
      first.charAt(0) + last.charAt(0) + ".");
  } // main 结束
} // PrintInitials 类结束
示例会话：
Enter first and last name separated by a space: Ada Lovelace
Your initials are AL.
```

图 3.15　说明 next 方法的 PrintInitials 程序

3.23.4　nextLine 方法存在的问题

nextLine 方法和其他的 Scanner 方法不能很好地配合。在程序中使用一系列的 nextLine 方法调用是可
以的，使用一系列 nextInt、nextLong、nextFloat、nextDouble 和 next 方法调用也是可以的。但是如果在同
一个程序中使用 nextLine 方法和其他 Scanner 方法，就要小心了。

nextLine 方法是唯一处理前导空白的方法。其他方法会跳过它。假设有一个 nextInt 方法调用，用户输
入了 25，然后按了 Enter 键。nextInt 方法调用读取 25 并返回。nextInt 方法调用没有读取 Enter 键的换行
符。假设在 nextInt 方法调用之后，有一个 nextLine 方法调用。nextLine 方法调用并不跳过前导空白，所以
它只能读取前一个输入调用剩下的内容。在我们的例子中，之前的输入调用留下了 Enter 键的换行符。

因此，nextLine 的调用只能读取它。

如果 nextLine 方法读到一个换行符会怎样？它退出了，因为它已经读完了一行（换行符标志着一行
的结束，尽管是很短的一行）。因此，nextLine 方法的调用并没有读到下一行，而下一行可能是程序员想
读的那一行。

解决这个 nextLine 问题的一个方案是添加一个额外的 nextLine 方法调用，其唯一目的是读取剩下的
换行符。另一个解决方案是使用一个 Scanner 参考变量用于 nextLine 输入（如 stdIn1），而另一个 Scanner
参考变量用于其他输入（如 stdIn2）。但在大多数情况下，会尽量避免这个问题。将尽量避免在其他
Scanner 方法调用之后调用 NextLine 方法。

3.24　程序开发中用于重复测试的简单文件输入

随着你在本书中的学习，你会发现来自计算机键盘的输入和向计算机屏幕的输出是解决大量复杂问题所需要的所有 I/O。但如果有大量的输入，使用一个简单的文本处理器将输入写入一个文件，然后在每次重新运行程序时从该文件中重新读取，可能会更容易且更安全。

图 3.16 显示了图 3.15 中 PrintInitials 程序的一个更新版本。这个新版本显示了原来的键盘输入代码被注释掉了，取而代之的是从 names.txt 文件的第一个名字中读取首字母的代码。注意 PrintInitials2 程序的这一行：

```
Scanner stdIn = new Scanner(new File("names.txt"));
```

```
/****************************************************
 * PrintInitials2.java
 * Dean & Dean
 *
 * 输出文件中前两个单词的首字母
 ****************************************************/

import java.util.Scanner;
import java.io.File;◄─────────────────────┐  创建一个
                                           │  Scanner 对
public class PrintInitials2                │  象，以从文
{                                          │  件中读取输
  public static void main(String[] args) throws Exception  │  入的新代码
  {                                        │
//    Scanner stdIn = new Scanner(System.in);
    Scanner stdIn = new Scanner(new File("names.txt"));◄───┘
    String first; // 名字
    String last;  // 姓氏
//    System.out.print (
//       "Enter your first and last name separated by a space: ");
    first = stdIn.next();
    last = stdIn.next();
    System.out.println("The initials are " +
      first.charAt(0) + last.charAt(0) + ".");
  } // main 结束
} // PrintInitials2 类结束
```

图 3.16　从文件中读取输入的 PrintInitials 程序的更新版本

new File("names.txt")代码使输入来自一个名为 names.txt 的文件。为便于比较，请看注释过的 Scanner 对象代码，其中 System.in 被用于键盘输入。

在 PrintInitials2 程序的 new File("names.txt")代码中，注意 File 这个词。File 类不是核心 Java 语言的一部分，所以如果使用它，需要在程序的顶部导入它。更具体地说，需要这样做：

```
import java.io.File;
```

试图用 new Scanner(new File("names.txt"))创建一个 Scanner 对象可能不会成功。例如，如果操作系统

无法创建指定的文件，它就不会工作。Java 编译器本质上是一个悲观主义者，所以，默认情况下，如果使用 new Scanner(new File("names.txt"))命令而没有某种"保护装置"，它将产生一个编译时错误。避免编译时错误的最简单方法是在 main 方法标题上附加 throws Exception，就像这样：

```
public static void main(String[] args) throws Exception
```

throws Exception 子句告诉 Java 编译器 JVM 可能无法做到的事情。更确切地说，你在告诉编译器，可能会产生（抛出）一个错误（异常）。throws Exception 子句不会神奇地保证文件会被成功创建，但如果不把它附加到 main 方法标题上，程序甚至无法执行。为什么？因为它不会被编译。将 throws Exception 附加到 main 方法标题上是一个"简单而肮脏"的方法，可以强制编译成功。

第 15 章描述了一种对异常的更负责的处理方法。如果你想在写入或读出文件时使用这种更负责任的处理方法，请看第 16.2 节的 HTMLGenerator 程序。它包含了可以作为模板使用的代码。然而，那段代码比把 throws Exception 附加到 main 上更复杂。

在这一点上，有些读者可能想把他们所学到的东西应用到面向对象编程（OOP）的环境中。OOP 是指程序应该被组织成对象的想法（见第 6.1 ~ 第 6.8 节）。

3.25 GUI 跟踪：使用对话框的输入与输出（可选）

本节介绍了三个预置的 JavaFX 类（Alert、TextInputDialog 和 ChoiceDialog），它们的共同特征来自一个共同的祖先类——Dialog。*对话框*（或简称为*对话*）是一个窗口，它在做什么以及程序员如何定制它等方面具有局限性。这三种类型的对话框执行不同的任务。Alert 显示输出，TextInputDialog 显示一个问题并提供一个输入域，ChoiceDialog 提供一个下拉菜单，有选项供用户选择。在执行程序后，这些 GUI 对话框将用户界面从控制台的普通领域中提升出来，使用户的输入和输出以图形用户界面的形式出现。

3.25.1 启动 JavaFX GUI 应用程序

本小节的 DialogDemo 程序说明了三种类型的对话框以及相应的输出显示。图 3.17a 中的 import 语句提供了对程序所利用的预置 JavaFX 程序代码的访问。像其他 JavaFX 程序一样，这个程序扩展了 JavaFX 的 Application 类。任何 Application 类的扩展（比如这个）都会自动创建一个 Stage 对象（一个 GUI 窗口框架），然后以该对象为参数调用其 start 方法。每个 JavaFX 程序都必须包括一个明确的程序员定义的 start 方法。

start 方法的第一条语句是创建一个预置的 Alert 类的实例，并指定其类型为 INFORMATION。Alert.AlertType 的可能值有 CONFIRMATION❓、ERROR❎、INFORMATION ℹ、WARNING ⚠ 和 NONE。Alert.AlertType.NONE 的值要求程序员指定一个或多个按钮，将在后面学习如何操作。其他的 AlertType 值不要求程序员指定一个按钮。它们默认会自动提供一个 OK 按钮。

图 3.17a 中接下来的两条语句创建了一个 TextInputDialog（供用户从文本框中输入）和一个 ChoiceDialog（供用户从下拉菜单中选择）。下一条语句声明了一个具有特殊类型 Optional<String>的结果变量。该声明使结果变量能够接收来自 GUI 窗口的用户输入。之后的语句创建并初始化了一个 String 输出变量，以积累用户的输入，以便最终输出。

setTitle 方法设置窗口标题栏（窗口顶部的横条）左侧的标题。setHeaderText 方法的 null 参数抑制了本来会出现在窗口上半部分的标题。setContentText 方法将文本设置为显示在其余窗口的中央。作为调用 setContentText 的替代方法，可以在 Alert 构造函数的调用中提供内容文本字符串作为第二个参数。

　　showAndWait 方法显示 Alert 对话框并暂停（阻止）所有其他操作，直到用户通过单击 OK 按钮或对话框的"关闭"按钮关闭窗口。当对话框关闭时，执行就恢复了。

```java
/***********************************************
 * DialogDemo.java
 * Dean & Dean
 *
 * 此程序演示了 Alert、TextInputDialog 和 ChoiceDialog
 ***********************************************/
import javafx.application.Application;
import javafx.stage.Stage;
// Alert、TextInputDialog 和 ChoiceDialog
import javafx.scene.control.*;
import java.util.Optional;

public class DialogDemo extends Application
{
  public void start(Stage stage)
  {
    Alert alert = new Alert(Alert.AlertType.WARNING);
    TextInputDialog input = new TextInputDialog();
    ChoiceDialog<String> choice = new ChoiceDialog<>(
      "", "Repair Automatically", "Repair Manually",
      "Erase Hard Drive", "Install Malware");
    Optional<String> result;
    String output = "Congratulations ";

    alert.setTitle("Alert");
    alert.setHeaderText(null);
    alert.setContentText("Before starting the installation, "
      + "shut down all applications");
    alert.showAndWait();
```

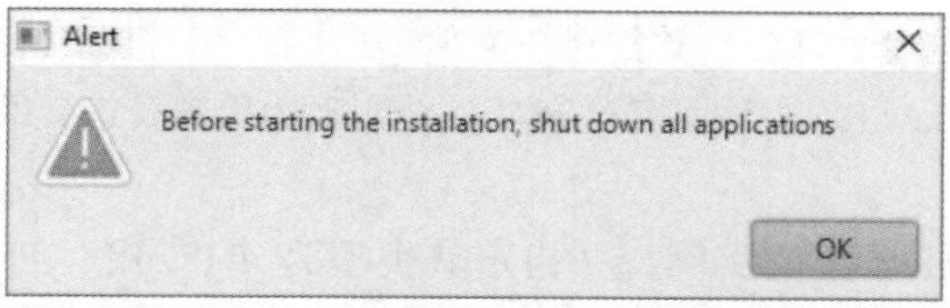

图 3.17a　DialogDemo 程序的第一部分及其生成的显示内容

3.25.2　输入和选择对话框

　　图 3.17b 显示了 DialogDemo 程序的附加代码和它生成的对话框。它的 input 变量持有一个对 TextInputDialog 对象的引用。在之前生成 Alert 对话框的代码中，没有返回值。但是在 TextInputDialog 中，用户在对话框的文本框中输入一个值，showAndWait 方法调用返回该值，并将其分配给一个结果变量。在一个 if 语句中检查是否有用户响应后，附加代码将结果的内容添加到一个输出字符串中。因为结果变量本身不是一个字符串，所以需要让结果调用它的 get 方法来获取其字符串内容。

```
input.setTitle("TextInputDialog");
input.setHeaderText(null);
input.setContentText("What is your name?");
result = input.showAndWait();
```

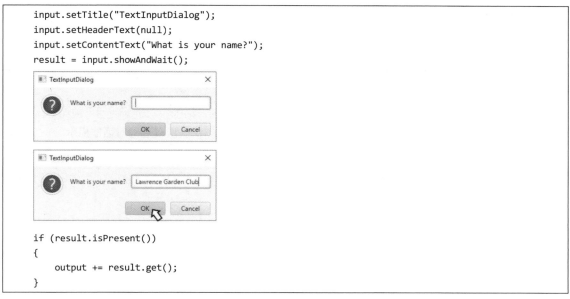

```
if (result.isPresent())
{
    output += result.get();
}
```

图 3.17b DialogDemo 程序的第二部分及其生成的显示内容

图 3.17c 显示了 DialogDemo 程序的更多代码和它生成的对话框。它的 choice 变量持有一个对 ChoiceDialog 对象的引用。和以前一样,showAndWait 方法显示对话框并暂停,直到用户通过单击 OK 按钮关闭它。当对话框关闭并向结果变量返回一个结果时,结果的内容被附加到输出字符串中。

```
choice.setTitle("ChoiceDialog");
choice.setHeaderText(null);
choice.setContentText(
  "The installation has encountered a problem." +
  "\n How would you like to fix the problem?");
result = choice.showAndWait();
```

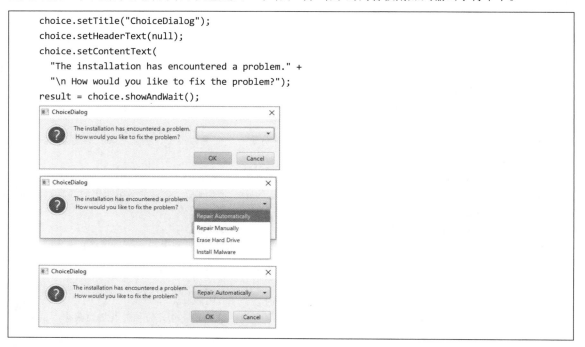

图 3.17c DialogDemo 程序的第三部分及其生成的显示内容

```
if (result.isPresent())
{
  output += " for choosing to " + result.get() + "!";
}
```

图 3.17c　（续）

图 3.17d 显示了 DialogDemo 程序最后部分的代码及其生成的对话框。它重新使用了前面的 alert 变量。这一次，它用一个 INFORMATION 参数调用 Alert 的 setAlertType，所以它的对话框显示了一个信息图标。

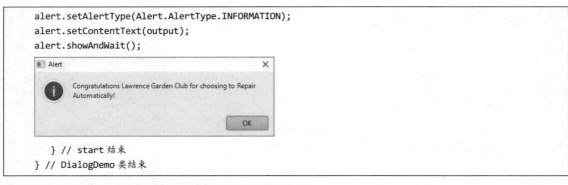

图 3.17d　DialogDemo 程序的最后部分及其生成的显示内容

总结

- 注释用于提高程序的可读性和可理解性。
- System.out.println 方法输出一条信息，然后将屏幕上的光标移到下一行。System.out.print 方法输出一条信息，并将光标留在与输出信息相同的行上。
- 变量只能容纳一种类型的数据项，该类型是通过变量声明语句定义的。
- 赋值语句使用=运算符，它将一个值放入一个变量。
- 初始化语句是声明语句和赋值语句的结合。它声明了一个变量的类型，同时也给了这个变量一个初始值。
- 含有整数的变量通常应该用 int 数据类型或 long 数据类型来声明。
- 含有浮点数的变量通常应该用 double 数据类型来声明。如果确定一个变量只限于小的浮点数，那么使用 float 数据类型也是可以的。
- 命名常量使用 final 修饰符。
- 整数除法有两种类型。一种类型是求商（使用/运算符），另一种类型求余数（使用%运算符）。
- 表达式使用一套定义明确的运算符优先规则进行运算。
- 类型转换运算符允许返回一个与给定值数据类型不同的数据。
- 使用转义序列（带反斜杠）来输出难以输出的字符，如 Tab 制表符。
- 引用变量存储一个指向对象的内存地址。一个对象是一个被保护壳包裹的相关数据的集合。
- String 类提供了可用于字符串处理的方法。
- Scanner 类提供了可用于输入的方法。

复习题

§3.2 "I have a Dream" 程序

1. 本章的 Dream.java 程序是做什么的？

2. Java 源代码和字节码文件的扩展名分别是什么？

§3.3 注释与可读性

3. 为什么源代码要有注释？

§3.4 类的标题

4. 对于一个有 public 类的文件，程序的文件名必须与程序的类名相匹配，只是文件名上要加上一个.java 的扩展名。（对/错）

5. 标准的编码习惯决定了类名的第一个字母为小写。（对/错）

6. 在 Java 中，一个字符的大小写确实很重要。（对/错）

§3.5 main 方法标题

7. 一个程序的启动方法（main）应该在一个 public 类中。（对/错）

8. main 方法本身必须是 public 的。（对/错）

9. 仅凭你的记忆（不要在书上找答案），写出 main 方法标题。

§3.6 括号

10. 指出两种必须用大括号括起来的分组。

§3.7 System.out.println

11. 仅凭你的记忆（不要在书上找答案），写出告诉计算机显示以下文本的语句：

```
Here is an example
```

§3.9 标识符

12. 列出所有可用于构成标识符的字符类型。

13. 列出所有可用作标识符第一个字符的字符类型。

§3.10 变量

14. 你应该缩写变量名称以节省空间。（对/错）

15. 为什么用单独的一行来声明每个独立的变量是好的做法？

§3.11 赋值语句

16. 每条赋值语句后都必须有一个分号。（对/错）

§3.12 初始化语句

17. 初始化"一石二鸟"。"二鸟"指的是什么？

§3.13 数值数据类型：int、long、float、double

18. 最适合用于财务会计的类型是_____。

19. 对于下面每一个陈述，请指明对或错：

（1）1234.5 是一个浮点数。（对/错）

（2）1234 是一个浮点数。（对/错）

（3）1234. 是一个浮点数。（对/错）

20. 如果试图将一个 int 类型的值赋给一个 double 类型的变量，计算机会自动进行转换而不会报错，但是如果试图将一个 double 类型的值赋给一个 int 类型的变量，编译器会产生一个错误，为什么？

§3.14　常量

21. 对于下面每一个陈述，请指明对或错：

（1）0.1234 是 float 类型。（对/错）

（2）0.1234f 是 float 类型。（对/错）

（3）0.1234 是 double 类型。（对/错）

（4）1234.0 是 double 类型。（对/错）

22. 哪个修饰符指定一个变量的值是固定（或恒定）的？

§3.15　算术运算符

23. 什么是取余运算符？

24. 将下列数学表达式写成合法的 Java 表达式：

（1）$\dfrac{3x-1}{x^2}$

（2）$\dfrac{1}{2}+\dfrac{1}{xy}$

§3.16　表达式求值和运算符优先级

25. 设有：

```
int m = 3, n = 2;
double x = 7.5;
```

对以下表达式求值：

（1）(7 - n) % 2 * 7.5 + 9

（2）(4 + n / m) / 6.0 * x

§3.17　更多运算符：自增、自减和复合赋值

26. 写出最短的 Java 语句，将 count 自增 1。

27. 写出最短的 Java 语句，将 count 自减 3。

28. 写出最短的 Java 语句，将 number 乘以(number -1)，并将乘积保留在 number 中。

§3.18　追踪

29. 如果一个变量包含"垃圾值"，这意味着什么？

30. 在追踪列表中，行号是用来做什么的？

§3.19　类型转换

31. 写一条 Java 语句，将 double 类型的变量 myDouble 赋值给 int 类型的变量 myInteger。

§3.20　char 类型与转义序列

32. 这条初始化语句有什么问题？

```
char letter = "y";
```

33. 如果试图在要输出的字符串文字内的某处加上一个引号（"），计算机会将引号解释为字符串文字的结尾。怎样才能克服这个问题，迫使计算机将引号识别为要输出的内容呢？

34. 当描述一个文件或目录的位置时，计算机使用目录路径。在 Windows 环境中，使用反斜杠字符（\）来分隔目录路径中的目录和文件。如果需要在一个 Java 程序中输出一个目录路径，应该怎样写反斜杠字符？

§3.21　原始变量与引用变量

35. 原始类型的类型名是不大写的，但引用类型的类型名通常是大写的。（对/错）

36. 列出本章描述的原始类型，分为以下几类。

（1）整数。

（2）浮点数。

（3）单个的文本字符与特殊符号。

§3.22 字符串

37. 哪两个运算符用于字符串连接？这些运算符之间有什么区别？

38. 什么方法可以用来检索一个字符串中指定位置的字符？

39. 哪两种方法可用于比较字符串是否相等？

§3.23 输入：Scanner 类

40. 什么是空白字符？

41. 编写必须放在任何其他代码之前的语句，以告诉编译器你将使用 Scanner 类。

42. 写出在程序和计算机的键盘之间建立连接的语句。

43. 写出一条语句，从键盘输入一行文字，并将其放入一个名为 line 的变量中。

44. 写出一条语句，从键盘输入一个 double 类型的数，并将其放入一个名为 number 的变量中。

练习题

1. [§3.3] 通过将以下内容写成注释，说明在 Java 程序中提供注释的两种方法。对这两句话分别使用不同的注释方法。

- This is a relatively long sentence that, if embedded in a Java program, would confuse the Java compiler and cause an error to be generated unless, of course, it was commented out.

- This is a relatively short sentence.

2. [§3.5] 为什么 public static void main(string[] args) 会产生错误？

3. [§3.6] 指出大括号的两种用途。

4. [§3.8] 以下每个程序是做什么的？

（1）Java 编译器。

（2）Java 虚拟机（JVM）。

5. [§3.9] 在 Java 中，如何写多单词的标识符？

6. [§3.10] 对于下面的每个变量名称，请（用 y 或 n）分别指出是否合法？是否使用了正确的风格？注意：可以跳过非法变量名称的风格问题，因为在这种情况下，风格是不相关的。

	合法(y/n)？	风格合适 (y/n)？
InterestRate		
num#of#rooms		
_isTrue		
floorNumber		
4thItem		
money in bank		

7. [§3.10] 每个变量必须在单独的语句中声明。（对/错）

8. [§3.13] 如果一个代数表达式包括一个像 0.47 这样的数字，计算机会认为它是什么类型？是 float 还是 double？

9. [§3.14] 在一个表示 3 的平方根的命名常数的声明中使用 1.7320508075688772。

10. [§3.15] 将下列数学表达式写成合法的 Java 表达式：

（1）$[(4 - n)/5]^3$

（2）$[7.5x - (3.5 + y)]/18x$

11. [§3.16] 设有：

```
int a = 7;
double b = 0.4;
```

手动计算以下每个表达式。每个计算步骤使用单独的一行来呈现你的工作。通过编写和执行一个计算这些表达式并输出结果的程序来检查你的工作。

（1）a + 3 / a

（2）25 / ((a − 4) * b)

（3）a / b * a

（4）a % 2 − 2%a

12. [§3.19] 类型转换。

假设有以下声明：

```
int integer;
double preciseReal;
float sloppyReal;
long bigInteger;
```

重写以下会产生编译时错误的语句，使用适当的转换，使错误消失。不要为任何编译器自动提升的语句提供强制转换。

```
integer = preciseReal;
sloppyReal = integer;
bigInteger = sloppyReal;
preciseReal = bigInteger;
integer = bigInteger;
sloppyReal = bigInteger;
bigInteger = preciseReal;
bigInteger = integer;
integer = sloppyReal;
preciseReal = sloppyReal;
sloppyReal = preciseReal;
preciseReal = integer;
```

13. [§3.20] 假设制表符的间隔是 4 列，下面的语句会产生什么输出？

```
System.out.println("\"files:\"\n\tE:\\code\\Hello.java");
```

14. [§3.21] 这条语句有什么问题？

```
string programmingPioneer = "Admiral Grace Hopper";
```

15. [§3.22] 假设有一个名为 lastName 的字符串变量。提供一个代码片段，输出 lastName 的第一个字符。

16. [§3.22] 这个代码片段输出什么？

```
String s = "bean";
s += "bag";
System.out.println(s.equals("hedgehog"));
System.out.println((s.length() - 5) + " " + s.charAt(0) + "\'s");
```

17. [§3.23] 修改 PrintInitials 程序，使其接收来自键盘的输入，输出到一个名为 output.txt 的文件中。使用以下建议：

添加语句：import java.io.PrintWriter;。

将 throws Exception 追加到 main 方法标题。

添加声明：PrintWriter fileOut = new PrintWriter("output.txt");。

用 fileOut.println 代替 System.out.println。

然后在 main 方法上添加最后一条语句：fileOut.close();。

复习题答案

1. 它将产生以下输出：

   I have a dream!
2. Java 源代码的扩展名是.java。字节码的扩展名是.class。
3. 源代码有注释，以帮助 Java 程序员回忆或确定程序如何工作。注释会被计算机忽略，普通用户无法访问。最初的注释块包括文件名，作为对程序员的持续提醒。它包含程序作者，用于帮助和参考。它还可能包括日期和版本号，以识别背景。它包括一个简短的描述，以便于快速理解。标点符号注释如"// ×××类结束"有助于保持读者的方向性。特殊的注释可以识别变量，对晦涩的公式也要进行注释。
4. 对。如果一个文件有一个 public 类，文件名必须等于这个类的名称。
5. 错。类名第一个字母应该是大写。
6. 对。Java 是区分大小写的。改变任何字母的大小写都会产生一个完全不同的标识符。
7. 对。
8. 对。否则无法访问启动程序。
9. public static void main(String[] args)
10. 人们必须使用大括号来表示一个类的所有内容和一个方法的所有内容。
11. System.out.println("Here is an example");
12. 大写字符、小写字符、数字、下划线和美元符号。
13. 大写字符、小写字符、下划线和美元符号。没有数字。
14. 错。在源代码中，节省空间没有良好的沟通重要。奇怪的缩写很难说出口，也就不像真正的单词那样容易记住。
15. 如果每个变量都在一个单独的行上，每个变量的右边都有空间可以进行详细的注释。
16. 对。
17. 变量声明和向变量赋值。
18. double 类型或 long 类型，取值到分。
19. （1）对；（2）错；（3）对。
20. 把一个 int 类型的值赋给一个 double 类型的变量，就像把一个小物体放到一个大盒子里。int 类型最高约为 20 亿。把 20 亿放进一个 double 类型的"盒子"里很容易，因为 double 类型可以一直到 1.8×10^{308}。另一方面，将一个 double 类型的值赋给一个 int 类型变量中，就像将一个大物体放入一个小盒子中。默认情况下，这是不合法的。
21. （1）错；（2）对；（3）对；（4）对。
22. final 修饰符指定一个变量的值是固定（或恒定）的。
23. 余数运算符是一个百分号：%。
24. 将下列数学表达式写成合法的 Java 表达式。

（1）`(3 * x - 1) / (x * x)`

（2）`1.0 / 2 + 1.0 / (x * y)`

或者

`.5 + 1.0 / (x * y)`

25．表达式求值：

（1）`(7 - n) % 2 * 7.5 + 9 ⇒`

`5 % 2 * 7.5 + 9 ⇒`

`1 * 7.5 + 9 ⇒`

`7.5 + 9 ⇒`

`16.5`

（2）`(4 + n / m) / 6.0 * x ⇒`

`(4 + 2 / 3) / 6.0 * 7.5 ⇒`

`(4 + 0) / 6.0 * 7.5 ⇒`

`4 / 6.0 * 7.5 ⇒`

`0.666666666666666667 * 7.5 ⇒`

`5.0`

26．`count++;`

27．`count -= 3;`

28．`number *= (number - 1);`

29．对于没有初始化声明的变量，初始值被称为"垃圾值"，因为它的实际值是未知的。用问号来表示"垃圾值"。

30．行号指明代码中哪条语句产生了当前的追踪结果。

31．`myInteger = (int) myDouble;`

32．变量 letter 的类型是 char，但是 "y "中的双引号指定初始值的类型是 String，所以这两种类型不兼容。应该这样写：

`char letter = 'y';`

33．要输出一个双引号，在其前面加一个反斜杠，即用"/""。

34．要输出一个反斜杠，使用两个反斜杠，即用"\\"。

35．对。

36．列出本章描述的原始类型，分为以下几类。

（1）整数：int、long。

（2）浮点数：float、double。

（3）单个的文本字符与特殊符号：char。

37．+和+=运算符用于字符串连接。+运算符不更新其左边的操作数。+=运算符会更新其左边的操作数。

38．charAt 方法可以用来检索一个字符串中指定位置的字符。

39．equals 与 equalsIgnoreCase 方法可用于比较字符串是否相等。

40．空白字符是指与空格键、Tab 键和 Enter 键相关的字符。

41．`import java.util.Scanner;`

42．`Scanner stdIn = new Scanner(System.in);`

43．`line = stdIn.nextLine();`

44．`number = stdIn.nextDouble();`

第 4 章

控制语句

目标

- 学习如何使用 if 语句来改变程序的执行顺序。
- 学习如何使用 Java 的比较和逻辑运算符来描述复杂的条件。
- 学习如何使用 switch 结构（switch 语句和 switch 表达式）来改变程序的执行顺序。
- 识别重复操作，了解 Java 支持的各种循环，并学习如何为每个需要重复评估的问题选择最合适的循环类型。
- 学习如何追踪一个循环操作。
- 学习如何以及何时将一个循环嵌套到另一个循环中。
- 学习如何使用布尔变量使代码更优雅。
- 学习如何验证输入数据。
- （可选）学习如何简化复杂的逻辑表达式。

纲要

4.1　引言

在第3章中，我们保持简单，编写了单纯的顺序程序。在顺序程序中，语句按其编写的顺序执行；也就是说，在执行完一条语句后，计算机会执行紧随其后的语句。顺序编程对于一些琐碎的问题很有效，但对于一些实质性的问题，需要有以非顺序方式执行的能力。例如，如果你正在写一个食谱检索程序，可能不想一个接一个地输出所有的食谱。如果用户表示喜欢吃巧克力饼干，就执行巧克力饼干的输出语句，如果用户表示喜欢吃螃蟹蛋饼，就执行螃蟹蛋饼的输出语句。这类功能需要使用控制语句来控制其他语句的执行顺序。在第2章中，用伪代码 if 和 while 语句来控制算法中的执行顺序。本章将使用 if 和 while 语句来控制程序中的执行顺序。

在控制执行顺序时，使用一个条件（一个问题）来决定走哪条路。本章首先概述了 Java 的条件，然后描述了 Java 的控制语句（if 语句、switch 语句、带有嵌入式 switch 表达式的语句、while 循环、do 循环和 for 循环）及逻辑运算符&&、||和!，在处理更复杂的条件时需要用到这些运算符。在本章的最后介绍了几个与循环有关的概念：嵌套循环、输入验证和 boolean 变量。

4.2　条件与布尔值

在第2章的流程图中，用菱形表示逻辑决策点，以控制流向的一个或另一个点。在这些菱形中插入了各种简略的问题，如 "ceoSalary 大于 500000 美元？" "count 小于或等于 100？"，然后用对这些问题的 "是" 或 "否" 的回答来标示离开这些菱形的备用路径。在第2章的伪代码中用 if 和 while 子句来描述逻辑条件。例如，"如果形状是一个圆" "如果等级大于或等于 60" "当 score 分数不等于-1" 时，我们认为伪代码条件是 "真" 或 "假"。

像这样的非正式的条件表达式对于流程图和伪代码来说是很好的，但是当你开始写真正的 Java 代码时，必须要精确。计算机将每个 if 条件或循环条件解释为一个双向选择。Java 识别的两个可能的值是什么？它们就是 Java 的值 true 和 false。这些值称为布尔（Boolean）值，以 19 世纪著名的逻辑学家乔治·布尔（George Boole）的名字命名。本章中的 if 语句和循环语句中的*条件*以小的代码片段出现在一对括号中，代码如下：

```
if (条件)
{
    ...
}
while (条件)
{
    ...
}
```

在条件标记的地方的结果总是为 true 或 false。

通常情况下，每个条件都涉及某种类型的比较。在伪代码中可以使用文字来描述比较，但在真正的 Java 代码中必须使用特殊的比较运算符。*比较运算符*（也称为*相等*和*关系运算符*）与数学运算符一样，它们将相邻的操作数联系起来，但不是以某种方式组合操作数，而是对操作数进行比较。当用数学运算符组合两个数字时，组合的数字就像被组合的操作数。但是，当用比较运算符比较两个数字时，其结果是不同的类型。它不是一个被比较的操作数，而是一个布尔值（true 或 false）。

下面是 Java 的比较运算符：

==、!=、<、>、<=、>=

==运算符用于测试两个值是否相等。请注意，这个运算符使用了<u>两个</u>等号，与我们使用单等号来表示相等是不同的。在 Java 中为什么使用两个等号来表示相等呢？这是因为 Java 已经用单等号来表示赋值，而上下文不足以区分赋值和相等。不要试图使用单等号进行比较，Java 编译器不会喜欢它。!=运算符用于测试两个值是否不相等；<运算符用于测试其左边的值是否小于右边的值；>运算符用于测试其左边的值是否大于右边的值；<= 运算符用于测试其左边的值是否小于或等于右边的值；>=运算符用于测试其左边的值是否大于或等于右边的值。这些测试中的结果都是 true 或 false。

4.3　if 语句

现在来看一个 if 语句中关于条件的简单例子。下面是一个简单的 if 语句，它检查汽车温度表的数值，如果温度超过 215°F，就输出一个警告：

```
if (temperature > 215)          条件
{
    System.out.println("Warning! Engine coolant is too hot.");
    System.out.println("Stop driving and allow engine to cool.");
}
```

该条件使用>运算符，如果温度高于 215°F，则产生一个 true 值；否则，产生一个 false 值。从属语句（大括号内的语句）只有在条件产生一个 true 值时才会执行。

4.3.1　语法

在上面的例子中，注意条件两边的小括号。只要有一个条件，不管是 if 语句、while 循环还是其他控制结构，都需要有小括号。注意两个从属输出语句周围的大括号。使用大括号包围逻辑上处于其他方法或语句内的语句。例如，在 main 方法标题的下面和 main 方法的底部需要使用大括号，因为大括号内的语句在逻辑上是在 main 方法内。同样地，应该用大括号包围逻辑上在 if 语句中的语句。

为了强调大括号内的语句在逻辑上是在其他方法或语句中，应该总是缩进大括号内的语句。因为这一点非常重要，我们再强调一遍。当语句在大括号内时，一定要缩进！

当一个 if 语句包括两条或更多的从属语句时，必须用大括号把这些从属语句包围起来。换一种说法，必须使用一个块。块也叫复合语句，是一组由大括号包围的 0 条或多条语句。块可以在任何可以使用标准语句的地方使用。如果不对 if 语句的两条从属语句使用大括号，计算机就会认为只有第一条语句是从属于 if 语句的。当只有一个从属语句时，不需要用大括号把它包围起来，但我们建议还是这样做。因为如果以后想在程序中插入更多的从属语句，就不会有麻烦了。

4.3.2　if 语句的三种形式

if语句有三种以下形式。

- if：当想做一件事或什么都不做时使用。
- if-else：当想做一件事或另一件事时使用。
- if-else if：当有三种或更多的可能性时使用。

第 2 章介绍了这些形式的伪代码版本。图 4.1 ~ 图 4.3 显示了 Java 形式。

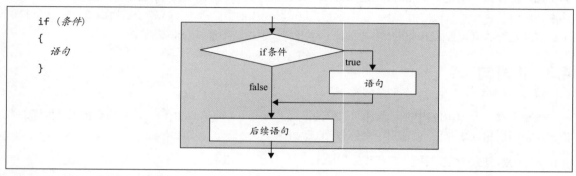

图 4.1　if 语句的 if 形式的简单的语法和语义

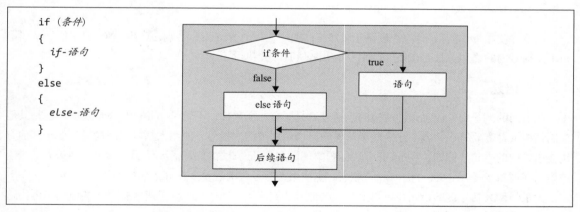

图 4.2　if 语句的 if-else 形式的语法和语义

　　花几分钟时间来研究图 4.1 ~ 图 4.3。这些图显示了 Java 中 if 语句的三种形式的语法和语义。语句的语义是对该语句工作方式的描述。例如，图 4.1 所示的流程图说明了 if 语句的 if 形式的语法和语义，显示了 if 语句的不同条件值的控制流程。

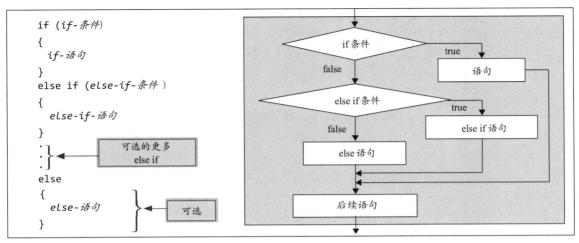

图 4.3　if 语句的 if-else if 形式的语法和语义

if 语句流程图中的大部分内容与在第 2 章中学到的内容相似。但是 if 语句的 if-else if 形式值得特别注意。可以根据自己的喜好加入尽可能多的 else if 块，即更多的 else if 块可以提供更多的选择。请注意，else 块是可选的。如果所有的条件都是 false，而且没有 else 块，则没有一个语句块被执行。下面是一个使用 if 语句的 if-else if 形式来解决 iPod[①]问题的代码片段：

```
if (iPodProblem.equals("no response"))
{
  System.out.println("Unlock iPod's Hold switch.");
}
else if (iPodProblem.equals("songs don't play"))
{
  System.out.println("Use iPod Updater to update your software.");
}
else
{
  System.out.println("Visit http://www.apple.com/support.");
}
```

4.3.3　练习题

现在通过在一个完整的程序中使用 if 语句来实践学到的知识。假设需要编写一个句子测试程序，检查用户输入的行是否以句号结束。如果该行的最后一个字符不是句号，程序应该输出一个错误信息。在编写程序时，使用一个示例会话作为指导。请注意，斜体的圣雄甘地名言是一个用户输入的值。

> 使用设计输出来明确问题。

示例会话
Enter a sentence:
Permanent good can never be the outcome of violence.
另一个示例会话：
Enter a sentence:

---

① iPod 是由苹果电脑公司设计和销售的便携式媒体播放器。

Permanent good can never be the outcome of
Invalid entry - your sentence is not complete!

作为实施解决方案的第一步，使用伪代码生成基本逻辑的非正式大纲：

```
print "Enter a sentence: "
input sentence
if sentence's last character is not equal to '.'
    print "Invalid entry - your sentence is not complete!"
```

注意 if 语句的简单 if 形式。这很合适，因为需要做一些事情（输出一个无效输入信息）或者什么都不做。为什么不做？因为问题描述中没有说要为合法的用户条目输出什么。换句话说，如果正确完成了这句话，程序应该跳过 if 语句中的内容。现在，我们尝试编写 Java 代码来实现这个算法。需要使用第 3 章末尾描述的几个 String 方法。当你准备好后，看看图 4.4 中的 SentenceTester 程序。该程序是如何确定最后一个字符是否是句号的？假设用户输入的是 Hello，在这种情况下，lastCharPosition 变量将被分配到什么值？String 的 length 方法返回一个字符串中的字符数。"Hello." 的字符数是 6。因为第一个位置是 0，所以 lastCharPosition 将被分配一个为 5 的值（第一个字符是 0，然后 1、2、3、4、5 是后面的字符）。找到最后一个字符的索引位置值的目的是确定用户输入值的最后一个字符是否是句号，可以用 lastCharPosition 作为 charAt 方法调用的参数。String 的 charAt 方法返回字符串中指定索引位置的字符。"Hello." 中句号的索引位置是 5，if 条件检查用户输入值的最后一个字符是否是句号。

```
/*************************************************************
 * SentenceTester.java
 * Dean & Dean
 *
 * 检查一个输入行的末尾是否有句号
 *************************************************************/

import java.util.Scanner;
public class SentenceTester
{
  public static void main(String[] args)
  {
    Scanner stdIn = new Scanner(System.in);
    String sentence;        // 用户输入的句子
    int lastCharPosition;   // 句子的最后一个字符的索引

    System.out.println("Enter a sentence:");
    sentence = stdIn.nextLine();
    lastCharPosition = sentence.length() - 1;
    if (sentence.charAt(lastCharPosition) != '.')    ← 这种情况检查是否正确终止
    {
      System.out.println(
        "Invalid entry - your sentence needs a period!");
    }
  } // main 结束
} // SentenceTester 类结束
```

图 4.4　SentenceTester 程序

4.4 逻辑运算符&&

到目前为止，所有的 if 语句例子都使用了简单的条件。一个简单的条件直接结果为 true 或 false。在接下来的三个小节中将介绍逻辑运算符，如"和"运算符（&&）和"或"运算符（||），它们可以构建复合条件。一个*复合条件*是两个或多个条件的连接（要么是"和"，要么是"或"）。

复合条件的每一部分的结果都为 true 或 false，然后这些部分结合起来，对整个复合条件产生一个复合的 true 或 false。结合的规则是你可能期望的。当把两个条件"和"在一起时，只有当第一个条件是 true 且第二个条件也是 true 时，组合才是 true。当把两个条件"或"在一起时，如果第一个条件是 true，或者第二个条件是 true，那么这个组合是 true。随着本章学习的深入，你会看到大量的例子。

4.4.1 &&运算符示例

下面以一个使用&&运算符的例子开始讨论逻辑运算符（注意：&&的发音是 and）。假设温度在 50～90°F 之间时输出 OK，否则输出 not OK。

下面是这个问题的伪代码描述：

```
if temp ≥ 50 and ≤ 90
  print "OK"
else
  print "not OK"
```

注意这个伪代码的条件中使用了≥和≤，而不是>和<。原始的问题说明：如果温度在 50～90°F 之间时，就要输出 OK。当人们说"之间"时，通常包括端点，但不总是这样。因此，假设端点 50 和 90 应该包括在 OK 范围内，并使用相应的≥和≤。但一般来说，如果在编写程序时不确定某个特定范围的端点，就不应该假设。相反，你应该问客户想要什么，因为端点是很重要的。

> 思考一下边界值的取舍。

图 4.5 显示了温度在 50～90°F 之间问题的 Java 实现。在 Java 中，如果一个条件必须同时满足两个条件（例如，temp >= 50 和 temp <= 90），那么用&&运算符把这两个条件分开。图 4.5 中的第一个符号所示，如果两个条件使用同一个变量（如 temp），那么必须在&&的两边都包括这个变量。注意>=和<=的使用。在伪代码中使用≥和≤，甚至是文本的"大于或等于"和"小于或等于"都可以。但在 Java 中，必须使用>=和<=。

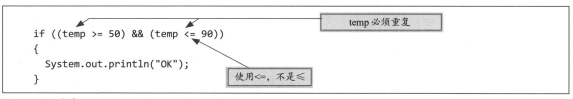

图 4.5 温度在 50～90°F 之间问题的 Java 实现

```
else
{
  System.out.println("not OK");
}
```

图 4.5 （续）

4.4.2　运算符的优先级

在图 4.5 中，注意比较两个温度外部的括号，它们强制在&&计算之前对比较进行评估。如果省略这些括号，会发生什么？要回答这类问题，需要参考运算符优先级表。附录 2 提供了一个完整的运算符优先级表，遇到的大多数情况都被图 4.6 中的简略优先级表涵盖。在一个特定的编号组内的所有运算符都有相同的优先权，但图中顶部的运算符（在第 1、2……组）比底部的运算符（在第 7、8……组）有更高的优先权。

比较运算符>=和<=的优先级高于逻辑运算符&&（见图 4.6）。因此，>=和<=操作在&&操作之前执行，即使省略了图 4.5 中条件的内括号。换句话说，可以把图 4.5 中的条件写得更简单：

```
if (temp >= 50 && temp <= 90)
```

```
1.用括号分组:
  (表达式)
2.一元运算符:
  +x
  -x
  (类型) x
  x++
  x--
  !x
3.乘、除运算符:
  X * y
  x / y
  x % y
4.加、减运算符:
  x + y
  x - y
5.小于、大于关系运算符:
  x < y
  x > y
  x <= y
  x >= y
6.相等运算符:
  x == y
  x != y
7."与"逻辑运算符:
  x && y
8."或"逻辑运算符:
  || y
```

图 4.6　简略的运算符优先级表（完整表格见附录 2）

表顶部的运算符组比表底部的运算符组有更高的优先权。一个特定组内的所有运算符的优先级相等。如果一个表达式有两个或多个相同优先级的运算符，那么在该表达式中，左边的运算符在右边的运算符之前执行。

可以根据自己的意愿包括或不包括这些额外的括号。我们在图 4.5 中包括了这些括号，以强调这个初始演示中的求值顺序，但在将来通常会省略这些括号，以减少混乱。

4.4.3 另一个示例

本例是考虑体育赛事中的商业促销活动。假设某地的 Yummy Burgers 餐厅愿意在一场篮球比赛中送福利，只要主队获胜并得到至少 100 分，就向所有球迷提供免费的薯条。下面编写一个程序，只要满足这个条件，就输出以下信息：

Fans: Redeem your ticket stub for a free order of French fries at Yummy Burgers.

图 4.7 展示了这个框架。注意图中写着<*此处插入代码*>的地方。在看前面的答案之前，看看是否能自己提供插入的代码。

```java
/*****************************************************************
 * FreeFries.java
 * Dean & Dean
 *
 * 程序读取主队和竞争对手队的得分，决定是否给球迷提供免费的薯条
 *****************************************************************/

import java.util.Scanner;

public class FreeFries
{
  public static void main(String[] args)
  {
    Scanner stdIn = new Scanner(System.in);
    int homePts;     // 主队得分
    int opponentPts; // 对手得分

    System.out.print("Home team points scored: ");
    homePts = stdIn.nextInt();
    System.out.print("Opposing team points scored: ");
    opponentPts = stdIn.nextInt();

    <此处插入代码>

  } // main 结束
} // FreeFries 类结束
```

示例会话：
Home team points scored: *103*
Opposing team points scored: *87*
Fans: Redeem your ticket stub for a free order of French fries at Yummy Burgers.

图 4.7 带有"与"条件的免费薯条程序

下面是应该插入的代码：

```
if (homePts > opponentPts && homePts >= 100)
{
  System.out.println("Fans: Redeem your ticket stub for" +
    " a free order of French fries at Yummy Burgers.");
}
```

> homePts 必须重复

4.5　逻辑运算符||

现在来看看"与"运算符的补充："或"运算符。假设有一个名为 response 的变量，其中包含：①如果用户想退出，则为小写或大写的 q；②如果用户想继续，则为其他字符。写一个代码片段，如果用户输入小写或大写的 q，则输出 Bye。使用伪代码表示算法的关键部分。

```
if response equals "q" or "Q"
    print "Bye"
```

注意 if 语句条件中的 or。这对伪代码来说是可行的，因为伪代码的语法规则比较宽松，但对 Java 来说，必须使用||（发音是 or）来表示 or 的操作。要在计算机中输入||操作，请在键盘上寻找竖条键并按两次。下面是所需代码片段的一个初步的 Java 实现：

```
Scanner stdIn = new Scanner(System.in);
String response;

System.out.print("Enter q or Q: ");
response = stdIn.nextLine();
if (response == "q" || response == "Q")
{
  System.out.println("Bye");
}
```

> 当在 main 方法中插入时也能
> 编译，但不起作用

请注意，response 变量在 if 语句的条件中出现了两次。这是必要的，因为如果一个||条件的两边都涉及同一个变量，则必须重复这个变量。

这个符号表明有些东西是错误的。是什么呢？如果把这个代码片段插入一个有效的程序外壳中，程序就会编译并运行。但是，当用户输入 q 或 Q 来响应提示时，什么也没有发生。该程序没有输出 Bye。为什么呢？我们是否应该在"如果"条件中使用括号？图 4.6 显示，==运算符比||运算符有更高的优先权，所以我们所做的是可以的。问题出在其他方面。

4.5.1　不要用==来比较字符串

问题出在 response == "q"和 response == "Q"表达式上。下面将重点讨论 response == "q"表达式。响应字符串变量和"q"字符串字面都持有指向字符串对象的内存地址；它们本身并不持有字符串对象。因此，当使用==时，是在比较存储在响应字符串变量和"q"字符串字面的内存地址。如果响应字符串变量和"q"字符串字面包含不同的内存地址（即它们指向不同的字符串对象），那么比较的结果是错误的，即使两个字符串对象包含相同的字符序列。下图显示了正在谈论的内容。箭头代表内存地址。因为它们指向两个不同的对象，所以 response == "q" 的结果为 false。

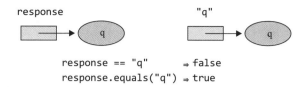

response == "q"   ⇒ false
response.equals("q") ⇒ true

那么如何来解决这个问题呢？在第 3 章中已经介绍了使用 equals 方法来测试字符串是否相等。equals 方法对内存地址所指向的字符串对象进行比较。在上图中，字符串对象持有相同的字符序列 q，所以方法调用 response.equals("q")，返回 true，这就是你想要的。下面是更正后的代码片段：

```java
if (response.equals("q") || response.equals("Q"))
{
  System.out.println("Bye");
}
```

或者，作为一个更紧凑的替代方案，像这样使用 equalsIgnoreCase 方法：

```java
if (response.equalsIgnoreCase("q"))
{
  System.out.println("Bye");
}
```

第三种方法是使用字符串类的 charAt 方法将输入的字符串转换为一个字符，然后使用==运算符将该字符与字符串字面 q 和 Q 进行比较：

```java
char resp = response.charAt(0);
if (resp == 'q' || resp == 'Q')
{
  System.out.println("Bye");
}
```

这些实现并不是从指定算法的伪代码中进行的翻译。在开始写 Java 代码之前，组织你的思路是很重要的。但是，即使是非常好的准备，也不能消除你在进行时不断思考的需要。细节也很重要！

> 魔鬼就在细节中。

4.5.2 错误

我们对不使用==来比较字符串做了很大的处理，因为这是一个非常容易犯的错误，而且是一个很难被发现的错误。很容易犯这种错误，因为在比较原始值时一直在使用==。很难发现这个错误，因为使用==进行字符串比较的程序在编译和运行时没有报告错误。既然没有报告的错误，为什么要担心呢？因为虽然没有报告的错误，但仍然有错误——它们被称为逻辑错误。

当程序运行到完成时没有错误信息，而输出是错误的，这就是*逻辑错误*的表现。逻辑错误是最难发现和解决的，因为没有错误信息提醒，告诉你做错了什么。更糟糕的是，使用==进行字符串比较只在某些时候产生逻辑错误，不是所有时候都产生。由于逻辑错误只在某些时候发生，所以程序员可能会认为代码是好的，但实际上并不好。

> 要小心。测试到方方面面。

错误主要有三种：编译时错误、运行时错误和逻辑错误。编译时错误是指在编译过程中由编译器识别的错误。运行时错误是指在程序运行时发生的错误，它导致程序异常终止。编译器会对编译时错误产生错误信息，而 Java 虚拟机（JVM）会对运行时错误产生错误信息。但是，对于逻辑错误没有错误信息。这就需要程序员通过分析输出和仔细思考代码来修复逻辑错误。

4.6　逻辑运算符!

下面介绍逻辑"非"运算符（！）。假设有一个名为 resp 的 char 变量，其中包含：①小写或大写的 q，如果用户想退出；②一些其他字符，如果用户想继续。这次，我们的目标是输出"Let's get started. ..."，如果 resp 包含小写或大写的 q 以外的任何字符，可以使用一个 if-else 语句，像这样一个空的 if 块：

```
if (resp == 'q' || resp == 'Q')
{ }
else
{
  System.out.println("Let's get started. ...");
  ...
```

但这不是很优雅的。程序员经常用*优雅*这个词来描述那些写得很好、有"美感"的代码。更具体地说，优雅的代码是容易理解的、容易更新的、健壮的、合理紧凑的和高效的。上面代码的空 if 块是不优雅的，因为它不紧凑。如果有一个空的 if 块和一个非空的 else 块，应该试着把它改写成只有 if 块而没有 else 块，技巧是反转 if 语句的条件。在上面的例子中，这意味着测试没有小写或大写的 q，而不是测试有小写或大写的 q。如果要测试没有小写或大写的 q，则使用!运算符。

逻辑运算符!将 true 变为 false，反之亦然。这种从 true 到 false，从 false 到 true 的切换功能称为"非"操作，这就是为什么!运算符被称为逻辑"非"运算符。因为想输出"Let's get started. ..."，所以在条件的左边插入逻辑运算符!：

```
if (!(resp == 'q' || resp == 'Q'))
{
  System.out.println("Let's get started. ...");
  ...
```

请注意，逻辑运算符!在一组括号内，在另一组括号外。这两组括号都是必需的，外面的括号是必要的，因为编译器要求在整个条件外部加上括号；内部的括号也是必要的，因为如果没有括号，逻辑运算符!会在 resp 变量上操作，而不是在整个条件上。为什么呢？因为运算符优先级表（见图 4.6）显示!运算符的优先级比==和||运算符高。强制执行==和||运算符的方法是将它们放在括号内。

请不要把逻辑运算符!（非）和!=（不等式）运算符混淆。逻辑运算符!返回给定表达式的是相反值（true 表达式返回 false，false 表达式返回 true）；!=运算符问的是一个问题，即这两个表达式是否不相等。

4.7　switch 结构

与 if 语句的 if-else if 形式一样，switch 结构可以遵循若干条路径中的一条。但是 switch 结构和 if-else if 语句之间的一个关键区别是，切换只使用一个表达式来决定要采取的路径（在 if-else if 语句中，决定采取哪条路径是基于多个表达式的，每个路径一个表达式）。使用单个表达式可以导致更紧凑、更易理解的实现。想象一下，沿着加利福尼亚海岸线在 1 号公路上行驶，来到一个路口，那里有穿过和环绕城市的备用路线，不同的路线在一天中的某些时候会更好：如果是上午 8 点或下午 5 点，应该走外部商业环路，以避开交通高峰期；如果是晚上 8 点，应该走沿海悬崖路线，以欣赏风景优美的日落景色；如果是其他时间，应该走穿越城市的路线，因为它是最直接和最快速的。使用单一控制表达式的值，即根据一天中的时间来决定路线，就像使用一个 switch（选择）结构。

有两种类型的选择结构：switch 语句和 switch 表达式。作为一条语句，switch 结构是一个独立的实体。作为表达式，switch 结构不能独立存在，它必须被嵌入到一个更大的语句中。下面将首先描述 switch 语句，然后介绍 switch 表达式。

4.7.1 switch 语句

请看图 4.8a 中 switch 语句的语法。在执行 switch 语句时，JVM 会评估控制表达式（可能是一个变量、一个数学表达式或一个返回值的方法调用），并试图将表达式的值与 case 标签之一相匹配。一个 case 标签是一个常数。例如，可以使用整数（如 2、3、4）或字符（如 y、Y、n、N）作为 case 标签。找到一个匹配的标签后，JVM 会跳到 case 标签的箭头（->）后面的语句，执行该语句，然后跳到 switch 语句的右大括号下面。如果没有与控制表达式的值相匹配的 case 标签，则控制会跳到 default 子句（如果有 default 子句），如果没有 default 子句，则跳到 switch 语句下面。

```
switch (控制表达式)
{
  case 标签 -> 语句;
  case 标签, 标签, 标签 -> 语句;
  case 标签, 标签->
  {
    语句;            ◄——————  当 case 子句（或
    语句;                    default 子句）中有
    . . .                   多个语句时，必须
  }                ◄——————  用{}包围这些语句以
  . . .                    形成一个块
  default -> 语句;  ◄——————  可选的 default 子句
} // switch 结束
```

图 4.8a　switch 语句语法

switch 语句由 switch *标题*（保留字 switch 及其后括号内的控制表达式）和 switch 块（包围 switch 语句主要部分的一对大括号）组成。switch 块包含一组 case 子句，每个 case 子句以保留字 case 开始，后面是一个标签或一个以逗号分隔的标签列表，然后是一个箭头（->），最后是一条语句。每个标签必须是一个常量，通常是 int、char、String 或枚举类型。可以选择添加一个 default 子句，如图 4.8a 所示，如果 JVM 发现控制表达式的值与任何 case 标签不匹配，则执行该子句。

如果需要在 case 子句或 *default*（默认）子句中执行多条语句，那么必须将这些语句用大括号括起来，形成一个*复合语句*（也称为块）。这听起来应该很熟悉，因为对于 if 语句，当 if 部分或 else 部分内有多条语句时，必须使用大括号。

4.7.2　switch 表达式

现在继续讨论 switch 表达式。它的大部分语法和语义都与 switch 语句相同。因此，图 4.8b 中的 switch 表达式的大部分内容应该看起来很熟悉。一个区别是，对于每条 case 子句，在箭头之后有一个表达式。当 JVM 执行 switch 表达式时，在 case 子句中寻找一个匹配的 case 标签，并返回 case 子句的箭头后面的表达式。

在图 4.8b 中，注意 switch 表达式被嵌入一个赋值语句中。既要注意顶部的*变量 = 代码*，还要注意底部紧挨着 switch 表达式的右大括号的分号。这些是赋值语句标准语法的一部分，是必需的。可以在任何一个需要类型与 switch 表达式返回的类型相匹配的地方使用 switch 表达式。例如，如果想输出几个不同字符串中的一个，可以在一条输出语句中嵌入一个 switch 表达式，并让 switch 表达式返回一个字符串。在这种情况下，可以用 System.out.println 开始，仍然要用分号来结束，因为这是输出语句的要求。

```
变量 = switch (控制表达式)
{
  case 标签 -> 表达式；
  case 标签, 标签, 标签 -> 表达式；
  case 标签, 标签 ->
  {
    语句；
    语句；
    yield 表达式；        对于 switch 表达式，当 case 子句（或
  }                     default 子句）中有多条语句时，必须
  ...                   包含一条 yield 语句
  default -> 表达式；     对于一个 switch 表达式，通常需要 default 子句
}; // switch 结束
```

图 4.8b　赋值语句中 switch 表达式的语法

在 switch 语句中，default 子句是可选的。而在 switch 表达式中，它通常是必需的。唯一的例外是，如果控制表达式的值使用了枚举类型（在第 12 章中描述），并且将所有可能的控制表达式的值包含在 switch 表达式的 case 标签集中。在这种情况下，可以省略 default 子句，但是对于任何其他类型的控制表达式，default 子句是必需的。没有这条子句，就无法让编译器相信 switch 表达式的 case 标签集涵盖了由控制表达式产生的所有可能的值。下面是缺少 default 子句时的编译错误：

    error: the switch expression does not cover all possible input values

在图 4.8b 中，注意第三条 case 子句，它包含了由大括号包围的多条语句。如果在 case 子句或 default 子句中有多条语句，则必须用大括号将它们包围起来，这与 switch 语句的情况相同。对于 switch 表达式，如果在 case 子句或 default 子句中有多条语句，则需要包括一条 yield 语句作为最后的语句。yield 语句的表达式是 switch 表达式返回的值。yield 语句用得不多且从不用于 switch 语句，只有在 case 子句或 default 子句有多条语句时才用于 switch 表达式。

参照图 4.8a 和图 4.8b，注意以下容易被忽视的细节：

- 控制表达式外部必须有括号。
- 控制表达式可以评估为一组有限的类型。使用 boolean、long 或 float 类型是非法的。
- 尽管控制表达式通常只有一个值，但也可以是一个带有多个参数、操作符的表达式，甚至是像 stdIn.next()这样的方法调用，只要表达式的值是允许的类型之一。
- 在 switch 结构的右大括号后加入// end switch 是很好的风格。

4.7.3　邮政编码程序

为了练习切换，下面的程序读取邮政编码并使用第一个数字来输出相关的地理区域。下面是我们要讨论的内容：

如果邮政编码开头为	输出这条消息
0、2、3	<用户输入的邮政编码> is on the East Coast.
4~6	<用户输入的邮政编码> is in the Central Plains area.
7	<用户输入的邮政编码> is in the South
8~9	<用户输入的邮政编码> is in the West.
其他	<用户输入的邮政编码> is an invalid ZIP Code.

美国邮政编码的第一个数字确定了美国境内的一个特定地理区域。以 0、2 或 3 开头的邮政编码在东部，以 4、5 或 6 开头的邮政编码在中部地区，以此类推[①]。程序应该提示用户输入邮政编码，并根据输入值的第一个字符来输出用户的地理区域。除了输出地理区域外，还应该回显输出用户的邮政编码（回显输出是指完全按照读入的内容输出）。下面是程序的一个例子：

示例会话：
```
Enter a ZIP Code: 66226
66226 is in the Central Plains area.
```

图 4.9a 显示了 ZipCodeStatement 程序，它使用了一个 switch 语句。看一下控制表达式 zip.charAt(0)，它评估为 zip 中的第一个字符。作为替代方案，可以先将第一个字符读入一个单独的变量（如 firstChar），然后将该变量插入控制表达式中。但是因为只需要第一个字符一次，所以把 zip.charAt(0) 直接嵌入到控制表达式的括号中，使代码更加紧凑。switch 语句将控制表达式的字符与每个 case 标签进行比较，直到找到一个匹配的字符。因为控制表达式的 charAt 方法返回一个 char 值，所以 case 标签必须都是 char 类型。因此，case 标签必须用单引号括起来。如果使用双引号或无引号，就会得到一个编译错误。

你是否注意到 ZipCodeStatement 程序中所有的输出语句？下面创建该程序的第 2 版，以消除输出语句的混乱。我们没有在程序的 switch 语句的每个 case 子句中加入输出语句，而只是在底部用一条输出语句来输出邮政编码和它的地理区域。详见图 4.9b 中的 ZipCodeExpression 程序。

在 ZipCodeExpression 程序中声明了一个名为 zipRegion 的字符串变量，用来保存用户输入的邮政编码的地理区域。我们用一个 switch 表达式来代替 switch 语句，switch 表达式的 case 子句会返回一个关于邮政编码所在地区的信息。例如，这里是第一个这样的 case 子句：

```
case '0', '2', '3' -> "on the East Coast";
```

---

① https://www.unitedstateszipcodes.org。

```
/***************************************************************
* ZipCodeStatement.java
* Dean & Dean
*
* 使用 switch 语句标识邮政编码的区域
***************************************************************/

import java.util.Scanner;

public class ZipCodeStatement
{
  public static void main(String[] args)
  {
    Scanner stdIn = new Scanner(System.in);
    String zip; // 用户输入的邮政编码

    System.out.print("Enter a ZIP Code: ");
    zip = stdIn.nextLine();
    switch (zip.charAt(0))
    {
      case '0', '2', '3' ->
        System.out.println(zip + " is on the East Coast.");
      case '4', '5', '6' ->
        System.out.println(
          zip + " is in the Central Plains area.");
      case '7' ->
        System.out.println(zip + " is in the South.");
      case '8', '9' ->
        System.out.println(zip + " is in the West.");
      default ->
        System.out.println(zip + " is an invalid ZIP Code.");
    } // switch 结束
  } // main 结束
} // ZipCodeStatement 类结束
```

图 4.9a　在 ZipCodeStatement 程序中使用 switch 语句

注意 switch 表达式的第一行：

```
zipRegion = switch (zip.charAt(0))
```

因此，switch 表达式的返回值被分配到 zipRegion 变量中。最后，在 switch 语句的下面添加了这条输出语句：

```
System.out.println(zip + " is " + zipRegion + ".");
```

一般来说，当可选项是动作时，语句切换更合适，而当可选项是项目时，表达式切换更合适。在本节介绍的高速公路备用路线示例中，如果最重要的是转向动作，语句切换就更合适。但是，如果最重要的是识别公路号码，表达式切换就更合适。对于一个输出邮政编码及其相关地理区域的程序来说，表达式切换更合适，因为可选项是项目（字符串）而不是动作。

```
/***********************************************************
* ZipCodeExpression.java
* Dean & Dean
*
* 使用 switch 表达式标识一个邮政编码的区域
***********************************************************/

import java.util.Scanner;

public class ZipCodeExpression
{
  public static void main(String[] args)
  {
    Scanner stdIn = new Scanner(System.in);
    String zip, zipRegion; // 输入邮政编码并计算对应的地理区域

    System.out.print("Enter a ZIP Code: ");
    zip = stdIn.nextLine();
    zipRegion = switch (zip.charAt(0))
    {
      case '0', '2', '3' -> "on the East Coast";
      case '4', '5', '6' -> "in the Central Plains area";
      case '7' -> "in the South";
      case '8', '9' -> "in the West";
      default -> "an invalid ZIP Code";
    }; // end switch
    System.out.println(zip + " is " + zipRegion + ".");
  } // main 结束
} // ZipCodeExpression 类结束
```

图 4.9b　在 ZipCode Expression 程序中使用 switch 语句

4.7.4　传统的 switch 语句

上面描述的选择结构是由 Java 12 引入的。有一种旧形式的 switch 语句，也应该了解它，因为当在遗留代码（为旧程序编写的代码）中看到它时，需要了解它，而且有些开发人员会继续在新程序中使用旧形式的 switch 语句。

上面描述的 switch 结构在其 case 子句中使用以下语法：

　case 标签, 标签, 标签-> 语句;

另外，Java 的传统 switch 语句在其 case 子句中使用以下语法：

　case 标签: case 标签: case 标签:
　　语句;
　　break;

请注意，case 子句没有大括号，还要注意 break 语句，它使执行跳到 switch 语句下面，继续执行 switch 语句后面的内容。如果 case 子句中没有 break 语句，在执行完 case 子句的语句后，JVM 会跳转到

下一个子句（case 子句或 default 子句），并执行下一个子句的语句，而不管下一个子句中是否有匹配的 case 标签。这种穿透机制使程序员能够避免在相邻子句中执行相同操作的语句。然而，不小心省略了 break 语句会产生一个逻辑错误，所以要小心，通常要包括 break 语句。

除了有出错的倾向外，break 语句还增加了令人讨厌的杂乱。因此，对于新程序，我们建议坚持使用 switch 表达式和较新版本的 switch 语句。尽管如此，由于传统的 switch 语句还会存在一段时间，所以应该了解它的用法。研究图 4.9c 中的 ZipCodeTraditionalSwitch 程序，它使用了传统的 switch 语句。

```java
/**************************************************************
 * ZipCodeTraditionalSwitch.java
 * Dean & Dean
 *
 * 使用传统 switch 语句标识邮政编码的区域
 **************************************************************/

import java.util.Scanner;

public class ZipCodeTraditionalSwitch
{
  public static void main(String[] args)
  {
    Scanner stdIn = new Scanner(System.in);
    String zip;  // 用户输入邮政编码

    System.out.print("Enter a ZIP Code: ");
    zip = stdIn.nextLine();

    switch (zip.charAt(0))
    {
      case '0': case '2': case '3':
        System.out.println(zip + " is on the East Coast.");
        break;
      case '4': case '5': case '6':
        System.out.println(zip + " is in the Central Plains area.");
        break;
      case '7':
        System.out.println(zip + " is in the South.");
        break;
      case '8': case '9':
        System.out.println(zip + " is in the West.");
        break;
      default:
        System.out.println(zip + " is an invalid ZIP Code.");
    } // switch 结束
  } // main 结束
} // ZipCodeTraditionalSwitch 类结束
```

图 4.9c　在 ZipCodeTraditionalSwitch 程序中使用传统的 switch 语句

4.7.5 switch 结构和 if 语句的 if-else if 形式

正如现在知道的，switch 结构可以从多个可能性的列表中做一件或多件事情。但是 if 语句的 if-else if 形式也是如此，为什么还要使用 switch 结构呢？因为对于某些类型的问题，切换提供了一个更优雅的解决方案（更干净、更紧凑的组织）。

但也要考虑相反的问题。为什么使用 if 语句的 if-else if 形式，而不是 switch 结构？因为 if 语句更灵活。通过切换，每个测试（即每个 case 标签）都被限制在与允许的类型之一完全匹配。在 if 语句中，每个测试可以是一个完整的表达式，包括运算符、变量和方法调用。

简而言之，当需要从一个有多种可能性的列表中做一件事时：

- 如果需要匹配一个 int、char、String 或一组有限的值，就使用 switch 结构。
- 如果需要更多的灵活性，就使用 if 语句。

4.8 while 循环

控制语句有两个基本类别：前向分支语句和循环语句。if 语句和 switch 结构实现了前向分支功能（之所以这样命名，是因为这些决定会使控制权"分支"到当前语句之前的语句）。while 循环、do 循环和 for 循环实现了循环功能。我们在本节中描述 while 循环，在接下来的第 4.9 节和第 4.10 节中分别描述 do 循环和 for 循环。首先要概述一下循环的一般情况。

在解决一个特定的问题时，首先要考虑的也是最重要的事情之一就是是否存在重复任务。重复性任务通常应该在循环中实现。对于某些问题，可以用连续的顺序语句来实现重复性任务，从而避免使用循环。例如，如果要求输出"Happy Birthday!"10 次，可以用 10 条连续的输出语句来实现一个解决方案，但这样的解决方案会很糟糕。一个更好的解决方案是在一个重复 10 次的循环内插入一条单一的输出语句。循环的实现方式更好，因为它更紧凑，而且更新也更容易、更安全，因为更新的代码只出现在一个地方。例如，如果需要将"Happy Birthday!"改为"Bon Anniversaire!"（法语的"生日快乐！"），那么只需在循环中改变一条输出语句，而不是更新 10 条独立的输出语句。

> 不要重复代码。
> 使用循环吧。

4.8.1 while 循环的语法和语义

下面看看最简单的一种循环，即 while 循环。图 4.10 显示了 while 循环的语法和语义。while 循环的语法与 if 语句的语法相似，只是使用了 while，而不是 if。不要忘记条件表达式外部的括号，也不要忘记大括号以及缩进它们所包围的从属语句。

while 循环的条件表达式与 if 语句的条件表达式相同。它通常使用比较和逻辑运算符，并且结果为 true 或 false。下面是 while 循环的工作方式：

（1）检查 while 循环的条件表达式。

（2）如果条件为 true，执行 while 循环的主体（大括号内的语句），跳回到 while 循环的条件，并重复步骤（1）。

（3）如果条件为 false，跳到 while 循环的主体下面，继续执行下一条语句。

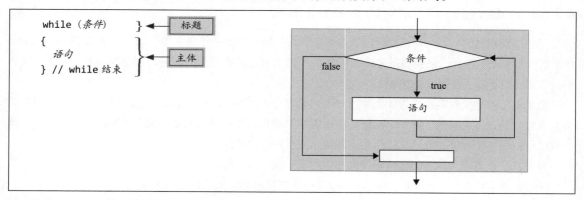

图 4.10　while 循环的语法和语义

4.8.2　示例

现在来考虑一个例子：一个创建新娘礼物登记表的程序。更具体地说，该程序反复提示用户两件事：礼物和可以购买礼物的商店。当用户输入礼物和商店值后，程序会输出新娘登记表。研究一下这个示例会话：

```
示例会话:
Do you wish to create a bridal registry list? (y/n): y
Enter item: candle holder
Enter store: Sears
Any more items? (y/n): y
Enter item: Lawn mower
Enter store: Home Depot
Any more items? (y/n): n

Bridal Registry:
candle holder - Sears
lawn mower - Home Depot
```

这就是问题说明。解决方案如图 4.11 所示。从 while 循环的 more＝'y'条件和循环底部的查询可以看出，该程序采用了一个用户查询循环。在 while 循环上方的初始查询有可能在不经过任何循环的情况下退出。如果想在循环中强制进行至少一次传递，应该删除初始查询，并进行初始化：

使用 I/O 样本来明确问题。

```
char more = 'y';
```

BridalRegistry 程序说明了几个外围的概念，要在以后的程序中记住它们。在 while 循环中，注意+=赋值语句，为方便起见在此重复：

```
registry += stdIn.nextLine() + " - ";
registry += stdIn.nextLine() + "\n";
```

当需要将一个字符串变量递增时，+=运算符就会派上用场。BridalRegistry 程序将所有的礼物和商店的值存储在一个名为 registry 的字符串变量中。每一个新的礼物和商店条目都会用+=运算符连接到注册表变量中。

```
/*************************************************
 * BridalRegistry.java
 * Dean & Dean
 *
 * 生成新娘登记表
 *************************************************/

import java.util.Scanner;

public class BridalRegistry
{
  public static void main(String[] args)
  {
    Scanner stdIn = new Scanner(System.in);
    String registry = "";
    char more;

    System.out.print(
      "Do you wish to create a bridal registry list? (y/n): ");
    more = stdIn.nextLine().charAt(0);

    while (more == 'y')
    {
      System.out.print("Enter item: ");
      registry += stdIn.nextLine() + " - ";
      System.out.print("Enter store: ");
      registry += stdIn.nextLine() + "\n";
      System.out.print("Any more items? (y/n): ");
      more = stdIn.nextLine().charAt(0);
    } // while 结束

    if (!registry.equals(""))
    {
      System.out.println("\nBridal Registry:\n" + registry);
    }
  } // main 结束
} // BridalRegistry 类结束
```

图 4.11　带有 while 循环和用户查询终止的 BridalRegistry 程序

　　在 BridalRegistry 程序的 while 循环的顶部和底部，注意 nextLine 和 charAt 方法的调用，为了方便起见在此重复。

```
    more = stdIn.nextLine().charAt(0);
```

这些方法调用是通过在它们之间插入一个点来串联的。nextLine 方法调用从用户那里读取一行输入其并将其作为一个字符串返回。然后该字符串调用charAt(0)返回字符串的第一个字符。请注意，像这样将多个方法调用连在一起是可以接受的，也是相当普遍的。

4.8.3 无限循环

假设想输出数字 1～10。下面的代码片段能行吗？

```java
int x = 0;
while (x < 10)
{
  System.out.println(x + 1);
}
```

while 循环主体只做了一件事，即输出了 1（因为 0+1 是 1）。它没有更新 x 的值（因为没有 x 的赋值或增量语句）。在没有更新 x 的情况下，while 循环的条件（x<10）的结果总为 true。这就是一个*无限循环*的例子。计算机不断地执行循环体中的语句。当有一个无限循环时，计算机似乎冻结或"挂起"了。

插入临时输出语句以查看细节。

有时，无限循环只是一个极其低效的算法，需要很长时间才能完成。在这两种情况下，可以通过在循环中插入一个诊断语句，输出一个应该以某种方式变化的值，以弄清楚发生了什么，然后运行程序，观察该值的变化情况。

4.9 do 循环

现在来考虑第二种类型的 Java 循环：do 循环。当确定希望循环体至少执行一次时，do 循环是合适的。因为 do 循环与大多数计算机硬件执行循环操作的方式相匹配，所以它比其他类型的循环稍微有效一些。但是，它的笨拙性使它容易出现编程错误，因此一些程序员不喜欢使用它，但至少需要了解它。

4.9.1 do 循环的语法和语义

图 4.12 显示了 do 循环的语法和语义。注意，do 循环的条件是在底部，这与 while 循环形成对比，后者的条件在顶部。条件在底部是 do 循环保证循环至少执行一次的方法。注意条件右边的分号，这是编译器的要求，省略它是一个常见的错误。最后，注意 while 部分与右大括号在同一行，这是好的风格，也可以把 while（*条件*）放在右大括号之后的一行，但这是不好的风格，因为这看起来就像在试图开始一个新的 while 循环。

下面是 do 循环的工作方式：

（1）执行 do 循环的主体。

（2）检查最后的条件。

（3）如果条件为 true，则跳回到 do 循环的顶部并重复步骤（1）。

（4）如果条件为 false，则继续执行循环下面的语句。

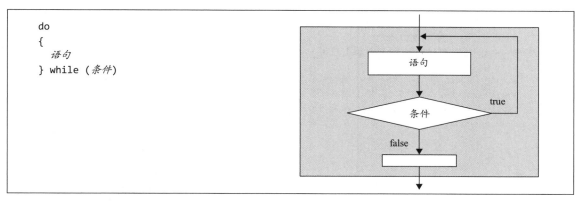

```
do
{
  语句
} while (条件)
```

图 4.12　do 循环的语法和语义

4.9.2　练习题

现在用一个例子来说明 do 循环的问题。假设你需要编写一个程序，提示用户输入拟建房屋中每个房间的长和宽尺寸，以便计算出整个房屋的总面积。在每次输入长和宽尺寸后，询问用户是否还有其他房间。当没有更多的房间时，输出总建筑面积。

要解决这个问题，首先要问一问循环是否合适。是否有什么需要重复？是的，要想重复读入尺寸，所以一个循环是合适的。为了确定循环的类型，问问自己是否总是需要至少执行一次读入尺寸的循环体？是的，每个房子至少要有一个房间，所以需要至少读入一组尺寸。因此，在这个问题上使用 do 循环是合适的。现在已经想清楚了循环的问题，写下你的解决方案。开始吧！

当完成了自己的解决方案后，看看图 4.13 中的解决方案。是否在 do 循环中提示了长度和宽度值，是否将长度乘以宽度的乘积添加到总面积的变量中？然后是否提示用户作出继续的决定？

比较 FloorSpace 程序中使用的循环终止技术和图 4.11 的 BridalRegistry 程序中使用的循环终止技术。 在 BridalRegistry 程序中，需要两个用户查询，一个在循环开始前，一个在循环结束前。在 FloorSpace 程序中，只需要一个用户查询，即在循环结束前。do 循环要求至少有一个传递，但如果这可以接受，它需要的代码行数比 while 循环的少。

在离开 FloorSpace 程序之前，请注意一个风格特征。看到 do 循环上下的空行了吗？用空行来分隔逻辑性的代码块是一种好的风格。因为循环是一个逻辑性的代码块，用空行包围循环是很好的，除非循环非常短（即少于 4 行）。

```
/************************************************
 * FloorSpace.java
 * Dean & Dean
 *
 * 计算一个房屋的总建筑面积
 ************************************************/

import java.util.Scanner;
```

图 4.13　使用一个 do 循环来计算房屋的总建筑面积

```
public class FloorSpace
{
  public static void main(String[] args)
  {
    Scanner stdIn = new Scanner(System.in);
    double length, width;        // 房间尺寸
    double floorSpace = 0;       // 房间总建筑面积
    char response;               // 用户响应 y/n

    do
    {
      System.out.print("Enter the length: ");
      length = stdIn.nextDouble();
      System.out.print("Enter the width: ");
      width = stdIn.nextDouble();
      floorSpace += length * width;
      System.out.print("Any more rooms? (y/n): ");
      response = stdIn.next().charAt(0);
    } while (response == 'y' || response == 'Y');

    System.out.println("Total floor space is " + floorSpace);
  } // main 结束
} // FloorSpace 类结束
```

图 4.13　（续）

4.10　for 循环

现在来考虑第三种类型的循环：for 循环。当在循环开始之前就知道循环的确切迭代次数时，for 循环是合适的。例如，假设想从 10 开始进行倒计时：

示例会话：
10 9 8 7 6 5 4 3 2 1 点火!

在程序中需要输出 10 个数字，应该在一个循环内的输出语句的帮助下输出每个数字。因为输出语句应该执行 10 次，所以循环的准确迭代次数是 10。因此应该使用一个 for 循环。

另一个例子，假设想计算一个用户输入的数字的阶乘：

示例会话：
Enter a whole number: 4
4! = 24

对于 4 的阶乘，需要将 1 ~ 4 的数值相乘：1 × 2 × 3 × 4 = 24。三个"×"表示需要进行三次乘法，所以 4 的阶乘需要三次循环迭代。对于一般情况，需要为一个用户输入的数字计算阶乘，将用户输入的数字存储在一个计数变量中，然后将 1 ~ count 的值相乘：

1 * 2 * 3 *...* count
　 count - 1 个*

*表示有必要进行 count-1 次的乘法。所以 count 的阶乘需要进行 count-1 次的循环迭代。因为知道循环的迭代次数（count-1），所以使用 for 循环。

4.10.1 for 循环的语法和语义

图 4.14 显示了 for 循环的语法和语义。for 循环标题做了很多工作，它被分成三个部分：*初始化、条件*和*更新*。下面的列表解释了 for 循环如何使用这三个部分。当阅读这个列表时，请参考图 4.14 的流程图以更好地了解正在发生的事情。

（1）初始化部分

在第一次通过循环的主体之前，执行初始化部分。

（2）条件部分

在每个循环迭代之前，评估条件部分。

● 如果条件为 true，执行循环的主体。

● 如果条件为 false，终止循环（退出到循环的右大括号下面的语句）。

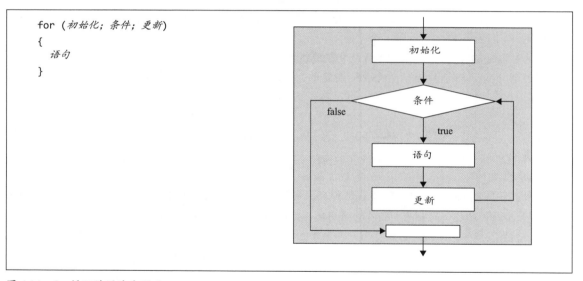

图 4.14 for 循环的语法和语义

（3）更新部分

在每次通过循环的主体后，返回到循环标题，执行更新部分，然后，重新检查条件部分中的继续条件，如果满足了，就再次通过循环的主体。

for 循环标题是相当灵活的。我们将在本书的第 12.12 节中讨论其他配置。

4.10.2 倒计时示例

下面是本节开头提到的倒计时示例的代码片段：

```
for (int i=10; i>0; i--)
{
```

```
        System.out.print(i + " ");
    }
System.out.println("点火！");
```

注意，同一个变量 i 出现在 for 循环标题的三个部分中。这个变量被赋予了一个特殊的名字：索引变量。for 循环中的索引变量通常命名为 i，代表"索引（index）"，但并不总是这样。即使不是字母 i，for 循环中的索引通常也缩写为一个或几个字母。作为一项规则，我们不鼓励高度缩写的变量名，然而，在这个例子中是可以的，因为 for 循环标题的上下文清楚地解释了索引变量的含义。

索引变量通常从一个低值开始，向上递增，然后在达到条件部分设置的阈值时停止。但是在上面的例子中，索引变量的作用正好相反。它从一个高值（10）开始，向下递减，然后在达到阈值 0 时停止。下面非正式地追踪这个例子。

初始化部分将 10 分配给索引，i。

条件部分询问"i 是否>0？"，答案是肯定的，所以执行循环的主体。

输出 10（因为 i 是 10），并附加一个空格。

因为在循环的底部，更新部分将 i 从 10 递减到 9。

条件部分询问"i 是否>0？"，答案是肯定的，所以执行循环的主体。

输出 9（因为 i 是 9）并附加一个空格。

因为在循环的底部，更新部分将 i 从 9 递减到 8。

条件部分询问"i 是否>0？"，答案是肯定的，所以执行循环的主体。重复前面的输出和递减，直到输出 1。

......

在输出完 1 之后，因为在循环的底部，将 i 从 1 递减到 0。

条件部分询问"i 是否>0？"，答案是否定的，所以退出循环，下降到右大括号后的第一条语句，并输出"点火！"。

另外，我们也可以用 while 循环或 do 循环来实现这个解决方案。为什么 for 循环比较好？因为使用 while 循环或 do 循环，需要两个额外的语句来初始化和更新计数变量。这样做是可以的，但是使用 for 循环会更优雅。

4.10.3　因式分解示例

现在通过研究本小节开始时提到的第二个例子（阶乘的计算）来确保真正理解了 for 循环的工作原理。图 4.15 显示了阶乘计算的代码列表及其相关的追踪。请注意左上角的输入栏。在第 3 章的追踪示例中，因为没有输入，所以现在重点讲解输入。当程序读取一个输入值时，会把输入列中的下一个输入值复制到变量的下一行，这个输入值被分配给这个变量。在本例中，当执行到 number = stdIn.nextInt();时，将输入列中的 4 复制到 number 列的下一行中。

这个追踪显示，8、10 的序列重复了三次，所以确实有三次迭代，正如预期的那样。假设输入了 number = 0，那么这个程序在这种极端情况下还能工作吗？循环标题初始化了 int i=2，然后立即测试 i<=number。因为这个条件为 false，所以循环在开始前就终止了，代码输出阶乘的初始值，即 1.0。这是正确的，因为 0 的阶乘确实等于 1。

```
1    Scanner stdIn = new Scanner(System.in);
2    int number;
3    double factorial = 1.0;
4
5    System.out.print("Enter a whole number: ");
6    number = stdIn.nextInt();
7
8    for (int i=2; i<=number; i++)
9    {
10   factorial *= i;
11   }
12
13   System.out.println(number + "! = " + factorial);
```

在 for 循环标题声明 for 循环索引变量

输入

4

行号	number	factorial	i	输出
2	?			
3		1.0		
5				Enter a whole number:
6	4			
8			2	
10		2.0		
8			3	
10		6.0		
8			4	
10		24.0		
8			5	
13				4! = 24.0

图 4.15 阶乘计算的代码片段及其相关追踪

那么另一种极端情况呢？当输入值非常大时，一个数字的阶乘比数字本身的增长要快得多。如果将阶乘声明为 int 类型，那么大于 12 的输入值将导致阶乘变量溢出，输出值将出现可怕的错误！这就是为什么将阶乘声明为 double 类型。double 类型比 int 类型有更高的精度，即使它的精度不够，也能给出近似正确的答案。这使程序更加健壮，因为它的失败更加优雅，也就是说，当它失败时，它只失败一点点，而不是很多。

小错误总好过大错误。

4.10.4　for 循环索引的范围

在迄今为止介绍的 for 循环的例子中，循环的索引变量（i）在 for 循环标题中被初始化（声明并给出一个初始值）。这就把索引变量的范围或可识别的范围限制在 for 循环本身，也就是说，只要一个变量在 for 循环标题中被声明，它就存在，并且只能被 for 循环主体中的代码识别和使用。例如，如果想在图 4.15 中 for 循环的右大括号后的输出语句中使用索引变量 i 的值，编译器会提示 "cannot find symbol ...varible i"。

有时循环中使用的变量需要有一个超出循环范围的范围。上面的阶乘程序说明了我们正在谈论的问题。阶乘变量必须在循环结束后供输出语句使用，所以它必须在循环之外声明。因为在循环中也需要它，所以必须在循环之前声明，我们在方法的开头与其他变量一起声明，这些变量的作用域延伸到整个方法。

4.10.5　局部变量的类型推理

不管是在方法的顶部还是在 for 循环标题中初始化一个变量，可能会考虑作为 Java 10 版本的一部分引入的另一种技术。因为初始化包括一个具有可识别类型的赋值，初始化语句不需要在变量名前重述该类型。相反，它可以使用通用的*保留类型名称* var，并让编译器通过*局部变量类型推理*来找出新变量的实际类型。例如，在图 4.15 中不用

```
double factorial = 1.0;
```

可以使用

```
var factorial = 1.0;
```

而且，不用

```
for (int i=2; i<=number; i++)
```

可以使用

```
for (var i=2; i<=number; i++)
```

声明变量的类型标志着该变量的范围，而替代的 var 也以同样的方式标志着范围。这种用 var 替代的方法使 Java 不至于被 C++、C#和 Swift 等竞争性语言超越，这些语言已经使用了一些类型推理。原则上，这种替代方法通过使代码更短来提高编程效率。当类型是一个很长的词时，这个功能是最有利的。然而，正如派生例子所示，代码的减少往往是微不足道的。因为用 var 替换语句的实际类型会降低代码的可读性，所以不会在随后的例子中使用 var。在这里介绍它是为了提醒你，它可能被其他人使用。

4.11　解决使用何种循环的问题

牢记这三种类型的循环都有初始条件，对该条件的测试和对被测试条件的更新是很有帮助的。在 while 循环和 do 循环中，初始化发生在循环开始之前，而更新发生在循环主体中。在 for 循环中，初始化、测试和更新都发生在标题中。do 循环的决策点在循环的底部。这与 while 循环和 for 循环相反，后者的决策点在循环标题中。当决策点在循环标题中时，决策会更加突出，因此代码不容易出现编程错误。

> 一个工具包（toolkit）需要不止一个工具。

对于编程，就像在生活中一样，通常有许多不同的方法来完成同一件事。例如，对于一个需要重复的问题，实际上可以使用三种循环中的任何一种来解决。尽管如此，你也应该努力使程序变得优雅，这意味着要选择最合适的循环，即使任何循环都可以使之发挥作用。

如果喜欢创新，灵活性使编程变得有趣；但如果你刚刚开始，这种灵活性可能会导致混乱。在

图 4.16 中提供了一个表格，试图缓解一些混乱。它提出了一种选择适当的循环类型的方法，以及如何开始使用该循环的代码。我们在文本外部使用尖括号以表明所包含的文本是对代码的描述，而不是实际代码。因此，在使用图 4.16 中的 do 循环和 while 循环模板时，需要用实际代码替换<提示-do it again (y/n?)>。例如，对于一个游戏程序，可以使用这样的实际代码：

```
System.out.print("Do you want to play another game (y/n)? ");
response = stdIn.nextLine().charAt(0);
```

循环类型	使用时机	模板

for 循环：	当在循环开始前知道要重复多少次循环时	for (int i=0; i<max; i++)
		{
		  <语句>
		}

do 循环：	当总是需要至少做一次重复的事情时	do { <语句> <提示 - do it again (y/n)?> } while (响应== 'y');

while 循环：	当需要做重复的事情的未知次数时，可能是 0 次	<提示- do it (y/n)?>
		while (响应== 'y')
		{
		  <语句>
		  <提示- do it again (y/n)?>
		}

图 4.16 选择正确的循环并应用代码

当确定使用哪种循环时，最好按照图 4.16 中的顺序来考虑循环。为什么？注意 for 循环使用的行数最少，do 循环使用的行数次之，而 while 循环使用的行数最多。因此，for 循环是最紧凑的，而 do 循环是次要的。但 while 循环比 do 循环更受欢迎，因为它的条件在循环的开始，这使它更灵活，更容易找到。尽管你可能希望避免 do 循环，因为它的结构相对笨拙，但一般来说，应该使用最适合特定问题的循环。

当决定如何编写循环代码时，可以使用图 4.16 中的模板作为起点。请注意，在编写循环代码时，要做的不仅仅是复制图 4.16 中的代码，还要使代码适应特定的问题。例如，在编写 for 循环时，通常使用 i=0 作为初始化部分，这就是 for循环模板的初始化部分显示 i=0 的原因。然而，如果其他初始化部分更合适，如 count=10，就使用更合适的代码。

4.12 嵌套循环

嵌套循环是一个在另一个循环中的循环。在现实世界的程序中会经常看到嵌套循环。在本节中将讨论嵌套循环的一些固有的共同特征。假设要写一个程序：输出一个矩形的字符，用户指定矩形的高度、宽度和字符的值。

示例会话：
```
Enter height: 4
```

```
Enter width: 3
Enter character: <
<<<
<<<
<<<
<<<
```

一定要选对干
活的工具。

　　　　　　　为了理解循环，首先需要思考什么需要重复。例如，如果需要重复输出一些字
符行，那么应该用什么类型的循环来实现呢？首先尝试使用 for 循环。检验 for 循环
的标准是是否知道需要重复循环的次数。你知道需要重复这个循环的次数吗？是的，
用户输入了高度，可以用这个输入值来确定行数，这就告诉你需要重复循环的次数。因此，应该使用
for 循环来输出连续的行。

　　现在知道了如何输出多行，还需要知道如何输出单行。在输出单行时，需要重复任何东西吗？是的，
需要重复地输出字符。那么，应该用什么类型的循环来做这件事呢？使用另一个 for 循环，因为可以使
用用户输入的宽度来确定要输出的字符数。

　　所以需要两个 for 循环。应该把一个循环放在另一个循环之后吗？不！需要将第二个循环嵌套起来，
即将第二个循环嵌套在第一个循环内（输出每行的那个循环）。如果你仔细地表述目标，这应该是有意
义的——"输出多行，并在每行中输出一串字符"。关键字是"在"。这表示要在第一个 for 循环的括号
内插入第二个 for 循环。

　　以这个讨论为指导，现在写一个完整的程序解决方案。当程序完成后，将答案与图 4.17 中的
NestedLoopRectangle 程序进行比较。

　　注意是如何在内循环中使用 print 方法来处理输出语句的，以保持后续输出的字符在同一行，然后
在内循环结束后，使用一个单独的 println 方法进入下一行。

　　对于大多数处理二维图片的问题，如这个矩形的例子，可以使用嵌套的 for 循环，其索引变量名为
row 和 col（column 的简称）。例如，在第一个 for 循环标题中，row 变量从 1 到 2，再到 3，以此类推，
这与程序输出的实际行数完全对应。但是请注意，嵌套的 for 循环使用名为 i 和 j 的索引变量也很常见。
因为 i 代表 index，而 j 在 i 之后。

```
/***********************************************************
 * NestedLoopRectangle.java
 * Dean & Dean
 *
 * 使用嵌套循环绘制一个矩形
 ***********************************************************/
import java.util.Scanner;

public class NestedLoopRectangle
{
  public static void main(String[] args)
  {
    Scanner stdIn = new Scanner(System.in);
    int height, width;         // 矩形的尺寸
```

图 4.17　使用嵌套循环绘制矩形的程序

```
        char printCharacter;
        System.out.print("Enter height: ");
        height = stdIn.nextInt();
        System.out.print("Enter width: ");
        width = stdIn.nextInt();
        System.out.print("Enter character: ");
        printCharacter = stdIn.next().charAt(0);

        for (int row=1; row<=height; row++)
        {
          for (int col=1; col<=width; col++)
          {
            System.out.print(printCharacter);          ◄──── 在这里使用 print，以
          }                                                   保持在同一行
          System.out.println();
        }                                              ◄──── 在这里使用 println，
      } // main 结束                                          移到新的一行
    } // NestedLoopRectangle 类结束
```

图 4.17　（续）

在 NestedLoopRectangle 程序中有两层嵌套，但一般来说，可以有任何数量的嵌套层。每一级都会给问题增加一个维度，NestedLoopRectangle 程序是相当对称的。两个循环都是相同的类型（for 循环），两个循环都做同样的事情（计算某物被输出的次数）。然而，一般来说，嵌套的循环不一定是相同的类型，它们也不一定做相同的事情。

4.12.1　确定嵌套 for 循环的迭代次数

在开发和调试代码时，经常需要分析循环，以确定它们迭代的次数。如果有一个基本的 for 循环，它的索引变量增量为 1，则计算它的迭代次数很容易：索引变量的最大值减去索引变量的最小值加 1。例如，在 NestedLoopRectangle 程序中，外循环重复 height−1+1 次，或者更简单地说是 height 次（其中 height 是行的最大值，而 1 是行的最小值）。类似地，也可以确定 NestedLoopRectangle 程序的内循环重复了宽度的次数。为了计算内循环将执行其输出语句的次数，将外循环的迭代次数乘以内循环的迭代次数。其结果表明，输出语句将被执行 height × width 次数。

现在是一个更复杂的问题。考虑以下这个代码片段：

```
    for (int j=0; j<n; j++)
    {
      System.out.print(" ");
      for (int k=1; k<n-1; k++)
      {
        System.out.print("*");
      }
      System.out.println();
    }
```

要确定该代码片段输出了多少次星号，首先要计算外循环的迭代次数。因为外循环使用<而不是<=，外循环的最大索引变量值实际上是 n-1，而不是 n。因此，外循环重复(n-1)-0+1 次，简化为 n。

内循环重复(n-2)-1+1，简化为 n-2。将外循环的迭代次数乘以内循环的迭代次数，就可以得到公式：迭代次数=n×(n-2)。

　　计算循环迭代次数可能很棘手，所以在得出你认为的最终公式后，退一步想一想边界情况。在上面的例子中，n×(n-2)正确地预测了代码片段输出星号的次数，这是在 n≥2 的条件下。但当n=1时会发生什么？该公式表示该代码片段输出了-1 个星号（因为 1×(1-2)等于-1），这是不可能的。通过仔细检查内循环的条件，就应该能够确定，当 n 等于 1 时，内循环迭代 0 次。同样地，也应该能够确定当 n 等于 0 时，内循环迭代 0 次。因此，当n<2 时，代码片段输出出 0 个星号。

> 考虑清楚边界情况。

4.13　boolean 变量

　　在 if 语句和循环中出现的条件结果都会评估为 true 或 false。在第 4.2 节中描述了这些布尔值。Java 还可以定义一个 boolean 变量，它是一个可以保存布尔值的变量。要声明一个 boolean 变量，需要将该变量的类型指定 boolean，例如：

```
boolean upDirection;
```

　　在本节中将描述何时使用 boolean 变量，并提供一个使用 boolean 变量的程序，包括上面显示的 upDirection 变量。

4.13.1　何时使用 boolean 变量

　　程序经常需要追踪某些条件的状态。可以使用 boolean 变量来记录任何双向的*状态*，即某个实体的是/否、上/下、开/关属性。例如，如果要编写一个模拟车库门开关的程序，就需要追踪车库门的方向的状态，即方向是向上还是向下？还需要追踪方向的"状态"，因为方向决定了车库门开启器按钮被按下时的情况。如果方向状态是向上，那么按下车库门开启器按钮会使方向切换到向下；如果方向状态是向下，那么按下车库门开启器按钮会使方向切换到向上。

　　当某个条件的状态有两个值之一时，boolean 变量就能很好地追踪这个状态。例如：

车库门开启器方向的状态值	名为 upDirection 的 boolean 变量的可选值
上	true
下	false

4.13.2　车库门开启器示例

　　下面的代码说明了 upDirection 变量是如何工作的：

```
boolean upDirection = true; do
{
  ...
  upDirection = !upDirection;
  ...
} while (<user presses the garage door opener button>);
```

boolean upDirection = true; 语句告诉程序从向下/关闭的位置开始，当车库门开启器按钮第一次被按下时，就向上走。循环的每一次迭代都代表用户按下车库门开启器按钮时的情况。upDirection = !upDirection; 语句实现了车库门开启器的切换操作。如果 upDirection 的值为 true，该语句将其变为 false，反之亦然。

现在在一个完整的 GarageDoor 程序中看一下 upDirection 变量。在这个程序中，每按一次 Enter 键，就模拟一次开关车库门开启器按钮。第一下使车库门向上移动；第二下使车库门停止；第三下使车库门向下移动；第四下使车库门停止。以此类推，直到用户输入 q 使程序退出。下面是一个用户与 GarageDoor 程序互动的例子。

示例会话:
```
GARAGE DOOR OPENER SIMULATOR
Press Enter, or enter 'q' to quit:
moving up
Press Enter, or enter 'q' to quit:
stopped
Press Enter, or enter 'q' to quit:
moving down
Press Enter, or enter 'q' to quit:
stopped
Press Enter, or enter 'q' to quit: q
```

图 4.18 包含了该程序的代码。在程序中，验证一下 upDirection 是否如前面讨论的那样使用。注意，还有一个 boolean 变量 inMotion。boolean 变量 upDirection 记录了车库门向上或向下的状态。如果按车库门开启器按钮总是产生一个向上或向下的运动，那么一个状态变量足够了。但正如示例会话中所示，情况并非如此。有一半的时间，按下车库门开启器按钮导致车库门停止移动。这里有一个关键点：如果车库门在移动，按下车库门开启器按钮车库门就会停止，如果车库门停止，按下车库门开启器按钮车库门就会开始移动。我们在第二个状态变量 inMotion 的帮助下，追踪车库门当前是否在移动。inMotion 状态变量在每次按下车库门开启器按钮时都会切换（从 false 到 true 或反之），而 upDirection 状态变量只有在车库门停止时才会切换，即在每一次按下车库门开启器按钮时。

GarageDoor 程序是*用户友好的*，因为它需要最少的用户输入。一个给定的用户输入有两个目的：最简单的一种输入（按 Enter 键）是模拟按下车库门开启器按钮；任何其他的输入（不仅仅是一个 q 输入）都会终止循环过程。每当一个特殊的数据值（除了普通的 Enter 键之外的任何东西）使程序停止循环时，就是在使用一个*哨兵值*来终止循环过程。因为该程序在输入方面给用户带来了最小的负担，而且代码相对简洁高效，所以称其为优雅的实现是合适的。

4.13.3　在条件中比较 boolean 变量

在 GarageDoor 程序中，请注意是如何将布尔变量 inMotion 和 upDirection 作为 if 语句中的条件使用的：

```
if (inMotion)
{
  if (upDirection)
  {
    ...
```

好的

```
/**************************************************************
 * GarageDoor.java
 * Dean & Dean
 *
 * 模拟车库门开启器
 **************************************************************/

import java.util.Scanner;

public class GarageDoor
{
  public static void main(String[] args)
  {
    Scanner stdIn = new Scanner(System.in);
    String entry;                 // 用户的输入
    boolean upDirection = true;   // 确认当前的方向是否向上
    boolean inMotion = false;     // 标识车库门是否移动

    System.out.println("GARAGE DOOR OPENER SIMULATOR\n");
    do
    {
      System.out.print("Press Enter, or enter 'q' to quit: ");
      entry = stdIn.nextLine();

      if (entry.equals(""))       // 按 Enter 键生成""
      {
        inMotion = !inMotion;     // 切换按钮状态
        if (inMotion)
        {
          if (upDirection)
          {
            System.out.println("moving up");
          }
          else
          {
            System.out.println("moving down");
          }
        }
        else
        {
          System.out.println("stopped");
          upDirection = !upDirection; // 停止时方向反转
        }
      } // end if entry = ""
    } while (entry.equals(""));
  } // main 结束
} // GarageDoor 类结束
```

运算符每次都会切换运动

运算符在车库门停止时切换方向

图 4.18　GarageDoor 程序

通常在条件中使用关系运算符（<、<=、==等），但条件的唯一规则是，它的结果为 true 或 false。一个 boolean 变量不是 true 就是 false，所以在条件中使用一个 boolean 变量本身是合法的。实际上，使用 boolean 变量本身作为条件被认为是很优雅的。为什么呢？考虑一下另一种情况。下面的 if 条件在功能上等同于前面的 if 条件：

```
if (inMotion == true)
{
    if (upDirection == true)
    {
        ...
```

不好的

如果没有使用双等号（==），而意外地使用了单等号（=），会发生什么？两个条件中的表达式将分别将 inMotion 和 upDirection 赋值为 true。然后两个条件的结果都为 true（因为赋值操作的结果为所赋值），if语句中的代码会被执行。只有当inMotion和upDirection事先都为true时，才会得到正确的结果，但如果 inMotion 或 upDirection 事先是 false 的，就会得到一个不正确的结果。此外，inMotion 和 upDirection 值的意外改变可能会扰乱其他条件的结果。这种逻辑错误是隐蔽的，因为编译器不会看到它，而且你也很难看到它，因为=看起来很像==。

因此，为了避免意外地使用赋值运算符，建议不要将 boolean 变量与 true 或 false 进行比较。相反，如果需要在一个条件中使用一个 boolean 变量，只需使用 boolean 变量本身。

顺便说一下，对于非 boolean 变量（如 int 变量和 double 变量），在一个条件中意外地使用赋值运算符并不是什么大问题。如果输入以下代码会发生什么？

```
if (score = -1)
```

因为这段代码将整数-1赋值到 score 中，所以条件的结果为一个整数。编译器要求条件的结果为布尔值，所以这段代码产生了一个编译错误。这样的编译错误应该是比较容易识别和解决的。当然，比起在条件中给 boolean 变量赋值为 true 或 false 而导致的逻辑错误更容易处理。

4.14　输入验证

在上一节中学会了使用boolean变量来追踪一个双向的状态。在本节中将学习如何使用boolean变量来处理一种特别常见的双向状态——用户输入的有效或无效状态。

输入验证 是指程序检查用户的输入以确保其有效（即正确和合理）。如果它是有效的，程序就会继续；否则程序就会进入一个循环，警告用户错误的输入，然后提示用户重新输入。

在 GarageDoor 程序中，注意程序是如何检查空字符串的（这表明用户想继续）。如果字符串不是空的，就假定用户输入的是 q，但它并没有特别检查 q。因此，它不能很好地处理用户在按 Enter 键之前意外地按另一个键的可能性，而是把这个输入解释为一个退出命令，不是一个错误。

为了使程序更加健壮，应该提供输入验证。有几种可能的方法可以做到这一点。最简单的方法是插入一个 while 循环，这个循环的条件是把所有坏的可能性放在一起，其主体警告用户错误的输入，然后提示用户重新输入。对于图 4.18 中的 GarageDoor 程序，输入验证是由图 4.19 中的代码片段提供的。

```
while (!entry.equals("") && !entry.equalsIgnoreCase("q"))
{
  System.out.println("Invalid entry.");
  System.out.print("Press Enter, or enter 'q': ");
  entry = stdIn.nextLine();
}
```

图 4.19　在图 4.18 的输入语句后插入的输入验证循环

因此，为了使 GarageDoor 程序更加健壮，应该在图 4.18 中紧接着下面这个语句之后插入上述代码片段：

```
entry = stdIn.nextLine();
```

运行修改后的程序会产生以下示例会话：

示例会话：

```
GARAGE DOOR OPENER SIMULATOR

Press Enter, or enter 'q' to quit:
moving up
Press Enter, or enter 'q' to quit: stop          ◄──── 无效输入
Invalid entry.
Press Enter, or enter 'q':                        ◄──── 正确输入
stopped
Press Enter, or enter 'q' to quit: q
```

4.14.1　可选的后文参考

在这一点上，有些读者可能想了解一下数组。*数组*是相同类型的相关项目的集合。对数组的操作需要使用循环。因此，数组为读者提供了一种手段，使他们能够进一步练习本章介绍的内容，特别是循环。现在还不需要学习数组，但如果想提前了解，可以在第 9.1 节至第 9.6 节中阅读数组的内容。

在本书的后面将介绍与控制语句有关的相对高级的语法细节。例如，在循环标题中嵌入一个赋值表达式，或者使用 break 语句跳出循环。现在还不需要学习这些细节，但如果想提前了解，可以在第 12.6 节至第 12.12 节中阅读这些内容。

4.15　用布尔逻辑解决问题（可选）

尽可能地使逻辑变得简洁。

if 语句和循环的条件有时会变得很复杂。为了更好地理解复杂的条件，下面就来看看构成条件的逻辑。学习如何操作逻辑应该有助于简化条件代码和调试逻辑问题。你已经看到了逻辑运算符在应用于比较运算符条件时是如何工作的。例如，这段代码（它将&&逻辑运算符与>=和<=比较运算符结合使用）对你来说可能已经很有意义了：

```
(temp >= 50.0 && temp <= 90.0)
```

现在将看到逻辑运算符如何与 boolean 变量一起工作，这称为*布尔逻辑*或*布尔代数*。描述布尔逻辑的最原始和最普遍的方法是用*真值表*（一个所有输入组合及其相应输出的列表）。图 4.20 给出了布尔逻

辑的三个基本运算的真值表，即逻辑运算符!（NOT）、&&（AND）和||（OR）。

NOT		AND			OR		
x	!x	x	y	x&&y	x	y	x||y
false	true	false	false	false	false	false	false
true	false	false	true	false	false	true	true
		true	false	false	true	false	true
		true	true	true	true	true	true

图 4.20　三个基本逻辑运算的真值表

4.15.1　布尔代数的基本特性

有时逻辑表达式会更难理解，尤其是当包含几个!运算符时。为了更好地理解代码的含义和作用，有时将逻辑表达式转换为另一种形式是有帮助的。布尔代数提供了一套特殊的公式，称为*基本同义词*，任何人都可以用它进行转换。图 4.21 中列出了这些基本特性。各种运算符的优先级是图 4.6 中给出的优先级，即!的优先级最高，&&的优先级次之，||的优先级最低。↔ 符号表示等价，即双箭头左边的表达式可以被右边的表达式取代，反之亦然。

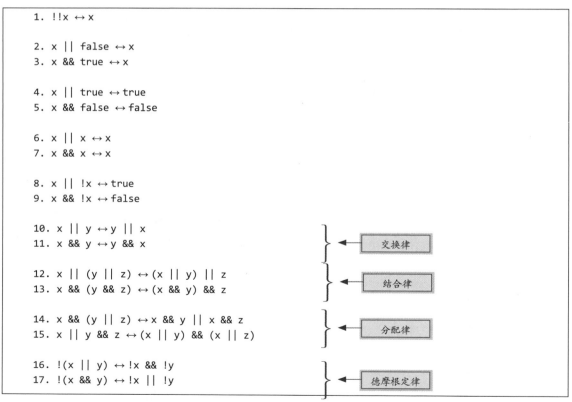

```
1. !!x ↔ x

2. x || false ↔ x
3. x && true ↔ x

4. x || true ↔ true
5. x && false ↔ false

6. x || x ↔ x
7. x && x ↔ x

8. x || !x ↔ true
9. x && !x ↔ false

10. x || y ↔ y || x                                     ┐
11. x && y ↔ y && x                    ◄── 交换律        │

12. x || (y || z) ↔ (x || y) || z      ◄── 结合律
13. x && (y && z) ↔ (x && y) && z

14. x && (y || z) ↔ x && y || x && z   ◄── 分配律
15. x || y && z ↔ (x || y) && (x || z)

16. !(x || y) ↔ !x && !y               ◄── 德摩根定律
17. !(x && y) ↔ !x || !y
```

图 4.21　布尔代数的基本特性

前 13 个基本特性的相同点是相对直接的，应该能够通过思考使自己确信它们的有效性。例如，*交换律* 意味着可以在不改变任何表达式的情况下转换顺序，*结合律* 意味着可以在不改变任何表达式的情况下移动括号。后面 4 个基本特性比较神秘，其中一些甚至一开始可能看起来不合理。例如，*分配律* 是一种洗牌，而 *德摩根定律* 可以否定一切，交换所有的 AND 和 OR。

4.15.2　证明布尔特性

现在已经看到了基本特性，下面看看如何证明它们。证明方法是编写一个程序，比较两个任意逻辑表达式所包含的 boolean 变量的所有可能值。如果这两个表达式对所有可能的变量值的评价是相同的真值，那么它们在逻辑上是等价的。图 4.22 包含一个程序，对图 4.21 中的基本特性 16 两边的表达式的特殊情况就是这样做的。

修改图 4.22 中的 TruthTable 程序来测试图 4.21 中的任何其他基本特性是很简单的。事实上，可以修改程序来测试任何预期的逻辑等价关系。要测试一个不同的等价关系，可以用准等价关系的左边和右边分别替代分配给 result1 和 result2 的表达式。

```java
/****************************************************
 * TruthTable.java
 * Dean & Dean
 *
 * 证明两个布尔表达式的等价性
 ****************************************************/

public class TruthTable
{
  public static void main(String[] args)
  {
    boolean x = false;
    boolean y = false;
    boolean result1, result2;

    System.out.println("x\ty\tresult1\tresult2");
    for (int i=0; i<2; i++)
    {
      for (int j=0; j<2; j++)
      {
        result1 = !(x || y);
        result2 = !x && !y;
        System.out.println(x + "\t" + y +
          "\t" + result1 + "\t" + result2);
        y = !y;
      } // for j 结束
      x = !x;
    } // for i 结束
  } // main 结束
} // TruthTable 类结束
```

要测试任何两个布尔表达式的等价性，可以用这两个（阴影部分）表达式代替它们

图 4.22　为两个逻辑表达式生成真值表的程序

```
示例输出:
x          y          result1 result2
false      false      true    true
false      true       false   false
true       false      false   false
true       true       false   false
```

图 4.22   （续）

4.15.3   应用

可以用很多方法使用布尔同义词。例如，考虑图 4.5 中 if 语句的条件：

`((temp >= 50) && (temp <= 90))`

如果将 ! 运算符应用于比较运算符表达式，这将导致表达式的比较运算符发生变化。例如，!(temp >= 50) 等同于 (temp < 50)。有了这个推理，再加上基本特性 1，就可以将 !! 应用于上述每个比较表达式，并生成以下等价条件：

`(!(temp < 50) && !(temp > 90))`

也可以将基本特性 16 应用于上述条件，得出以下等价条件：

`!((temp < 50) || (temp > 90))`

还可以将上述条件作为图 4.5 中原始 if 语句的一部分，将 if 和 else 的从属语句互换。下面是产生的功能上等价的 if 语句：

```
if ((temp < 50) || (temp > 90)) {
  System.out.println("not OK");
}
else
{
  System.out.println("OK");
}
```

如果 result1 和 result2 的值在所有行中都是一样的，那么这两个表达式是等价的。

对于另一个例子，请考虑图 4.19 中 while 循环的条件：

`(!entry.equals("") && !entry.equalsIgnoreCase("q"))`

可以对上面的条件应用基本特性 16，得出等价条件：

`!(entry.equals("") || entry.equalsIgnoreCase("q"))`

总结

- 使用 if 语句改变程序的执行顺序。在两条备选路径中选择哪一条，由 if 语句条件的真假性决定。
- 使用 if 语句的 if-else if 形式在三个或更多的选择中进行选择。
- 在 if 语句的任何部分，必须在两条或多条从属语句的外部使用大括号，即使只有一条从属语句，也最好使用大括号。
- 一个条件的比较运算符（<、>、<=、>=、== 和 !=）比它的"与"（&&）和"或"（||）逻辑运算符有更高的优先权。

- 要否定&&和‖操作的结果，要将其置于括号内，并在其前面加上一个!运算符。
- 使用 switch 语句或 switch 表达式在几个选项中进行选择，并通过尝试匹配一个 int、char 或 String 进行选择。
- 如果 while 循环标题中的条件为 true，则随后的块中的任何内容都会被执行，然后如果条件仍然为 true，则重复执行。
- 一个 do 循环至少执行一次它的主体，只要最后的 while 之后的条件仍然为 true，它就重复执行。
- 一个 for 循环执行它的主体，只要它标题中的第二部分的条件仍然是 true 的，标题的第一部分在第一次执行前初始化了一个计数变量，标题的第三部分在每次执行后和第二部分的条件的下一次评估前更新该计数变量。
- 可以通过在其他循环内放置循环来执行多维迭代。
- 为了避免重复混乱，将复杂的逻辑表达式分配给 boolean 变量，并在 if 语句或循环条件中使用这些变量。
- 使用输入验证以避免将不良数据带入程序。
- 可以选择使用布尔逻辑来简化 if 语句和循环条件中的表达式，并使用真值表来验证替代逻辑表达式的等价性。

复习题

§4.2　条件与布尔值
1. Java 的两个布尔值是什么？
2. 提供一个 Java 的比较运算符的列表。

§4.3　if 语句
3. 提供一个实现此逻辑的 if 语句：

当水温低于 120°F 时，通过给字符串变量 heater 赋值 on 来打开加热器。当水温高于 140°F 时，通过给字符串变量 heater 赋值 off 来关闭加热器。当水温处于这两个温度之间时，不做任何事情。

4. 在使用 if-else if 形式的 if 语句中，允许的 else if 块的最大数量是什么？

§4.4　逻辑运算符&&
5. 关系运算符和赋值运算符的优先级比算术运算符高。（对/错）

§4.5　逻辑运算符‖
6. 修改下面的代码片段，使其在 int 变量 a 等于 2 或 3 的情况下执行并输出 OK：

```
if (a = 2 || 3)
{
  print("OK\n");
}
```

§4.6　逻辑运算符!
7. Java 中什么操作符可以反转条件的真假性？

§4.7　switch 结构
8. 假设一个 switch 语句的控制表达式是(stdIn.next().charAt(0))，要求用户输入 Q 或 q 来执行同一条语句，这就是：System.out.println("quitting"); 写出这样的 case 子句的代码片段。

9. 写出一个 switch 表达式的标题，其中每个 case 子句响应一个名为 dayOfWeek 的 int 变量，并返回一个名为 avgTemp 的变量的值。

10. 假设有一个 if-else 形式的 if 语句。如果想用 switch 结构代替，可以用 if 语句的条件作为 switch 标题中的控制表达式吗？

§4.8 while 循环

11. while 循环的条件为什么必须要计算？

12. 假设使用用户查询技术来终止一个简单的 while 循环，应该把用户查询放在哪里？

§4.9 do 循环

13. 这个代码片段有什么问题？

```
int x = 3;
do
{
  x -= 2;
} while (x >= 0)
```

§4.10 for 循环

14. 如果提前知道一个循环的确切迭代次数，应该用什么类型的循环？

15. 将以下内容作为一个 for 循环来实现：

```
int age = 0;
while (age < 5)
{
  System.out.println("Happy Birthday# " + age);
  age = age + 1;
} // while 结束
```

等价 for 循环将产生什么输出？

§4.11 解决使用何种循环的问题

16. 如果一个循环至少要执行一次，哪种类型的循环最合适？

§4.12 嵌套循环

17. 构建一个 for 循环内的 for 循环模板，用 i 表示外层 for 循环的索引变量，用 j 表示内层 for 循环的索引变量。

§4.13 boolean 变量

18. 假设变量 OK 已经被声明为 boolean 类型，用一个等价的 for 循环替换下面的代码：

```
OK = false;
while (!OK)
{
  <语句>
}
```

§4.15 用布尔逻辑解决问题（可选）

19. 有这样的逻辑表达式：

 !(!a || !b)

请用一个完全没有"非"（!）操作的等价逻辑表达式来代替它。

练习题

1. [§4.3] 当你煮鸡蛋做早餐时，必须决定要取多少个鸡蛋。你喜欢用这个经验法则——每人大约用一个半鸡蛋。当然，你不可能拿半个鸡蛋，所以要向上取整。例如，如果有3个人想吃，就用5个鸡蛋。

写一段代码，提示用户输入吃饭的人数，计算所需的鸡蛋数量，并输出"没有人想吃"（如果用户输入了一个非正值）、"去华夫饼屋!"（如果用户输入一个大于3的值）或"取 *number-of-eggs* 个鸡蛋"，其中 *number-of-eggs* 是满足给定吃饭人数所需的鸡蛋数。

2. [§4.8] 给出这段代码：

```
1   double x = -0.5;
2
3   while (x * x <= 40)
4   {
5     switch ((int) x)
6     {
7       case 4, 3, 2 -> System.out.println("x= " + x);
8       default ->
9         System.out.println("something else, x= " + x);
10    } // switch 结束
11    x += 2;
12  } // while 结束
```

使用短式或长式追踪代码，以下是追踪的设置。第三列是 switch 的控制表达式。短式不需要 *行号* 列。

行号	x	(int) x	输出

3. [§4.9] 下面的 main 方法应该输出数字 1 ~ 5 的和以及数字 1 ~ 5 的积。找出 bug 所在。虽然不是必需的，但为了测试答案，最好把更正的代码输到一个程序中并运行。

```
public static void main(String[] args)
{
  int count = 0;
  int sum = 0;
  int product = 1;

  do
  {
    count++;
    sum += count;
    product *= count;
  } while (count <= 5);
  System.out.println("Sum = " + sum);
  System.out.println("Product = " + product);
} // main 结束
```

预期输出：

```
Sum = 15
Product = 120
```

4. [§4.10] 给出这个 main 方法：

```
1 public static void main(String[] args)
2 {
3    int i;
4    String debug = "";
5    for (i=3; i>0; i--)
6    {
7       debug = switch (i + 1)
8       {
9          case 1 -> "one";
10         case 2, 3 -> "two or three";
11         case 4  -> "four";
12         default -> "default";
13      }; // switch 结束
14      System.out.println(debug);
15   } // for 结束
16 } // main 结束
```

使用长式追踪代码，以下是追踪的设置。

行号	i	i+1	debug	输出

第三列是 switch 表达式的控制表达式。当评估一个 switch 表达式时，在行号下同时提供表达式被评估的行和该值被分配的行，例如：

10, 7			two or three	

5. [§4.10]给出下面的程序，在写有<*此处插入代码*>的地方插入代码，使程序输出 1～num 的奇数之和。不需要进行输入验证。

```
public class SumOddInts
{
   public static void main(String[] args)
   {
      Scanner stdIn = new Scanner(System.in);
      int num, sum;

      System.out.print("Enter a positive odd number: ");
      num = stdIn.nextInt();

      <此处插入代码>

      System.out.println("Sum = " + sum);
   } // main 结束
} // SumOddInts 类结束
```

示例会话：
```
Enter a positive odd number: 9
Sum = 25
```

6. [§4.12]给出这个 main 方法：

```
1 public static void main(String[] args)
2 {
```

```
3   for (int start=8; start>1; start-=4)
4   {
5     for (int count=start; count>0; count--)
6     {
7       System.out.println(count);
8     }
9     System.out.println("Liftoff!");
10  }
11 } // main 结束
```

使用短式或长式来追踪代码。以下是追踪的设置。短式追踪将不需要"行号"列。

行号	start	count	输出

7. [§4.12] 给出下面的代码，并假设 n 是一个 int 类型，写出输出的总行数与 n 的函数关系的表达式。

```
for (int j=0; j<=n; j++)
{
  for (int k=n; k>0; k--)
  {
    System.out.println("***");
  }
}
```

产生一些输出的最小的 n 值是多少，它产生多少行？

8. [§4.13] 给出这个 main 方法：

```
1  public static void main(String[] args)
2  {
3    boolean loves = false;
4
5    for (int num=0; num<4; num++)
6    {
7      if (loves)
8      {
9        System.out.println("She loves me!");
10     }
11     else
12     {
13       System.out.println("She loves me not!");
14     }
15     loves = !loves;
16   }
17 } // main 结束
```

使用短式或长式来追踪代码，以下是追踪的设置。短式追踪不需要"行号"列。

行号	loves	num	输出

9. [§4.13] 考虑下面的 TestScores 程序。

```
/***********************************************************
* TestScores.java
* Dean & Dean
*
```

```
*  实现一个平均成绩的算法
************************************************************/

import java.util.Scanner;

public class TestScores
{
  public static void main(String[] args)
  {
    Scanner stdIn = new Scanner(System.in);
    int score;
    int scoreSum = 0;
    int count = 0;
    double average = 0;
    System.out.print("Enter score (-1 to quit): ");
    score = stdIn.nextInt();

    while (score >= 0)
    {
      scoreSum += score;
      count++;
      average = (double) scoreSum / count;
      System.out.print("Enter score (-1 to quit): ");
      score = stdIn.nextInt();
    }
    System.out.println("Average score is " + average);
  } // main 结束
} // TestScores 类结束
```

在上面的程序中，注意以下几行是如何出现在循环的上方和底部的：

```
 System.out.print("Enter score (-1 to quit): ");
 score = stdIn.nextInt();
```

修改该程序，在不改变其功能的情况下避免这些行出现两次。为此，你需要在 while 循环的条件中使用一个名为 done 的 boolean 变量。

10. [§4.13] 考虑下面的代码片段。在不改变循环类型的情况下，修改代码以防止在输入等于哨兵值 0 时的输出。

```
Scanner stdIn = new Scanner(System.in);
int x;

do
{
  x = stdIn.nextInt();
  System.out.println("negative = " + (-x));
} while (x != 0);
```

11. [§4.15] 这里有一个使用布尔逻辑的脑筋急转弯：

你在一条路上行驶，走到了一个岔路口。你知道，一条路通向一罐金子，另一条路则通向一条龙。岔路口有两个精灵，他们都知道通往金子的路。你知道一个精灵总是说真话，另一个精灵总是撒谎，但不知道哪个精灵说真话，哪个精灵在撒谎。你应该问什么问题来找出通往金子的正确道路？

复习题答案

1. Java 的两个布尔值是 true 和 false。
2. Java 的比较运算符是：

   ==, !=, <, >, <=, >=
3. 使用 if-else if 语句：

```
if (temp < 120)
{
  heater = "on";
}
else if (temp > 140)
{
  heater = "off";
}
```

不要包括最后的 else。
4. 允许的 else if 块的数量没有限制。
5. 错。算术运算符比比较运算符有更高的优先权。
6. 更正的内容用下划线表示。

```
(a == 2 || a == 3)
{
  System.out.print("OK\n");
}
```

7. 逻辑运算符!可以反转条件的真假性。
8. 如果一个 switch 语句的控制表达式是(stdIn.next().charAt(0))，而要求用户输入 Q 或 q 来执行输出语句，则使用：

```
case 'Q', 'q' -> System.out.println("quitting");
```

9. 写出一个 switch 表达式的标题，其中每个 case 子句都返回一个值，并分配给 avgTemp 变量。

```
avgTemp = switch (dayOfWeek)
```

10. 不。一个 if 语句条件的结果为 true 或 false。Switch 标题中的控制表达式的结果必须为允许的类型之一（如 int、char 和 String），而 boolean 不是允许的类型。
11. 一个 while 条件的结果为 true 或 false。
12. 用户查询应该发生在测试终止条件之前。一个 while 循环在循环开始时测试终止条件。因此，用户查询应该出现在循环的顶部，也应该出现在循环的底部。如果想让循环至少执行一次，那么省略循环上方的用户查询，用一个强制终止条件为 true 的赋值来代替它。
13. while 条件的后面没有分号。
14. 如果知道一个循环的确切迭代次数，使用 for 循环。
15. 将 "Happy Birthday" 作为一个 for 循环：

```
for (int age=0; age < 5; age++)
{
  System.out.println("Happy Birthday# " + age);
} // for 结束
```

输出：

```
Happy Birthday# 0
Happy Birthday# 1
Happy Birthday# 2
Happy Birthday# 3
Happy Birthday# 4
```

16. 在简单的至少有一次传递的情况下，do 循环是最合适的。

17. 一对嵌套的 for 循环的模板：

```
for (int i=0; i<imax; i++)
{
  for (int j=0; j<jmax; j++)
  {
    <语句>
  } // for j 结束
} // for i 结束
```

18. 一个 for 循环代表一个 while 循环：

```
for (boolean OK=false; !OK;)
{
  <语句>
}
```

19. 有逻辑表达式：

```
!(!a || !b)
```

从基本特性 16 的左边开始，到右边可得

```
!!a && !!b
```

然后用基本特性 1 可得

```
a && b
```

第 5 章

使用预置方法

目标

- 了解如何将 Java 的预置应用编程接口（API）软件集成程序，并熟悉 Oracle 的 API 软件文档。
- 使用 Java 的 Math 类中定义的方法和命名常量。
- 使用包装器类中的解析方法将数字的文本表示转换为数字格式，并学会使用 toString 方法进行反向转换。
- 使用 Character 类中的方法识别和改变字符类型和格式。
- 使用 String 类中的方法查找特定字符的第一个索引，提取或替换子串，转换大小写，删除字符前面或后面的空白。
- 使用 System.out.printf 方法格式化输出。
- （可选）使用 Random 类生成非均匀的随机数分布。
- （可选）展示一个由非均匀不透明度的半透明窗格覆盖的图像。

纲要

5.1 引言

在第 3 章和第 4 章中，我们重点介绍了基本的 Java 编程语言结构——变量、赋值、运算符、if 语句、循环等，还介绍了一种更高级的编程技术——方法调用。方法调用提供了大量的"便利"，换句话说，它们做了很多事情，所以只需要你做很少的工作。例如，当你调用 print 和 println 方法进行输出，调用 next、nextLine、nextInt 和 nextDouble 方法进行输入，调用 charAt、length、equals 和 equalsIgnoreCase 方法进行字符串操作时，你能以很小的代价获得颇多益处。在本章中，我们想让你了解更多已经写好的、经过测试的、所有 Java 程序员都能轻易使用的方法。

本章在提高你对"已经写好的有价值的方法"的认识的同时，也让你对"一般的方法能做什么"有更进一步的了解。而学习方法的作用是学习*面向对象编程*（OOP）重要的第一步，我们将在下一章描述 OOP 的全部内容，但现在，这里有一个精简的解释。OOP 的理念是，程序应该被分解成对象。一个*对象*是一组相关的数据和一组行为。例如，一个字符串就是一个对象。字符串的"相关数据集"是它的字符，它的"行为集"是它的方法（如 length 方法、charAt 方法等）。每个对象都是一个类的实例。例如，单个字符串对象 hello 是 String 类的一个实例。本章是第 3 章和第 4 章的 Java 基础知识向本书其余部分的 OOP 内容的过渡，通过介绍如何使用预置的 OOP 代码来实现这一过渡，而不需要自己去实现它。更具体地说，在本章中，你将学习如何使用方法；在下一章中，你将学习如何编写自己的类和这些类中的方法。

有两种基本类型的方法：*实例方法* 和 *静态方法*，我们在本章中提供了这两种方法的例子。实例方法是与一个类的特定实例相关的方法。例如，要调用 String 类的 length 方法，你必须把它与一个特定的字符串联系起来。所以在下面的例子中，注意 firstName 字符串是如何与 length 方法关联的：

```
firstNameSize = firstName.length();
```

firstName 字符串是一个调用对象的例子。顾名思义，一个调用对象是一个调用方法的对象。每当你调用一个实例方法时，你必须在方法名前加上一个调用对象和一个点（.）。

静态方法是指与整个类相关的方法，而不是与一个类的特定实例相关。例如，有一个包含许多静态方法的 Math 类。它的方法通常与数学有关，而不是与数学的某个特定实例有关（指数学的某个特定实例甚至没有意义）。要调用一个静态方法，你要在方法名前加上定义它的类的名称。例如，Math 类包含一个 round 方法，用于返回一个给定值的四舍五入值。要调用 round 方法，你要在它前面加上 Math 的前缀，像下面的语句这样：

```
paymentInDollars = Math.round(calculatedEarnings);
```

在本章的开始，我们对 API 库进行了概述，它是 Oracle 的预置类的集合。然后我们研究了 Math 类，它提供了数学计算的方法。接下来我们把注意力转向包装器类，它封装（包裹）了原始数据类型。然后通过提供额外的字符串方法来扩展我们之前对 String 类的讨论。之后，我们描述了 printf 方法，它提供了格式化的输出功能；讨论了 Random 类，它提供了生成随机数的方法。在本章的最后，我们有一个可选的 GUI 跟踪部分。在这一部分中，我们讨论了 image、shape 和 paint 包中的 API 类所提供的方法，并描述了如何操作与显示图像和图形。这是非常酷的东西！

5.2 API 库

在处理一个编程问题时，你通常应该检查一下是否有预置的类可以满足你的程序的需要。如果有这样的预置类，那么就使用这些类。例如，用户输入是一项相当复杂的工作。Java 的 Scanner 类可以处理用户输入。每当你在程序中需要用户输入时，就使用 Scanner 类，而不必编写和使用你自己的用户输入类。

使用预置类有两个主要优点，一是可以节省时间，因为你不需要自己编写类；二是可以提高程序的质量，因为这些类已经被彻底地测试、调试和仔细检查过了，效率很高，其他程序员会发现你写的程序更容易理解。

5.2.1 搜索 API 类库文档

Java 的预置类存储在*应用编程接口*（API）库中，简称为 *Java API 库*。你应该能在 Oracle 的 Java API 网站上找到 API 库的文档：

https://docs.oracle.com/en/java/javase/12/docs/api/index.html

在撰写本版书稿时，Java 的版本号是 12，这就解释了上述网站地址中 12 的含义。按照 Oracle 公司每六个月发布一次新版本的计划，当你读到本书时，将会出现数字大于 12 的 Java API 网站地址。每一个新的 Java 版本都不会有太大的变化，所以你在本版学到的东西应该和你在后来的 Java API 网站上看到的东西相吻合。

API 库包含数千个类，这些类包含数万个方法。你不可能记住所有的类和方法的名称、语法和功能，那么如何找到可能正是你目前的编程项目所需要的特定预置软件呢？先找一本教科书（如这本☺），从书中选定的样本类和方法开始学习上手，之后再到 Java API 网站上浏览。

图 5.1a 显示了网站的初始显示。注意右上角的搜索框。如果想了解某个特定的类或方法，并且你认为自己可能知道它的名字，就在搜索框中输入这个名字，当输入时，你会看到弹出的匹配信息。例如，如果你输入 next，所有名称中含有 next 的类、常量和方法都会弹出来（如 nextInt 和 nextLine 方法）。图 5.1b 显示了如果你输入 nextint 会发生什么（搜索是不分大小写的，所以 nextint 可以找到 nextInt 方法）。请注意，有多个 nextInt 方法。我们在之前的程序中一直使用的是图中标有 java.util.Scanner.nextInt() 的方法。

图 5.1c 显示了如果你在搜索框中输入 nextint 并单击 java.util.Scanner.nextInt() 条目时，在 Java API 网站上会发生什么。正如你所看到的，你会进入 nextInt 方法描述——如何调用它，以及它的作用。关于如何阅读这样的描述，我们在后面会有更多的介绍。

如果你希望 API 库包含一个可能对你当前的编程项目有帮助的类，但你又不确定，你可能想浏览一下所有类的列表，看看是否有什么东西让你眼前一亮。要查看 Java API 类列表，单击 INDEX 标签，如图 5.1c 所示，显示如图 5.1d 所示的导航页面，在该页面上，单击 All Classes 链接。

图 5.1e 显示了 Java API 类列表，其中有数以千计的 API 库类，但不要害怕，这个列表是按字母顺序排列的，大多数类都有多单词的名字，其中第一个单词对一组类来说是相同的。当你看到十个以 Audio 开头的类，而你的程序却用不到声音时，则可以快速跳过这些方法。请随意使用滚动条浏览出现在左边

的类的列表，或者按 Ctrl+F（F 代表查找）组合键生成一个搜索框。图 5.1f 显示了你按下 Ctrl+F，在搜索框中输入 math，并单击在类列表中找到的 Math 类时的结果。正如你所看到的，你进入了 Math 类的描述中。如果你知道你的程序需要做一些花哨的数学运算，向下滚动浏览 Math 类的方法可能会发现一些有用的东西。

图 5.1a　Java API 网站——A 部分

©Oracle/Java

图 5.1b　Java API 网站——B 部分

©Oracle/Java

图 5.1c　Java API 网站——C 部分

©Oracle/Java

　　由于有这么多的类（数以千计），Oracle 试图将它们组织成组。一组类被称为一个*包*（package）。要查看 Java 的标准包，单击 Java API 网页顶部的 MODULE 标签。在那里，你会看到 java.base 模块中的包的列表，它包含了本书中使用的大多数标准包。Java *模块*（module）的概念相当高级，我们把完整的描述放在附录 4 中。现在，只要把模块看作另一种分组机制，即模块是一组包。如果你在显示包列表的网页上向下滚动，你可以看到前几个包：java.io（我们将在第 16 章中介绍）和 java.util（我们已经用它做输入有一段时间了）。图 5.1g 显示了列出这两个包的网页的样子。

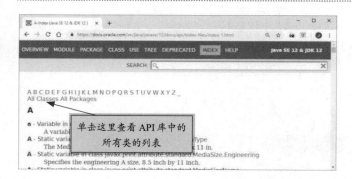

图 5.1d　Java API 网站——D 部分

©Oracle/Java

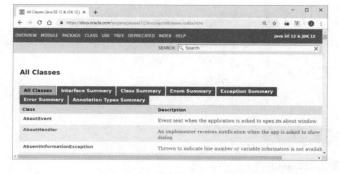

图 5.1e　Java API 网站——E 部分

©Oracle/Java

图 5.1f　Java API 网站——F 部分

©Oracle/Java

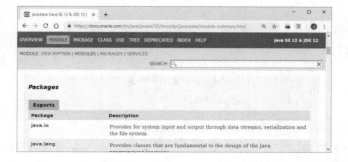

图 5.1g　Java API 网站——G 部分

©Oracle/Java

使用 Oracle 的 Java API 网站就像在网上冲浪，但你不是在浏览整个世界，只是在浏览 Java API 库。我们鼓励你在好奇的时候尝试这样做。

5.2.2　使用 API 类库

要在你的程序中使用一个 API 类，你必须先把它导入（即加载）到你的程序中。例如，要使用 Scanner 类，你必须在你的程序的顶部添加如下语句：

```
import java.util.Scanner;
```

注意 java.util.Scanner 的 java.util 部分。java.util 部分是一个包的名称。util 代表"实用"，java.util 包包含了通用的实用类。你现在唯一需要的 java.util 类是 Scanner 类。但在 java.util 包中还有许多其他有用的类。例如：

- Random 类：用于帮助你处理随机数，将在本章末尾的可选章节中讨论。
- Calendar 类：用于帮助你处理时间和日期，将在第 8 章末尾的可选章节中进行讨论。
- Arrays、ArrayList、LinkedList 和 Collections 类：用于帮助你处理类似数据的列表或集合，将在第 9 章和第 10 章中进行讨论。

如果你有一个程序需要使用某个包中的多个类，如刚才提到的两个或更多的 util 包中的类，你可以使用如下语句一次性导入它们：

```
import java.util.*;
```

星号是一个*通配符*。在上面的语句中，星号使 java.util 包中的所有类都被导入，而不仅仅是 Scanner 类。使用通配符并不意味着效率低下。编译器在编译程序中只包含它所需要的东西。

有几个类非常重要，Java 编译器会自动为你导入它们。这些自动导入的类都在 java.lang 包中，其中 lang 代表"语言"。实际上，Java 编译器会自动地在每个 Java 程序的顶部插入如下语句：

```
import java.lang.*;
```

因为这是自动的，而且可以理解，所以不需要明确地写出来。

Math 类在 java.lang 包中，所以如果你想进行数学运算，就没有必要导入 Math 类。同样地，System 类也在 java.lang 包中，所以如果你想执行 System.out.println 命令，也不需要导入 System 类。

5.2.3　API 方法的标题

要使用一个 API 类，你不需要知道这个类的内部结构，只需要知道如何与它"对接"即可。要与一个类对接，你需要知道如何使用该类中的方法。例如，要执行输入，你需要知道如何使用 Scanner 类的方法，如 next、nextLine、nextInt、nextDouble 等。要使用一个方法，你需要知道向它传递什么类型的参数以及它返回什么类型的值。参数（argument）是你在调用一个方法时提供给它的输入，或者要求它为你做一些事情，而它*返回*（return）的值是它给你的答案。

展示方法界面信息的标准方式是显示方法的源代码标题。例如，下面是 Scanner 类的 nextInt 方法的源代码标题：

```
public int nextInt()
```

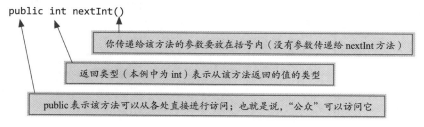

在上面的 nextInt 标题中，public 访问修饰符应该看起来很熟悉，因为你的 main 方法标题都使用 public。我们将在第 8 章中讨论只能从定义它们的类中访问的 private 方法。请注意，nextInt 方法返回一个 int 值，而且它在括号内没有参数。下面是一个 Java 语句的例子，展示了如何调用 nextInt 的方法：

```
int days = stdIn.nextInt();
```

5.3　Math 类

Math 类是始终可用的 java.lang 包中的预置类之一。这个类包含实现标准数学*函数*（function）的方法。标准数学函数根据一个或多个其他数值生成一个数值。例如，平方根函数可以生成一个给定数字的平方根。同样，Math 类的 sqrt 方法也会返回一个给定数字的平方根。除了提供数学方法外，Math 类还提供了 π（圆周与直径之比）和 e（自然对数的基数）这两个数学常数。

5.3.1　基本 Math 方法

现在让我们来看看 Math 类中的一些方法。在本书中，当需要介绍 API 库中的一组方法时，我们将显示方法的标题列表和相关的简要描述。API 方法的标题通常被称为 API 标题。图 5.2 中包含了 Math 类中一些比较流行的方法的 API 标题，以及相关的简要描述。

当你阅读图 5.2 时，会发现大多数的方法都很简单明了。但有些项目可能需要澄清。注意所有 Math 方法左边的 static 修饰符。Math 类中的所有方法都是静态的。static 修饰符意味着它们是静态方法，在调用时必须在方法名称前加上定义它们的类名。例如，下面是调用 abs 方法的语句：

> 在调用 Math 方法时，要在其前面加上 Math 和句点

```
num = Math.abs(num);
```

上面的语句更新了 num 的值，所以 num 得到的是它原来值的绝对值。例如，如果 num 一开始是 -15，最后的结果就是 15。

请注意，下面的语句不能正常工作：

```
Math.abs(num);
```

它找到了 num 的绝对值，但并没有更新 num 里面存储的内容。Math 方法返回一个值，但不会更新一个值。所以如果你想更新一个值，你必须使用一个赋值运算符。

在图 5.2 中，注意只有一个 pow 方法，它的标题中有两个 double 变量（num 和 power）。当一个变量在标题中被声明时，它被称为一个*形参*（parameter）。当它在方法调用中使用时，它被称为*实参*（argument）。这里没有带 int 形参的 pow 方法。但这没什么大不了的，因为你可以向 pow 方法中传递一个 int 值。更广泛地说，向接收浮点参数的方法传递一个整数值是合法的。这就像在第 3 章中讨论的将整数值赋给浮点数变量一样。让我们看看这个操作在一个代码片段中是如何运作的。有一个经验法则叫作"霍顿定律"，即河流的长度与河流的排水面积成正比，其公式如下：

$$length \approx 1.4 \, (area)^{0.6}$$

下面是实现霍顿定律的 Java 代码：

> 可以将一个 int(area) 传给接收 double 变量的 pow

```
int area = 10000;          // 河流的排水面积
System.out.println("river length = " + 1.4 * Math.pow(area, 0.6));
```

输出：
```
river length = 351.66410041134117
```

```
public static double abs(double num)
    返回 double num 的绝对值

public static int abs(int num)
    返回 int num 的绝对值

public static double ceil(double num)
    返回大于或等于 num 的最小整数，ceil 代表"上限"

public static double exp(double power)
    返回 e（自然对数的基数）的 power 次幂

public static double floor(double num)
    返回小于或等于 num 的最大整数

public static double log(double num)
    返回 num 的自然对数（以 e 为底）

public static double log10(double num)
    返回以 10 为底的 num 的对数

public static double max(double x, double y)
    返回两个 double 数值 x 和 y 中较大的那个

public static int max(int x, int y)
    返回两个 int 数值 x 和 y 中较大的那个

public static double min(double x, double y)
    返回两个 double 数值 x 和 y 中较小的那个

public static int min(int x, int y)
    返回两个 int 数值 x 和 y 中较小的那个

public static double pow(double num, double power)
    返回 num 的 power 次幂

public static double random()
    返回一个在 0.0~1.0 之间均匀分布的随机值，但不含 1.0

public static long round(double num)
    返回最接近 num 的整数

public static double sqrt(double num)
    返回 num 的平方根
```

图 5.2 java.lang.Math 类中一些方法的 API 标题和简要描述

　　注意图 5.2 中的 round 方法，它与在 double 值上使用(int)类型转换运算符有什么不同？(int)类型转换运算符会截断小数部分，而四舍五入方法则是在小数部分≥0.5 的情况下向上取整。

　　如图 5.2 所示，Math 类中的 random 方法返回一个在 0.0 ~ 1.0 之间（不包括 1.0）的均匀分布的值。"均匀分布"意味着在指定范围内得到任何数值的机会都是一样的。换句话说，如果你有一个调用 random 方法的程序，random 方法返回 0.317、0.87、0.02 或 0.0 ~ 1.0 之间（不包括 1.0）的任何值，机会都是一样的。

　　为什么要调用 random 方法？如果你需要分析一个涉及随机事件的真实情况，你应该考虑编写一个使用 random 方法来模拟随机事件的程序。例如，如果你在一个城市的交通部门工作，负责改善红绿灯路口的交通流量，你可以编写一个程序，用随机法来模拟汽车到达红绿灯的情况。对于每个你感兴趣的交通灯，你可以设置交通灯的周期时间（如每个新的绿灯信号之间有两分钟的间隔），然后模拟汽车以随机的间隔到达交通灯处。你可以运行该程序，使其模拟一周的交通流量，并跟踪所有车辆的平均等待时间。然后，你可以调整交通灯的周期时间（如每个新的绿灯信号之间有 1 分 45 秒的间隔），再次运行模拟，并确定哪一个交通灯周期时间产生较短的平均等待时间。

　　Math.random 方法很方便，我们将在本章的不同地方使用它。然而，如果你需要对数字进行认真的处理，你应该使用 Random 类。我们将在 5.8 节中描述这个类。

　　让我们用一个完整的程序例子来结束对图 5.2 中的 Math 方法的讨论。假设你想计算一个直角三角形的斜边长度，给定其底和高的长度，如图 5.3 所示。

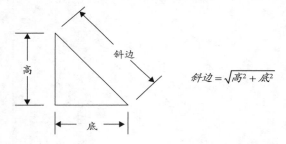

$$斜边 = \sqrt{高^2 + 底^2}$$

　　图 5.3 中包含一个简单的程序，要求用户提供底和高的数值。然后它使用 Math 的 sqrt 方法计算并输出正方形之和的平方根。注意，我们没有使用 Math.pow 方法对底和高进行平方运算。对于小的幂，直接让它们相乘会更有效率。

```
/************************************************************
 * FindHypotenuse.java
 * Dean & Dean
 *
 * 这个程序计算一个直角三角形的斜边长度
 ************************************************************/

import java.util.Scanner;

public class FindHypotenuse
{
```

图 5.3　FindHypotenuse 程序演示了 Java 的一个预置数学函数的使用

```
    public static void main(String[] args)
    {
      Scanner stdIn = new Scanner(System.in);
      double base;
      double height;
      double hypotenuse;

      System.out.print("Enter right triangle base: ");
      base = stdIn.nextDouble();
      System.out.print("Enter right triangle height: ");
      height = stdIn.nextDouble();
      hypotenuse = Math.sqrt(base * base + height * height);

      System.out.println("Hypotenuse length = " + hypotenuse);
    } // main 结束
} // FindHypotenuse 结束
```

调用 Math 类的 sqrt 方法

示例会话：
```
Enter right triangle base:
Enter right triangle height:
3.0
4.0
Hypotenuse length = 5.0
```

图 5.3 （续）

5.3.2 三角 Math 方法

图 5.4 中包含了 Math 类中一些方法的 API 标题和简要描述，这些方法可以帮助你解决三角学中的问题。sin、cos 和 tan 方法分别实现正弦、余弦和正切函数；asin、acos 和 atan 方法分别实现了反正弦、反余弦和反正切函数。三角函数和反三角函数都使用或返回弧度的角度值，而不是度。使用或假定为度是一个常见的编程错误，要小心！

```
public static double acos(double value)
    返回 0.0 ~ π 之间的角度（弧度），其余弦等于给定值

public static double asin(double value)
    返回 -π/2 ~ π/2 之间的角度（弧度），其正弦等于给定值

public static double atan(double value)
    返回 -π/2 ~ π/2 之间的角度（弧度），其正切等于给定值

public static double cos(double radians)
    返回以弧度表示的角度的余弦

public static double sin(double radians)
    返回以弧度表示的角度的正弦
```

图 5.4 java.lang.Math 类中一些三角方法的 API 标题和简要描述

```
public static double tan(double radians)
    返回以弧度表示的角度的正切

public static double toDegrees(double radians)
    将以弧度表示的角度转换为以度表示的角度

public static double toRadians(double degrees)
    将以度表示的角度转换为以弧度表示的角度
```

图 5.4　（续）

5.3.3　命名常量

Math 类中还包含两个重要的命名常量 π 和 e 的 double 值。

```
PI = 3.14159265358979323846
E = 2.7182818284590452354
```

PI 和 E 是标准的数学常数，PI 是一个圆的周长与直径之比；E 是欧拉数，是自然对数的底数。PI 和 E 的名字都是大写字母，因为这是命名常量的标准样式。常量有固定的值，如果你试图给它们赋值，你会得到一个编译错误。正如 Math 的方法被称为静态方法一样，这些常量也被称为静态常量（Static constant），你可以通过 Math 类的名称来访问它们。换句话说，如果你需要 π，就指定 Math.PI。如果你在 Oracle 的 API 中查找静态常量，你会发现它们使用 static 修饰符，与静态方法一样，这就是为什么我们把它们称为静态常量。

我们用"静态常量"一词来指代 Java 预置类（如 Math 类）中的命名常量，而 Oracle 使用了一个不同的术语——常量字段（constant field）。在下一章中，你将学习字段，但现在只需知道字段是一个存储对象属性的常量或变量即可。使用"字段"这个词对于识别一个预置类中的命名常量没有什么帮助，所以我们在这里不使用它。相反，我们使用更有用的术语"静态常量"。

假设你想计算一个直径为 10 厘米的水球所含的水。下面是一个球体的体积公式：

$$V = \frac{\pi}{6} \times 直径^3$$

而下面是计算水球体积的代码和输出结果：

```
double diameter = 10.0;
double volume = Math.PI / 6.0 * diameter * diameter * diameter;
System.out.print("Balloon volume in cubic cm = " + volume);
```

输出：

```
Balloon volume in cubic cm = 523.5987755982989
```

当你需要计算一个非平凡的数学函数时（如计算一个浮点数的小数次幂），Math 类的一些静态方法是非常有用的。其余简单的事情你可以自己做。例如，你能想出一个原始的方法来做 Math.round 所做的同样的事情吗？这很简单。只要将你的原始 double 值加上 0.5，然后对该 double 值使用 long 强制类型转换运算符，最后得到原始数字的四舍五入版本（这是过去的做法）。如果这么简单，为什么还要使用 Math.round？因为它使代码更易读！Math.round(number)这个表达式是自文档的，比看起来很奇怪的表达式((long)(0.5 + number))更具信息量。

5.4 原始类型的包装器类

包装器（wrapper）是一种封装原始数据类型并将其转换为具有类似名称的对象的结构，因此它可以在只允许使用对象的情况下使用。然而，包装器做的不仅仅是包装，它们还提供了一些有用的静态方法和静态常量。java.lang 包为所有的 Java 原始类型提供了包装器类。因为这个包总是可用的，你不需要使用 import 来访问这些类。下面是我们要考虑的包装器类，以及它们封装的原始类型。

包装器类	原始类型
Integer	int
Long	long
Float	float
Double	double
Character	char

对于大多数包装器类来说，包装器类的名称与其关联的原始类型（也称基元）的名称相同，只是它使用了大写的第一个字母。但有两个例外。int 的包装器类是 Integer，char 的包装器类是 Character。

5.4.1 方法

像 Math 类一样，包装器类包含方法和常量。我们从方法开始，首先关注两组方法：将字符串转换成原始类型的方法和将原始类型转换成字符串的方法。那么，你什么时候需要将字符串转换为原始类型呢？例如，什么时候需要将字符串 4 转换为 int 4？如果你需要将一个值作为字符串读入，然后将该值作为数字进行操作，那么你就需要执行字符串到数字的转换。在本节后面，我们将展示一个程序，该程序读取的数值既可以是一个数字（用于选择彩票号码），也可以是一个 q（用于退出）。该程序将用户的输入值作为一个字符串读取，如果该值不是 q，那么该程序就将用户的输入值转换为一个数字。

现在说说另一个方向——什么时候需要将一个原始类型转换为字符串？如果你需要调用一个接收字符串参数的方法，而得到的是一个数字参数，那么就需要进行一个数字到字符串的转换。对于图形用户界面（GUI）程序，所有数字的输出都是基于字符串的，所以要显示一个数字，你需要在调用 GUI 显示方法之前将数字转换为字符串。对于 GUI 程序，所有数字的输入也是基于字符串的，所以要读取一个数字，你首先要把输入读成一个字符串，然后把字符串转换成一个数字。在后面的第 17～第 19 章中，你会看到很多这些过程的例子。

下面是将字符串转换为原始类型和将原始类型转换为字符串的语法。

包装器类	字符串 → 原始类型	原始类型 → 字符串
Integer	Integer.parseInt(*字符串*)	Integer.toString(*数字*)
Long	Long.parseLong(*字符串*)	Long.toString(*数字*)
Float	Float.parseFloat(*字符串*)	Float.toString(*数字*)
Double	Double.parseDouble(*字符串*)	Double.toString(*数字*)

所有的数字包装器类的工作原理都是类似的。因此，如果你理解了如何将一个字符串转换为一个 int，那么你也会理解如何从一个字符串转换为另一个原始类型。要将一个字符串转换为一个 int，使用 int 的包装器类 Integer 来调用 parseInt。换句话说，调用 Integer.parseInt(字符串)，就会返回字符串对应的 int。同样地，要将字符串转换为 double，使用 double 的包装器类 Double 来调用 parseDouble。换句话说，

调用 Double.parseDouble(字符串)，就会返回字符串对应的 double。在本节的后面，我们将展示一个使用包装器类转换方法的非简单的例子。但首先，我们将展示一些琐碎的例子，让你习惯于方法调用的语法。这里我们使用 parseInt 和 parseDouble 来将字符串转换为对应的类型：

```
String yearStr = "2002";
String scoreStr = "78.5";
int year = Integer.parseInt(yearStr);
double score = Double.parseDouble(scoreStr);
```

为了记住将字符串转换为 int 的方法调用的语法，可以想想 *type*.parse*type* 对 Integer.parseInt、Long.parseLong 的作用等。

要将一个 int 转换为一个字符串，使用 int 的包装器类 Integer 来调用 toString。换句话说，调用 Integer.toString(int 值)，就会返回 int 值对应的字符串。同样地，要将 double 转换为字符串，使用 double 的包装器类 Double 来调用 toString。换句话说，调用 Double.toString(double 值)，就会返回 double 值对应的字符串。注意下面这个例子：

```
int year = 2002;
float score = 78.5;
String yearStr = Integer.toString(year);
String scoreStr = Float.toString(score);
```

大约一半的数字包装器类方法是静态方法。我们要把重点放在这些方法上。因为它们是静态方法，所以你在调用它们时要在方法调用前加上包装器类的名称，就像我们所做的那样。

5.4.2　命名常量

包装器类不仅包含方法，还包含命名常量。所有的数字包装器都为最小值和最大值提供了命名常量。浮点数包装器还为正负无穷大和"非数字"提供了命名常量，"非数字"是指当你试图用 0 除以 0 时得到的不确定的值。下面是在 Integer 和 Double 包装器类中定义的最重要的命名常数：

```
Integer.MAX_VALUE
Integer.MIN_VALUE
Double.MAX_VALUE
Double.POSITIVE_INFINITY
Double.NEGATIVE_INFINITY
Double.NaN  ◄────────────      NaN 表示非数字（not a number）
```

在 Long 和 Float 包装器中也有类似的命名常量。

5.4.3　示例

让我们通过在一个完整的程序中展示包装器和 Math.random 方法来实践它。图 5.5 的彩票程序提示用户猜测一个在 1 和最大 int 值之间随机产生的数字。用户为每次猜测支付 1 美元，如果猜对了，则赢得 100 万美元。用户输入一个 q 来退出程序。

在 winningNumber 的初始化中，请注意程序是如何生成一个随机的获胜数字的：

```
winningNumber = (int) (Math.random() * Integer.MAX_VALUE + 1);
```

上述公式的起点是对 Math.random() 的调用，它返回一个 0.0 ~ 1.0 之间的随机数，不包括 1.0。我们的目标是返回一个介于 1 和最大 int 值之间的值，所以通过将 Math.random() 的值乘以 Integer.MAX_

VALUE 来扩大范围。然而，Math.random()返回的值小于 1。因此，Math.random()和 Integer.MAX_VALUE 的乘积产生了一个小于 Integer.MAX_VALUE 的数字。

```
/****************************************************************
 * Lottery.java
 * Dean & Dean
 *
 * 这个程序要求用户猜测一个随机生成的数字
 ****************************************************************/

import java.util.Scanner;

public class Lottery
{
  public static void main(String[] args)
  {
    Scanner stdIn = new Scanner(System.in);
    String input;     // 用户猜测的数字，或按 q 键退出程序
    int winningNumber =
      (int) (Math.random() * Integer.MAX_VALUE + 1);  ◄──── 用按比例的随机数初始化并加 1

    System.out.println("Want to win a million dollars?");
    System.out.println("If so, guess the winning number (a" +
      " number between 1 and " + Integer.MAX_VALUE + ").");
    do
    {
      System.out.print(
        "Insert $1.00 and enter your number or 'q' to quit: ");
      input = stdIn.nextLine();
      if (input.equals("give me a hint"))     // 后门
      {
        System.out.println("try: " + winningNumber);
      }
```

图 5.5a 说明使用 Integer 包装器类的彩票程序——A 部分

```
      else if (!input.equals("q"))
      {                          ◄──── Integer.parseInt 方法将 String 类型转换为 int
        if (Integer.parseInt(input) == winningNumber)
        {
          System.out.println("YOU WIN!");
          input = "q"; // 如果有人猜对了，他们就被强制退出程序
        }
        else
        {
          System.out.println(
            "Sorry, good guess, but not quite right.");
        }
```

图 5.5b 彩票程序——B 部分

```
        } // else if 结束
      } while (!input.equals("q"));
      System.out.println("Thanks for playing. Come again!");
    } // main 结束
  } // Lottery 类结束
```

图 5.5b　（续）

为了确保生成的数字范围包括 Integer.MAX_VALUE，我们在生成的积上加 1。例如，假设生成的积是 2147483646.33（一个非常接近 Integer.MAX_VALUE 2147483647 的数字，这是可能的数字范围的大端），在此基础上加 1 会产生 2147483647.33。再如，假设生成的积是 0.26（一个非常接近 0 的数字，是可能的数字范围的小端），在此基础上加 1 会产生 1.26。结果是一个浮点数，范围从 1.0 到略大于 Integer.MAX_VALUE。但是，结果需要是一个在 1 ~ Integer.MAX_VALUE 范围内的整数。对于这个结果，需要去除小数部分。

那么如何去除小数部分呢？使用(int)类型转换运算符即可（如代码片段所示）。注意该程序是如何将用户的猜测数字作为字符串读入的：

```
input = stdIn.nextLine();
```

通过把猜测数字读成字符串而不是数字，程序可以处理用户输入的非数字输入，如 q 表示退出，give me a hint 表示提示。如果用户输入了 q，程序就会退出；如果用户输入 give me a hint，程序会输出中奖号码。在这种情况下，这个提示实际上是一个*后门*。后门是一种获得程序访问权的秘密技术。彩票程序的后门可用于测试目的。

如果用户没有输入 q 或 give me a hint，程序就会试图通过调用 Integer.parseInt 将用户输入的数字转换为一个数字。然后程序将转换后的数字与中奖号码进行比较，并作出相应的反应。

Lottery 程序可能会产生以下输出：

示例会话：
```
Want to win a million dollars?
If so, guess the winning number (a number between 0 and 2147483646).
Insert $1.00 and enter your number or 'q' to quit: 66761
Sorry, good guess, but not quite right.
Insert $1.00 and enter your number or 'q' to quit: 1234567890
Sorry, good guess, but not quite right.
Insert $1.00 and enter your number or 'q' to quit: give me a hint
try 1661533855
Insert $1.00 and enter your number or 'q' to quit: 1661533855
YOU WIN!
Thanks for playing. Come again!
```

5.5　Character 类

在上一节中，我们提到了 Character 包装器类但没有解释它，现在是解释它的时候了。通常情况下，你需要编写程序来处理一串文本中的单个字符。例如，你可能需要读入一个电话号码，并只存储数字，而跳过其他字符（破折号、空格等）。要检查数字，可以使用 Character 类的 isDigit 方法。图 5.6 显示了 Character 类中一些比较常用的方法和简要描述，包括 isDigit 方法。

```
public static boolean isDigit(char ch)
    如果指定的字符是数字，则返回 true

public static boolean isLetter(char ch)
    如果指定的字符是字母，则返回 true

public static boolean isUpperCase(char ch)
    如果指定的字符是大写字母，则返回 true

public static boolean isLowerCase(char ch)
    如果指定的字符是小写字母，则返回 true

public static boolean isLetterOrDigit(char ch)
    如果指定的字符是字母或数字，则返回 true

public static boolean isWhitespace(char ch)
    如果指定的字符是任何类型的空白（空白、制表符、换行），则返回 true

public static char toUpperCase(char ch)
    将指定的字符作为大写字符返回

public static char toLowerCase(char ch)
    将指定的字符作为小写字符返回
```

图 5.6　Character 类中一些方法的 API 标题和简要描述

　　图 5.7 中的 IdentifierChecker 程序用一个完整的程序说明了 Character 类。它使用字符类的 isLetter 和 isLetterOrDigit 方法来检查用户条目是否是合法的标识符。

　　图 5.6 中的大多数方法都很简单，但 toUpperCase 和 toLowerCase 方法可能需要一些说明。因为这两个方法非常相似，我们只解释其中的一个，toUpperCase。如果你调用 toUpperCase 并传入一个小写字母，该方法会返回该小写字母的大写版本。但如果你调用 toUpperCase 并传入一个大写字母或一个非字母，会怎样？该方法返回传入的字符，没有变化。如果你向 toUpperCase 传入一个 char 变量，而不是一个 char 常量呢？该方法返回传入的 char 变量的大写版本，但它不会改变传入变量的值。

　　正如图 5.6 中的 static 修饰符所证明的，大多数 Character 方法都是静态方法。因为它们是静态方法，所以你在调用它们时要在方法调用前加上包装器类的名称。让我们看一个例子。假设你有一个名为 middleInitial 的 char 变量，你想把它的内容转换为大写字母。下面是将 middleInitial 的内容转换为大写字母的第一次尝试：

```
Character.toUpperCase(middleInitial);
```

这条语句可以编译和运行，但它没有改变 middleInitial 的内容。下面是正确的操作方法：

```
middleInitial = Character.toUpperCase(middleInitial);
```

```
/*****************************************************
 * IdentifierChecker.java
 * Dean & Dean
 *
 * 检查一个用户条目是否是合法的标识符
 *****************************************************/

import java.util.Scanner;

public class IdentifierChecker
{
  public static void main(String[] args)
  {
    Scanner stdIn = new Scanner(System.in);
    String line;              // 用户输入
    char ch;
    boolean legal = true;     // 输入的内容是合法标识符吗?

    System.out.println("This program checks the validity of a" +
      " proposed Java identifier.");
    System.out.print("Enter a proposed identifier: ");
    line = stdIn.nextLine();
    ch = line.charAt(0);
    if (!(Character.isLetter(ch) || ch == '$' || ch == '_'))
    {
      legal = false;
    }
    for (int i=1; i<line.length() && legal; i++)
    {
      ch = line.charAt(i);
      if (!(Character.isLetterOrDigit(ch) || ch == '$' || ch == '_'))
      {
        legal = false;
      }
    }
    if (legal)
    {
      System.out.println(
        "Congratulations, " + line + " is a legal Java identifier.");
    }
    else
    {
      System.out.println(
        "Sorry, " + line + " is not a legal Java identifier.");
    }
  } // main 结束
} // IdentifierChecker 类结束
```

Character 方法调用

图 5.7　IdentifierChecker 程序

5.6　String 方法

　　String 类是始终可用的 java.lang 包中的另一个类。在第 3 章中，你看到了几个与 String 类的对象相关的有用方法的例子，如 charAt 方法、length 方法、equals 方法和 equalsIgnoreCase 方法。在本节中，我们将描述一些额外的 String 方法，即图 5.8 中的 String 方法。这些 String 方法没有静态访问修饰符，所以它们不是静态方法，你不能用类名访问它们。它们是实例方法，你必须用一个特定的字符串实例来访问它们。也可以说，你必须用一个调用对象字符串来访问它们。

```
public int compareTo(String str)
    返回一个整数，表示调用字符串与参数字符串相比较时的词典排序。如果调用字符串大于参数字符串，将返回一
    个正数；如果调用字符串小于参数字符串，将返回一个负数；如果调用的字符串等于参数字符串，则返回 0

public static String format(String format, Object... args)
    返回一个格式化的字符串，使用 5.7 节中描述的 printf 格式规范和参数。...符号被称为 varargs，表示可以
    有任何数量的参数

public String indent(int n)
    返回调用的字符串，并在每行的开始处插入指定数量的空格

public int indexOf(int ch)
    返回指定字符第一次出现的位置。如果没有找到则返回-1

public int indexOf(int ch, int fromIndex)
    返回指定字符在 fromIndex 处或之后第一次出现的位置。如果没有找到指定的字符，则返回-1

public int indexOf(String str)
    返回指定字符串第一次出现的起始位置。如果没有找到则返回-1

public int indexOf(String str, int fromIndex)
    返回指定字符串在 fromIndex 处或之后第一次出现的位置。如果没有找到指定的字符串，则返回-1

public boolean isEmpty()
    如果调用的字符串是空字符串（""），返回 true；否则，返回 false

public String replaceAll(String target, String replacement)
    返回一个新的字符串，所有调用字符串的目标出现的地方都被替换掉

public String replaceFirst(String target, String replacement)
    返回一个新的字符串，其中调用字符串的目标字符串的第一次出现被替换掉

public String substring(int beginIndex)
    返回调用字符串中从 beginIndex 到结尾的部分

public String substring(int beginIndex, int afterEndIndex)
    返回调用字符串中从 beginIndex 到 afterEndIndex 之间的部分
```

图 5.8　String 类中一些方法的 API 标题和简要描述

```
public String toLowerCase()
  返回一个新的字符串，并将调用字符串中的所有字符转换为小写字母

public String toUpperCase()
  返回一个新的字符串，并将调用字符串中的所有字符转换为大写字母

public String trim()
  返回一个新的字符串，在调用字符串的开头和结尾处去除所有的空白
```

图 5.8　（续）

5.6.1　字符串的词法排序

数字可以通过比较来确定哪个数字大，字符串也可以被比较。当计算机比较字符串以确定哪个字符串大时，它们使用词典排序。在大多数情况下，词法排序与字典排序是一样的。字符串 hyena 比字符串 hegehog 大，因为在字典中 *hyena* 排在 *hegehog* 之后。

String 类的 compareTo 方法对两个字符串进行比较，以确定哪个更大。正如图 5.8 所示的，如果调用的字符串大于参数字符串，则 compareTo 返回一个正数；如果调用的字符串小于参数字符串，则返回一个负数；如果调用的字符串和参数字符串相同，则返回 0。下面的代码片段说明了我们所谈论的内容。它比较了 YouTube 视频的标题，并输出了比较的结果。你运行这个代码片段，如果你的前两个输出值与-10 和 10 不同，请不要惊讶。根据 Java 规范，前两个输出值可以分别是任何负数和任何正数。

```
String youTubeVideo = "Colbert Super Pac";
System.out.println(
  youTubeVideo.compareTo("Makana We Are the Many") + " " +
  youTubeVideo.compareTo("Colbert Immigration Testimony") + " " +
  youTubeVideo.compareTo("Colbert Super Pac"));
```

输出：
-10 10 0

5.6.2　检查空字符串

之前，你了解到空字符串是一个不包含任何字符的字符串，它由两个引号（""）表示，中间没有任何东西。有时你需要检查一个字符串变量，看它是否包含空字符串。例如，当从用户那里读取一个输入字符串时，你可能想检查空字符串作为输入验证的一部分，你可以使用下面的语句：

```
if (userInput.equals(""))
```

因为检查空字符串是一种常见的需求，所以 Java API 提供了一种方法来处理这种需求。isEmpty 方法检查调用的字符串中包含空字符串时返回真，否则返回假。图 5.9 的程序使用 isEmpty 方法作为输入验证 while 循环的一部分。这个 while 循环要求用户输入一个非空的名字。

```
/****************************************************************
 * StringMethodDemo.java
 * Dean & Dean
 *
 * 这个程序练习使用 String 类的 isEmpty 方法
 ****************************************************************/

import java.util.Scanner;

public class StringMethodDemo
{
  public static void main(String[] args)
  {
    Scanner stdIn = new Scanner(System.in);
    String name;

    System.out.print("Enter your name: ");
    name = stdIn.nextLine();

    while (name.isEmpty())          ◄────  这里检测空字符串
    {
      System.out.print("Invalid entry. You must enter your name: ");
      name = stdIn.nextLine();
    }
    System.out.println("Hello, " + name + "!");
  } // main 结束
} // StringMethodDemo 结束

示例会话：              用户在此处迅速按下 Enter 键
Enter your name:    ◄────
Invalid entry. You must enter your name: Virginia Maikweki
Hello, Virginia Maikweki!
```

图 5.9　StringMethodDemo 程序练习 String 类的 isEmpty 方法

5.6.3　子串的检索

注意图 5.8 中的两个子串方法。一个参数的 substring 方法返回一个字符串，它是调用对象字符串的一个子集，从 beginIndex 参数的位置开始，一直延伸到调用对象字符串的末端。双参数子串方法也返回一个字符串，它是调用对象字符串的一个子集，返回的子串从第 1 个参数 beginIndex 的位置到第 2 个参数 afterEndIndex 左边的第 1 个位置。

下面的代码片段处理了来自《老实人》（*Candide*）中的一段话[①]。在 candide.substring(8) 的方法调用中，candide 是调用对象，8 是 beginIndex 参数值。因为字符串索引从 0 开始，8 指的是 candide 的第 9 个字符，也就是'c'。因此，第 1 个 println 语句输出 cultivate our garden。在 candide.substring(3,17)方法调用

---

① 　伏尔泰.《老实人》，（Lowell Bair 译，Bantam Books，1959 年）最后一句。

中，3 和 17 指的是 candide 的第 4 个和第 18 个字符，也就是 must 中的 m 和 cultivate 后面的空白字符。请记住，substring 的第 2 个参数表示提取的字符串右边的第 1 个位置。因此，substring(3,17)方法调用返回一个从 must 中的 m 到 cultivate 中的 e 的字符串。

```
String candide = "we must cultivate our garden";
System.out.println(candide.substring(8));
System.out.println(candide.substring(3,17));
```

输出：
```
cultivate our garden
must cultivate
```

如果你想测试上述代码片段或以下任何一个 String 方法的代码片段，可以使用图 5.9 的程序作为模板。更确切地说，用新的代码片段替换图 5.9 的 main 方法，然后编译并运行生成的程序。

5.6.4 位置的确定

注意图 5.8 中的一个参数 indexOf 方法。它们返回一个给定的字符或子串在调用对象字符串中第一次出现的位置。如果给定的字符或子串没有出现在调用对象的字符串中，则 indexOf 方法返回-1。

注意图 5.8 中的两个参数的 indexOf 方法。它们返回一个给定的字符或子串在调用对象字符串中第一次出现的位置，从 indexOf 的第 2 个参数所指定的位置开始搜索。如果没有找到给定的字符或子串，则 indexOf 方法返回-1。

通常使用 indexOf 方法来定位一个感兴趣的字符或子串，然后使用子串方法来提取其附近的字符串。例如，考虑下面这个代码片段。[①]

> 这是输出的子串的开头

```
String hamlet = "To be, or not to be: that is the question;";
int index = hamlet.indexOf(':');
if (index != -1)
{
  System.out.println(hamlet.substring(index + 2));
}
```

输出：
```
that is the question;
```

5.6.5 文本替换

注意图 5.8 中的 replaceAll 和 replaceFirst 方法。replaceAll 方法在其调用对象字符串中搜索目标，即 replaceAll 的第 1 个参数。它返回一个新的字符串，在这个字符串中，所有出现的目标都被替换成了 replaceAll 的第 2 个参数。replaceFirst 方法的工作原理与 replaceAll 相同，只是其只替换搜索到的目标字符串的第一次出现的位置。下面是一个说明这两种方法的例子。[②]

---

① 莎士比亚.《哈姆雷特》，第三幕第一景。
② 莎士比亚.《麦克白》，第五幕第一景。

```
String ladyMacbeth = "Out, damned spot! Out, I say!";
System.out.println(ladyMacbeth.replaceAll("Out", "Expunge"));
ladyMacbeth = ladyMacbeth.replaceFirst(", damned spot", "");
System.out.println(ladyMacbeth);
```

更新 ladyMacbeth 字符串变量的内容

输出：

```
Expunge, damned spot! Expunge, I say!
Out! Out, I say!
```

注意第 2 条语句是如何输出麦克白夫人的引文的，其中两次出现的 Out 都被 Expunge 取代，但它并没有改变 ladyMacbeth 字符串对象的内容，因为接下来的两个语句输出了 "Out! Out，I say!"，这里出现的是 Out，而不是 Expunge。第 2 条语句的 replaceAll 方法没有改变 ladyMacbeth 字符串对象的内容的原因是，字符串对象是不可变的，也就是不可改变的。像 replaceAll 和 replaceFirst 这样的字符串方法返回一个新的字符串，而不是调用对象字符串的更新版本。如果真的想改变一个字符串变量的内容，你需要给它分配一个新的字符串对象。这就是第 3 条语句中发生的事情，JVM 将 replaceFirst 方法调用的结果分配给 ladyMacbeth 变量。

在麦克白夫人的例子中，replaceFirst 方法调用删除了 damned spot，将其替换为空字符串。因为 damned spot 只出现了一次，replaceAll 的结果与 replaceFirst 相同。但是 replaceFirst 的效率更高，这就是我们在这里使用它的原因。

5.6.6　空格移除与大小写转换

注意图 5.8 中的 trim、toLowerCase 和 toUpperCase 方法。trim 方法删除了调用对象字符串前后的所有空白。toLowerCase 方法返回一个与调用对象字符串相同的字符串，该字符串中所有的字符都是小写。toUpperCase 方法返回调用对象字符串的大写版本。为了了解这些方法是如何工作的，假设我们把以前的 hamlet 代码改成下面这样：

```
String hamlet = "To be, or not to be: that is the question;";
int index = hamlet.indexOf(':');
String hamlet2 = hamlet.substring(index + 1);
System.out.println(hamlet2);
hamlet2 = hamlet2.trim();
hamlet2 = hamlet2.toUpperCase();
System.out.println(hamlet2);
```

于是现在的输出就变成了下面这样：

输出：

```
that is the question;
THAT IS THE QUESTION;
```

注意 trim 方法是如何从 hamlet2 的字符串中剥离出前导空格的。另外，注意 toUpperCase 方法如何返回 hamlet2 的全大写版本。

5.6.7　插入

要进行插入的操作，你必须知道你要插入的位置。如果不知道插入开始的索引，你可以通过使用

indexOf 方法和一个唯一的子串参数来找到它。然后提取到该索引的子串，连接所需的插入，并连接该索引之后的子串。下面的代码片段在一个字符串中执行了两次插入操作。更具体地说，这个代码片段从 17 世纪法国数学家和哲学家笛卡儿（René Descartes）所信奉的哲学开始：All nature will do as I wish it（所有的自然界都会按照我的意愿行事）。然后，插入两个字符串将信息转化为查尔斯·达尔文（Charles Darwin）的一句截然相反的话：All nature is perverse & will not do as I wish it（所有的自然界都是反常的，不会按我的意愿行事）。①

```
String descartes = "All nature will do as I wish it.";
String darwin;
int index;
index = descartes.indexOf("will");
darwin = descartes.substring(0, index) +
  "is perverse & " +
  descartes.substring(index);
index = darwin.indexOf("do");
darwin = darwin.substring(0, index) +
  "not " +
  darwin.substring(index);
System.out.println(darwin);
```

输出：
```
All nature is perverse & will not do as I wish it.
```

5.6.8　StringBuilder 和 StringBuffer

当你想用两个或多个子串组成一个字符串时，与其使用连接法，不如使用 StringBuilder 或 StringBuffer，在内存使用和速度方面更有效率。这些类都有一个以字符串作为参数的构造函数，作为参数，每个构造函数都有一个 append(stringfragment)方法和一个 insert(offset, stringfragment)方法。每个类都有一个 toString()方法，但通常不需要，因为 System.out.print 和 System.out.println 方法会自动将任何类型的对象转换为一个字符串。

下面的代码说明了如何使用 StringBuilder 的 insert 方法来缩短上一小节的笛卡儿/达尔文的代码片段：

```
String descartes = "All nature will do as I wish it.";
StringBuilder darwin = new StringBuilder(descartes);
int index;
index = descartes.indexOf("will");
darwin = darwin.insert(index, "is perverse & ");
index = darwin.indexOf("do");
darwin = darwin.insert(index, "not");
System.out.println(darwin);
```

① Frederick Burkhardt.《查尔斯·达尔文的信件》（*Charles Darwin's Letters*）（剑桥：剑桥大学出版社，1996）。查尔斯·达尔文于 1825 年开始在爱丁堡大学读书，学习成为一名像他父亲一样的医生。然而，医学生涯并不吸引他，所以他转到了剑桥大学，在那里他获得了文学学士学位，为成为一名乡村牧师作准备。但他真正喜欢的是在家里的谷仓里寻找虫子。毕业后，在他开始他的第一份乡村牧师工作之前，家庭关系、一位大学教授的良好推荐以及愉快的个性使他有机会作为一位名叫罗伯特·菲茨罗伊（他后来发明了天气预报）的杰出船长的伙伴环游世界。这次旅行开启了达尔文作为现代世界最具影响力的科学家之一的职业生涯。

这段代码产生的输出与上一小节中的代码相同。如果我们用 StringBuffer 代替上面代码片段第二条语句中的两个 StringBuilder 实例，这段代码也能工作，并产生相同的输出结果，像下面这样：

```
StringBuffer darwin = new StringBuffer(descartes);
```

StringBuilder 和 StringBuffer，哪个更好？在大多数情况下，你应该使用较新的 StringBuilder，因为它的速度稍快。然而，StringBuffer 对象是线程安全的，而 StringBuilder 对象则不是。线程安全意味着如果你有一个多线程的程序，你的程序中的不同线程将正常工作，不会相互干扰。那么，*多线程*（Multithreading）到底是什么呢？就是你的程序有不同的部分（线程）可以并发执行，以加快程序的整体执行速度。关于更完整的解释，请参见本书网站上的附录 9。

5.7　使用 printf 方法的格式化输出

你已经使用 System.out.print 和 System.out.println 方法很长时间了。它们在大多数情况下都能正常工作，但还有第 3 个 System.out 方法，你会时不时地想用它进行格式化输出。这就是 printf 方法，其中的 f 代表了格式化（formatted）。我们将在本节介绍 printf 方法。

5.7.1　格式化输出

对于大多数程序来说，其目的是计算一些东西，然后显示结果。显示的结果必须是可以理解的；否则即使它的计算结果完美无缺，也不会有人费心去使用这个程序，使显示的结果可以理解的一个方法是格式化输出，如让数据列正确对齐，让浮点数字在小数点后显示相同数量的数字等。注意下面的预算报告的格式：左列是左对齐的，其他列是右对齐的；数字在小数点的右边显示两位数，在小数点左边的每三位数字之间显示逗号，数字外加括号表示为负数。

```
Account                Actual        Budget        Remaining
Office Supplies        1,150.00      1,400.00      250.00
Photocopying           2,100.11      2,000.00      (100.11)
Total remaining: $149.89
```

System.out.printf 方法负责生成格式化的输出。printf 方法有很多格式化的功能。我们将保持简单描述，只解释几个比较流行的功能。在解释 printf 方法时，先展示如何在上述预算报告中生成 Total remaining 行。代码如下：

> 学习如何使用多功能的工具。

格式说明符

```
System.out.printf(
    "\nTotal remaining: $%.2f\n", remaining1 + remaining2);
```

printf 方法的第 1 个参数被称为格式字符串。它包含按原样输出的文本，以及处理格式化输出的格式说明符。在上面的例子中，"\nTotal remaining: $...\n"是按原样输出的文本，而%.2f 是格式说明符。可以把*格式说明符*（format specifier）看作插入数据项的一个槽位。在上面的例子中，remaining 1 + remaining 2 是被插入的数据项。如果 remaining 1 是 250，remaining 2 是−100.11，那么总和就是 149.89，149.89 被插入格式说明符的槽位中。格式说明符以%开始，因为所有的格式说明符都必须以%开始。格式说明符的.2 会使小数点后显示两位数字。格式说明符的 f 表示数据项是一个浮点数。这个例子只显示了一个格式说明符。你可以在一个给定的格式字符串中拥有任意多的格式说明符。对于每个格式说明符，你应该有一个相应的数据项/参数。下面是一个关于我们正在谈论的内容的说明。

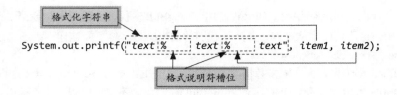

5.7.2 格式说明符的细节

格式说明符是强大的东西，我们不会试图去描述它们的所有功能，但会提供足够的细节让你启动和运行。如果你遇到了我们有限的覆盖范围内无法解决的格式化问题，请在 Oracle 的 Java API 网站上查找 Formatter 类，并搜索格式字符串的详细信息。但要准备好大量的细节。Java API 通过 printf 方法提供了大量的选项。

下面是格式说明符的语法：

%[标志][宽度][.精度]转换字符

你已经看到了了%符号。它表示一个格式说明符的开始。标志、宽度、精度和转换字符代表了格式说明符的不同部分。它们中的每一个都指定了一个不同的格式化特征。我们将按照从右到左的顺序介绍它们。因此，我们将首先描述转换字符。但在进入转换字符的细节之前，请注意方括号，它们表示某些东西是可选的。因此，标志、宽度和精度部分是可选的，只有%和转换字符是必须的。

5.7.3 转换字符

转换字符告诉 JVM 要输出的数据的类型。例如，它可以告诉 JVM 输出一个字符串，也可以告诉 JVM 输出一个浮点数字。下面是转换字符的部分列表。

- s：显示一个字符串。
- d：显示一个十进制的整数（int 或 long）。
- f：显示带有小数点和小数点左边至少一个数字的浮点数（float 或 double）。
- e：显示科学计数法的浮点数（float 或 double）。

在解释格式说明符的每个部分（转换字符、精度、宽度和标志）时，我们将提供简短的例子来说明语法和语义。在我们完成了所有的解释之后，我们将展示一个完整的程序。注意下面这个代码片段和它的相关输出：

```
System.out.printf("Planet: %s\n", "Neptune");
System.out.printf("Number of moons: %d\n", 13);
System.out.printf("Orbital period (in earth years): %f\n", 164.79);
System.out.printf(
"Average distance from the sun (in km): %e\n", 4498252900.0);
```

输出：

```
Planet: Neptune
Number of moons: 13
Orbital period (in earth years): 164.790000
Average distance from the sun (in km): 4.498253e+09
```

f 和 e 转换字符默认输出 6 位数

请注意，默认情况下，f 和 e 的转换字符会在小数点的右边产生 6 位数字。另外，请注意，如果你试图输出一个带有 f 或 e 转换字符的整数值，你会得到一个运行时错误。

5.7.4 精度和宽度

格式说明符的精度部分与 f 和 e 转换字符一起工作；也就是说，它与浮点数据项一起工作。它指定了要输出在小数点右边的数字数量。我们将这些数字称为小数位。如果数据项的小数位多于精度值，就会发生四舍五入；如果数据项的小数点少于精度值，那么就在右边加 0，这样输出的数值就有指定的小数点数量。

格式说明符的宽度部分指定了要输出的最小字符数。如果数据项包含的字符数多于指定的数量，那么所有的字符都被显示出来；如果数据项包含的字符数少于指定的数量，那么就会添加空格。默认情况下，输出值是右对齐的，所以当添加空格时，它们会被放在左边。

注意下面这个代码片段和它的相关输出：

```
System.out.printf("Cows are %6s\n", "cool");
System.out.printf("But dogs %2s\n", "rule");
System.out.printf("PI = %7.4f\n", Math.PI);
```

在上面的第 3 条语句中，注意%7.4f的指定符。这很容易被 7.4 所迷惑。它看起来像是在说"小数点左边七位，小数点右边四位"，但它实际上是在说"总共七个空格，小数点右边四位"。别忘了，小数点也被算作这七个空格之一。Math.PI 的值是 3.141592653589793，当它被输出时，小数点右边有四个位置，它被四舍五入为 3.1416。

5.7.5 标志

作为复习，下面是格式说明符的语法：

%[*标志*][*宽度*][*.精度*]*转换字符*

我们已经介绍了格式说明符的转换、精度和宽度部分，现在是讨论标志的时候了。标志允许你添加补充的格式化特征，每个格式化特征都有一个标志字符。下面是部分标志字符的列表。

- **-**：使用左对齐方式显示输出值。
- **0**：如果一个数字数据项包含的字符数少于宽度指定值，那么就用前导 0 填充输出值（即在数字的左边显示 0）。
- **,**：用当地特定的分组分隔符显示一个数字数据项。在美国，这意味着在小数点左边的每三个数字之间都要插入逗号。
- **(**：使用括号而不是使用减号显示一个负数数据项。对负数使用括号是会计领域的一种常见做法。

让我们看看格式说明符是如何在一个完整的程序中工作的，参见图 5.10 的 BudgetReport 程序。注意，我们使用相同的格式字符串来输出列头和列下划线，格式字符串被存储在一个名为 HEADING_FMT_STR 的常量中。如果你在多个地方使用一个格式字符串，最好是将格式字符串保存在一个命名常量中，并在 printf 语句中使用这个命名常量。通过在一个共同的地方（在一个命名常量中）存储格式字符串，你可以确保其一致性，并在将来更容易更新格式字符串。

在 BudgetReport 程序中，注意 HEADING_FMT_STR 和 DATA_FMT_STR 格式字符串中的-，这个左边证明了第一列数据的合理性。注意 DATA_FMT_STR 格式字符串中的逗号，这将导致在小数点左边的每三个数字之间出现特定的字符（在美国是逗号）。注意 DATA_FMT_STR 格式字符串中的左括号，这将导致负数使用小括号而不是减号。

```
/*****************************************************
 * BudgetReport.java
 * Dean & Dean
 *
 * 这个程序生成一个预算报告
 *****************************************************/

public class BudgetReport
{
    public static void main(String[] args)
    {
        final String HEADING_FMT_STR = "%-25s%13s%13s%15s\n";
        final String DATA_FMT_STR = "%-25s%,13.2f%,13.2f%(,15.2f\n";
        double actual1 = 1149.999;    // 在第一个账户上花费的余额
        double budget1 = 1400;        // 第一个账户的预算
        double actual2 = 2100.111;    // 在第二个账户上花费的余额
        double budget2 = 2000;        // 第二个账户的预算
        double remaining1, remaining2; // 未花费金额

        System.out.printf(HEADING_FMT_STR,
            "Account", "Actual", "Budget", "Remaining");
        System.out.printf(HEADING_FMT_STR,
            "-------", "------", "------", "---------");

        remaining1 = budget1 - actual1;
        System.out.printf(DATA_FMT_STR,
            "Office Supplies", actual1, budget1, remaining1);
        remaining2 = budget2 - actual2;
        System.out.printf(DATA_FMT_STR,
            "Photocopying", actual2, budget2, remaining2);

        System.out.printf(
            "\nTotal remaining: $%(,.2f\n", remaining1 + remaining2);
    } // main 结束
} // BudgetReport 类结束
```

左对齐

括号表示负数，逗号
表示分组分隔符

```
输出:
Account                Actual         Budget         Remaining
-------                -------        -------        -------
Office Supplies        1,150.00       1,400.00       250.00
Photocopying           2,100.11       2,000.00       (100.11)

Total remaining: $149.89
```

图 5.10　BudgetReport 程序及其输出结果

5.8　用随机数解决问题（可选）

本节介绍如何生成概率分布不同于简单的 Math.random 方法中假设的从 0.0 到 1.0 均匀分布的随机变量。

5.8.1 使用 Math.random 生成具有其他概率分布的随机数

在第 5.3 节中，当你需要一个随机数时，可以使用 Math.random 方法来生成一个见图 5.2。假设你想从一个不同于 0.0～1.0 的范围内得到一个随机数，正如我们在图 5.5 中初始化 winningNumber 时所做的那样，你可以通过将 Math.random() 生成的随机数乘以你想要的最大值将范围扩大到任何最大值。你也可以通过添加或减去一个常数来抵消范围。例如，假设你想挑选一个在-5.0～15.0 之间均匀分布的随机数，与其使用普通的 Math.random()，不如使用下面这个语句：

```
(20.0 * Math.random()) - 5.0.
```

可以对 Math.random 产生的数字进行操作，以获得你想要的任何一种分布。例如，你可以生成图 5.11 中的任何一种分布。

现在，让我们看看如何利用 Math.random 生成这五种类型的随机数。

（1）第一种类型（连续均匀分布）很容易。要得到一个随机数 x 的值，它均匀地分布在 0～1 的区间（$0.0 \leqslant x \leqslant 1.0$），使用下面这样的语句：

```
double r1 = Math.random();
```

第一种类型的随机数是所有其他类型随机数的基础。

（2）对于第二种类型（缩放和偏移的连续均匀分布），你必须有一些最小和最大的值。例如：

```
double minReal = 1.07;        // 最矮的成年人的身高（米）
double maxReal = 2.28;        // 最高的成年人的身高（米）
```

然后你通过使用这样的语句对基本随机数进行移位和扩展：

```
double r2 = minReal + Math.random() * (maxReal - minReal);
```

（3）对于第三种类型（离散均匀分布），你需要创建整数版本的限制。例如：

```
int min = 1;                  // 一个骰子上最小的点数
int max = 6;                  // 一个骰子上最大的点数
```

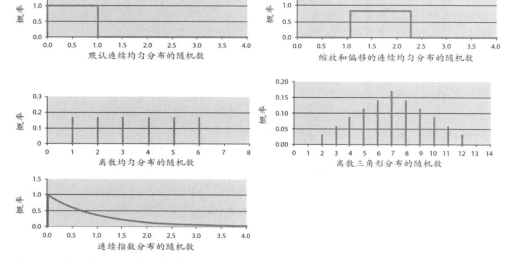

图 5.11 随机数分布的重要类型

然后你对基本随机数进行移位和扩展，有点像你对第二种类型所做的那样。

```
double r3 = min + (int) (Math.random() * (max – min + 1)) ;
```

这一次，你必须记住，整数减法产生的距离比范围内的整数数量少一个（6 减 1 等于 5，而不是 6），所以你必须像这样在差值上加 1（max – min + 1）。Math.random 返回的 double 会自动将所有东西提升为 double 类型，所以移位和扩展后的范围是 1.0 ~ 6.99999。随机选择给感兴趣的整数（1、2、3、4、5 和 6）上面的六个区间中的每一个以相同的权重。最后(int)抛出的是小数。

（4）对于第四种类型（离散三角形分布），起初你可能认为可以直接使用第三种类型，最小值=2，最大值=12，但这是错误的。这将产生和 7 一样多的 2 和 12，但得到 7 的机会实际上比得到 2 或 12 的机会高六倍！最直接的方法是，将 2 和 12 分开来。要得到正确的答案，最直接的方法是调用 Math.random 两次，然后将结果相加：

```
int twoDice = r3 + r3;
```

（5）第五种类型（连续指数分布）被包括在内，因为它被用于许多重要的现实世界现象的模型中，例如：

- 不频繁的电话之间的时间。
- 一个不稳定原子的放射性发射之间的时间。
- 一台机器发生故障的时间。
- 一个半导体设备的故障时间。

要生成一个具有连续指数分布的随机变量，可以使用如下语句：

```
double r5 = -Math.log(1.0 - Math.random()) * averageTimeBetweenEvents;
```

0 的对数是负无穷大，但这永远不会发生，因为 Math.random 永远不会生成一个大于或等于 1.0 的数字，所以(1.0–Math.random())永远不会小于或等于 0。

5.8.2　使用 Random 类

虽然有可能从 Math.random 中得到任何一种分布，但这并不总是容易的。例如，将 Math.random 的均匀分布转换为高斯（钟形曲线）分布的算法是相当复杂的。因此，如果有一些预置的方法可以立即从这个分布和其他分布中生成随机数，那就更好了。java.util 包中的随机类提供了帮助。下面是随机类的一些方法的 API 标题：

> 使用最适合的资源。

```
public double nextDouble()
public int nextInt()
public int nextInt(int n)
public boolean nextBoolean()
public double nextGaussian()
```

nextDouble 方法与 Math.random 做的事情基本相同。这种分布出现在图 5.11 的顶部图形中。零参数的 nextInt 方法从整个整数范围内均匀地生成随机整数，即从–2147483648 到 2147483647，包括界线数字。一个参数的 nextInt 方法从 0 到比参数值小 1 的范围内均匀地生成随机整数，这个分布几乎和图 5.11 中 *n*=7 的特殊情况下的第三个图形一样，只是也允许有 0。nextBoolean 方法产生的随机值为 true 或 false。nextGaussian 方法从一个平均值为 0.0、标准差为 1.0 的分布中生成一个 double 值。

注意：Random 类的方法没有 static 修饰符，所以它们不是静态方法，你不能用 Random 类的名字来访问这些方法。与 Scanner（在第 3.23 节中描述）一样，你必须先创建一个对象，然后用这个对象的名字来访问这些方法。图 5.12 中的代码用下面这条语句创建了对象：

```
Random random = new Random();
```

这条语句为名为 random 的变量提供了对该对象的引用。在接下来的两条语句中，这个对象通过调用 nextInt 和 nextGausssian 方法生成了两个随机数。由于 Integer.MAX_VALUE 参数的存在，nextInt 生成的随机数在 0 和比最大整数值少 1 之间。nextGaussian 方法生成一个从高斯分布中抽取的随机数，并赋予它 5.0 的平均值和 0.8 的标准差。

当一个程序使用 Math.random() 或 new Random() 来生成随机数时，出现的总是一个惊喜，因为它是随机的！当你试图开发和测试一个使用随机数的程序时，这种不可预测性可能相当令人沮丧，因为每次测试运行都会产生不同的数值。在开发和测试过程中，你想要的是一个可重复的"随机"数字序列，但结果是每次重新运行你正在测试的程序时，这些数字都是完全一样的。

```
/***********************************************************
* RandomTest.java
* Dean & Dean
*
* 这个程序演示了 Random 类的方法
***********************************************************/

import java.util.Random;

public class RandomTest
{
  public static void main(String[] args)
  {                                        ┌─────────────────────┐
    Random random = new Random();   ◄───── │ 使用 new 来创建新的对象 │
                                           └─────────────────────┘
    System.out.println(random.nextInt(Integer.MAX_VALUE));
    System.out.println(5.0 + 0.8 * random.nextGaussian());
  } // main 结束
} // RandomTest 类结束

示例会话：
1842579217
4.242694469045554
```

图 5.12　RandomTest 程序使用 Random 类的方法，从不同的分布中生成随机数

5.8.3　使用固定的种子冻结随机数序列

对于一个可重复的随机序列，你可以用一个种子创建一个随机对象。种子为随机数发生器的内部状态提供了一个起点。假设你把图 5.12 中的 main 方法的主体改为下面这样：

```
Random random = new Random(123);

System.out.println(5.0 + 0.8 * random.nextGaussian()) ;
System.out.println(5.0 + 0.8 * random.nextGaussian()) ;
System.out.println(5.0 + 0.8 * random.nextGaussian()) ;
```

现在，如果运行这个程序，你会得到下面这样的结果：

示例会话：
3.8495605526872745
5.507356060142144
5.1808496102657315

如果你一次又一次地运行该程序，你每次都会得到完全相同的三个"随机"数字！123 号种子建立了一个起点，这就精确地决定了"随机"序列。如果你选择一个不同的种子，就会得到一个不同的序列；但只要你坚持使用那个特定的种子，这个序列就总是一样的。现在你就知道为什么随机类中的方法不是静态方法了。它们需要一个对象来调用这些方法，因为这些方法需要知道对象包含的一些信息——种子和随机数序列中的当前位置。

测试时，要固定你的随机数。　　当你在开发和调试使用随机数的程序时，你可以利用种子随机数生成器的确定性，使你的生活变得更加轻松。为了建立一个固定的随机数测试集，你可以写一个简单的程序，输出一组特定的随机数。你可以将这些特定的数字复制到程序中的赋值语句中，也就是说，把它们硬编码到程序中，用于开发和测试。然后，在你的程序经过测试和验证后，你可以用一个种子随机数生成器取代每个硬编码的随机数，这个生成器每次调用都会产生一个不同的数字。

但是，Random 类提供了一种更优雅的方式来开发具有随机变量的程序。在开发过程中，用一个种子创建 Random 对象，在每次运行程序时产生完全相同的随机分布的数字序列。然后，当你所有的 bug 都被修复后，只需删除创建随机对象的种子数，如图 5.12 所示，哇——你的种子随机数生成器从此产生了完全不同的数字。

5.9　GUI 跟踪：用有色窗格覆盖图像（可选）

本节将向你展示如何用一个半透明的有色窗格覆盖标准图像形成一个复合图像，这个窗格的颜色在不同的位置是不同的。图 5.13 显示了这种效果。

图 5.13　用有色窗格覆盖的图像，由图 5.14 的程序生成

图 5.14 包含显示你在图 5.13 中看到的东西的程序。和以前的 GUI 程序一样，这个程序导入了 JavaFX 应用程序和 Stage 类。它还导入了 javafx.scene、javafx.scene.image、javafx.scene.shape 和 javafx.scene.paint 包，以提供对 JavaFX 类 Scene、Group、Image、ImageView、Rectangle、Color、

RadialGradient、CycleMethod 和 Stop 的访问。

```
/***************************************************************
 * GraphicsDemoC.java
 * Dean & Dean
 *
 * 这个程序将突出显示图像
 ***************************************************************/

import javafx.application.Application;
import javafx.stage.Stage;
import javafx.scene.*;                    // 场景, 组
import javafx.scene.image.*;              // 图像, ImageView 容器
import javafx.scene.shape.Rectangle;
// 颜色、径向梯度、循环方法、停止
import javafx.scene.paint.*;

public class GraphicsDemoC extends Application
{
  public void start(Stage stage)
  {
    Image image = new Image("file:dolphinsC.jpg");
    final double WIDTH = image.getWidth() / 3;
    final double HEIGHT = image.getHeight() / 3;
    ImageView view = new ImageView(image);
    // 半径系数颜色
    Stop stop1 = new Stop(0.3, Color.TRANSPARENT);
    Stop stop2 = new Stop(1.0, Color.rgb(0, 0, 0, 0.4));
    RadialGradient gradient = new RadialGradient(
      // 以度为单位的聚焦角、焦点偏移系数
      -75, 0.7,
      // X 中心、Y 中心、参考半径
      WIDTH/2, HEIGHT/2, HEIGHT/2,
      // distances proportional to container, cycle method, stops
      false, CycleMethod.NO_CYCLE, stop1, stop2);
    Rectangle rect = new Rectangle(WIDTH, HEIGHT, gradient);
    Group group = new Group(view, rect);
    Scene scene = new Scene(group);

    view.setFitWidth(WIDTH);
    view.setPreserveRatio(true);
    stage.setTitle("CAIDEN");
    stage.setScene(scene);
    stage.show();
  } // start 结束
} // GraphicsDemoC 类结束
```

图 5.14　GraphicsDemoC 程序代码，显示被有色窗格覆盖的图像

　　这个程序的 start 方法以相对较多的初始化开始，这些初始化完成了它的大部分工作。第一个初始化给图像变量分配了一个存储在当前目录下的图像文件（file:表示使用路径而不是文件位置的 URL）。接下来的两个初始化是为着色窗格建立像素宽度和高度值。我们根据图像的像素宽度和高度来调整这些值，这样有色窗格就能与它下面的转置图像正确对齐。

　　第四次初始化将图像包裹在一个特殊的 ImageView 容器中，使 JavaFX 能够处理和操作。接下来的两个初始化创建了一对 Stop 变量，用于随后的 RadialGradient 初始化。在 Stop 构造函数的调用中，参数指定了一个半径和颜色。Color.TRANSPARENT 表示完全透明。Color.rgb(0, 0, 0, 0.4)意味着没有红色、绿色和蓝色，因此是黑色的，黑色是 40%不透明的，因此是 60%透明的。

　　在这种情况下，你可以看到第一个停止点是一个半径等于指定参考半径的30%的圆，而第二个停止点是一个半径等于指定参考半径的圆。具有最小相对半径的 Stop 对象建立了一个内部区域的外部，其颜色与该 Stop 对象的颜色规范相匹配。在本例的 CycleMethod.NO_CYCLE 配置中，具有最大相对半径的 Stop 对象建立了外部区域的内部，其颜色与该 Stop 对象的颜色规格一致。如果只有一个 Stop 对象，它的颜色就会均匀地适用于所有地方。如果正好有两个 Stop 对象，颜色在它们的半径形成的圆圈之间呈线性变化。对于最小的和最大的 Stop 对象之间的非线性颜色变化，你可以插入具有中间大小的相对半径的额外停止。

　　RadialGradient 整合了各个停止对象。停止对象的圆圈不需要是同心的。它们可以从梯度的参考圆的中心以任何共同的方向偏移。RadialGradient 的第一个参数指定了偏移方向，即从右边开始的顺时针方向。它的第二个参数指定了焦点偏移系数——在这个方向上到所有偏移的焦点的距离。这个焦点偏移系数是参考圆的半径的 0.0 ~ 1.0 的小数。一个特定的停止中心的偏移量是：

停止偏移距离=参考半径×焦点偏移系数×(1.0–停止半径系数)

　　因此，一个半径系数为 0 的 Stop 对象，其中心将位于焦点的位置。本例中的 stop1 是一个半径等于参考圆半径的 30%的圆，中心在当前控球者的左锁骨上。stop1 的圆内的所有东西都是完全透明的。本例中的 stop2 是一个半径等于参考圆半径的圆，以图像的中心为中心。stop2 圆圈外的一切都具有最小的透明度。

　　RadialGradient 的第三个和第四个参数指定其参考圆中心的 x 和 y 坐标，第五个参数指定该参考圆的半径。由于参考圆的半径是图像高度的一半，第一个停止点的直径是图像高度的30%，第二个停止点的直径与图像高度相同。

　　RadialGradient 的第六个参数是一个布尔变量，当第三、第四和第五个参数是以像素为单位的绝对距离时，它是 false，就像本例中的那样。或者，将第六个参数设置为 true，可以将圆变成一个椭圆，其水平和垂直半径与 RadialGradient 容器的宽度和高度成比例。如果设置第六个参数为 true，你必须把前面的三个参数（x 中心、y 中心和参考半径）从绝对值改为小数。为了得到类似于图 5.13 中的结果，但是圆形的 Stop 对象在水平方向上扩展为椭圆，将这三个参数分别改为 0.5、0.5 和 0.5，这就扩大了图 5.13 中的高亮区域。

　　RadialGradient 的第六个参数 CycleMethod.NO_CYCLE 产生了本例的非重复梯度效果。另外，CycleMethod.REFLECT 和 CycleMethod.REPEAT 命名常量将创建从焦点到包含 RadialGradient 的边界的径向波浪图案。CycleMethod.REPEAT 将创建一个锯齿形的波形，其波长在任何方向都等于焦点到参考圆周长在该方向的距离。CycleMethod.REFLECT 将创建一个三角形的波形，其波长在任何方向上都等于从焦点到参考圆的周长在该方向上的距离的两倍。

最后的 RadialGradient 参数是任意数量的 Stop 对象。

在 RadialGradient 声明之后的语句将径向梯度放入一个矩形中，这个矩形的宽度和高度与最终窗口中场景的宽度和高度一致。严格地说，Rectangle 的第三个参数确定了矩形的颜色。这个矩形就是"有色窗格"。如果这个矩形的第三个参数只是一个简单的颜色规范，这个规范会给这个矩形一个统一的色调。但是，还有一种更复杂的颜色——RadialGradient。这就是着色窗格。

经过这些准备，终于准备好在窗口的舞台上设置场景。首先，创建一个由两个组件组成的 JavaFX 组，即之前创建的视图（保存包裹的图像）和刚刚创建的矩形（即覆盖图像的着色窗格）。然后把新的组放到一个新的场景中。

下一条语句将包裹的图像像素宽度缩减为 WIDTH，之前设定的 WIDTH 是原图像像素宽度的三分之一。之后的语句在发生缩放时保留了该图像的高宽比。stage.setTitle 方法的调用将高亮玩家的名字（Caiden，本书两位作者的女儿/孙女）放在窗口顶部的横幅左侧。stage.setScene 方法的调用将场景放入窗口中，stage.show 方法的调用将在计算机屏幕上显示窗口。

总结

- Oracle 的 Java 文档确定了所有 Java API 软件的公共接口。它还提供了关于它的作用和如何使用它的简要描述。java.lang 包总是可用的。
- Math 类提供了一些方法，使你能够计算幂和根、最大值或最小值、角度转换和许多三角函数。随机函数生成一个随机数，其在 0.0 到略小于 1.0 的范围内是均匀分布的。这个类还为 PI 和 E 提供命名的常数值。
- 像 Integer、Long、Float 和 Double 这样的数字包装器类中包含解析方法，如 parseInt，它使你能够将数字的字符串表示格式转换成数字格式。MIN_VALUE 和 MAX_VALUE 命名常量给出了各种数字数据类型的最小和最大允许值。
- Character 类提供的方法可以告诉你一个字符是空白、数字还是字母，如果是字母，则其是小写还是大写。其他方法允许你改变字母的大小写。
- String 类的 indexOf 方法可以帮助你找到一个特定字符在一串文本中的位置。substring 方法允许你提取一个给定文本字符串的任何部分。replaceAll 和 replaceFirst 方法可以在一串文本中进行替换。你可以用 toLowerCase 和 toUpperCase 方法进行大小写转换，也可以用 trim 方法从文本串的两端去除空白。
- System.out.printf 方法的第一个参数是一个格式字符串，它使你能够使用特殊代码来指定文本和数字的输出格式。例如，如果要将一个名称为 price 的 double 显示为美元和美分，三位数之间用逗号隔开，对于小于 1.00 美元的数值，在小数点左边加一个 0，你可以这样写：
  ```
  System.out.printf("$%,04.2f\n", price);
  ```
- 使用 java.util 包中的 Random 类来获得各种随机数的分布，或者在每次运行特定程序时获得完全相同的随机数列表。
- 用一个半透明的有色窗格覆盖一个标准图像，形成一个复合图像，这个窗格在不同的位置的颜色是不同的。

复习题

§5.3　Math 类

1. 给出下面这些语句：

```
double diameter = 3.0;
double perimeter;
```

提供一条语句，将圆的周长分配给 perimeter 变量（使用 diameter 变量）。

2. 包含 abs、min 和 round 方法的类的名称是什么？

a. Arithmetic

b. Math

c. Number

§5.4　原始类型的包装器类

3. 提供一条语句，将正无穷大赋给一个名为 num 的 double 变量。

4. 提供一条语句，将一个名为 s 的字符串变量转换为 long，并将其结果赋给名为 num 的 long 变量。

5. 提供一条语句，将名为 num 的 int 变量转换为字符串，并将其结果赋给名为 numStr 的 String 变量（使用一个包装器类方法）。

§5.5　Character 类

6. 下面的代码片段的输出结果是什么？

```
System.out.println(Character.isDigit('#'));
System.out.println(Character.isWhitespace('\t'));
System.out.println(Character.toLowerCase('B'));
```

§5.6　String 方法

7. 对于如下语句[①]

```
String snyder = "Stick together.\nLearn the flowers.\nGo light.";
```

写一个 Java 语句，找到字母 G 的索引，并从这一点开始输出 snyder 变量中的所有内容。也即，它输出的是 Go light。

§5.7　使用 printf 方法的格式化输出

8. 编写一个格式字符串，处理三列中三个数据项的显示。第一列应该有 20 个空格，它应该输出一个左对齐的字符串。第二列应该有 10 个空格，它应该输出一个右对齐的整数。第三列应该有 16 个空格，它应该输出一个右对齐的科学格式的浮点数，有 6 个小数位。你的格式字符串应该使屏幕上的光标在输出完第三个数据项后移动到下一行。

9. 提供一个处理浮点数据项显示的格式指定符。它应该输出一个没有小数点的数据项的四舍五入版本。它应该插入分组分隔符，如果数字是负数，应该使用括号。

§5.8　用随机数解决问题（可选）

10. 写一个 Java 语句，为掷出的一对骰子的总点数输出一个随机数。

11. 写一个程序，用种子 123L 输出 5 个随机 boolean 值，然后显示这些值。

[①] 加里·斯奈德. 《龟岛》（*Turtle Island*）For the Children 中的包子，New Directions，1974 年。

练习题

1. [§5.3] 假设你拥有一种债券，它的未来价值将根据给定的年利率和未来的年数来支付。下面是确定现值的公式（你现在可以卖掉债券的价格）：

presentValue = futureValue / (1 + rate)^{years}

提供一个计算现值的 Java 赋值语句（使用未来价值、年利率和年份），四舍五入到最接近的整数美元，并将结果赋给一个名为 presentValue 的变量。使用 Math 类方法。

2. [§5.3] 在池塘中扔下一个小石子或敲击一个大鼓的中心，会产生由 0 阶贝塞尔函数描述的圆形波，表示为 $J_0(r)$，其中 r 是一个归一化的径向距离。在大的归一化径向距离上，0 阶贝塞尔函数接近近似值：

$J_0(r)$ → square-root(2 / (π r)) * cosine(r - π / 4)

在 Java 赋值语句中使用 Math 类方法，求解 $J_0(r)$ 的这个大距离近似值。

3. [§5.3] 写一个 main 方法，要求用户提供一个在 0 ~ 1 之间的数字，并输出给定数字的反正弦、反余弦和反正切[以（°）计]。

示例会话：
```
Enter number between 0 and 1: 0.5
arcsine(.5) = 30.000000000000004 degrees
arccos(.5) = 60.00000000000001 degrees
arctan(.5) = 26.56505117707799 degrees
```

4. [§5.3] 想象一下，你站在离旗杆底部 100 米的地方，地面是平的，旗杆有 30 米高。编写一个 Java 代码，输出从你的脚到旗杆顶端的距离。使用 Math 类的 hypot 方法（在 Java API 网站上有描述）。

5. [§5.3] 真空中的光速是 299792458 米/秒，这是一个精确的数字，不仅是一个近似值，因为米的定义是基于光速的。因为它是一个精确的数字，你可以把它存储在一个整数中。一个 int 有 32 位，一个 long 有 64 位。要知道你是否可以将光速值存储在 int 或 long 中，请编写一个 Java 代码，计算存储光速所需的比特数（299792458），并将该值赋给一个名为 numOfBits 的变量。

一个数字 x 的比特数等于 $\log_e(x)$ / $\log_e(2)$。下标 e 是指自然对数。因此，你要使用 Math 类的自然对数方法。

6. [§5.6] 在下面的程序框架中，用适当的代码替换*<此处插入代码>*部分。由此产生的程序应该显示初始的歌曲列表，提示用户要替换的文本字符串，然后提示用户使用新的文本来替换它。在进行替换后，它应该显示更新后的歌曲列表。

```java
import java.util.Scanner;

public class UpdateSongs
{
  public static void main(String[] args)
  {
    Scanner stdIn = new Scanner(System.in);
    String songs =
      "1. Welcome to Your Life - Grouplove\n" +
      "2. Sedona - Houndmouth\n" +
      "3. Imagine - John Lennon\n" +
      "4. Bohemian Rhapsody - Queen\n";
    String oldText, newText;
    <此处插入代码>
```

```
    } // main 结束
} // UpdateSongs 类结束
```

示例会话：
```
1.Welcome to Your Life - Grouplove
2.Sedona - Houndmouth
3.Imagine - John Lennon
4.Bohemian Rhapsody - Queen

Enter text to replace: Lennon
Enter new text: Dean
1.Welcome to Your Life - Grouplove
2.Sedona - Houndmouth
3.Imagine - John Dean
4.Bohemian Rhapsody - Queen
```

7. [§5.6] 在下面的程序框架中，用适当的代码替换<*此处插入代码*>部分。由此产生的程序应该提示用户输入一些识别性的文本，如艺术家的名字。然后，它应该显示 songs 字符串中包含该识别文本的所有行。

```java
import java.util.Scanner;

public class PrintSong
{
  public static void main(String[] args)
  {
    Scanner stdIn = new Scanner(System.in);
    String songs =
      "1. Welcome to Your Life - Grouplove\n" +
      "2. Sedona - Houndmouth\n" +
      "3. Imagine - John Lennon\n" +
      "4. Bohemian Rhapsody - Queen\n";
    String song;        // 下一个 song 的描述
    String text;        // 搜索的文本
    int numIndex;       // 歌曲数量索引
    int endIndex;       // 当前歌曲结束的索引
    int textIndex;      // 文本的位置

    <此处插入代码>

  } // main 结束
} // PrintSong 结束
```

示例会话：
```
Enter identifying Text: Lennon
3. Imagine - John Lennon
```

8. [§5.7] 在下面的程序框架中，用适当的代码替换<*此处插入代码*>部分，使程序产生如下的输出。试着精确地模仿输出的格式。

```java
public class CarInventoryReport
{
  public static void main(String[] args)
```

```
    {
        final String HEADING_FMT_STR = <此处插入代码>;
        final String DATA_FMT_STR = <此处插入代码>;

        String item1 = "Ford Fusion";
        double price1 = 23215;
        int qty1 = 14;
        String item2 = "Honda Accord";
        double price2 = 24570;
        int qty2 = 26;

        System.out.printf(HEADING_FMT_STR,
          "Item", "Price", "Inventory");
        System.out.printf(HEADING_FMT_STR,
          "----", "-----", "---------");
        System.out.printf(DATA_FMT_STR, item1, price1, qty1);
        System.out.printf(DATA_FMT_STR, item2, price2, qty2);
    } // main 结束
} // CarInventoryReport 类结束
```

输出：

```
Item                Price           Inventory
----                -------         ---------
Ford Fusion         23,215.00              14
Honda Accord        24,570.00              26
```

9. [§5.8] 给出 previousArrivalTime 和 averageInterArrivalTime 的值，并假设是连续的指数分布，编写一个 Java 代码，使用 Math.Random 为 nextArrivalTime 生成一个模拟值。

复习题答案

1. perimeter = Math.PI * diameter;

2. 包含 abs、min 和 round 方法的类是：b. Math

3. num = Double.POSITIVE_INFINITY;

4. num = Long.parseLong(s);

5. numStr = Integer.toString(num);

6. 下面是代码片段的输出：
   false
   true
   b

7. System.out.println(snyder.substring(snyder.indexOf('G')));

8. "%-20s%10d%16.6e\n"
   或
   "%-20s%10d%16e\n"
   （也可以省略.6，因为 e 转换字符默认输出 6 位小数。）

9. "%(,.0f"

<u>或</u>

```
"%,(.0f"
```
（标志指定字符的顺序无关紧要。）

10. 输出一对掷出的骰子上的总点数的语句如下：

```
System.out.println(2 + (int) (6 * (Math.random())) +
    (int) (6 * (Math.random())));
```

11. 输出 5 个随机 boolean 值的程序，种子为 123L：

```java
import java.util.Random;

public class RandomBoolean
{
  public static void main(String[] args)
  {
    Random random = new Random(123L);

    for (int i=0; i<=5; i++)
    {
      System.out.println(random.nextBoolean());
    }
  } // main 结束
} // RandomBoolean 结束
```

值为：

```
true
false
true
false
false
```

非面向对象环境中的多方法程序

在第 5 章中，你学到了如何在 Oracle 的 Java API 库中调用预置方法，这是你在熟练编程的道路上迈出的重要一步。调用你自己的方法并实现这些被调用的方法是下一个合理的步骤。

一段时间以来，你一直在用一个方法（main 方法）来编写程序。在这个插入的简短间章中，我们将描述如何在一个程序中实现多个方法，以及如何从 main 方法中调用非 main 方法。在描述完之后，我们将提供一个完整的程序来说明这些概念。在这之后，有一个岔路口，即在学习更多关于编写和调用方法的细节时有两种不同的策略：由于面向对象编程（OOP）是 Java 编程不可分割的一部分，许多教科书采取的方法是将额外的方法细节与 OOP 一起讲述；另外，一些教科书采取了"晚期对象"的方法，将对 OOP 的全面讨论推迟到读者学习了额外的方法细节之后。

这两种方法各有其优点。晚期对象方法的优点是能够专注于编写方法，而不会因为同时学习 OOP 而陷入困境。另一种方法的优点是可以及早形成良好的 OOP 习惯。大多数（但不是全部）现实世界的 Java 程序都是用 OOP 范式编写的。用晚期对象方法学习的人有时会迷上非 OOP 编程，以至于他们以后写 OOP 程序变得更加困难。为了避免这个问题，我们略微倾向于将 OOP 的教学与读者学习额外的方法细节结合起来，这就是我们在第 6 章这样做的原因。作为一种选择，我们提供了一种晚期对象的方法，你可以在学习 OOP 的具体细节之前先了解额外的方法。大多数后期对象的倡导者不仅喜欢在学习 OOP 之前学习方法，还喜欢在学习 OOP 之前学习如何用数组编程。如果你喜欢晚期对象的方法，我们建议你这样做。

（1）阅读补充章节"在非面向对象的环境中编写方法"，这可以在 Connect 上的本书资源中心找到。

（2）阅读第 9 章的前 6 节，然后阅读补充章节"非面向对象环境中的数组"，该章节也在本书的资源中心。

（3）按照标准顺序，从第 6 章开始阅读本书的其余部分。作为 OOP 介绍的一部分，第 6 章描述了编写实现对象行为的方法。你应该能够很快地掌握这些内容，因为它依赖于"在非面向对象的环境中编写方法"补充章节中介绍的许多相同概念。当读到第 9 章时，你大可跳过前 6 节，因为你在前面已经读过这些内容。

无论你决定采取哪种方法，我们都鼓励你阅读这段间章的其他内容。如果你决定采用晚期对象的方法，那么下面要介绍的 RollDice 程序将作为你在第一个补充章节中看到的内容的预告。如果你决定采用标准方法，并在这段间章之后立即进入第 6 章，那么 RollDice 程序对你来说将特别有帮助。许多现实世界的程序（大多是用其他语言编写的程序，但有时也有 Java 程序）并没有使用 OOP 范式。相反，它们使用*面向过程编程*范式，在这种范式中，重点在于构成程序的程序或任务，而不是对象。下面的 RollDice 程序将作为这些类型的程序的一个例子。

　　如图 I.1a 和 I.1b 所示的 RollDice 程序（图序中的 I 代表"间章"）模拟掷出两个骰子并决定是否掷出"对子"，对子意味着两个骰子的数值是相同的。只要骰子的数值不同，程序就会提示用户再次掷出。

```
/************************************************************************
 * RollDice.java
 * Dean & Dean
 *
 * 这个程序模拟掷骰子，直到用户掷出对子
 ************************************************************************/

import java.util.Scanner;

public class RollDice
{
  public static void main(String args[])
  {
    Scanner stdIn = new Scanner(System.in);
    int die1, die2; //values of two dice

    System.out.println("Can you roll doubles?");

    do
    {
      System.out.print("Press enter to roll the dice:");
      stdIn.nextLine();
      die1 = rollDie();          ◄────────────  ┌──────────┐
      die2 = rollDie();          ◄────────────  │ 方法调用 │
      printResult(die1, die2);   ◄────────────  └──────────┘
    } while (die1 != die2);
  } // main 结束


  //************************************************************

  // 此方法返回随机掷骰子的值

  public static int rollDie()
  {
    return (int) (Math.random() * 6 + 1);
  } // rollDie 结束
```

图 I.1a　RollDice 程序——A 部分

```
//***********************************************************

// 输出骰子的点数以及是否掷出对子

public static void printResult(int die1, int die2)
{
  if (die1 == die2)
  {
    System.out.printf("Doubles! You rolled two %d's." +
      "Thank you for playing!\n", die1);
  }
  else
  {
    System.out.printf("No doubles. You rolled a %d and a %d." +
      "Try again.\n", die1, die2);
  }
} // printResult 结束
} // RollDice 类结束
```

方法标题

参数

图 I.1b　摇骰子程序——B 部分

RollDice 程序中，定义了 main、rollDie 和 printResult 三个方法。整个程序可以只写一个 main 方法，而不写其他方法。这样做是可以的，但是，正如在接下来的章节中所解释的那样，只要你有一个不直观的方法，就应该在这个方法中寻找定义明确的子任务。如果发现了这样的子任务，你应该考虑把它们作为独立的方法来实现。在编写 RollDice 程序时，我们意识到掷骰子是一个定义明确的子任务，因此创建了一个 rollDie 方法。同样地，我们意识到输出两个骰子的滚动结果是另一个定义明确的子任务，因此实现了 printResult 方法。通过用自己的方法实现子任务，能够使 main 方法保持相当短的篇幅，而且短代码通常比长代码更容易理解。研究图 I.1a 中 RollDice 的 main 方法，它相当短，我们希望它也相对容易理解。在这个循环中，程序通过调用两次 rollDie 方法来掷出每个骰子。然后程序通过调用 printResult 方法来输出结果。

在接下来的章节中，你会学到很多关于如何实现方法的细节，但现在，作为一个介绍，让我们简单地研究一下 rollDie 方法。下面是构成 rollDie 的一条语句：

```
return (int) (Math.random() * 6 + 1);
```

Math.random() 生成一个 0.0 ~ 1.0 之间（不包括 1.0）的随机浮点数。用这个随机数乘以 6，产生一个介于 0.0 和略小于 6.0 之间的数字。加 1 会产生一个介于 1.0 和略小于 7.0 之间的数字。应用 (int) 类型转换运算符产生一个在 1 ~ 6 之间的整数。最后，在语句的左边，Java 保留字 return 将生成的值（1 ~ 6 之间的整数）返回到调用方法中。看一下 RollDice 程序，你可以看到 main 用下面这两条语句调用 rollDie：

```
die1 = rollDie();
die2 = rollDie();
```

当这两条语句被执行时，JVM 将 rollDie 的返回值分配给 die1 和 die2。

再简单地说一下，让我们看一下 printResult 方法。正如你在 RollDice 程序中所看到的，为了方便起见，复制下面的 printResult 方法标题声明两个变量，即 die1 和 die2：

```
public static void printResult(int die1, int die2)
```

这样的方法标题变量被称为*形参*（parameter）。它们存储了从相关方法调用中传递给它们的实参（argument）。在 RollDice 程序中，你可以看到 main 用下面这个语句调用 printResult。

```
printResult(die1, die2);
```

该方法调用将参数 die1 和参数 die2 传递给 printResult 标题中的参数 die1 和参数 die2，然后 printResult 方法比较 die1 和 die2 的值是否相等，并相应地输出掷出对子或没有掷出对子的信息。

关于 printResult 方法，还有一些值得注意的地方。看到该方法标题中的 static 了吗？正如第 3 章所解释的，如果不使用 static，那么在调用 printResult 方法之前，你将需要做一些额外的工作。具体来说，你需要首先实例化一个对象，我们将在第 6 章中描述实例化。另外，如果你正在编写一个非 OOP 程序，那么你将不会实例化对象，并且需要为每个方法的标题使用 static。因此，在非 OOP 的 RollDice 程序中，static 出现在 printResult 方法标题和 rollDie 方法标题中。

这就是在非面向对象环境中编写多个方法的简要介绍。如果你喜欢晚期对象的方法，现在应该跳到本书资源中心的第一个补充章节，学习更多关于在非面向对象环境下编写方法的知识。如果你喜欢标准的方法，应该继续阅读下一章，即第 6 章，学习如何在面向对象的编程环境中编写方法。无论哪种方式，你都会到达同一个最终的地方。现在就去享受这段旅程吧！

GUI 跟踪：使用 StackPane 和 Group 显示图像、矩形、直线、椭圆和文本的多方法程序（可选）

这个可选部分展示了如何将 JavaFX GUI 程序中的大部分工作从 start 方法转移到从属方法中。这个程序创建了一个组合，包括一个原始图像的三分之一大小的视图和该图像中选定区域的高亮全尺寸视图，如图 I.2 所示。在三分之一大小的视图上绘制的一个矩形标识了选定的区域。构图包括从所选区域的四角延伸到所选区域的高亮全尺寸视图的四角的线条。选定区域的高亮全尺寸视图被一个较厚的边框包围，边角略微圆滑，它包括一个椭圆形的名字标签，用来标识选定的运动员。

图 I.2　显示缩小的图像和所选区域的全尺寸视图
选定区域的全尺寸视图有一个厚的圆角边框，包括一个带有选定球员名字的彩色椭圆。对角线连接两个矩形的相应角。

图 I.3a 包含生成图 I.2 中显示的程序的第一部分。和以前的 GUI 程序一样，这个程序导入了 JavaFX Application 和 Stage 类。它还导入了访问其他 JavaFX 类的包：Scene、Group、StackPane、Border、BorderStroke、CornerRadii、Image、ImageView、Rectangle、Line、Rectangle2D、Insets、Color 与 Text。

```
/*************************************************************
* GraphicsDemoJ.java
* Dean & Dean
*
* 这个程序将显示图像形状的组合
*************************************************************/

import javafx.application.Application;
import javafx.stage.Stage;
import javafx.scene.*;          // Scene、Group
// StackPane、Border、BorderStroke、CornerRadii
import javafx.scene.layout.*;
import javafx.scene.image.*;    // Image、ImageView
import javafx.scene.shape.*;    // Rectangle、Line
import javafx.geometry.*;       // Rectangle2D、Insets
import javafx.scene.paint.Color;
import javafx.scene.text.Text;


//**********************************************************

public class GraphicsDemoJ extends Application
{
  public void start(Stage stage)
  {
    Scene scene = new Scene(createContents());

    stage.setScene(scene);
    stage.setTitle("JORDAN");
    stage.show();
  } // start 结束
```

图 I.3a   GraphicsDemoJ 程序——A 部分

这个程序的 start 方法相对简单，因为它的第一个语句通过调用 createContents 辅助方法来创建场景（保留字 new 创建一个新的 Java 对象。你以前在使用 new Scanner 的程序中见过这个操作，而且你还会多次见到它）。接下来的三条语句将 scene 设置到 stage 上，给 stage 一个标题，并将其显示在计算机屏幕上。

图 I.3b 显示了 createContents 方法。它检索一个图像并建立参数，以确定程序将如何处理和显示该图像。它从同一目录下的一个单独文件中复制图像，并将参数声明为本地常量（这个 createContents 方法的另一个版本可能要求用户提供文件名或任何或所有的处理参数值）。变量 f 是一个缩放系数，它指定了程序对整个图像的呈现相对于原始图像的实际尺寸的大小。x、y、w 和 h 值是原始图像的像素；xd 和 yd 值是窗口中的像素。

```
//***************************************************************

private StackPane createContents()
{
  Image image = new Image("File:dolphinsJ.jpg");
  double f = 0.3333;   // 显示总图像的比例
  // 原始图像中感兴趣区域的左上角
  double x = 0.50 * image.getWidth();
  double y = 0.25 * image.getHeight();
  // 原始图像的区域大小和全尺寸高亮
  double w = 0.25 * image.getWidth();
  double h = 0.55 * image.getHeight();
  // 在结果中突出显示左上角
  double xd = 200, yd = 164;
  StackPane pane = new StackPane(
    getComposition(image, f, x, y, w, h, xd, yd));

  pane.setPadding(new Insets(20));
  return pane;
} // createContents 结束
```

图 I.3b　GraphicsDemoJ 程序——B 部分

　　createContents 方法的最后一条初始化语句将一个名为 pane 的 StackPane 容器与另一个名为 getComposition 的从属方法返回的 Group 容器填充。在图 I.2 中可以看到，随后调用的 pane.setPadding 方法在显示的图像外侧和场景边界之间创建了 20 像素宽的白色空间。createContents 方法的最后一条语句 return pane，将现在被填充的构图返回给 start 方法。因为其最终返回的对象是一个 StackPane，如果用户决定调整窗口的大小，它的内容将始终保持在中心位置。

　　图 I.3c 包含了第二个从属方法——getComposition。image 参数是程序对整个图像的复制；f 参数缩放整个图像，以及显示我们感兴趣区域的矩形的位置和大小；x 和 y 参数指定了原始图像中我们希望突出的那部分图像的左上角的像素 x 和 y 位置，这里我们感兴趣的区域是图像的全貌；接下来的两个参数 w 和 h 指定原始图像中该区域的像素宽度和高度；xd 和 yd 参数指定了程序中高亮区域左上角的像素 x 和 y 位置。

　　ImageView view 的初始化将 Image 对象转换为 ImageView 对象，这对 Java 来说更容易处理。矩形区域的初始化创建了一个矩形，勾勒出我们对原始图像按比例缩小的视图中感兴趣的区域。接下来的四个 Line 初始化都在前两个参数指定的点和后两个参数指定的点之间创建一条直线。每次乘以 f 将原始图像中的像素缩放为程序显示中的相应像素数。

　　StackPane highlight 初始化调用了另一个从属方法 getHighlight。这个方法返回一个完全填充的 StackPane 容器，它包含了感兴趣区域的装饰全尺寸视图。

```
//******************************************************************

private Group getComposition(Image image, double f,
  double x, double y, double w, double h, double xd, double yd)
{
  ImageView view = new ImageView(image);    // 完整图像
  Rectangle area = new Rectangle(f*x, f*y, f*w, f*h);
  // 感兴趣区域的全尺寸显示位置
  Line line1 = new Line(f*x, f*y, xd, yd);
  Line line2 = new Line(f*x + f*w, f*y, xd + w, yd);
  Line line3 = new Line(f*x, f*y + f*h, xd, yd + h);
  Line line4 = new Line(f*x + f*w, f*y + f*h, xd + w, yd + h);
  StackPane highlight = getHighlight(image, x, y, w, h);

  view.setFitWidth(f * image.getWidth());   // 缩放
  view.setPreserveRatio(true);
  area.setFill(Color.TRANSPARENT);
  area.setStroke(Color.BLACK);
  highlight.setTranslateX(xd);
  highlight.setTranslateY(yd);
  return new Group(view, area, line1, line2, line3, line4, highlight);
} // getComposition 结束
```

图 I.3c   GraphicsDemoJ 程序——C 部分

　　view.setFitWidth 方法调用并通过缩放参数 f 来缩放原始图像的宽度，随后的 view.setPreserveRatio 方法调用并通过相同的比率来缩放其高度。area.setFill 和 area.setStroke 方法的调用挖空了区域矩形，只留下一个黑色的边框。highlight.setTranslateX 和 highlight.setTrnslateY 方法调用指定程序中由先前 getHighlight 方法调用返回的对象的左上角的显示位置。

　　返回语句返回了一个包含场景中所有内容的 Group 容器。像 StackPane 一样，Group 容器按照其参数列表中出现的顺序叠加其组件。因此，正如你在图 I.2 中看到的那样，区域覆盖了视图，四条线覆盖了视图，而高亮部分覆盖了四条线和视图。然而，Group 容器有一个不同的对齐策略。StackPane 会自动将其所有的组件居中，而 Group 容器则希望程序能指定每个组件的位置。如果程序没有指定一个特定组件的位置，Group 容器会自动将其定位在左上角。研究图 I.3c 中的代码，你会发现它唯一没有明确定位的组件是视图组件。当然，如果你看一下图 I.2，会发现视图组件的左上角在其 Group 容器的左上角，Group 容器延伸到了白色填充物的内部。

　　图 I.3d 包含了第三个从属方法——getHighlight 方法，它构成了所选区域的全尺寸高光。它的参数是原始图像和该图像中感兴趣区域的像素位置和大小。ImageView view2 的初始化创建了第二个图像封装，我们可以在不破坏之前为展示整个图像的 1/3 比例而创建的 ImageView 视图的情况下改变这个封装。getHighlight 方法将裁剪 view2，并只保存感兴趣的区域。

　　Ellipse oval 和 Text name 的初始化为名称标签创建一个椭圆和文本。oval 对象是 JavaFX 的 Ellipse 类的一个实例。它的第一个参数是椭圆的初始化的水平半径，第二个参数是其垂直半径。这两个参数都是 double 值，指定显示的像素数。文本启动使用默认的字体类型和大小。Ellipse 对象的位置是其中心的位置。Text 对象的位置是其左下角的位置。这种位置参考的差异使得文本对象很难明确地在椭圆对象中居中，所以我们使用 StackPane 来自动居中这些项目。StackPane highlight = new StackPane(view2, oval, name) 语句通过居中和叠加组件来创建和填充高亮容器，使 oval 覆盖 view2，name 覆盖 oval。

```
//***************************************************************

private StackPane getHighlight(
  Image image, double x, double y, double w, double h)
{
  ImageView view2 = new ImageView(image);          // 制作另一个副本以进行裁剪
  Ellipse oval = new Ellipse(40, 15);
  Text name = new Text("JORDAN");
  // 覆盖居中的组件
  StackPane highlight = new StackPane(view2, oval, name);

  view2.setViewport(new Rectangle2D(x, y, w, h));  // 裁剪
  oval.setFill(Color.SKYBLUE);
  highlight.setBorder(new Border(new BorderStroke(
    Color.BLACK, BorderStrokeStyle.SOLID,
    new CornerRadii(3), BorderStroke.MEDIUM)));
  return highlight;
} // getHighlight 结束
} // GraphicsDemoJ 类结束
```

图 I.3d　GraphicsDemoJ 程序——D 部分

view2.setViewport 方法的调用使用其位置和大小参数在对原始图像的第二次封装中裁剪图像，只保留我们感兴趣的区域。oval.setFill 方法的调用给先前创建的椭圆添加一个天蓝色的背景。Highlight.setBorder 方法的调用给裁剪后的图像、彩色椭圆和名称的中心组合加上一个边框。BorderStroke 参数将边框染成黑色，使其成为实线而不是虚线，将其边角略微调圆，并使其厚度大于用于较小的矩形轮廓的默认厚度，该矩形轮廓在原始图像的缩小视图中标识了感兴趣的区域。最后一条语句返回完全组成的高亮对象，以便在前面描述的 getContents 方法中使用。

当然，我们可以通过把所有的代码移回 start 方法来做刚才的事情。这似乎可以通过消除方法之间的空格和减少方法标题的数量来缩短程序长度，但这并不会明显改变语句的数量。而且，这将使程序更难理解，使任何人（包括原作者）再为不同的应用修改程序变得更加困难。例如，在这种情况下，如果你想改变图像和感兴趣的区域的位置和大小，都会非常麻烦。这个故事的寓意是，将一个长程序分割成多个模块几乎总是有益的。

第 6 章

面向对象编程

目标

- 了解什么是对象以及它与类的关系。
- 学习如何封装和访问对象中的数据。
- 学习如何将你的程序划分为驱动器和驱动类，创建一个驱动类的对象，并给驱动器一个对该对象的引用。
- 学习对象的数据和方法的局部数据之间的区别，并学习如何在两者具有相同名称时区分这些数据。
- 理解各种变量的隐式初始化（默认值）。
- 学习如何追踪一个面向对象的程序。
- 学习如何使用 UML 类图。
- 学习如何使一个方法返回一个合适的值。
- 学习如何将值传递给方法。
- 编写获取、设置和测试对象数据值的方法。
- （可选）学习如何提高模拟的速度和准确性。

纲要

6.1　引言

　　正如序言中所讨论的，我们在编写本书时，在内容排序方面有一些内在的灵活性。想尽早了解面向对象编程（OOP）的读者可以选择在阅读完第 3 章后阅读第 6.1 至第 6.8 节。

　　第 5 章充当了从基本编程语言结构（变量、赋值、运算符、if语句、循环等）到 OOP 概念的桥梁。我们主要关注 OOP 的一个重要方面，即学习如何使用预置的方法。你使用了与对象相关的方法，如字符串对象的 substring 和 indexOf；还使用了与类相关的方法，如 Math 类的 abs 和 pow。在本章中，你不仅将学习如何使用预置的类和方法，还将学习如何编写你自己的类和方法。

　　正如你将看到的，OOP 使大型程序更容易操作——这是非常重要的，因为如今的计算机使用了很多非常大的程序！学习 OOP 的矛盾在于，学生能理解的第一个 OOP 程序必然是小程序，它们不能很好地展示 OOP 的力量。但要坚持下去。把你对本章和下一章大部分内容的学习看作一种投资。到下一章结束时，你将从这项投资中得到一些回报。

　　在本章中，我们将首先概述基本的 OOP 术语和概念。然后，逐步介绍一个简单的 OOP 程序的设计和实现。通常，OOP 设计都从一个简单的统一建模语言（UML）类图开始，它为你希望的程序建模的内容提供了一个高层次的图形化描述。然后，OOP 设计进入程序的细节。我们将向你展示如何将之前描述的追踪技术应用到 OOP 环境中，以及如何指定方法的细节。在上一章中，你从外部观察了方法，现在你将从内部观察方法。

　　在本章的结尾，我们会有一个可选的问题解决部分，向你介绍一个重要的计算机应用，即计算机模拟。计算机模拟使人类能够解决那些难以或不可能手工解决的问题。我们将介绍一种特殊的策略，使你能够大幅提高计算机模拟的准确性和效率。

6.2　面向对象的编程概述

　　想要更早了解 OOP 内容的读者可以选择在完成第 1.3 节（程序开发）后阅读本节。

　　在 OOP 之前，标准的编程技术是*过程式编程*，因强调构成问题解决方案的程序或任务而得名。你首先考虑的是你的程序要做什么。与此相反，OOP 编程范式邀请你思考你想让程序代表什么。你通常通过识别世界上一些你想让程序建模的事物来回应这一邀请，这些东西可能是物理实体或概念实体。一旦确定了要建模的事物，你就可以确定它们的基本属性/属性。然后，你确定这些事物能做什么（它们的行为）或这些事物能对它们做什么。你将每个事物的属性和行为组合成一个连贯的结构，称为对象。在编写一个 OOP 程序时，你定义并创建对象，让它们相互作用。

6.2.1　对象

　　一个对象是：

　　　　　　　　一组用于识别对象当前*状态*的相关数据 ＋ 一组*行为*

　　一个对象的状态是指当前定义该对象的特征。例如，如果你正在编写一个记录员工工资的程序，可能希望有员工对象，其中员工对象的状态由员工的名字和当前工资组成。

　　一个对象的行为指的是与该对象相关的活动。同理，如果你正在编写一个记录员工工资的程序，可能想定义一个行为来调整员工的工资。这种类型的行为与现实世界的行为相似——加薪或减薪。在 Java 中，你可以以方法的形式实现一个对象的行为。例如，你将工资调整行为实现为 adjustSalary 方法。我们将很快描述方法的实现细节，但更重要的是首先完成 OOP 概述。

　　下面是一些实体，它们是面向对象程序中对象的良好候选者。

物理对象	人类对象	数学对象
交通流模拟中使用的汽车	雇员	坐标系中的点
空中交通管制系统中的飞机	客户	复数
电路设计程序中的电气元件	学生	时间

　　让我们来思考第一个例子的对象。如果把汽车看作交通流模拟程序中的一个对象，那么每个汽车对象中存储的数据是什么？为了分析交通流，应该监测每辆汽车的位置和速度。因此，这两个数据应该作为汽车对象的状态的一部分被存储。那么，哪些行为是与汽车对象相关的呢？你需要能够启动汽车、停止汽车、放慢速度等。所以你可能想实现这些方法。

　　start、stop、slowDown

　　一个对象的行为可以改变一个对象的状态。例如，一个汽车对象的启动方法会使汽车的位置和速度数据项发生变化。

6.2.2　封装

　　对象提供了*封装*。在一般情况下，封装是指某物被包裹在一个保护罩内。当应用于对象时，封装意味着一个对象的数据被“隐藏”在对象中而受到保护。有了隐藏的数据，程序的其他部分怎么能访问对象的数据呢（*访问*一个对象的数据是指读取数据或修改数据）？程序的其他部分不能直接访问对象的数据，但它可以在对象方法的帮助下访问数据。假设一个对象的方法写得很好，这些方法就能确保以适当的方式访问数据。回到员工工资程序的例子，员工对象的工资只能通过调用 adjustSalary 方法来修改。adjustSalary 方法确保员工对象的工资被适当地修改。例如，adjustSalary 方法可以防止员工对象的工资变成负数。

　　图 6.1 说明了一个对象的方法是如何形成一个对象的数据和程序的其他部分之间的接口的。

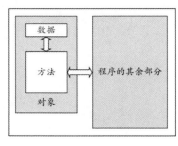

图 6.1　要访问一个对象的数据，你应该使用该对象的方法作为接口

6.2.3　OOP 的好处

　　现在你应该对什么是 OOP 有了一个基本的概念，你可能会问自己所有的宣传都是为了什么。为什么在如今的大多数新程序中，OOP 比过程式编程更受欢迎？以下是 OOP 的一些好处：

● OOP 程序有更自然的组织方式。

由于人们倾向于用现实世界的对象来思考现实世界的问题，所以更容易理解围绕对象组织的程序。

● OOP 使开发和维护大型程序更加容易。

尽管改用 OOP 编程通常会使一个小程序变得更加复杂，但它自然地划分了一些东西，使程序优雅地成长，不会演变成一个巨大的混乱。由于对象提供了封装，所以 bug（错误）和 bug 修复往往是本地化的。

第二个好处需要详细说明一下。当一个对象的数据只能通过使用该对象的一个方法来修改时，程序员就很难意外地弄乱一个对象的数据。再次回到员工工资程序的例子，假设改变员工对象的工资的唯一方法是使用 adjustSalary 方法。那么，如果有一个与员工工资有关的错误，程序员马上就会知道在 adjustSalary 方法或对 adjustSalary 方法的某个调用中寻找问题所在。

6.2.4　类

在讨论了对象之后，现在是时候讨论一个密切相关的实体——类（class）了。我们将从一个广义的类的定义开始，以后再细化。广义上讲，一个类是对其定义的所有对象的描述。因此，它是一个*抽象的*概念——与任何特定的实例分开。在图 6.2 中，留意在制造厂的传送带上有三台计算机。这三台计算机代表对象。悬浮在计算机上方的"计算机规格"文件是描述计算机的蓝图：它列出了计算机的组件并描述了计算机的特征。"计算机规格"文件代表一个类。每个对象都是其类的一个实例。因此，在实际应用中，"对象"和"实例"是同义词。

一个类可以有任何数量的对象与之关联，甚至是 0 个。如果你考虑一下计算机制造的例子，就会明白这应该是有意义的。难道不可能有"有一个计算机的蓝图，但还没有任何计算机根据这个蓝图制造出来"的情况吗？

我们现在将对类进行更完整的描述。上面说过，一个类是对一组对象的描述。该描述由以下部分组成：

一个字段的列表 + 一个方法的列表

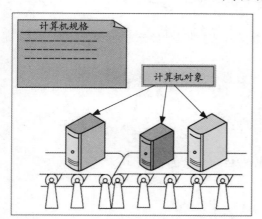

图 6.2　类-对象关系的传送带描述

在通用编程语言术语中，"字段"是一种存储设备，用来存储特定类型的信息。在 Java 中，一个*字段*默认是一个变量，但如果它的声明中有一个 final 修饰符，它就是一个命名常量。所以，它既可以是一个变量，也可以是一个常量。

类可以定义*静态字段* 和*实例字段* 两种类型的字段以及*静态方法* 和*实例方法* 两种类型的方法。第 5 章向你展示了如何使用 Math 类的静态方法，从你的第一个 Java 程序开始，你就一直在实现 main 方法，一个静态方法。在第 7 章中，我们将向你展示何时适合定义其他静态方法以及定义和使用静态字段。但是，你很容易落入不适当地定义和使用静态方法和静态字段的陷阱。我们希望在你养成良好的 OOP 习惯之前远离这个陷阱。因此，在本章和接下来的几章中，我们主要讨论实例字段和实例方法。但我们不使用"字段"这个通用术语，而是使用更具体的术语：变量和常量。

一个类的实例变量和实例常量指定了一个对象可以存储的数据类型。例如，如果你有一个计算机对象的类，并且 computer 类包含一个 hardDiskSize 实例变量，那么每个计算机对象都存储了一个计算机硬盘大小的值。一个类的实例方法指定了一个对象所能表现的行为。例如，如果你有一个计算机对象的类，并且 computer 类包含一个 printSpecifications 实例方法，那么每个计算机对象可以输出一个规格报告（规格报告显示计算机的硬盘大小、CPU 速度、成本等）。

实例变量和实例方法中的"实例"一词强化了这样一个事实，即实例变量和实例方法与特定的对象实例相关。例如，每个员工对象都有自己的 salary 实例变量的值，可以通过 adjustSalary 的实例方法访问。这与静态方法不同，静态方法是与整个类相关联的。例如，Math 类包含 round 静态方法，与 Math 类的特定实例不相关。

6.2.5 类型推理

在第 4 章中，我们在方法（如 main 方法）或 for 循环的局部变量的背景下描述了类型推断，这些变量被称为*局部变量*。对于局部变量，类型推断允许程序员用保留的类型名称 var 来替代初始化局部变量声明的类型。请注意，类型推断只对局部变量起作用，对字段则不起作用。尽管理论上编译器有可能推断出这些类型，但 Java 设计者一直不愿意允许这样做，因为他们想避免远距离的编程错误，即程序员在一个地方（在这种类型推断情况下变量被声明的地方）改变了代码，却忘记了在其他地方更改相关代码。这种错误的危险性随着范围的增加而增加，所以 Java 设计者决定将 var 的使用限制在局部变量上。

尽管如此，Java 确实在链式操作中采用了类型推断的变体，这在第 4.8 节中第一次出现，而且在 *lambda 表达式*中的方法参数中也采用了类型推断，这将在第 12 章中讲述，在第 17 ~ 第 19 章中使用。

6.3 第一个 OOP 类

在接下来的几节中，我们将通过实现一个完整的 OOP 程序来实践你所学到的知识。这个程序将包含一个 Mouse 类，它将模拟两个 Mouse 对象的成长（这里讨论的是啮齿动物，而不是计算机的输入设备鼠标）。按照 OOP 程序的惯例，我们用 *UML 类图* 来描述解决方案，以开始实施过程。UML 类图是一种描述类、对象和它们之间关系的图解技术。它在软件行业被广泛接受并作为 OOP 设计建模的标准。在用 UML 类图描述了我们的 Mouse 模拟解决方案后，我们将介绍 Mouse 程序的源代码，并指导你完成它。

使用 UML 来说明 OOP。

6.3.1　UML 类图

　　图 6.3 是 Mouse 类的简略 UML 类图。该图框被分为三个部分：类名在顶部，*属性*在中间，*操作在*底部。在 Java 程序中，属性等同于变量，操作等同于方法。因此，我们将使用 Java 术语、*变量*和*方法*，而不是 UML 的术语、属性和操作。总的来说，我们把一个类的变量和方法称为该类的*成员*。现在让我们来描述每个 Mouse 成员。

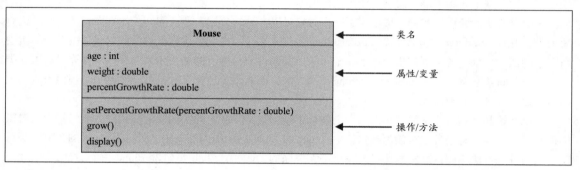

图 6.3　Mouse 类的简略 UML 类图

　　Mouse 类有三个实例变量，分别是 age、weight 和 percentGrowthRate。age 实例变量记录了一个 Mouse 对象的年龄，单位是天；weight 实例变量记录了一个 Mouse 对象的重量，单位是克；percentGrowthRate 实例变量是每天增长体重的百分比。如果 percentGrowthRate 是 10%，而老鼠的当前重量是 10 克，那么老鼠在第二天就会增加 1 克。

　　Mouse 类有三个实例方法，分别是 setPercentGrowthRate、grow 和 display。setPercentGrowthRate 方法为 percentGrowthRate 实例变量分配一个指定的值；grow 方法模拟老鼠一天的体重增长；display 方法输出老鼠的年龄和体重。

　　参考图 6.3，注意我们如何在类图中指定变量类型。类型出现在变量的右边（如 age: int），这与 Java 的声明相反，我们在声明中把类型写在变量的左边（如 int age;）。

　　一些程序员使用 UML 类图作为在程序写完后记录程序的一种手段。这是可以的，但这并不是类图最初的使用方式。我们鼓励你开始绘制类图，作为解决方案实施的第一步。类图的细节为你的程序提供了一个纲要。根据程序的复杂性和你对伪代码的熟悉程度，你可能想直接用 Java 编写方法，或者先用伪代码编写方法作为中间步骤。对于我们的 Mouse 例子，Mouse 类的方法很简单，所以我们直接用 Java 编码。现在让我们来看看 Mouse 类的 Java 源代码。

> 尽早开始
> 记录。

6.3.2　Mouse 类的源代码

　　图 6.4 显示了用 Java 实现的 Mouse 类。请注意 Mouse 类的三个实例变量的声明，分别是 age、weight 和 percentGrowthRate。实例变量必须在所有的方法之外声明，为了使你的代码更具有自文档性，你应该在类定义的开始就声明它们。实例变量的声明与你过去看到的变量声明非常相似。变量的类型在变量的左边，你可以选择性地给变量分配一个初始值。还记得当你把一个值作为声明的一部分分配给一个变量时叫什么吗？这就是所谓的*初始化*。注意 age 和 weight 的初始化。我们把 age 初始化为 0，因为新生老

鼠的年龄为 0 天；把 weight 初始化为 1，因为新生老鼠的体重大约是 1 克。

```
/****************************************************
 * Mouse.java
 * Dean & Dean
 *
 * 模拟老鼠生长的类
 ****************************************************/

public class Mouse                          实例变量声明
{
  private int age = 0;                // 老鼠的年龄（天）
  private double weight = 1.0;         // 老鼠的体重（克）
  private double percentGrowthRate;   // 每天增长的体重百分比

  // ****************************************************

  // 这个方法指定老鼠的生长速度百分比              参数

  public void setPercentGrowthRate(double percentGrowthRate)
  {                                           用 this 访问实例变量
    this.percentGrowthRate = percentGrowthRate;
  } //setPercentGrowthRate 结束

  // ****************************************************

  // 这个方法模拟老鼠一天的生长

  public void grow()
  {
    this.weight +=
      (.01 * this.percentGrowthRate * this.weight);   方法结构
    this.age++;
  } // grow 结束

  // ****************************************************

  // 这个方法输出老鼠的年龄和体重

  public void display()
  {
    System.out.printf("Age = %d, weight = %.3f\n",
      this.age, this.weight);
  } // display 结束
} // Mouse 类结束
```

图 6.4　Mouse 类

实例变量的声明和你过去看到的变量声明的主要区别是 private 访问修饰符。如果你声明一个成员是 private 的，那么该成员只能从该成员所在的类中访问，而不能从"外部世界"（即由该成员所在的类之外的代码）访问。实例变量几乎总是用 private 访问修饰符来声明，因为总是希望一个对象的数据被隐藏。将实例变量设为 private，可以控制它的值如何被改变。例如，你可以保证一个重量永远不会变成负值。限制数据访问是封装的全部内容，它是 OOP 的基石之一。

除了 private 访问修饰符，还有一个 public 访问修饰符。考虑到 public 和 private 这两个词的标准定义，你也许可以推测出，public 成员比 private 成员更容易被访问。如果你声明一个成员是 public 的，那么这个成员就可以从任何地方被访问（可以从成员的类内，也可以从成员的类外）。当你想让一个方法成为外部世界访问你的对象的数据的门户时，你应该把它声明为 public 的。回过头来，验证一下 Mouse 类中的三个方法是否都使用了 public 访问修饰符。当你想让一个方法只帮助执行一个本地任务时，你应该把它声明为 private 的，但我们会把这个考虑推迟到第 8 章再解释。

再次看一下 Mouse 类的实例变量声明。请注意，我们把 age 和 weight 分别初始化为 0 和 1.0，但没有初始化生长速度百分比。这是因为我们对所有新生的 Mouse 对象的 age=0 和 weight=1.0 感到很舒服，但我们对 percentGrowthRate 的预定义初始值感到不舒服。据推测，我们希望对不同的 Mouse 对象使用不同的 percentGrowthRate（吃甜甜圈研究中的老鼠可能比吸烟研究中的老鼠有更高的 percentGrowthRate）。

在没有初始化 percentGrowthRate 实例变量的情况下，你如何设置老鼠对象的成长率？你可以让 Mouse 对象调用 setPercentGrowthRate 方法，用一个增长率值作为参数。例如，下面是一个 Mouse 对象如何设置其增长率为 10（百分比）的语句：

```
setPercentGrowthRate(10);
```

你可能还记得在第 5 章中，一个方法调用的括号值被称为参数。因此，在这个例子中，10 是一个参数。在 setPercentGrowthRate 的标题中，10 被传递到百分之一的 percentGrowthRate 变量中。方法标题中的括号变量被称为参数。因此，在图 6.4 的方法标题中，percentGrowthRate 是一个参数。在 setPercentGrowthRate 方法体中（方法的左、右大括号之间的代码），参数 percentGrowthRate 被赋值到 percentGrowthRate 实例变量中。下面是相关的赋值语句：

```
this.percentGrowthRate = percentGrowthRate;
```

注意 this.percentGrowthRate 中的"this."。this.是告诉 Java 编译器，你所指的变量是一个实例变量。因为右边的 percentGrowthRate 变量没有 this.，Java 编译器知道 percentGrowthRate 是指 percentGrowthRate 参数，而不是 percentGrowthRate 实例变量。在图 6.4 的 setPercentGrowthRate 方法中，实例变量和参数有相同的名字，这是一种常见的做法。区分这两个变量没有问题，因为实例变量使用了 this.，而参数则没有。

现在，看一下 Mouse 类的 display 和 grow 方法。display 方法是直接的，它输出老鼠的年龄和体重，grow 方法模拟老鼠一天的体重增长，增重公式在当前体重的基础上增加一定的百分比，这意味着老鼠在其生命中的每一天都将继续增长。这是对正常体重增长的简单描述，但不太准确。我们有意使体重增加的公式保持简单，以避免陷入复杂的数学计算中。在本章的最后一节，我们提供了更真实的生长模型。

最后，看一下 Mouse 类的注释。注意每个方法上面的描述。正确的风格表明，在每个方法上面，你应该有一个空行、一行星号、一个空行、一个方法的描述和另一个空行。空行和星号的作用是将方法分开。方法描述可以让正在阅读你的程序的人迅速了解这个程序表达什么意思。

6.4　驱动类

6.4.1　什么是驱动？

驱动 是一个常见的计算机术语，适用于运行或"驱动"其他东西的软件。例如，打印机驱动程序是一个负责运行打印机的程序。同样地，*驱动类* 是负责运行另一个类的类。

在图 6.5 中，我们介绍了一个 MouseDriver 类。我们把这个类命名为 MouseDriver 是因为它负责驱动 Mouse 类。之所以说 MouseDriver 类驱动 Mouse 类，是因为它创建了 Mouse 对象，然后对其进行操作。例如，gus = new Mouse()和 jaq = new Mouse()语句创建了 Mouse 对象 gus 和 jaq[①]，gus.setPercentGrowthRate (growthRate)语句通过更新 gus 的 percentGrowthRate 值来操作 gus 对象。

```
/*********************************
 * MouseDriver.java
 * Dean & Dean
 *
 * 这是 Mouse 类的驱动程序
 *********************************/

import java.util.Scanner;

public class MouseDriver
{
  public static void main(String[] args)
  {
    Scanner stdIn = new Scanner(System.in);
    double growthRate;
    Mouse gus = new Mouse();          创建两个
    Mouse jaq = new Mouse();          Mouse 对象

    System.out.print("Enter % growth rate: ");
    growthRate = stdIn.nextDouble();
    gus.setPercentGrowthRate(growthRate);
    jaq.setPercentGrowthRate(growthRate);
    gus.grow();
    jaq.grow();
    gus.grow();
    gus.display();
    jaq.display();
  } // main 结束
} // MouseDriver 类结束
```

图 6.5　驱动图 6.4 中 Mouse 类的 MouseDriver 类

通常情况下，一个驱动类完全由一个 main 方法组成，没有其他内容。驱动类及其 main 方法是程序

[①]　Gus 和 Jaq 是迪士尼经典电影《灰姑娘》中的小老鼠。

的起点，它调用驱动类创建对象并对其进行操作。被驱动类尽职尽责地执行创建对象和操作对象的请求。通常情况下，执行这些任务是程序的主要重点，它们的实现需要程序的大部分代码。因此，被驱动类通常（但不总是）比驱动类长。

驱动类（如 MouseDriver 类）与其所驱动的类处于不同的文件中。为了使它们能够从外部访问，驱动类必须是 public 的。每个 public 驱动类必须存储在一个单独的文件中，文件名与类名相同，所以 MouseDriver 类必须存储在一个名为 MouseDriver.java 的文件中。为了让 MouseDriver 的代码能够找到 Mouse 类，两个类应该在同一个目录下。①

6.4.2　引用变量

在 MouseDriver 类中，我们创建了 Mouse 对象，并使用 gus 和 jaq 来引用这些 Mouse 对象，其中 gus 和 jaq 是*引用变量*。引用变量中包含的值是对一个对象的"引用"（因而得名）。更准确地说，引用变量保存了一个对象在内存中的地址。图示解释见图 6.6，紧挨着 gus 和 jaq 的右边的小盒子代表地址。所以，gus 的小盒子存放着 1 号对象的地址。

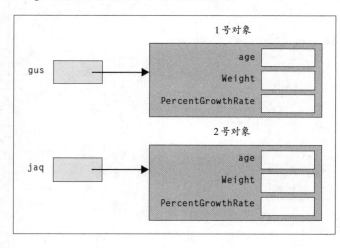

图 6.6　图 6.4 和图 6.5 中的 Mouse 程序的引用变量和对象（左边的两个引用变量 gus 和 jaq 包含指向右边两个对象的引用）

6.4.3　行业 OOP 白话

工业界的大多数 Java 程序员都不使用"引用变量"这个术语。相反，他们只使用"对象"这个术语。这模糊了引用变量和对象之间的区别。例如，在图 6.5 的 MouseDriver 类中，下面这条语句初始化了 gus 这个引用变量：

```
Mouse gus = new Mouse();
```

尽管它是一个引用变量，但大部分 Java 程序员会把 gus 称为一个对象。尽管普遍使用"对象"这个词来代替"引用变量"，但了解两者的区别是很重要的——对象持有一组数据，而引用变量持有该组数据在内存中的存储位置。了解对象和引用变量之间的区别将有助于你理解 Java 代码的行为。

---

① 之所以把两个类放在同一个目录下是为了保持简单。实际上，这些文件可以放在不同的目录下，但这样你就需要使用一个包来把你的类分组。附录 4 描述了如何将类分组到一个包中。

6.4.4　声明引用变量

在使用一个变量之前，你必须先声明它。例如，为了使用一个名为 count 的 int 变量，你必须首先像下面这样声明它：

```
int count;
```

同样地，为了使用一个 gus 引用变量，你必须首先像下面这样声明它：

```
Mouse gus;
```

正如你所看到的，声明引用变量的过程与声明原始变量的过程相同。唯一的区别是，对于引用变量，其左侧写的不是一个原始类型（如 int），而是一个类名（如 Mouse）。

6.4.5　实例化和为引用变量赋值

如你所知，引用变量的意义在于存储对一个对象的引用。但是在你能存储一个对象的引用之前，你必须有一个对象。所以让我们来看看如何创建对象。

要使用 new 操作符创建一个对象。例如，要创建一个 Mouse 对象，指定 new Mouse()。当你意识到 new Mouse() 创建了一个新的对象时，new 操作符应该是有意义的。创建一个对象的正式术语是*实例化*（instantiate）一个对象，所以 new Mouse() 实例化了一个对象。*instantiate* 是名词 instance 的动词化形式，它是"制造一个类的实例"或"创建一个对象"的计算机行话。

在实例化了一个对象后，通常会把它分配给一个引用变量。例如，要把一个 Mouse 对象赋给 gus 引用变量，可以这样做：

```
gus = new Mouse();
```

赋值后，gus 持有一个对新创建的 Mouse 对象的引用。

让我们回顾一下。下面的语句表示如何声明一个 gus 引用变量，实例化一个 Mouse 对象，并将该对象的地址赋值给 gus：

```
Mouse gus;          ← 声明
gus = new Mouse();  ← 实例化与赋值
```

再来看看如何只用一条语句做同样的事情：

```
Mouse gus = new Mouse();  ← 初始化
```

上面的语句就是出现在图 6.5 的 MouseDriver 类中的内容。这是一个初始化。如前所述，初始化是指你在一条语句中声明一个变量并给它赋值。

6.4.6　调用方法

在你实例化一个对象并把它的引用分配给一个引用变量后，可以使用下面这个语法调用/激发一个实例方法：

引用变量.方法名（使用逗号分隔的实参）;

下面是 MouseDriver 类的三个实例方法调用的例子：

```
gus.setPercentGrowthRate(growthRate);
gus.grow();
gus.display();
```

注意这三个方法调用是如何模仿语法模板的。第一个方法调用有一个参数，后面两个方法调用的参数个数为零。如果我们有一个含有两个参数的方法，我们会用两个参数来调用它，参数之间用逗号隔开。

当一个程序调用一个方法时，它将控制权从调用语句传递给被调用方法中的第一个可执行语句。例如，当 MouseDriver 的 main 方法用 gus.setPercentGrowthRate(growthRate)调用 setPercentGrowthRate 方法时，控制权就传递给 Mouse 类的 setPercentGrowthRate 方法中的如下语句：

```
this.percentGrowthRate = percentGrowthRate;
```

回到图 6.4 的 Mouse 类，验证 setPercentGrowthRate 方法中是否包含上述语句。

在任何被调用的方法的最后一条语句执行后，控制权会返回到调用方法的后方。图示解释见图 6.7。

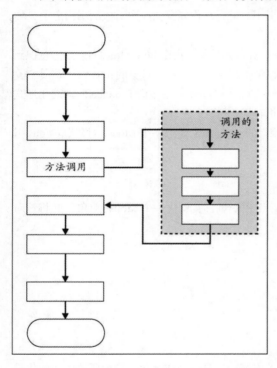

图 6.7　调用方法

6.5　调用对象与 this 引用

假设你有两个对象，它们是同一个类的实例，如 gus 和 jaq 是指属于 Mouse 类实例的两个对象。假设你想让这两个对象调用同一个实例方法如你希望 gus 和 jaq 都调用 setPercentGrowthRate。对于每个方法的调用，JVM 需要知道哪个对象要更新（如果 gus 调用 setPercentGrowthRate，那么 JVM 应该更新 gus 的 percentGrowthRate；如果 jaq 调用 setPercentGrowthRate，那么 JVM 应该更新 jaq 的 percentGrowthRate）。本节描述了 JVM 如何知道要更新哪个对象。

6.5.1 调用对象

正如第 5 章中所提到的，每当一个实例方法被调用时，它都与一个调用对象相关。你可以通过查看实例方法调用语句中点（.）的左边来识别调用对象。你能确定下面这个 main 方法的调用对象吗？

```
public static void main(String[] args)
{
  Scanner stdIn = new Scanner(System.in);
  double growthRate;
  Mouse gus = new Mouse();

  System.out.print("Enter % growth rate: ");
  growthRate = stdIn.nextDouble();
  gus.setPercentGrowthRate(growthRate);
  gus.grow();
  gus.display();
} // main 结束
```

gus 对象是这些语句的调用对象：

```
gus.setPercentGrowthRate(growthRate);
gus.grow();
gus.display();
```

还有其他调用对象吗？有的。stdIn 对象是这条语句的调用对象：

```
growthRate = stdIn.nextDouble();
```

6.5.2　this 引用

当你在看一条方法调用语句时，可以很容易地识别调用对象。但如果你在被调用的方法里面，你如何能知道是哪个对象调用了这个方法？例如，当你看到图 6.4 中的 Mouse 类的定义时，你能确定调用其 grow 方法的对象吗？下面是 grow 方法：

```
public void grow()
{
  this.weight +=
    (0.01 * this.percentGrowthRate * this.weight);
  this.age++;
} // grow 结束
```

代词 this 代表调用对象，但它并没有告诉你是哪个对象。因此，你不能仅通过查看被调用的方法来判断调用对象是什么，还必须看一下是什么在调用这个方法。如果调用 grow 方法的语句是 gus.grow()，那么 gus 就是调用对象；如果调用 grow 方法的语句是 jaq.grow()，那么 jaq 就是调用对象。正如我们在接下来的追踪中所看到的，你必须知道当前的调用对象是 gus 还是 jaq，这样你才能更新正确的对象。在上面的 grow 方法中，注意 this.weight 和 this.age。this 引用提醒你，weight 和 age 是实例变量。实例变量在哪个对象中？在调用对象中！

图 6.4 中的 setPercentGrowthRate 方法提供了另一个例子。下面是 setPercentGrowthRate 方法：

```
public void setPercentGrowthRate(double percentGrowthRate)
{
  this.percentGrowthRate = percentGrowthRate;
} // setPercentGrowthRate 结束
```

this 引用告诉你这个方法所在语句左边的变量是调用对象中的实例变量。如前所述，这条语句中的 this 引用也有助于编译器和人们区分左边的变量和右边的变量。在 OOP 出现之前，计算机语言并不具备 this 引用功能。然后，编译器和人们区分不同位置的变量（本质上指的是相同的事物）的唯一方法就是给它们起一个类似但略有不同的名称。

旧时代的程序员为了区分而设计出略有不同的名称，这种特殊情况的性质容易使程序变得混乱，增加了编程错误。Java 的 this 引用提供了一个标准的方法进行区分并同时显示关系。你可以用完全相同的名称来显示关系，然后用 this 引用进行区分。所以，现在已经没有必要为了这个目的而使用稍微不同的名称了，我们建议反对这种古老的做法。

尽管没有必要完全区分实例变量和参数，但是为了强调 Java 的 this 引用的意义和作用，我们将在所有实例变量的例子中使用它，直到下一章结束。使用 this 引用没有任何性能上的损失，而且它为每个人提供了一个直接的指示，表明该变量是一个实例变量。因此，它有助于解释程序；也就是说，它提供了有用的自文档。

6.6　实例变量

你已经接触了一段时间的实例变量了。你知道对象将其数据存储在实例变量中，也知道实例方法通过在实例变量前面加上 this 引用（如 this.weight）来访问实例变量。在本节中，将介绍更多的实例变量细节，即默认值和持久性。

6.6.1　实例变量的默认值

正如"默认"的常见定义所暗示的那样，变量的*默认值* 是指没有明确指定初始值时的变量值，也就是没有初始化时的值。不同类型的变量有不同的默认值。

到目前为止，我们已经介绍了两种整数类型——int 和 long。整数类型的实例变量默认分配为 0。但是在 Mouse 类中，注意我们将 age 实例变量初始化为 0：

```
private int age = 0; // 老鼠的年龄（天）
```

为什么要用显式初始化呢？即使省略了"=0"，age 也会被默认为 0。是的，无论哪种方式，程序的工作原理都是一样的。但是依赖隐藏的默认值是很糟糕的做法。通过明确地给变量赋值，我们显示了的意图。这是一种自文档化的代码形式。

有两种浮点类型——float 和 double。浮点类型的实例变量默认分配为 0.0。Mouse 类声明了两个浮点类型的实例变量——weight 和 percentGrowthRate：

```
private double weight = 1.0;       // 老鼠的体重（克）
private double percentGrowthRate; // 每天体重增加的百分比
```

在这种情况下，我们将 weight 实例变量初始化为 1.0，因此默认值不会发挥作用。我们没有初始化 percentGrowthRate 的值，所以 percentGrowthRate 默认被初始化为 0.0。我们刚才不是说过，依赖隐藏的默认值是很糟糕的做法吗？是的，但在这种情况下，我们并不依赖默认值。在 MouseDriver 类中，我们通过调用 setPercentGrowthRate 这样一个自定义值来覆盖 percentGrowthRate 默认值：

```
gus.setPercentGrowthRate(growthRate)
```

默认情况下，boolean 实例变量被分配为 false。例如，如果你在 Mouse 类中添加了一个名为 vaccinated

的 boolean 实例变量，默认情况下，vaccinated 将被分配为 false。

引用型实例变量默认分配为 null。例如，如果你添加了一个名为 breed 的字符串实例变量到 Mouse 类，breed 将被默认分配为 null。通常情况下，一个引用变量持有一个对象的地址，并且这个地址指向一个对象。Java 设计者在语言中加入了 null，以表示一个引用变量不指向任何东西。所以引用型实例变量的默认值是指向无。

下面是对实例变量默认值的总结。

实例变量的类型	默认值
整数	0
浮点数	0.0
Boolean	false
引用	null

6.6.2 实例变量的持久性

现在考虑变量的*持久性*。持久性是指一个变量的值在被抹去之前能存活多久。实例变量在一个特定对象的持续时间内持续存在。因此，如果一个对象进行了两次方法调用，第二次的方法调用不会将调用对象的实例变量重置为其初始值；相反，该对象的实例变量在一次方法调用后会保留其值。例如，在 MouseDriver 类中，gus 调用 grow 方法两次。在第一次调用 grow 方法时，gus 的年龄从 0 递增到 1；在第二次调用 grow 方法时，gus 的年龄从 1 递增到 2。gus 的年龄在第一次调用 grow 方法后保留了它的值，因为 age 是一个实例变量。

6.7 追踪 OOP 程序

为了巩固你在本章中所学到的知识，我们将追踪 Mouse 程序。还记得我们在前几章中使用的追踪程序吗？它对只有一个方法（main 方法）的程序很有效，但是对于有多个类和多个方法的 OOP 程序，你需要追踪所在的类方法，以及调用该方法的对象。此外，你还需要追踪参数和实例变量。这就需要一个更复杂的追踪表。

在追踪 Mouse 程序时，我们将使用一个稍微不同的驱动程序，即 MouseDriver2 类，如图 6.8 所示。在 MouseDriver2 中，我们延迟单个老鼠的实例化，并在每次实例化后立即分配其增长率（通过调用 setPercentGrowthRate）。这是更好的风格，因为它将每个对象的实例化与它的增长率分配更紧密地联系起来。然而，在改变驱动类时，我们"不小心"忘记了为第二只老鼠 jaq 调用 setPercentGrowthRate。你可以在输出中看到这个逻辑错误的影响——jaq 并没有成长（第一天之后，jaq 仍然只有 1 克重）。现在假设你不知道为什么会发生这个错误，并使用追踪来帮助你找到原因。记住，当你需要帮助调试程序的时候，追踪是一个有效的工具。

> 使用追踪来找到问题的原因。

为了进行追踪，除了驱动程序，你还需要被驱动类的代码，为了方便，我们在图 6.9 中重复了原始的驱动 Mouse 类。

```
 1    /*************************************************
 2    * MouseDriver2.java
 3    * Dean & Dean
 4    *
 5    * Mouse 类的驱动程序
 6    *************************************************/
 7
 8    import java.util.Scanner;
 9
10    public class MouseDriver2
11    {
12      public static void main(String[] args)
13      {
14        Scanner stdIn = new Scanner(System.in);
15        double growthRate;
16        Mouse gus, jaq;        ◄── 此处声明引用变量但没有初始化
17
18        System.out.print("Enter % growth rate: ");
19        growthRate = stdIn.nextDouble();    ⎫
20        gus = new Mouse();                  ⎬◄── 尝试对初始化活动进行分组
21        gus.setPercentGrowthRate(growthRate); ⎭
22        gus.grow();
23        gus.display();
24        jaq = new Mouse();
25        jaq.grow();    ◄── 这里有一个逻辑错误。我们"不
26        jaq.display();      小心"忘记了初始化 jaq 的增长率
27      } // main 结束
28    } // MouseDriver2 类结束
```

示例会话：
```
Enter % growth rate: 10
Age = 1, weight = 1.100
Age = 1, weight = 1.000   ◄── jaq 没有增长。这是个 bug
```

图 6.8　驱动图 6.9 中 Mouse 类的 MouseDriver2 类

```
 1    /*****************************************************************
 2    * Mouse.java
 3    * Dean & Dean
 4    *
 5    * 模拟老鼠生长的类
 6    *****************************************************************/
 7
 8    public class Mouse
 9    {
10      private int age = 0;               // 老鼠的年龄（天）
11      private double weight = 1.0;       // 老鼠的体重（克）
12      private double percentGrowthRate;  // 每天体重增加百分比
13
```

图 6.9　Mouse 类，与图 6.4 重复

```
14    //*************************************************************
15
16    // 指定老鼠的生长速度百分比
17
18    public void setPercentGrowthRate(double percentGrowthRate)
19    {
20      this.percentGrowthRate = percentGrowthRate;
21    } // setPercentGrowthRate 结束
22
23    // *************************************************************
24
25    // 模拟老鼠一天的生长
26
27    public void grow()
28    {
29      this.weight +=
30        (.01 * this.percentGrowthRate * this.weight);
31      this.age++;
32    } // grow 结束
33
34    // *************************************************************
35
36    // 输出老鼠的年龄和体重
37
38    public void display()
39    {
40      System.out.printf(
41        "Age = %d, weight = %.3f\n", this.age, this.weight);
42    } // display 结束
43  } // Mouse 类结束
```

图 6.9 （续）

6.7.1 追踪设置

图 6.10 显示了 Mouse 程序的追踪设置。和前几章的追踪一样，输入在左上角。与前几章的追踪不同的是，输入下的标题需要多于一行。第一行标题显示了类的名称——MouseDriver2 和 Mouse。每个类标题的下方是该类的每个方法的标题。在追踪设置中，找到 setPercentGrowthRate、grow 和 display 方法的标题（为了节省空间，我们把 setPercentGrowthRate 和 display 分别简写为 setPGR 和 disp）。在每个方法标题下，都有一个关于该方法的局部变量和参数的标题。

输入									
10									
MouseDriver2				Mouse					
行号	main			行号	setPGR		grow	disp	
	rate	gus	jaq		this	rate	this	this	输出

图 6.10 Mouse 程序的追踪设置

我们将在后面详细讨论*局部变量*，现在只需知道 growthRate（在追踪设置中简写为 rate）、gus 和 jaq 被认为是局部变量，因为它们是在一个特定的方法（main 方法）中声明和使用的。与 age、weight 和 percentGrowthRate 实例变量不同，growthRate、gus 和 jap 是在所有方法之外、类的顶部声明的。请注意，stdIn 是 main 方法中的另一个局部变量，但是没有必要追踪它，因为它是从一个应用程序接口（API）类 Scanner 中实例化出来的。没有必要追踪 API 类，因为它们已经被 Java 语言的开发者彻底追踪和测试过了。你可以假设它们工作正常。

现在让我们来检查一下追踪设置的参数。setPercentGrowthRate 方法有两个参数：percentGrowthRate（在追踪设置中缩写为 rate）和 this 引用（一个隐式参数）。你可能还记得，this 引用指向调用对象。setPercentGrowthRate、grow 和 display 方法中包含一列 this，以便跟踪记录调用该方法的对象。

注意 Mouse 标题下的空白区域。当我们执行追踪时，会在那里填入更多的标题。

6.7.2　追踪的执行

以图 6.10 的追踪设置为起点，我们将引导你完成图 6.11 所示追踪的关键部分。我们将专注于追踪 OOP 部分，因为这些部分对你来说是新的内容。当启动一个方法时，在该方法的局部变量标题下为每个局部变量写上初始值，若该局部变量未初始化，请写上问号。在图 6.11 追踪的前三行，注意未初始化的 growthRate（缩写为 rate）、gus 和 jaq 局部变量下的问号。

当一个对象被实例化时，在该对象的类名标题下提供一个名为 obj# 的列标题，其中 # 是一个唯一的数字。在 obj# 标题下，为对象的每个实例变量提供一个下划线的列标题。在实例变量的标题下，为每个实例变量写上初始值。在图 6.11 的追踪中，注意 obj1 和 obj2 的列标题以及它们的 age、weight 和 percentGrowthRate（缩写为 rate）子标题。同时注意 age、weight 和 percentGrowthRate 等实例变量的初始值。

当有向引用变量的赋值时，在引用变量的列标题下写上 obj#，其中 obj# 与追踪的对象部分中的相关 obj# 相匹配。例如，在追踪 gus = new Mouse(); 语句时创建了 obj1，因此，把 obj1 放在了 gus 列的标题下，如图 6.11 所示。

当有方法被调用时，在被调用方法的 this 列标题下写上调用对象的 obj#。在图 6.11 的追踪中，在 setPercentGrowthRate 的 this 标题下注意 obj1。如果调用的方法包含一个参数，在被调用方法的相关参数下写出参数的值。在追踪中，在 setPercentGrowthRate 的 percentGrowthRate 标题下写上传入的 10。在方法内部如果有一个 this 引用，在方法的 this 列标题下找到 obj#。然后在 obj# 标题的下方，读取或更新 obj# 的相应值。在图 6.9 的 Mouse 类中，注意 setPercentGrowthRate 方法体中的 this.percentGrowthRate。在追踪中，注意 setPercentGrowthRate 的 this 引用是指 obj1，所以 obj1 的 percentGrowthRate 被相应地更新。

当你完成对一个方法的追踪时，在该方法的变量值下画一条水平线，以表示对该方法追踪的结束，并标志着该方法的局部变量的值被清除了。例如，在追踪中，Mouse 的第 20 行在 setPGR 下的粗横线表示 setPercentGrowthRate 方法的结束，标志着 percentGrowthRate 的值被抹去了。

输入
10

行号	rate	gus	jaq	行号	this	rate	this	this	age	wt	rate	age	wt	rate	输出
	MouseDriver2	main			Mouse	setPGR	setPGR	grow	disp	obj1	obj1	obj1	obj2	obj2	obj2	
15	?															
16		?	?													
18																Enter % growth rate:
19	10.0															
20																
				10					0						
				11						1.000					
				12							0.0				
20		obj1													
21					obj1	10.0									
				20							10.0				
22							obj1								
				29						1.100					
				31					1						
23								obj1							
				40											Age = 1, weight = 1.100
24															
				10								0			
				11									1.000		
				12										0.0	
24			obj2												
25							obj2								
				29									1.000		
				31								1			
26								obj2							
				40											Age = 1, weight = 1.000

图 6.11　Mouse 程序完成追踪

现在我们已经引导你学习了追踪 OOP 程序的新技术，鼓励你回到图 6.10 中的追踪设置，自己完成整个追踪。请特别注意 gus 和 jaq 调用 grow 方法时发生的情况。验证 gus 的体重增加了（应该的），jaq 的体重没有增加（一个错误）。当你完成追踪后，将你的答案与图 6.11 进行

练习。

比较。

　　本书中使用的长篇追踪的经验将使你更容易理解集成开发环境（IDE）中的自动调试器所告诉你的东西。在 IDE 调试器的控制下以调试模式运行的程序中，当你到达一个方法调用时，你有两个选择。你可以"进入"并浏览被调用方法中的所有语句，就像我们在图 6.11 中做的那样；或者你可以"跨过"，只看方法返回后发生了什么。在一个典型的调试活动中，你将结合使用"进入"和"跨过"。对于我们所考虑的例子问题，图 6.8 中的示例会话告诉你，第一个对象的模拟是好的，问题出在第二个对象上。因此，合适的做法是在 MouseDriver2 类中从第 23 行开始进行方法调用。然后，从 MouseDriver2 类的第 24 行开始，进入方法调用，以找出问题的根源。

在纸上追踪模拟 IDE 调试器。

6.8　UML 类图

　　Mouse 类的增长方法不是很灵活，它迫使驱动程序为每一天单独调用 grow 方法，或者为每一个多天的模拟提供一个 for 循环，这并不是好的风格。最好是在驱动类中包含多日功能。在本节中，我们提出了一个修订的 Mouse 类，它的 grow 方法可以处理任何天数，而不仅仅是一天。

组织。

　　为了指定一个第二代 Mouse 类（Mouse2）和一个相关的驱动类（Mouse2Driver），让我们创建另一个 UML 类图。图 6.3 展示的是一个简略的 UML 类图，它没有包括所有的标准特征。而这一次，在图 6.12 展示了一个 UML 类图，它包括所有的标准特性，外加一个额外的特性。

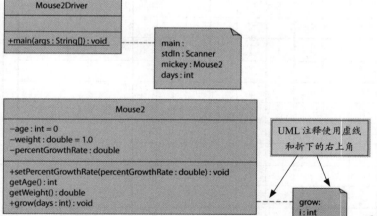

图 6.12　第二代 Mouse 程序的 UML 类图

　　图 6.12 的类图包括两个类的类图框，一个是 Mouse2 Driver 类的图，另一个是 Mouse2 类的图。和原来的 Mouse 类一样，Mouse2 类也有三个第二代 Mouse 程序实例变量（age、weight 和 percentGrowthRate）和 setPercentGrowthRate 方法，但是 getAge 和 getWeight 方法是新的，而 grow 方法是改进的。getAge 方法可以检索老鼠的年龄。请记住，age 变量是 private 的，所以从外部读取 Mouse 对象年龄的唯一方法是使用一个 public 方法——getAge 方法。getWeight 方法可以检索老鼠的体重。grow 方法模拟老鼠在指定天数内的成长。注意 days 参数，天数被传递到 days 参数中，然后该方法就会知道

要模拟多少天。

下面是一些图 6.3 中未显示但图 6.12 中显示的标准 UML 类图特征。

● 为了指定成员的可访问性，请在所有成员的规格前加上-（private 访问）或+（public 访问）前缀。实例变量的前缀为-，因为我们希望它们是 private 的，而方法的前缀为+，因为我们希望它们是 public 的。

● 为了指定初始化，在每个包含初始化的变量声明中添加"=值"。例如，在 age 实例变量的说明后面有"=0"。

● MouseDriver 类图框中的 main 方法添加了下划线，因为 main 方法是用 static 修饰符声明的。UML 标准建议在所有使用 static 修饰符声明的方法和变量下添加下划线。正如你在第 5 章中所学到的，static 修饰符表示一个类成员。你将在第 7 章学习更多关于类成员的知识。

● 在每个方法中包括一个"：类型"后缀。这指定了该方法的返回值类型。图 6.4 中 Mouse 类的所有方法都返回 void（无），但在第 5 章中，你会发现许多 Java API 静态方法的返回类型是 int 和 double，我们将在本章后面讨论此类方法的实现。

图 6.12 还包括一个额外的 UML 类图特征。它有 main 和 grow 这两个方法的*注释*，这些注释是由右上角折角的矩形进行描述的。为什么是折角？它们应该给人一种折角的纸片的印象，这是一个硬拷贝"笔记"的标志。在 UML 类图中包括一个完全可选的注解。通常不会使用它们，但这次使用了，因为我们想展示如何在 UML 类图中包含局部变量。

6.9　局部变量

局部变量 是一个在方法中"局部"声明和使用的变量。这与实例变量不同，后者是在类的顶部声明的，在所有方法之外。正如你现在可能意识到的，我们在本章之前的章节中定义的所有变量都是局部变量。它们都是在 main 方法中声明的，所以它们都是 main 方法中的局部变量。直到现在，我们才准备详细解释"局部变量"这个术语，因为之前除了 main 方法以外，没有其他方法，而且变量是 main 的局部变量这个概念也没有什么意义，但 OOP 的背景使局部变量的概念更有意义。

6.9.1　范围

局部变量具有*局部范围*——它只能在变量被声明到变量块结束这段时间内使用。变量*块*是由最接近变量声明的一对大括号建立的。大多数情况下，你应该在方法体的顶部声明方法的局部变量。这样，这些变量的作用域就是整个方法的主体。

for 循环中的索引变量也是局部变量，但它们很特别。它们的作用域规则与上面描述的略有不同。正如你在第 4 章中所知道的，你通常应该在 for 循环的标题中声明 for 循环的索引变量。这样一个变量的作用域是 for 循环的标题和 for 循环的主体。

方法参数通常不被认为是局部变量，因为它们是用相应的方法调用参数的值进行初始化的。然而，它们与局部变量非常相似，因为它们也是在一个方法中"局部"声明和使用的。与局部变量一样，一个方法的参数的作用域仅限于该方法的主体。

让我们通过比较局部范围和实例变量使用的范围来完成对范围的讨论。局部范围的变量只能在一个特定的方法中被访问，而实例变量可以在实例变量的类中的任何实例方法中被访问。此外，如果一个实例变量是用 public 访问修饰符声明的，那么它可以从实例变量类的外部被访问（在实例变量类的实例化对象的帮助下）。

6.9.2　Mouse2Driver 类

为了说明局部变量的原理，我们在图 6.13 和图 6.14 中展示了 Mouse2 程序。代码中含有行号，以方便在章末练习中进行追踪。Mouse2Driver 类中的 main 方法有 stdIn、mickey 和 days 三个局部变量。这些变量出现在图 6.12 顶部的 UML 类图注释中，它们也作为声明出现在图 6.13 的 main 方法中。

让我们来看看图 6.13 的 Mouse2Driver 类。在对 setPercentGrowthRate 方法的调用中，注意我们传入了一个常数 10，而不是一个变量。通常情况下，你会使用变量作为你的参数，但这个例子表明使用常数也是合法的。在设置了增长率的百分比后，我们提示用户输入模拟生长的天数，然后将 days 的值传到 grow 方法中。

```
1   /***********************************************
2   * Mouse2Driver.java
3   * Dean & Dean
4   *
5   * Mouse2 类的驱动程序
6   ***********************************************/
7
8   import java.util.Scanner;
9
10  public class Mouse2Driver
11  {
12    public static void main(String[] args)
13    {
14      Scanner stdIn = new Scanner(System.in);      ┐
15      Mouse2 mickey = new Mouse2();                 ├──  局部变量
16      int days;                                     ┘
17
18      mickey.setPercentGrowthRate(10);
19      System.out.print("Enter number of days to grow: ");
20      days = stdIn.nextInt();
21      mickey.grow(days);
22      System.out.printf("Age = %d, weight = %.3f\n",
23        mickey.getAge(), mickey.getWeight());
24    } // main 结束
25  } // Mouse2Driver 类结束
```

图 6.13　驱动图 6.14 中 Mouse2 类的 Mouse2Driver 类

然后通过在 printf 语句中嵌入 getAge 和 getWeight 方法的调用输出 mickey 的 age 和 weight。

6.9.3 Mouse2 类

现在看一下图 6.14 中的 Mouse2 类，其中有任何局部变量吗？age、weight 和 percentGrowthRate 变量是实例变量，而不是局部变量，因为它们是在类的顶部，在所有方法之外声明的。在 grow 方法中，通过在每个实例变量前加一个 this 引用来强调这一事实。grow 方法中还包括一个局部变量，即 for 循环中的 i。由于 i 是在 for 循环标题中声明的，它的作用域仅限于 for 循环块，因此只能在 for 循环中读取和更新 i。如果你试图在 for 循环之外访问 i，就会得到一个编译错误。这个 grow 方法类似于前一个 Mouse 程序的 grow 方法，但这次使用了一个 for 循环来模拟多天的生长，而不是只有一天，days 参数决定了这个循环会重复多少次。

```
1   /***********************************************************
2    * Mouse2.java
3    * Dean & Dean
4    *
5    * 模拟老鼠生长的类
6    ***********************************************************/
7
8   import java.util.Scanner;
9
10  public class Mouse2
11  {
12    private int age = 0;          // 年龄（天）
13    private double weight = 1.0;      // 体重（克）
14    private double percentGrowthRate; // 每天体重增加百分比
15
16    // ***********************************************************
17
18    public void setPercentGrowthRate(double percentGrowthRate)
19    {
20      this.percentGrowthRate = percentGrowthRate;          形参
21    } // setPercentGrowthRate 结束
22
23    // ***********************************************************
24
25    public int getAge()
26    {
27      return this.age;
28    }  // getAge 结束
29
30    // ***********************************************************
31
32    public double getWeight()
33    {
34      return this.weight;
```

图 6.14 Mouse2 类

```
35     } // getWeight 结束
36
37     // ************************************************************
38
39     public void grow(int days)                    形参
40     {
41       for (int i=0; i<days; i++)                   局部变量
42       {
43         this.weight +=
44           (0.01 * this.percentGrowthRate * this.weight);
45       }
46       this.age += days;
47     } // grow 结束
48 } // Mouse2 类结束
```

图 6.14　（续）

　　之前，我们介绍了实例变量的默认值。现在，我们将介绍局部变量的默认值。局部变量默认包含*垃圾*。"垃圾"意味着变量的值是未知的，它是在变量被创建时刚好在内存中的东西。如果一个程序试图访问一个包含"垃圾"的变量，编译器会产生一个编译错误。

　　例如，如果从图 6.14 中的 grow 方法的 for 循环标题中删除 i=0 的初始化，会发生什么？换句话说，假设这个 for 循环被替换成下面这样：

```
for (int i; i<days; i++)
{
  this.weight +=
    (0.01 * this.percentGrowthRate * this.weight);
}
```

　　因为 i 不再被赋值为 0，所以当 i<days 条件被测试时，i 包含"垃圾"。如果你试图用这样的语句来⚠️编译代码，它就不会被编译，编译器会报告：

```
variable i might not have been initialized（变量 i 可能还没有被初始化）
```

6.9.4　局部变量的持久性

　　好吧，让我们假设你确实初始化了一个局部变量。它将*持续* 多长时间？一个局部变量（或参数）只在其范围内持续存在，并且只在定义它的方法的当前时间内持续存在。下次调用该方法时，局部变量的值会重置为垃圾值或其初始值。在一个方法终止后，在追踪中画出的水平线提醒你，方法终止会将方法中的所有局部变量转换为"垃圾"。

6.10　return 语句

　　如果你回顾一下图 6.4 和图 6.10 中的原始 Mouse 类，你会注意到每个方法的标题都有一个位于方法名左边的 void 修饰符，这意味着该方法不返回任何值，我们可以说"该方法有一个无效的返回类型"或者更简单地说"这是一个无效的方法"。但是回顾第 5 章，许多 Java API 方法都会返回某种类型的值，在每一种情况下，返回值的类型都由位于方法名左侧的方法标题中适当的返回类型表示。

6.10.1 返回一个值

如果你看一下图 6.14 中的 Mouse2 类，你会发现其中有两个方法的返回类型与 void 不同。下面是其中一个方法：

```
public int getAge()          return 类型
{
   return this.age;          return 语句
} // getAge 结束
```

这个方法的 return 语句允许你将一个值从该方法传回调用该方法的地方。在这个例子中，getAge 方法将年龄返回到图 6.13 中 Mouse2Driver 的 printf 语句。下面是那条语句：

```
System.out.printf("Age = %d, weight = %.3f\n",
   mickey.getAge(), mickey.getWeight());
                            方法调用
```

实际上，JVM 将返回值（this.age）分配给了方法调用（mickey.getAge()）。为了进行心里的追踪，想象一下，方法调用被返回值所覆盖。因此，如果 mickey 的年龄是 2，那么就会返回 2，你可以用 2 这个值替换 getAge 的方法调用。

每当一个方法标题的类型与 void 不同时，该方法必须通过 return 语句返回一个值，并且该值的类型必须与方法标题中指定的类型一致。例如，getAge 方法的标题指定了一个 int 的返回类型，则 getAge 方法中的 return 语句就返回 this.age。在图 6.14 中，age 实例变量被声明为 int，这与 getAge 的 int 返回类型一致，所以一切正常。在 return 这个词后面有一个表达式也是可以的，并不局限于只拥有一个简单的变量，但是这个表达式的返回类型必须与其所在方法的返回类型一致。例如，使用下面这个语句是否合法？

```
return this.age + 1;
```

合法，因为 this.age + 1 的值是一个 int 类型，而这与 getAge 方法的返回类型一致。

当一个方法包括条件性分支时（用 if 语句或 switch 结构），有可能从方法的多个地方返回值。在这种情况下，所有的返回值必须与方法标题中指定的类型一致。

6.10.2 空 return 语句

对于具有无效返回类型的方法，有一个空的 return 语句是合法的。空 return 语句看起来像这样：

```
return;
```

空 return 语句做了你所期望的事情。它终止了当前的方法，并使控制权在紧接着方法调用的地方被传回给调用模块。下面是之前的 grow 方法的一个变体，它使用了一个空 return 语句：

```
public void grow(int days)
{
   int endAge = this.age + days;

   while (this.age < endAge)
   {
     if (this.age >= 100)
     {
       return;          空 return 语句
```

```
    }
    this.weight +=
      .01 * this.percentGrowthRate * this.weight;
    this.age++;
  } // while 结束
 } // grow 结束
```

在这个 grow 方法的变体中，我们在"青春期"之后的 100 天切断了衰老过程，在循环中检查 age，当 age 不小于 100 时返回。注意这个空的 return 语句，因为没有返回任何东西，该方法的标题必须指定返回类型为 void。

在同一个方法中出现一个空的 return 语句和一个非空的 return 语句是非法的。为什么？空的和非空的 return 语句有不同的返回类型（空的 return 语句为 void，非空的 return 语句为其他类型），没有办法在标题中指定一种类型，同时匹配两种不同的返回类型。

空 return 语句是一个有用的语句，因为它提供了一个快速退出方法的简单步骤。然而，它并没有提供独特的功能。使用空 return 语句的代码总是可以被没有 return 语句的代码取代。例如，下面是一个上一个 grow 方法的无 return 语句版本：

```
public void grow(int days)
{
  int endAge = this.age + days;

  if (endAge > 100)
  {
    endAge = 100;
  }
  while (this.age < endAge)
  {
    this.weight +=
      .01 * this.percentGrowthRate * this.weight;
    this.age++;
  }  // while 结束
} // grow 结束
```

6.10.3　循环中的 return 语句

程序员们经常被要求维护（修复和改进）其他人的代码。在这样做的时候，他们经常发现自己不得不检查循环，更具体地说，检查正在工作的程序中的循环终止条件。因此，明确循环终止条件是很重要的。通常情况下，循环终止条件出现在标准循环条件部分。对于 while 循环，它位于顶部；对于 do 循环，它位于底部；对于 for 循环，它位于标题的第二个部分。然而，循环内的 return 语句会导致循环终止条件不在标准位置上。例如，在上一小节的第一个 grow 方法中，return 语句位于 if 语句中，因此循环终止条件被"隐藏"在 if 语句的条件中。

为了保证代码的可维护性，在考虑在循环内使用 return 语句时，你应该有所节制。根据上下文，如果在循环中插入 return 语句可以提高清晰度，那么请随意插入。但是，如果它只是让编码工作变得更容易，而没有提高清晰度，那么就不要插入。那么，哪种增长的实现方式更好，是空返回版本还是无返回版本？一般来说，出于对可维护性的考虑，我们更喜欢无返回的版本。然而，由于我们的两个处于未成熟期的 grow 方法的代码都很简单，所以在这里并没有什么区别。

6.11　参数传递

在上一节中，你看到当一个方法完成后，JVM 会有效地将返回值分配给方法调用。本节将描述另一个方向的类似传递。当一个方法被调用时，JVM 会有效地将调用语句中的每个参数的值分配给被调用方法中的相应参数。

6.11.1　示例

让我们通过一个例子来研究参数的传递——我们的 Mouse 程序的另一个版本叫 Mouse3。下面是这个新版本的驱动程序 Mouse3Driver 的代码：

```
public class Mouse3Driver
{
  public static void main(String[] args)
  {
    Mouse3 minnie = new Mouse3();
    int days = 365;

    minnie.grow(days);
    System.out.println("# of days aged = " + days);
  } // main 结束
} // Mouse3Driver 类结束
```

> JVM 对 day 的值进行了复制，并将其传递给 grow 方法

Mouse3Driver 类用一个名为 days 的参数调用 grow 方法，这个参数的值刚好是 365。然后它把这个值（365）分配给 grow 方法中名为 days 的参数。下面的代码显示了 days 参数在 grow 方法中发生的情况：

```
public class Mouse3
{
  private int age = 0;                  // 年龄（天）
  private double weight = 1.0;          // 体重（克）
  private double percentGrowthRate = 10; // 每天体重增加百分比
  public void grow(int days)
  {
    this.age += days;
    while (days > 0)
    {
      this.weight +=
        .01 * this.percentGrowthRate * this.weight;
      days--;
    }
  } // grow 结束
} // Mouse3 类结束
```

> JVM 将传入的值分配给 days 参数

> days 参数自减到 0

在一个方法中，参数会被当作局部变量对待。唯一的区别是，局部变量在方法中被初始化，而参数在方法调用中被参数初始化。正如你在上面的循环体中所看到的，days 参数递减到了 0。在 Mouse3Driver 的 main 方法中，days 变量会发生什么？因为这两个 days 变量是不同的，main 方法中的 days 变量不会随

着 grow 方法中的 days 参数而改变。所以当 Mouse3Driver 输出它的 days 的值时，输出的是 365 这个不变的值，就像下面这样：

```
# of days aged = 365.
```

6.11.2 值传递

Java 在其参数传递方案中使用了*值传递*。图 6.15 说明了值传递意味着 JVM 将参数值的一个副本（而不是参数本身）传递给参数，改变副本并不会改变其原始值。

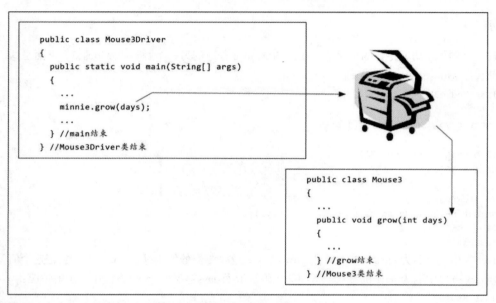

图 6.15 值传递指的是将参数值的副本传递到相应的参数中

在 Mouse3Driver 类和 Mouse3 类中，调用方法的参数是 days，grow 方法的参数也是 days。这两个参数是同一个变量吗？不是！它们是分别封装在不同代码块中的独立变量。因为这两个变量在不同的代码块中，且描述的是同一类事物，所以给它们取相同的名称也是可以的，并不存在冲突。当名称在不同的代码块中时，你不必担心它们是否相同，这就是封装的魅力所在。如果你被禁止在不同的代码块中使用相同的名称，那么对于很大的程序而言，将是个可怕的噩梦。

6.11.3 实参-形参对的同名和异名

大多数情况下，你会想为实参-形参对使用相同的名称。但是请注意，使用不同的名称是合法的，而且相当普遍。当为一个实参-形参对使用不同的名称更自然且合理时，就使用不同的名称。唯一的要求是，实参的类型必须与形参的类型一致。例如，在 Mouse3 程序中，如果 num 是一个 int 变量，那么下面的方法调用成功地将 num 的值传递给 days int 参数。

```
minnnie.grow(num);
```

6.12　专用方法：访问器、修改器和布尔方法

现在让我们来讨论一些常见的专用方法类型。你不会被要求学习任何新的语法，只是应用一下到目前为止所学到的东西。

6.12.1　访问器方法

*访问器*是一种检索对象的部分存储数据的方法，通常是 private 数据。注意下面的 getAge 和 getWeight 方法（取自图 6.14 的 Mouse2 类）。它们是访问器方法，因为它们分别检索了实例变量 age 和 weight 的值。

```
public int getAge()
{
  return this.age;
} // getAge 结束
public double getWeight()
{
  return this.weight;
} // getWeight 结束
```

正如 getAge 和 getWeight 方法所证明的，访问器方法应该以 get 为前缀来命名。这也是访问器方法经常被称为 *get 方法*的原因。

一个方法只执行一项任务，它应该实现能够完成其名称所暗示的一件事。例如，一个 getAge 方法应该简单地返回其对象的 age 实例变量值，而不做其他事情。我们提到这个概念是因为有时会有一种诱惑，即为一个方法提供额外的功能以避免在其他地方实现该功能。一个特别常见的 faux pas（法语术语，意思是礼节上的错误）是，给一个不需要输出的方法添加输出语句。例如，一个新手程序员可能会这样实现下面这种 getAge 方法：

```
public int getAge()
{
  System.out.println("Age = " + this.age);   ◀——  不合适的输出语句
  return this.age;
} // getAge 结束
```

这个 getAge 方法对于新手的程序来说可能很好用，它考虑到了 getAge 方法的非标准输出语句。但是如果另一个程序员需要使用该程序，并在以后调用 getAge 方法，另一个程序员会惊讶地发现非标准的输出语句。另一个程序员将不得不：①适应输出语句；②从 getAge 方法中删除它，并检查是否有连锁反应。为了避免这种情况，只有当方法的目的是输出内容时，你才应该在方法中添加输出语句。

上述规则的例外是，当你试图调试程序时，在方法中临时添加输出语句是可以接受的，也是有帮助的。例如，如果认为你的 getAge 方法有问题，你可能想在 getAge 方法返回年龄值之前添加上述输出语句来验证它的正确性。如果你添加了这样的调试输出语句，别忘了在程序正常工作时删除它们。

用临时输出语句进行调试。

6.12.2 修改器方法

修改器 是一种方法，它通过改变一个对象的部分或全部存储数据（通常是 private 数据）来改变或"突变"该对象的状态。例如，下面是设置或改变 percentGrowthRate 实例变量的修改器方法：

```
public void setPercentGrowthRate(double percentGrowthRate)
{
   this.percentGrowthRate = percentGrowthRate;
} //setPercentGrowthRate 结束
```

正如 setPercentGrowthRate 方法证明的那样，修改器方法应该以 set 为前缀来命名。这也是修改器方法经常被称为 *set 方法*的原因。

访问器允许你读取一个 private 实例变量，而修改器允许你更新一个 private 实例变量。如果你为一个 private 实例变量提供一个访问器和简单的修改器，如上面的 setPercentGrowthRate 方法，那么它就有效地将这个 private 实例变量转换成了一个 public 实例变量，并且破坏了该变量的封装。仅有一个访问器并没有什么危险，但有一个简单的修改器，就可以让外部人员输入一个不合理的值，这可能会产生不稳定的程序运行。然而，如果你在修改器中加入约束检查和纠正代码，那么它们可以作为数据*过滤器*，只将适当的数据分配给你的 private 实例变量。例如，下面的 setPercentGrowthRate 修改器可以过滤掉小于-100%的增长率：

> 使用修改器来过滤输入。

```
public void setPercentGrowthRate(double percentGrowthRate)
{
   if (percentGrowthRate < -100)
   {
      System.out.println("Attempt to assign an invalid growth rate.");
   }
   else
   {
      this.percentGrowthRate = percentGrowthRate;
   }
} // setPercentGrowthRate 结束
```

我们的例子中偶尔会包括一些修改器的错误检查来说明这个过滤功能，但是为了减少混乱，通常会采用最小的形式。

6.12.3 布尔方法

*布尔方法*检查某些条件是否为真或假，如果条件为真，则返回 true；如果条件为假，则返回 false。为了适应 boolean 的返回值，布尔方法必须总是指定一个 boolean 的返回类型。布尔方法的名称通常应该以 is 开头。例如，这里有一个 isAdolescent 方法，通过比较 Mouse 对象的 age 值与 100 天来确定它是否未成熟（我们作了一个简化的假设，任何小于 100 天的老鼠都被认为是未成熟）：

```
public boolean isAdolescent()
{
   if (this.age <= 100)
   {
      return true;
   }
```

```
    else
    {
      return false;
    }
} // isAdolescent 结束
```

下面是这段代码可能被缩短的情况：

```
public boolean isAdolescent()
{
  return this.age <= 100;
} // isAdolescent 结束
```

为了说明缩短后的方法如何工作，我们将插入样本值。首先，让我们确定一下目标：只要 age 不大于 100，我们就希望该方法返回真值，以表示未成熟。如果 age 是 50，返回什么？true（这是因为 return 语句中的 this.age <= 100 表达式的结果为 true）。如果 age 是 102，返回什么？ false（这是因为 return 语句的 this.age <= 100 表达式的结果为 false）。用任何数字表示 age，你会发现缩短后的函数确实能正常工作。换句话说，只要 age 不大于 100，缩短后的 isAdolescent 方法确实会返回 true。

你是否为 return 语句的返回表达式外部没有括号而感到困惑？对于使用条件的语句（if 语句、while 语句等），条件必须用括号包围；对于 return 语句的返回表达式，括号是可选的。在行业中，你会看到两种情况，有时有括号，有时省略括号。

下面是 isAdolescent 方法在调用模块中的使用方式：

```
Mouse pinky = new Mouse();
...
if (pinky.isAdolescent() == false)
{
  System.out.println("The mouse's growth is no longer" +
    " being simulated - too old.");
}
```

你知道如何缩短上面的 if 语句吗？下面是一个与其功能相当的 if 语句，其条件有所改进：

```
if (!pinky.isAdolescent())
{
  System.out.println("The mouse's growth is no longer" +
    " being simulated - too old.");
}
```

使用 if 语句的目的是，如果 pinky 已经老了（不是未成熟）就输出警告信息。如果 isAdolescent 返回 false（表示一个老的 pinky），那么 if 语句的条件为 true（!false 的结果为 true），程序就会输出警告信息。如果 isAdolescent 返回 true（表示一个年轻的 pinky），那么 if 语句的条件为 false（!true 的结果为 false），程序将跳过警告信息。

尽管缩短版的 if 语句最初可能较难理解，但有经验的程序员会更喜欢它。按照这种思路，我们鼓励你在类似情况下使用!而不是==false。

6.13　通过模拟解决问题（可选）

在前面的 Mouse 例子中，为了使重点放在 OOP 概念上而不是老鼠的成长细节上，我们使用了一个简单的成长公式。在本节中，我们将向你展示如何以一种更接近于现实世界中发生的那种成长的方式来模拟老鼠生长。然后，我们向你展示一个简单的技巧，它可以应用于许多模拟问题，极大地提高程序的速度和准确性。

之前，我们通过假设增加的重量与体重成正比来模拟生长，像下面这样：

$$addedWeight = fractionGrowthRate \times weight$$

其中

$$fractionGrowthRate = 0.01 \times percentGrowthRate$$

这种生长方式使体重呈指数式增长，并继续随时间呈曲线上升，如图 6.16 所示。对于年幼的植物或动物来说，这是一个很好的近似值，因为它们摄入的大部分食物能量都用于新的生长。

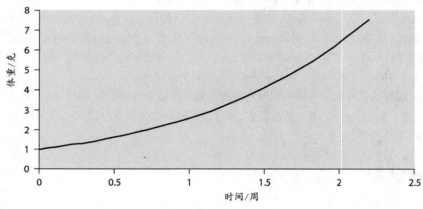

图 6.16　指数式增长

6.13.1　成熟

但指数式增长模型有一个问题，即没有什么东西能永远生长下去。一段时间后，旧的组织开始死亡，一些摄入的营养物质必须被用来替换旧的组织，而不是仅仅增加它，这就减缓了生长速度。随着摄入的营养物质有更大的部分被用于替换，生长曲线就会变直，开始向另一个方向弯曲，并接近最大值。修改基本的指数增长公式以使其描述成熟，最简单的方法是乘以另一个因素，得到所谓的 *Logistic 方程*：

$$addedWeight = fractionGrowthRate \times weight \times \left(1.0 - \frac{weight}{maxWeight}\right)$$

对这个改进的增长公式的快速检查表明，当 *weight* 接近 *maxWeight* 时，右边括号中的数量接近 0，因此左边的 *addedWeight* 接近 0。在这一点上，不再有任何增长。这为生物体达到成熟期提供了合理的描述。

计算机模拟依赖于近似的数学模型，如上述 Logistic 方程所提供的模型。这样的模拟模型有时很好，有时不那么好，如果不将它们与实际的活体数据进行比较，就很难知道它们到底好不好。但对于目前的体重增加问题，我们有能力将模拟模型与一个精确的数学模型进行比较。下面是一个封闭的精确数学解决方案，它决定了任何给定时间对应的体重。

$$weight = \frac{1.0}{\dfrac{1.0}{maxWeight} + e^{-(fractionGrowthRate \times time + go)}}$$

这个公式包含一个生长常数 g_0，即

$$g_0 = \log_e\left(\cfrac{minWeight}{1.0 - \cfrac{minWeight}{maxWeight}}\right)$$

你可以通过将 *minWeight* 和 *maxWeight* 的值插入第二个公式以得到 g_0；然后通过将 g_0 插入第一个公式以得到 *weight*。

6.13.2　模拟

通常情况下，精确的解决方案是不存在的，解决问题的唯一方法就是模拟。但是对于这个体重增加问题，我们两种方案都有。让我们来看一个程序，它可以同时显示时间、精确解和模拟解。请看图 6.17 中程序的 Growth 类。

> 如果你能描述它，
> 你就能模拟它。

```
/**************************************************************
* Growth.java
* Dean & Dean
*
* 提供了计算增长的不同方法
**************************************************************/

public class Growth
{
  private double startSize;               // 初始值
  private double endSize;                 // 最大值
  private double fractionGrowthRate;      // 单位时间

  //**********************************************************

  public void initialize(double start, double end, double factor)
  {
    this.startSize = start;
    this.endSize = end;
    this.fractionGrowthRate = factor;
  } // initialize 结束

  //**********************************************************

  public double getSize(double time)
  {
    double g0 = Math.log(startSize / (1.0 - startSize / endSize));
    return 1.0 / (1.0 / endSize +
      Math.exp(-(fractionGrowthRate * time + g0)));
  } // getSize 结束
```

图 6.17　Growth 类，实现了不同的增长判断方式

```
//**************************************************************

public double getSizeIncrement(double size, double timeStep)
{
  return fractionGrowthRate *
    size * (1.0 - size / endSize) * timeStep;
} // getSizeIncrement 结束
} // Growth 类结束
```

图 6.17　（续）

　　Growth 类有三个实例变量（startSize、endSize 和 fractionGrowthRate）和三个方法。initialize 方法初始化了这三个实例变量。getSize 方法使用前面提供的封闭数学求解公式，它返回给定时间对应的大小（如当前的老鼠重量）。注意这个方法的名称是以 get 开头的，所以它看起来像一个访问器方法的名称，而且它返回一个 double 值，就像之前的 getWeight 方法一样。但是这个类并没有任何名为 size 的实例变量。因此，这里有一个方法的例子，它并不像第 6.12 节中描述的访问器那样是一个真正的访问器，尽管它的名称让它看起来像一个访问器。重点是：任何方法都可以返回一个值，而不仅仅是访问器方法，任何方法都可以有任何看起来合适的名称——getSize 只是我们能想到的对这个计算并返回一个大小的方法最合适的名称。

　　getSizeIncrement 方法实现了一个模拟步骤。它返回当前时间和下一个时间之间的大小变化。请注意，getSize 方法和 getSizeIncrement 方法做了不同的事情。第一个方法直接给出答案，第二个方法给出了一个增量值，这个增量值必须加到之前的答案上才能得到下一个答案。

　　如果你正在编写你自己的类，并且你想对类中的一个实体的成长进行建模，你可以复制并粘贴 Growth 类的变量和方法到你的类中。或者，就像你把工作委托给 Scanner 类对象一样，也可以把工作委托给 Growth 类对象。要做到这一点，可以使用 new 来实例化一个 Growth 对象，用你的对象中与增长相关的数据来初始化它。然后要求 Growth 对象调用它的 getSize 方法或 getSizeIncrement 方法为你解决增长问题。在你的程序中，你可以在图 6.18 中的 GrowthDriver 类的 main 方法中使用类似的代码。

```
/**************************************************************
* GrowthDriver.java
* Dean & Dean
*
* 比较精确和模拟的增长解决方案
**************************************************************/

import java.util.Scanner;

public class GrowthDriver
{
  public static void main(String[] args)
  {
    Scanner stdIn = new Scanner(System.in);
    double timeStep;
```

图 6.18　展示了图 6.17 中 Growth 类的 GrowthDriver 类

```
      double timeMax;
      Growth entity = new Growth();                         ◀──────   实例化 Growth 对象
      double startSize = 1.0;             // 初始体重（克）
      double endSize = 40.0;             // 最大体重（克）
      double fractionGrowthRate = 1.0;  // 单位时间
      double size = startSize;

      entity.initialize(startSize, endSize, fractionGrowthRate); ◀──   初始化 Growth 对象
      System.out.print("Enter time increment: ");
      timeStep = stdIn.nextDouble();
      System.out.print("Enter total time units to simulate: ");
      timeMax = stdIn.nextDouble();
      System.out.println("        exact   simulated");
      System.out.println("time     size     size");

      for (double time=0.0; time<=timeMax; time+=timeStep)
      {
        System.out.printf("%4.1f%8.1f%8.1f\n",
          time, entity.getSize(time), size);
        size += entity.getSizeIncrement(size, timeStep);
      } // for 循环结束
    } // main 结束
  } // GrowthDriver 类结束
```

图 6.18　（续）

这个驱动类看起来很有气势，但其实并不难。我们首先声明和初始化局部变量，这包括实例化和初始化一个 Growth 对象。然后要求用户输入一个时间增量和时间增量的总数。最后，使用 for 循环来输出时间、精确解和每个时间步骤的模拟解。如果你运行由图 6.17 和图 6.18 中的代码组成的程序，你会得到下面的结果。

```
示例会话：
Enter time increment: 1
Enter total time units to simulate: 15
        exact   simulated
time     size     size
 0.0     1.0      1.0
 1.0     2.6      2.0
 2.0     6.4      3.9
 3.0    13.6      7.3
 4.0    23.3     13.3
 5.0    31.7     22.2
 6.0    36.5     32.1
 7.0    38.6     38.4
 8.0    39.5     39.9
 9.0    39.8     40.0
10.0    39.9     40.0
11.0    40.0     40.0
12.0    40.0     40.0
13.0    40.0     40.0
14.0    40.0     40.0
```

15.0　　40.0　　40.0

图 6.19 显示了这组数据在二维图中的样子，可见模拟解与精确解并不完全一致。模拟上升的速度不够快，然后它会超过精确解。出现这种错误的原因其实很简单，每个大小增量都是基于增量开始时的大小，但是随着时间的推移，实际的大小会发生变化，所以除了增量中的第一个瞬间，其他时间的计算都是使用旧数据。

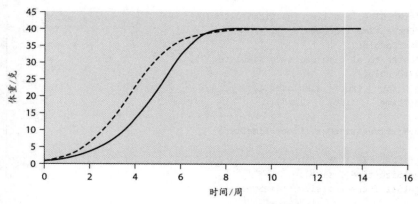

图 6.19　时间增量=1 的模拟解（实线）与精确解（虚线）的比较

解决这个精度问题最直接的方法是使用较小的时间步长。在这种模拟算法中，误差与时间步长成正比。如果把时间步长减半，误差也会减半；如果把时间步长除以 10，误差也会除以 10，以此类推。在上面的输出中，第 4 周时，精确解的体重是 23.3 克，但模拟解的体重只有 13.3 克，这就是一个23.3-13.3=10 克的误差。如果我们想把这个误差降低到 1 克以下，需要把时间步长减少 10 倍左右。

如果你不知道确切的解决方案，该怎么知道你的误差？这里有一个经验法则：如果你想要小于 1%的误差，你要确保每个时间步长的增量总是小于该时间区间内平均大小的 1%。

这种简单的算法对于简单的问题来说很有效。但是如果你有一个棘手的问题，有些东西可能对非常小的误差很敏感，你可能不得不采取非常多且非常小的步骤。这可能会花费你无法忍受的时间。还有一个更隐蔽的问题，即使是一个 double 类型，也有有限的精度，当你处理许多数字时，四舍五入的错误会累积起来。换句话说，当你把步长变小时，误差最初会减少，但最终又会开始增加。

6.13.3　使用带中间点的步长算法提高精度和效率[①]

消除偏差。　　　　　有一个更好的方法来提高准确性。它基于一个简单的原则：与其用区间开始时的条件（如体重）来估计区间内的变化，不如用区间中间的条件来估计区间内的变化。但是，在你到达区间中间之前，你怎么能知道区间中间的条件呢？派出一个"侦查队"！换句话说，试探性地向前迈出半步，评估那里的条件。然后回到起点，利用中间点的条件来确定全速前进时将会有什么变化。

起初，这可能听起来像是做一件容易事的困难方法。为什么不把步幅减半，向前走两小步呢？定性的答案是：这仍然会留下一个对旧数据的常规偏见。定量的答案是：如果你使用带中点的步长算法进行模拟，误差的大小与时间步长的平方成正比。这意味着，如果你把时间步长的大小减少为原来的 1/100，

[①]该算法的正式名称是"二阶 Runge-Kutta"。

那么误差就会下降为原来的 1/10000。换句话说，你只需将计算机的工作增加 2 倍，就可以获得额外 100 倍的精度。

但你所做的工作呢？实现一个带中点的分步算法有多难？不难。你所要做的就是添加一个简单的方法。具体来说，只需在图 6.17 中的 Growth 类中添加图 6.20 所示的 getSizeIncrement2 方法。

```
public double getSizeIncrement2(double sizeCopy, double timeStep)
{
  sizeCopy += getSizeIncrement(sizeCopy, 0.5 * timeStep);
  return getSizeIncrement(sizeCopy, timeStep);
} //getSizeIncrement2 结束
```
> 由于 getSizeIncrement 和 getSizeIncrement2 是在同一个类中，所以不需要点前缀

图 6.20　实现中点分步算法的方法

在图 6.17 的代码中加入这个方法，可以提高仿真的准确性和效率。

这个方法是如何工作的呢？它只是简单地调用了两次原来的 getSizeIncrement 方法。注意，图 6.20 中的 sizeCopy 参数只是驱动类中 size 变量的一个副本。

对 getSizeIncrement 的第一次调用使用了时间增量开始时的大小，而且只向前走了半个时间步。然后，它使用返回值将 sizeCopy 递增到中间点的大小。对 getSizeIncrement 的第二次调用使用这个计算出的中间点的大小和一个完整的时间步长来确定从整个时间间隔的开始到结束的变化。

在 getSizeIncrement2 方法定义中，注意对 getSizeIncrement 的调用，在 getSizeIncrement 的左边没有引用变量点前缀。这就是原因。如果你调用一个与当前类相同的方法，那么你可以直接调用该方法，不必使用引用变量点前缀。

修改驱动程序所需的工作可以忽略不计。你所要做的就是把被调用的方法的名称改为新方法的名称。在我们的例子中，你所要做的就是将图 6.18 驱动类中的最后一条语句改为下面这样：

```
size += entity.getSizeIncrement2(size, timeStep);
```
> 这个附加的 2 是唯一的区别

图 6.21 显示了改进后的算法在全步长等于图 6.19 所用步长的情况下产生的结果。这需要的计算机时间是图 6.19 中的两倍，但它显然比两倍好得多。例如，在第 4 周时，现在的误差只有 1.5 克，而不是之前的 10 克。

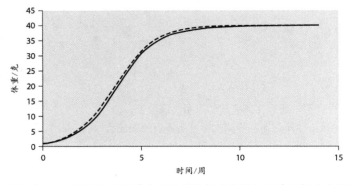

图 6.21　时间增量=1 的带中点的模拟解（实线）与精确解（虚线）的比较

总结

- 对象是一组相关的数据，用于确定对象的当前条件或*状态*，以及描述该对象*行为*的方法。
- 对象是定义它们的类的*实例*。类的定义指定了该类的对象所包含的实例变量，并定义了该类的对象可以调用的方法。每个对象都包含它自己类定义的实例变量的副本，而且一个给定的实例变量在不同的对象中通常有不同的值。
- 使用 private 访问修饰符来指定一个特定的变量是被封装或隐藏的。使用 public 访问修饰符使方法可以被外部世界访问。
- 为了使一个类尽可能地通用，从一个单独的驱动类的 main 方法中驱动它。在驱动类的 main 方法中，声明一个被驱动类类型的引用变量。然后，使用 Java 关键字 new 来实例化一个被驱动类的对象，并用 new 返回的对象引用来初始化该引用变量。
- 使用 Java 关键字 this 在调用对象的一个方法中引用该对象。使用 this 来区分实例变量和同名的参数或局部变量。
- 当你追踪一个面向对象的程序时，你需要追踪你在哪个类、哪个方法、哪个对象调用了该方法、参数和局部变量的名称，以及每个对象中所有实例变量的名称。
- 一个 UML 类图有单独的框，用于显示类名称、类变量描述和类方法的标题。使用+前缀表示 public、-前缀表示 private。指定变量和方法的返回类型和非默认的初始值。
- 实例变量的默认值为 0，boolean 值为 false，引用为 null。实例变量的值在其对象的生命周期内一直存在。局部变量的默认值是未定义的"垃圾"。只要方法被执行，局部变量和参数就一直存在，之后，它们的值是未定义的。
- 除非一个方法的返回类型是 void，否则通过该方法的每条路径都必须以一个返回该方法类型的值的语句结束。
- 一个方法的参数类型必须与调用该方法的参数类型相同。方法得到的是调用程序中的一个副本，所以改变方法中的参数不会改变调用程序的值。
- 使用 setX 和 getX 方法来修改和获取 private 实例变量的值。在 setX 方法中包含过滤功能，以保护你的程序不受不良输入的影响。使用 boolean isX 方法来返回 true 或 false，这取决于一个特定条件的值。
- 可以选择通过计算下一个增量的起点和终点之间的数值来提高仿真速度和准确性。

复习题

§6.2　面向对象的编程概述
1. 一个类是一个对象的实例。（对/错）
2. 一个类中可以有多少个对象？

§6.3　第一个 OOP 类
3. 一个类的实例变量必须在所有_____之外声明，所有实例变量的声明应该位于_____。
4. 类外可访问的方法是公开的，但实例变量（即使是那些外部人员可能需要改变或读取的变量）通常是私有的。为什么？

§6.4　驱动类
5. main 方法的位置是在驱动类还是在某个被驱动类中？

6. 当一个程序既有驱动类又有被驱动类时，程序的大部分代码应该放在哪里？

7. 如何从 main 方法中获取一个 private 实例变量的值？

8. 一个引用变量持有一个对象的_____。

§6.5　调用对象与 this 引用

9. 一个实例方法中可能包含这样一条语句：this.weight = 1.0;，如果该方法的类目前有五个实例化的对象，就有五个不同的变量被称为 weight。我们如何确定哪一个得到了新的值？

§6.6　实例变量

10. 对于一个对象的实例变量，int、double 和 boolean 的默认值是什么？

11. 在图 6.4 和图 6.5 的 Mouse 程序中，gus 的 age 变量的持久性是什么？

§6.8　UML 类图

12. 程序写完后，UML 类图为程序中的每个类提供了一个简要的轮廓。它可以帮助其他人看到哪些方法是可用的，以及他们需要哪些参数。给出一些理由，以说明为什么在你实现类和编写其方法时，有一个已经创建的 UML 类图可能会有帮助。

§6.9　局部变量

13. 假设 Mouse2Driver 中的 main 方法开始时只有 Mousemickey，那么在这个语句之后，mickey 的值会是多少？

§6.10　return 语句

14. 通常情况下，使用多个 return 语句可以使代码更容易理解。(对/错)

§6.11　参数传递

15. 方法参数与局部变量有什么不同？

16. 实参和形参之间的关系和区别是什么？

§6.12　专用方法：访问器、修改器和布尔方法

17. 访问器方法的标准前缀是什么？

18. 修改器方法的标准前缀是什么？

19. 布尔方法的标准前缀是什么？

§6.13　用模拟解决问题（可选）

20. 指出两种减少模拟中误差大小的一般方法。在给定的精度下，哪种方法更有效？

练习题

1. [§6.2] 假设你被要求用一个 OOP 程序来模拟动物。对于以下每个与动物有关的实体，请选择以下面向对象的编程结构之一：类、对象、实例变量或方法。

　　a. 动物是否有骨架

　　b. 动物的体重

　　c. 动物个体

　　d. 某个陌生人接近时的活动序列

2. [§6.2] 静态成员的两种类型是什么？

3. [§6.4] 给定以下 Cow 类。提供一个完整的 CowDriver 类，该类调用 emit 方法。

```
public class Cow
{
```

```
      public void emit()
      {
        System.out.println("The cow says \"Moo!\"");
      } // main 结束
    } // Cow 结束
```

4. [§6.4] 包装器对象：第 5 章中讨论的包装器类也为你提供了实例化对象的能力，这些对象是原始变量的包装版本。例如，要创建一个 double x 的包装版本，你可以这样做：

```
double x = 55.0;
Double xWrapped = Double.valueOf(x)
```

这将创建一个 Double 类型的对象，该对象是原始变量 x 的包装版本，然后将该对象的引用分配给引用变量 xWrapped。Double 类有许多预建的方法，可以处理 Double 对象。你可以在关于 Double 类的 Java API 文档中阅读这些方法。下面的代码是其中的一些方法：

```
double y = 39.4; double z = 39.4;
Double wY = Double.valueOf(y);
Double wZ = Double.valueOf(z);

System.out.println(wY.equals(wZ));
System.out.println(wY == wZ);
System.out.println(wY.compareTo(wZ));
System.out.println(wY.doubleValue() == wZ.doubleValue());
wZ = Double.valueOf(Double.NEGATIVE_INFINITY);
System.out.println(wZ.isInfinite());
wZ = Double.valueOf(z + 12.0);
System.out.println(wY.compareTo(wZ));
```

上述每条输出语句会输出什么？为什么？

5. [§6.6] 假设你拥有一些土地，并想在上面建造三座房子。

（1）实现一个 House 类，它的实例变量是 floorArea（一个 double）和 salePrice（另一个 double）以及下面这些方法。

① 一个带有 doublefloorArea 参数的 build 方法。该方法将其参数分配给相应的实例变量，并输出其参数的值。

② 一个 sell 方法，用 floorArea 实例变量的 150 倍初始化 salePrice 实例变量，然后输出这个 salePrice 的值。

（2）实现一个 Housing 类，其 main 方法的作用如下：

① 声明三个变量，即 house（对 House 对象的引用）、floorArea（一个 double）和 totalFloorArea（另一个 double，初始化为 0）。

② 执行一个有三个迭代的 for 循环。在每个迭代中，要这样做：

　a. 给 floorArea 分配一个 1000～2500 之间的随机值。

　b. 实例化一个 House 对象，并将结果分配给 house。

　c. 以 floorArea 为参数调用 House 的 build 方法。

　d. 将 floorArea 加到 totalFloorArea 中。

　e. 调用 House 的 sell 方法。

（3）输出 totalFloorArea 中的累积值。

6. [§6.7] 给出下面这个计算机设计程序：

```
1  /******************************************************
2  * ComputerDriver.java
3  * Dean & Dean
4  *
5  * This exercises the Computer class.
6  ******************************************************/
7
8  public class ComputerDriver
9  {
10   public static void main(String[] args)
11   {
12     Computer myPc = new Computer();
13     myPc.assignProcessor();
14     myPc.assignRamSize();
15     myPc.assignDiskSize();
16     myPc.calculateCost();
17     myPc.printSpecification();
18   } // main 结束
19  } // ComputerDriver 类结束
```

```
1  /********************************************************
2  * Computer.java
3  * Dean & Dean
4  *
5  * This class collects specifications for a Computer.
6  ********************************************************/
7
8  import java.util.Scanner;
9
10  public class Computer
11  {
12    private String processor;
13    private long ramSize = (long) 1000000000.0;
14    private long diskSize;
15    private double cost;
16
17    //****************************************************
18
19    public void assignProcessor()
20    {
21      Scanner stdIn = new Scanner(System.in);
22      this.processor = stdIn.nextLine();
23    } // assignProcessor 结束
24
25    //****************************************************
26
27    public void assignRamSize()
28    {
29      this.ramSize = (long) 3000000000.0;
```

```
30    } // assignRamSize 结束
31
32    //****************************************************
33
34    public void assignDiskSize()
35    {
36      Scanner stdIn = new Scanner(System.in);
37      long diskSize;
38      diskSize = stdIn.nextLong();
39    } // assignDiskSize 结束
40
41    //****************************************************
42
43    public void calculateCost()
44    {
45      this.cost = this.ramSize / 20000000.0 +
46        this.diskSize / 200000000.0;
47      if (this.processor.equals("Intel"))
48      {
49        this.cost += 200;
50      }
51      else
52      {
53        this.cost += 150;
54      }
55    } //calculateCost 结束
56
57    //****************************************************
58
59    public void printSpecification()
60    {
61      System.out.println("Processor = " + this.processor);
62      System.out.println("RAM = " + this.ramSize);
63      System.out.println("Hard disk size = " + this.diskSize);
64      System.out.println("Cost = $" + this.cost);
65    } // printSpecification 结束
66 } // Computer 类结束
```

使用下面的追踪设置来追踪该 Computer 程序。注意，我们使用了缩写，以使追踪设置的宽度尽可能小。不要忘记指定默认值和初始值，尽管它们不影响最后的结果。

输入：
```
Intel
80000000000
```

Driver					Computer								
行号	main	行号	aProc	aRSize	assignDiskSize		cCost	printS		obj1			
	myPc		this	this	this	diskSize	this	this	proc	ramSize	dSize	cost	输出

7. [§6.8] UML 的各个字母分别代表哪个单词？

8. [§6.8] 为练习题 6 中的 Computer 类和 ComputerDriver 类构建 UML 类图。

9. [§6.9] 当一个方法的执行终止时，它的局部变量值就变成了"垃圾"。（对/错）

10. [§6.11] 下面是 Mouse2 程序中的方法（其局部变量或参数缩进），以及一个实例化的对象（其实例变量缩进）。你的任务是为每个方法、局部变量或参数、对象和实例变量构建一条时间线。每条时间线应该显示该项目相对于其他项目的持久性（何时开始和结束）。为了帮助你开始工作，我们提供了 main 方法和其中一个局部变量的时间线。请提供所有其他的时间线，并说明它们是如何与已经提供的时间线相互配合的（假设对象和它的实例变量是同时出现的）。

```
                                       time →
        methods:
          main                |--------------------------|
            mickey            |--------------------------|
            days
          setPercentGrowthRate
          grow
            days
            i
          getAge
          getWeight
        object:
          mickey
            age
            weight
            percentGrowthRate
```

11. [§6.11] 给出以下 Earth 类和 EarthDriver 类的程序框架，请提供一个 futureTemperature 方法，该方法接收两个参数：years 和 annualGreenhouseGases。years 参数保存用户感兴趣的未来的年数；annualGreenhouseGases 参数包含了人类生产的温室气体的年排放量，单位为十亿吨。该方法返回给定年数的未来预测温度。在该方法中，使用下面这个（完全捏造的、不科学的）公式计算未来一年的地球温度：

$$next\ year's\ temperature = current\ temperature + 2^{(annual\ greenhouse\ gases-50)} \times 0.01$$

```java
import java.util.Scanner;
import java.time.LocalDate;

public class EarthDriver
{
  public static void main(String[] args)
  {
    Scanner stdIn = new Scanner(System.in);
    double predictedTemperature;
    Earth earth;
    int futureYear;         // 用户想要预测温度的年份
    int yearsInFuture;      // 比当前年份晚的年数
    double greenhouseGas;   // 百亿吨排放量

    earth = new Earth();
    System.out.print("What year in the future are you interested in? ");
```

```
      futureYear = stdIn.nextInt();
      yearsInFuture = futureYear - LocalDate.now().getYear();

      System.out.print("What are the annual human greenhouse gas emmisions" +
        " in billions of tons? ");
      greenhouseGas = stdIn.nextDouble();

      predictedTemperature =
        earth.futureTemperature(yearsInFuture, greenhouseGas);
      System.out.printf("In %d, the global temperature is expected" +
        " to be %.2f degrees Celsius.\n", futureYear, predictedTemperature);
   } // main 结束
} // EarthDriver 结束

public class Earth
{
   double avgTemperature = 15.0;   // 摄氏度

   <此处为 futureTemperature 方法>

} // Earth 结束
```

示例会话（假设当前年份是 2021）：
What year in the future are you interested in? *2030*
What are the annual human greenhouse gas emmisions in billions of tons? *51*
In 2030, the global temperature is expected to be 15.26 degrees Celsius.

12. [§6.12] 完成以下 VoterDriver 类的程序框架，用适当的代码替换出现六次的"*<此处插入代码>*"，使程序正常运行。关于细节，请阅读"*<此处插入代码>*"上方和旁边的注释。注意 Voter 类，它位于 VoterDriver 类的下面。这两个类在不同的文件中。

```
import java.util.Scanner;

public class VoterDriver
{
   public static void main(String[] args)
   {
      Scanner stdIn = new Scanner(System.in);
      Voter voter;   // Voter 对象
      String name;   // 选民姓名

      // 实例化一个 Voter 对象并将其分配给 voter
      <此处插入代码>

      System.out.print("Enter voter name: ");
      name = stdIn.nextLine();
      // 为 Voter 对象指定姓名
      <此处插入代码>

      System.out.print("Enter voter id: ");
```

```
      // 在单条语句中，读取一个 int 值作为 id 值
      // 将其分配给 Voter 对象
      <此处插入代码>

      // 如果 id 无效，则执行循环
      // (在 while 循环条件中使用 isValid 方法)
      while (<此处插入代码>)
      {
        System.out.print("Invalid voter id - reenter: ");
        // 在单条语句中读取一个 int 值作为 id 值，并将其分配给 Voter 对象
        <此处插入代码>
      }

      System.out.println("\n" + name +
        ", your new e-mail account is: \n" +
        <此处插入代码>                    // 获取 email 账户
    } // main 结束
} // VoterDriver 类结束

public class Voter
{
  private String name;
  private int id;

  //********************************************************

  public void setName(String n)
  {
    this.name = n;
  }

  public void setId(int id)
  {
    this.id = id;
  }

  //********************************************************

  public String getEmailAccount()
  {
    // 在连接中包含双引号("")以转换为字符串
    return "" + this.name.charAt(0) + this.id +
      "@voters.org";
  }

  //********************************************************

  public boolean isValid()
  {
```

```
            return this.id >= 100000 && this.id <= 999999;
        }
    } // Voter 类结束
```

13. [§6.13] 按照 6.13.3 小节中的描述，修改图 6.16 中的 Growth 类和图 6.17 中的 GrowthDriver 类。用下面这些输入运行修改后的程序：

```
    time increment: 1
    total time units to simulate: 14
```

对于你的答案，显示 14 行输出数字，每行显示时间、准确大小和模拟大小。

复习题答案

1. 错。一个对象是一个类的实例。

2. 任何数字，包括零。

3. 一个类的实例变量必须在所有方法之外声明，所有实例变量的声明应该位于类定义的顶部。

4. 实例变量通常是私有的，以进一步实现封装的目标。这意味着一个对象的数据更难被访问（因此也更难被破坏）。从类外访问数据的唯一途径是调用数据的相关 public 方法。

5. main 方法放在驱动类中。

6. 程序的大部分代码应该在驱动类中。

7. 要从 main 方法中访问一个 private 实例变量，你必须使用一个实例化对象的引用变量，然后调用一个访问器方法。换句话说，使用下面这种语法：

引用变量.访问方法调用

8. 一个引用变量保存一个对象的内存位置。

9. 回到方法被调用的地方，看一下当时方法名称前面的引用变量。this 引用变量是方法在使用 this 时使用的变量。

10. 对于一个对象的实例变量，默认值是：int = 0, double = 0.0, boolean = false。

11. gus 的 age 是一个实例变量。实例变量在一个特定对象的持续时间内持续存在。因为 gus 对象是在 main 方法中声明的，所以 gus 和它的实例变量（包括 age）在 main 方法的持续时间内持续存在。

12. 在编写代码前构建 UML 类图的一些原因如下：

（1）它提供了一个完整的"待办事项"清单。当你进入编写一个方法的细节，并想知道这个方法是否应该执行一个特定的功能时，UML 类图会提醒你还有哪些方法可能会执行这个功能。

（2）它提供了一个完整的"零件清单"，就像一个典型的用户组装的"套件"的零件清单。这个预定义的清单可以帮助你避免在写代码时意外地为变量和参数生成不同的、相互冲突的名称。

（3）它是一个工作文件，可以随着工作的进展而改变。改变 UML 类图有助于确定对之前工作的需要的改动。

13. 紧接着语句 Mouse mickey;，mickey 的值将是 garbage。

14. 错。通常情况下，对于一个有返回值的方法，你应该在方法的末尾有一个单一的返回语句。然而，在一个方法的中间有返回语句也是合法的。这在一个非常短的方法中可能是合适的，因为在这个方法中，内部的返回语句是非常明显的。然而，如果该方法的代码相对较长，读者可能不会注意到内部的返回语句。对于一个大的方法，最好的做法是只在方法的最后放置一条返回语句。

15. 方法参数和局部变量都有方法范围和持久性。方法内部的代码对待参数就像对待局部变量一样。方法初始化局部变量，而方法调用初始化参数。

16．实参和形参是两个不同的词，描述了传递到被调用方法中的数据。实参是方法调用对数据的称呼，而形参是方法对相同数据的称呼。然而，形参只是方法调用的实参的一个副本，所以如果被调用的方法改变了它的一个形参的值，这并不会改变被调用方法的实参的值。

17．访问器方法的标准前缀是 get。

18．修改器方法的标准前缀是 set。

19．布尔方法的标准前缀是 is。

20．为了减少模拟中的误差，你可以减少步长或改用带中点的分步算法。在给定的精度下，带中点的分步算法更有效率。

第 7 章

面向对象编程：其他细节

目标

- 加深你对引用变量和对象之间关系的理解。
- 了解在分配引用时会发生什么。
- 学习 Java 如何循环使用内存空间。
- 学习如何比较两个不同对象的相等性。
- 能够交换两个不同对象中的数据。
- 了解引用参数如何加强与被调用方法之间的数据传输。
- 学习如何在同一条语句中执行几个方法的调用序列。
- 学习如何为一个方法创建替代的变化。
- 学习如何在一个构造函数中结合对象的创建和初始化。
- 学习如何通过从另一个构造函数中调用一个构造函数以避免代码冗余。
- 学习如何以及何时使用静态变量。
- 学习如何编写静态方法以及何时使用它们。
- 学习如何以及何时使用静态常量。

纲要

7.1 引言

在第 6 章中，你学习了使用简单的面向对象编程（OOP）构件编写简单的 OOP 程序。在本章中，你将学习使用更高级的 OOP 概念来编写更高级的 OOP 程序。特别是，你将学习当程序实例化一个对象并将其地址存储在一个引用变量中时幕后发生的细节。这将有助于你欣赏和理解当程序将一个引用变量分配给另一个引用变量时所发生的事情。

你在本章中学习的 OOP 概念之一是测试对象是否相等。比较原始类型是否相等是很常见的。例如，if(team1Score == team2Score)表示比较两个变量是否相等。比较引用是否相等也很常见。这意味着我们要比较两个引用是否指的是同一个对象。比较引用是否相等需要更多的努力，在本章中，你将学习这种努力所带来的好处，以及当一个程序将一个引用作为参数传递时，在幕后发生了什么。这一点很重要，因为你经常需要将引用作为参数传递。

除了介绍更高级的 OOP 概念外，本章还将介绍你在 OOP 方面已经知道的更高级的应用。例如，你将学会在一条语句中连续调用几个方法。这就是所谓的*方法调用链*，它可以使代码更紧凑、更优雅。你还可以学习*重载方法* 的知识。这是指你有不同版本的方法，每个版本对不同类型的数据进行操作。这听起来应该很熟悉，因为你在 Math 类中看到过它。还记得 Math.abs 方法的两个版本吗？一个版本返回 double 的绝对值，另一个版本返回 int 的绝对值。

在第 6 章中，你学会了如何在一条语句中实例化一个对象（如 Mouse gus = new Mouse(); ），并在另一条语句中为该对象赋值（如 gus.setPercentGrowthRate(10); ）。在本章中，你将学习如何将这两个任务结合到一个语句中。要做到这一点，你将使用一种特殊的方法——*构造函数*。和方法一样，构造函数可以通过为不同的构造函数版本使用不同类型的数据进行重载。但与方法不同的是，构造函数是专门为创建和初始化对象而设计的。

7.2 对象的创建：详细分析

让我们在本章开始时详细了解一下当程序实例化一个对象并将其地址存储在一个引用变量中时发生了什么。有了一个清晰的认识后，在理解其他的 OOP 操作时将会有所帮助，也会对一些调试工作有所帮助。

考虑一下下面的代码片段：

现在让我们逐条语句地详细解释这段代码。

语句 1：

第一条语句是 car1 引用变量的一个变量声明。它在内存中为 car1 引用变量分配了空间，即只是引用变量本身，而不是一个对象。最终，car1 引用变量将持有一个对象的地址，但是因为还没有为它创建对象，所以它还没有持有一个合法的地址。引用变量的默认值是什么？这就要看情况了。如果引用变量被定义在一个方法中（也就是说，它是一个局部变量），那么它最初就会变成垃圾。如果它被定义在类的顶部，在所有的方法定义之上（也就是说，它是一个实例变量），那么它将被初始化为 null。因为语句 1 没有像 public 或 private 那样的访问修饰符，我们有理由认为它是一个局部变量。所以 car1 默认会包含垃圾，就是下面显示的这样：

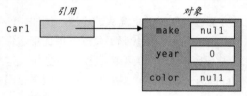

语句 2：

第二条语句的 new 操作符在内存中为一个新的 Car 对象分配了空间，并且按照 Car 类定义的规定初始化了这个新对象的成员。赋值操作符（=）将分配的空间地址（内存位置）分配给 car1 引用变量。不要忘记这个操作。忘记实例化是一个初学者在编写代码时的常见错误：

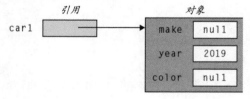

语句 3：

第三条语句使用 car1 变量的值（Car 对象的地址）寻找内存中一个特定的 Car 对象。一旦找到这个 Car 对象，2019 就被分配到其中。更确切地说，2019 被分配到该 Car 对象的 year 实例变量部分。通常情况下，我们会使用一个方法将 2019 分配给 car1 的 year 实例变量。为了简洁明了，我们假设 year 是一个 public 实例变量，从而避免了方法的调用。

（图：引用 car1 指向 对象，make null, year 2019, color null）

7.3　引用赋值

将一个引用变量赋值给另一个引用变量的结果是，两个引用变量都指向同一个对象。为什么它们会指向同一个对象？因为引用变量存储了地址，实际上是把右边引用变量的地址赋给了左边的引用变量。所以在赋值之后，这两个引用变量保存相同的地址，这意味着它们引用的是同一个对象。由于两个引用变量都指向同一个对象，如果使用其中一个引用变量对该对象进行了更新，那么另一个引用变量在试图访问该对象时将受益于（或遭受）这一变化。有时这正是你想要的，但如果不是这样，就会令人感到不安。

7.3.1　示例

假设你想创建两个除了颜色以外都一样的 Car 对象。你的计划是将第一辆车实例化，在创建第二辆车时将其作为模板，然后更新第二辆车的颜色实例变量。下面这段代码能完成这个任务吗？

```
Car johnCar = new Car();
Car jordanCar;
johnCar.setMake("Honda");
johnCar.setYear(2015);
johnCar.setColor("silver");
jordanCar = johnCar;
jordanCar.setColor("peach");
```

> 这使得 jordanCar 与 johnCar 所指的是同一个对象

上述代码的问题是，jordanCar = johnCar;语句导致这两个引用指向同一个单一的 Car 对象。图 7.1a 说明了我们正在谈论的问题。

稍后，我们将看到这种*别名*（为同一个对象使用不同的名称）可以非常有用，但在这种情况下，它不是我们想要的。在上面代码片段的最后一条语句中，当使用 setColor 方法将 jordan 的车改为 peach 时，我们并没有为新车指定颜色，而是为原来的汽车重新上色。图 7.1a 描述了这个结果。

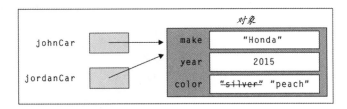

图 7.1a　赋值的效果：jordanCar = johnCar; 两个引用变量所指的都是同一个对象

如果你想复制一个被引用的对象，不应该把它的引用赋给另一个引用；相反，应该为第二个引用实例化一个新的对象，然后将原始对象中的每个实例变量赋给新对象中的相应实例变量。图 7.1b 显示了我们正在谈论的内容，每条虚线代表从原对象到新对象的实例变量赋值。

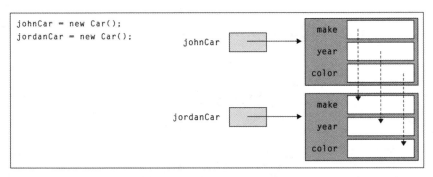

图 7.1b　将两个独立的对象实例化，并将第一个对象的实例变量值复制到第二个对象的实例变量中的效果（实线箭头表示引用；虚线箭头表示赋值操作）

为了说明图 7.1b 中概述的策略，我们在图 7.2 和图 7.3 中介绍了 Car 程序。代码中包括行号，以方便在章末的练习题中进行追踪。请看图 7.2 中 Car 类中的 makeCopy 方法。顾名思义，这个方法负责复制一个 Car 对象。makeCopy 方法实例化了一个新的 Car 对象，并将其引用分配给一个名为 car 的局部变量，然后将调用对象的每个实例变量值复制到 car 的实例变量中，再将 car 返回给调用模块。通过返回 car，它返回一个对新实例化的 Car 对象的引用。

```java
 1  /*********************************************************
 2   * Car.java
 3   * Dean & Dean
 4   *
 5   * 这个类实现了汽车的复制功能
 6   *********************************************************/
 7
 8  public class Car
 9  {
10    private String make;   // 汽车的品牌
11    private int year;      // 汽车的上市时间
12    private String color;  // 汽车的颜色
13
14    //*****************************************************
15
16    public void setMake(String make)
17    {
18      this.make = make;
19    }
20
21    public void setYear(int year)
22    {
23      this.year = year;
24    }
25
26    public void setColor(String color)
27    {
28      this.color = color;
29    }
30
31    //*****************************************************
32
33    public Car makeCopy()
34    {
35      Car car = new Car();          ◄—— 这里实例化一个新对象
36
37      car.make = this.make;
38      car.year = this.year;
39      car.color = this.color;
40      return car;                   ◄—— 这里返回新对象的一个引用
41    } // makeCopy 结束
42
```

图 7.2　Car 类中的 makeCopy 方法返回对调用对象副本的引用

```
43    //***************************************************
44
45    public void display()
46    {
47      System.out.printf("make= %s\nyear= %s\ncolor= %s\n",
48        this.make, this.year, this.color);
49    } // display 结束
50  } // Car 类结束
```

图 7.2　（续）

```
1    /***************************************************
2    * CarDriver.java
3    * Dean & Dean
4    *
5    * 这个类演示了复制一个对象
6    ***************************************************/
7
8    public class CarDriver
9    {
10     public static void main(String[] args)
11     {
12       Car johnCar = new Car();
13       Car jordanCar;
14
15       johnCar.setMake("Honda");
16       johnCar.setYear(2015);
17       johnCar.setColor("silver");
18       jordanCar = johnCar.makeCopy();   ◀──── 这里将返回的引用赋给调
19       jordanCar.setColor("peach");              用方法中的引用变量
20       System.out.println("John's car:");
21       johnCar.display();
22       System.out.println("Jordan's car:");
23       jordanCar.display();
24     } // main 结束
25   } // CarDriver 类结束

输出：
John's car:
make= Honda
year= 2015
color= silver
Jordan's car:
make= Honda
year= 2015
color= peach
```

图 7.3　驱动图 7.2 中 Car 类的 CarDriver 类

现在看一下图 7.3 中的驱动类。注意 main 如何将 makeCopy 的返回值分配给 jordanCar。在 jordanCar 得到对新创建的 Car 对象的引用后，它调用 setColor 来改变 Car 对象的颜色。因为 jordanCar 和 johnCar 引用了两个不同的对象，jordanCar.setColor("peach")方法的调用只更新了 jordanCar 对象，而不是 johnCar 对象。

每当一个方法结束时，它的参数和局部声明的变量都会被删除。在我们的追踪中，通过在所有终止的方法的参数和局部变量下画一条粗线来表示这种删除。在图 7.2 中的 makeCopy 方法中，有一个局部变量，即引用变量 car。当 makeCopy 方法结束时，car 这个引用变量会被删除。当一个引用变量被删除时，它所持有的引用就会丢失，如果这个引用没有被保存在一个单独的变量中，程序将无法找到它所引用的对象。在 makeCopy 方法中，car 引用变量的值确实被保存了。这个赋值是有效的，因为它发生在 makeCopy 的局部变量被删除之前。

7.3.2　不可访问的对象和垃圾回收

有时你想在一个方法中实例化一个临时对象，在该方法中使用它来达到某种目的，然后在该方法结束后丢弃该对象。在其他时候，你可能希望在一个方法结束之前丢弃一个对象。例如，假设在图 7.3 的 main 方法中，在调用 makeCopy 并为 jordanCar 创建一个新的 Car 对象后，你想模拟 John 的旧车在火灾中被毁，而 Jordan 自愿让他成为自己新车的共同所有者。你可以用以下语句来表示这种对一辆车的共同所有权：

```
johnCar = jordanCar;
```

这样做会覆盖 johnCar 之前对 John 原来的 Car 对象的引用，那个 Car 对象就会变成程序无法访问的对象（被丢弃），就像下面的 1 号 Car 对象。

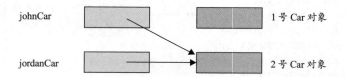

问题是，JVM 如何对待被丢弃或不可访问的对象？不可访问的对象不能参与程序，所以没有必要把它们留在身边。它们成为了垃圾。事实上，把它们留在身边是不好的，因为它们会导致计算机的内存被堵塞。一台计算机的内存是有限的，而每一块垃圾都会占用一部分内存。而这意味着可用于新任务的内存更少。如果允许垃圾有增无减地积累，它最终会吞噬掉计算机内存中所有的*自由空间*（自由空间是指未使用的那部分内存）。如果内存中没有自由空间，就没有空间容纳任何新的对象，通常计算机就会停止工作，直到重启时将垃圾清除。

如果一个无法访问的对象持续存在并占用计算机内存的空间，这就被称为*内存泄漏*。内存泄漏可能发生在执行过程中分配内存的计算机程序中。当一种计算机语言要求程序员做一些特定的事情来防止内存泄漏，而程序员忘记了这样做时，一个讨厌（很难发现）的错误就诞生了。在创建 Java 语言时，James Gosling 和他的 Sun 公司的同事们意识到了这一点，他们选择让语言本身来处理这个问题。怎么做？进入垃圾回收领域。这不是 Dirk 和 Lenny 每周二在你的路边捡垃圾时做的事，而是 Java 的垃圾回收！事实上，James Gosling 并没有发明垃圾回收，它在垃圾出现之初就已经存在了，但 Java 是第一个将其作为标准服务的流行编程语言的。①

Java 垃圾回收器是一个实用程序，它用于搜索不可访问的对象，并通过要求操作系统将它们在内存中的空间指定为自由空间以回收它们所占据的空间。这个空间可能不会马上被使用，一些计算机奇才可能会找到一些被遗弃的旧对象，就像在垃圾场里徘徊、与凶恶的狗博斗、寻找旧家具一样，但是为了实用，你应该认为这些被遗弃的对象无法恢复，已经消失了。

Java 自动垃圾回收的好处是，程序员不必担心这个问题，它只是在适当的时候发生。什么时候是合适的呢？每当计算机的内存可用空间不足时，或者没有其他事情发生时，如程序在等待键盘输入时。这时，操作系统就会唤醒它的伙伴——Java 垃圾回收器，并告诉它去赚取它的报酬。

7.4 测试对象的相等性

上一节说明了从一个方法返回一个引用。本节将说明将一个引用传递给一个方法，并允许该方法读取被引用对象的数据。这方面最常见的应用之一是测试两个对象是否相等。在了解这个应用之前，我们应该先看一下评估相等性的最简单的方法。

7.4.1 == 运算符

==运算符对原始变量和引用变量的作用是一样的。它测试存储在这些变量中的值是否相同。当应用于引用变量时，当且仅当两个引用变量指向同一个对象时，==运算符才会返回 true；也就是说，两个引用变量包含相同的地址，因此是同一个对象的别名。例如，下面的这段代码会输出什么？

```java
Car car1 = new Car();
Car car2 = car1;
if (car1 == car2)
{
  System.out.println("the same");
}
else
{
  System.out.println("different");
}
```

它输出的是 the same，因为 car1 和 car2 持有相同的值——孤独的 Car 对象的地址。但是如果你想看看两个不同的对象是否有相同的实例变量值，==操作符就满足不了了。例如，下面这段代码会输出什么？

```java
Car car1 = new Car();
Car car2 = new Car();

car1.setColor("red");
car2.setColor("red");
if (car1 == car2)    ◄────   代码 car1 == car2 代码返回 false，为什么？
{
```

---

① 垃圾回收的概念较早出现在 LISP 编程语言中。LISP 是一种紧凑型的语言，原则上可以做任何事情，但其主要的应用是人工智能。

```
    System.out.println("the same");
    }
    else
    {
        System.out.println("different");
    }
```

它输出的是 different，因为 car1 == car2 返回 false。car1 和 car2 包含相同的数据（红色）并不重要，==运算符比较的并不是对象的数据，而是两个引用变量是否指向同一个对象。在这种情况下，car1 和 car2 指的是不同的对象，在内存中有不同的存储位置。

7.4.2　equals 方法

如果你想看看两个不同的对象是否有相同的特征，你需要比较两个对象的内容，而不仅仅是判断两个引用变量是否指向同一个对象。要做到这一点，你需要在对象的类定义中设置一个 equals 方法，对两个对象的实例变量进行比较。拥有这样一个 equals 方法是非常普遍的，因为你经常想测试两个对象是否具有相同的特征。对于 Java 的 API 类，你应该使用类的内置 equals 方法。例如，在比较两个字符串的内容时，调用 String 类的 equals 方法。对于你自己实现的类，要养成写自己的 equals 方法的习惯。

> equals 方法是一个很方便的工具。

7.4.3　示例

下面描述了两个具有相同实例变量值的对象。用==运算符比较 nathanCar 和 nickCar 会生成 false，因为这两个引用变量指向不同的对象。然而，用标准的 equals 方法比较 nathanCar 和 nickCar 会生成 true，因为标准的 equals 方法会比较实例变量的值，而这两个对象的实例变量值是相同的。

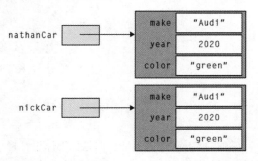

图 7.4 和图 7.5 中的 Car2 程序说明了这个例子。图 7.5 的 Car2 类定义了一个 equals 方法，图 7.4 的 Car2Driver 类在比较两个 Car2 对象时调用了 equals 方法。如同 equals 方法调用的常见情况，图 7.4 的 equals 方法调用被嵌入一个 if 语句的条件中。当你意识到 if 语句的条件必须计算为 true 或 false，而 equals 方法确实计算为 true 或 false 时，这应该是合理的。通常情况下，如果两个对象的实例变量包含相同的数据值，那么 equals 方法就会计算为 true，否则就会计算为 false。对于 Car2 程序，如果 nathanCar 与 nickCar 包含相同的数据（make、year 和 color），那么 equals 方法计算为 true。图 7.4 显示 nathanCar 和 nickCar 被分配了相同的数据。因此，equals 方法返回 true，程序输出 "Cars have identical features."。

在 equals 方法的调用中，注意第一个 Car2 引用变量 nathanCar 出现在 .equals 的左边，第二个 Car2 引用变量 nickCar 出现在括号内。因此，nathanCar 是调用对象，而 nickCar 是一个参数。当在方法调用中使用两个引用变量时，这种情况经常发生，一个引用变量是调用对象，另一个是参数。

现在让我们来看看图 7.5 中的 equals 方法的定义。首先，注意 equals 方法的标题。为什么 return 类型是 boolean 的？因为 return 类型必须与返回值的类型相匹配，而 equals 方法总是返回一个布尔值（true 或 false）。另外，请注意，otherCar 参数的类型是 Car2。当你回头看图 7.4 中的 equals 方法调用时，这应该是有意义的。它表明被传入 equals 方法的参数是 nickCar，而 nickCar 是一个 Car2 的引用变量。

好了，现在是检查 equals 方法主体的时候了。注意到这里只有一条语句——return 语句。返回值必须是一个 boolean，所以 return 后面的表达式必须计算为 true 或 false。这个表达式是由三个 boolean 子表达式组成的 anding，每个表达式的值要么是 true 要么是 false。为了使整个表达式为 true，这三个子表达式都必须为 true。

每个子表达式检查一个特定的实例变量在调用对象和传入的参数对象中是否有相同的值。例如，为了检查 year 这个实例变量在调用对象和传入的参数对象中是否有相同的值，可以这样做：

```
this.year == otherCar.year
```

```
/*************************************************
 * Car2Driver.java
 * Dean & Dean
 *
 * 这个类是 Car2 类的驱动演示程序
 *************************************************/

public class Car2Driver
{
  public static void main(String[] args)
  {
    Car2 nathanCar = new Car2();
    Car2 nickCar = new Car2();

    nathanCar.setMake("Audi");
    nathanCar.setYear(2020);
    nathanCar.setColor("green");
    nickCar.setMake("Audi");
    nickCar.setYear(2020);
    nickCar.setColor("green");
    if (nathanCar.equals(nickCar))        请注意 equals 方法的调用是如何嵌入一个 if 条件中的
    {
      System.out.println("Cars have identical features.");
    }
  } // main 结束
} // Car2Driver 类结束
```

图 7.4　驱动图 7.5 中的 Car2 类的 Car2Driver 类

在这种情况下，我们使用 == 运算符来检查是否相等。这对 year 实例变量很有效，因为 year 是 int 类型。但是 make 和 color 实例变量是字符串，而 == 运算符对字符串来说是个大问题。我们必须对字符串使用 equals 方法。因此，为了检查 make 实例变量在调用对象和传入的参数对象中是否有相同的值，可以这样做：

```
this.make.equals(otherCar.make)
```

```
/*************************************************************
 * Car2.java
 * Dean & Dean
 *
 * 这个类实现 Car2 程序的 equals 功能
 *************************************************************/

public class Car2
{
  private String make;
  private int year;
  private String color;

  //*********************************************************

  public void setMake(String make)
  {
    this.make = make;
  }

  public void setYear(int year)
  {
    this.year = year;
  }

  public void setColor(String color)
  {
    this.color = color;
  }

  //*********************************************************

  // 这个方法测试两辆车是否持有相同的数据

  public boolean equals(Car2 otherCar)
  {
    return this.make.equals(otherCar.make) &&
           this.year == otherCar.year &&
           this.color.equals(otherCar.color);
  } // equals 结束
} // Car2 类结束
```

这里对所有实例变量进行比较

图 7.5 运用 equals 方法的 Car2 类

在 Car2 类的 equals 方法中使用 String 类的 equals 方法，你会不会觉得很奇怪？这是完全可以的——编译器并不关心两个方法是否碰巧有相同的名称，只要它们是在不同的类中。这就是封装的魅力之一！

你能想出用另一种方法来写 Car2 类的 equals 方法的主体吗？我们可以用 return 关键字右边的 boolean 表达式作为 if 语句的条件，然后把 return true 放在 if 子句中，return false 放在 else 子句中。但这将是用一个更难、更长的方法来做同样的事情——而且可能也更混乱，因为它需要更多的括号。尽管图 7.5 的 return 语句乍一看像是一个地狱犬的老鼠窝①，但大多数资深的程序员会认为它是相当优雅的。

假设你希望大写颜色被认为与小写颜色相同。换句话说，你想让一辆银色（Silver）的 2018 年福特汽车被认为与一辆银色（silver）的 2018 年福特汽车相同。你应该如何改变代码来处理这个问题？在比较颜色字符串时，使用 equalsIgnoreCase 而不是 equals：

```
this. color. equalsIgnore case (otherCar. color)
```

这表明你可以让你的 equals 方法在只有近似相等的情况下返回 true，这里你可以随意定义"近似"。我们将在第 14 章更深入地讨论 equals 方法。

7.5 将引用作为参数传递

到现在为止，你应该对"向方法传递参数"的概念相当熟悉了。我们已经介绍了所有你需要知道的关于将原始类型作为参数传递的知识，但是你仍然需要了解更多关于将引用作为参数传递的信息。在图 7.4 的例子中，我们把 nickCar 引用作为参数传递给 equals 方法，equals 方法的调用将 nickCar 引用分配给它的 otherCar 参数，然后它使用 otherCar 参数来读取对象的数据。在这个例子中，我们用一个传入的引用来读取一个对象的数据。现在让我们用一个传入的引用来更新一个对象的数据。

假设你把一个引用变量传递给一个方法，在该方法中，你更新了被引用对象的实例变量，会发生什么呢？请记住，一个引用变量保存一个对象的地址，而不是对象本身。因此，在向方法传递一个引用变量参数时，对象的地址副本（而不是对象本身的副本）被传递给方法，并存储在方法的参数中。因为形参和实参持有相同的地址值，它们指向同一个对象。因此，如果形参的实例变量被更新，那么这个更新也同时更新了调用模块中实参的实例变量。这是一个*别名*（对同一事物使用两个名称）非常方便的情况。

7.5.1 人身互换示例

让我们把上面介绍的内容应用在一个完整的程序中来看看你是否理解了所有这些引用传递的东西。请看图 7.6 和图 7.7 中的 Person 程序。Person 程序交换了两个 Person 对象的名称。如图 7.6 的 main 方法所示，person1 的引用变量以 Jonathan 开始，person2 的引用变量以 Benji 开始。在调用 swapPerson 方法后，person1 的名称为 Benji，person2 的名称为 Jonathan。swapPerson 方法通过利用上面讨论的现象来交换名称——如果一个引用变量被传递给一个方法，那么形参和实参指的就是同一个对象，对一个对象的

---

① 你可能已经知道"老鼠窝"代表着纠缠不清的混乱。但是"地狱犬"呢？在希腊神话中，地狱犬（Cerberus）是一种邪恶的三头犬生物，守卫着 Hades（亡灵世界）的入口。我们说我们的 return 语句可能看起来是一个地狱犬的老鼠窝，是因为它很复杂，而且也有三个部分。当你走在一条黑暗的小巷里，更愿意遇上哪一个呢？一只凶恶的三头犬生物，还是一个复杂的 return 语句？

更新就意味着对另一个对象也有更新。也就是说，当把一个引用传递给一个方法时，该方法能够修改被引用的对象。

7.5.2　通用的交换算法

你如何交换两个值?

　　在深入研究 Person 程序的代码之前，让我们想出一个通用的交换算法。必须交换两个值是一个非常常见的编程要求，所以你应该确保你完全了解如何做到这一点。

　　假设你被要求提供一种算法来交换两个变量 x 和 y 的内容。为了使目标更加具体，你被赋予了以下算法框架。用适当的伪代码替换"<*此处插入交换代码*>"部分，使该算法输出"x=8，y=3"。

```
x← 3
y ← 8
<此处插入交换代码>
print "x = " + x + ", y = " + y
```

```
/****************************************************
* PersonDriver.java
* Dean & Dean
*
* 这是一个 Person 类的演示驱动程序
****************************************************/

public class PersonDriver
{
  public static void main(String[] args)
  {
    Person person1 = new Person();
    Person person2 = new Person();

    person1.setName("Jonathan");
    person2.setName("Benji");
    System.out.println(person1.getName() + ", " +
      person2.getName());

    person1.swapPerson(person2);          这个参数允许被调用的方法修改引用的对象
    System.out.println(person1.getName() + ", " +
      person2.getName());
  } // main 结束
} // PersonDriver 类结束

输出:
Jonathan, Benji
Benji, Jonathan
```

图 7.6　通过传递一个方法的引用实现交换的驱动程序

　　下面的代码会工作吗？会成功地交换 x 和 y 的内容吗？

```
y← x
```

x ← y

第一条语句将 x 的原值放入 y 中，第二条语句试图将 y 的原值放入 x 中。然而，第二条语句没有工作，因为 y 的原值已经消失了（在第一条语句中被 x 覆盖了）。如果你将上述代码插入上述算法中，该算法将输出：

x=3, y=3

这不是你想要的！技巧是在你用 x 的值将其抹去之前保存 y 的值。你该怎么保存它呢？使用一个像这样的临时变量即可：

> 交换需要一个临时变量。

temp ← y
y ← x
x ← temp

7.5.3　人身互换示例——继续

现在看看图 7.7 中的 Person 类。特别是，来看看 swapPerson 方法是如何实现交换算法的。交换的目标是传入对象的名称和调用对象的名称。被传入的对象通过 otherPerson 参数被访问。注意，我们如何用 otherPerson.name 访问传入对象的名称；如何用 this.name 访问调用对象的名称；如何使用一个 temp 局部变量作为 otherPerson.name 的临时存储。

```java
/*************************************************************
 * Person.java
 * Dean & Dean
 *
 * 存储、检索和交换一个人的名称
 *************************************************************/

public class Person
{
  private String name;

  //*********************************************************

  public void setName(String name)
  {
    this.name = name;
  }

  public String getName()
  {
    return this.name;
  }

  //*********************************************************

  // 该方法交换两个 Person 对象的名称

  public void swapPerson(Person otherPerson)
  {
```

图 7.7　通过传递一个方法的引用实现交换的 Person 类

```
      String temp;

      temp = otherPerson.name;
      otherPerson.name = this.name;              交换算法
      this.name = temp;
    } // swapPerson 结束
  } // Person 类结束
```

图 7.7　（续）

7.6　方法调用链

此时，你应该对调用方法相当熟悉了。现在，是时候更进一步了。在本节中，你将学会在一条语句中连续调用几个方法。这就是所谓的*方法调用链*，它可以使代码更加紧凑。

回顾一下图 7.3 和图 7.4，你会看到有几个例子，我们将一个接一个地调用几个方法，并且为每个连续的方法调用使用一个单独的语句，就像图 7.4 中的这个代码片段：

```
  nathanCar.setMake("Audi");
  nathanCar.setYear(2020);
```

如果能够像这样将方法调用链接起来不是很好吗？

```
  nathanCar.setMake("Audi").setYear(2020);
```

方法调用链是一个选项，不是一个要求。那么为什么要使用它呢？因为它往往能带来更优雅的代码——更紧凑、更容易理解。但不要过度。使用恰到好处的方法调用链是一门艺术，适度是一种美德。

让我们在一个完整程序的背景下看看方法调用链。请看图 7.8 的 Car3Driver 类中的方法调用链（用标注指示）。因为从左到右的优先级，car.setMake 方法会首先执行。setMake 方法返回调用对象，也就是 car.setMake 左边的 Car 对象。然后返回的 Car 对象被用来调用 setYear 方法。以类似的方式，setYear 方法返回调用对象 car，它被用来调用 prinIt 方法。

```
  /**********************************************************
   * Car3Driver.java
   * Dean & Dean
   *
   * 说明 Car3 的方法调用链
   **********************************************************/

  public class Car3Driver
  {
    public static void main(String[] args)
    {
      Car3 car = new Car3();
                                          使用点（.）将方法调用链接在一起
      car.setMake("Honda").setYear(2020).printIt();
    } // main 结束
  } // Car3Driver 类结束
```

图 7.8　Car3 程序驱动，说明了方法调用链的情况

方法调用链在默认情况下是不工作的。如果你想为同一个类中的方法启用方法调用链，你需要在每个方法定义中加入以下两项内容。

（1）方法主体的最后一行应该通过指定 return this;来返回调用对象。

（2）在方法标题中，返回类型应该是方法的类名。

我们已经在图 7.9 的 Car3 类中实现了这些项目。接下来需要验证 setMake 和 setYear 在方法调用链中是否被正确启用。具体来说，验证：①每个方法体的最后一行是 return this;；②在每个方法的标题中，返回类型是方法的类名——Car3。

```
/***************************************************
* Car3.java
* Dean & Dean
*
* 这个类演示了可以链接的方法
***************************************************/

public class Car3
{
  private String make;
  private int year;

  //***********************************************

  public Car3 setMake(String make)          ← 返回类型与类名相同
  {
    this.make = make;
    return this;                            ← 返回调用对象
  } // setMake 结束

  public Car3 setYear(int year)
  {
    this.year = year;
    return this;
  } // setYear 结束

  //***********************************************

  public void printIt()
  {
    System.out.println(this.make + ", " + this.year);
  } // printIt 结束
} // Car3 类结束
```

图 7.9　Car3 类

每当用 return this;语句结束一个方法时，你就可以使用同一个对象来调用链中的下一个方法。然而，你也可以将不同类型的对象所调用的方法连接起来，只要排列这个链，使前面每个方法返回的引用类型与后面每个方法的类相匹配。因此，一般来说，要使一个方法可链接，需要做以下两件事。

（1）在方法标题中，指定返回类型为潜在的后续方法的类。

（2）在方法的主体中加入如下内容：

```
return <对将调用以下方法的对象的引用>;
```

下面是本书前面的一个代码片段，它说明了 Java API 中定义的两个方法的链接：

```
ch = stdIn.nextLine().charAt(0);
```

stdIn 变量是对 Scanner 类的一个对象的引用。它调用 Scanner 的 nextLine 方法，该方法返回一个对 String 类对象的引用。然后该对象调用 String 的 charAt 方法，该方法返回一个字符。

7.7　重载方法

到目前为止，我们为某一特定类定义的所有方法都有唯一的名称。但是回想一下第 5 章中介绍的一些 Java API 方法，你会记得有几个例子，同一个名称在同一个类中标识了不止一个方法。例如，有两个 Math.abs 方法，一个用于 double，一个用于 int。本节将告诉你如何在你编写的类中这样做。

7.7.1　什么是重载方法？

*重载方法*是同一个类中的两个或多个方法，它们使用相同的名称来表示它们在不同的上下文中执行同一种操作。由于它们使用相同的名称，编译器需要除了名称之外的其他东西来区分它们。参数来解决这个问题！参数建立了上下文。为了使两个重载方法能够区分开来，你可以用不同的参数来定义它们。更确切地说，你可以用不同数量的参数或不同类型的参数来定义它们。一个方法的名称、参数数量和参数类型的组合被称为该方法的*签名*。每个不同的方法都有一个不同的签名。

Java API 库提供了许多重载方法的例子。下面是 Math 类中四个重载的 max 方法的标题：

```
static double max(double a, double b)
static float max(float a, float b)
static int max(int a, int b)
static long max(long a, long b)
```

请注意，每个方法的标题都有一个独特的签名，因为每个标题在参数的数量和类型上都是可以区分的。

假设你正在为一个报警系统编写软件，它使用一个单词、一个数字或一个单词和数字的组合作为报警系统的密码。为了激活（或停用）报警器，你的程序首先需要调用一个验证方法，检查传入的单词、数字或单词和数字的组合。下面是可以实现该功能的重载方法的标题：

```
boolean validate(String word)
boolean validate(int number)
boolean validate(String word, int num)
boolean validate(int num, String word)
```

下面是你应该如何调用第一个方法和第二个方法的方法：

```
if (alarm.validate("soccer"))
{
    ...
}
```

```
else if (alarm.validate(54321))
{
   ...
```

前面的代码运行良好，但假设你试图实现一个额外的验证方法来处理不同类型的密码，即允许在一个字符串中穿插字母和数字。下面是建议的方法标题：

```
void validate(String code)
```

这样的方法是合法的吗？它的签名与第一个 validate 方法的签名相同——相同的方法名称，相同的参数数量和类型。参数名称不同并不重要——word 和 code，重要的是参数类型，而不是参数名称。返回类型不同也没有关系——boolean 和 void，返回类型不是签名的一部分。因为签名是相同的，但返回类型不同，如果你试图在同一个类中包含这两个方法的标题，编译器会认为你试图定义两个不同版本的完全相同的方法。这将使编译器感到"恼火"。准备好让它用一个"重复定义"的编译时错误信息来回击你吧。

7.7.2　重载方法的好处

什么时候应该使用重载方法？当你需要用不同的参数来执行基本相同的任务时。例如，上一小节描述的 validate 方法基本上执行相同的任务——它们确定一个或多个给定的值是否构成一个有效的密码。但它们在不同的参数集上执行任务。鉴于这种情况，重载方法是一个完美的选择。

请注意，使用重载方法从来不是一个绝对的要求。作为一种选择，你可以使用不同的方法名来区分不同的方法。那么，为什么上一小节的 validate 方法标题比下面这些方法的标题要好呢？

```
boolean validateUsingWord(String word)
boolean validateUsingNumber(int number)
boolean validateUsingWordThenNumber(String word, int num)
boolean validateUsingNumberThenWord(int num, String word)
```

正如这些例子所表明的，使用不同的方法名是很麻烦的。只有一个方法名，名称可以很简单。作为一个程序员，你难道不愿意只使用并记住一个简单的名称，而不是几个烦琐的名称吗？

7.7.3　完整的示例

看看图 7.10 中的类，它使用了重载的 setHeight 方法。两个方法都将一个 height 参数分配给一个 height 实例变量，区别在于分配高度单位的技术。第一个方法自动给 units 实例变量分配了一个硬编码的 cm（厘米）；第二种方法给 units 实例变量分配了一个用户指定的 units 参数。因此，第二种方法需要两个参数（height 和 units），而第一种方法只需要一个参数（height）。这两种方法执行的任务基本相同，只是略有不同。这就是为什么我们要使用相同的名称并重载这个名称。

现在看一下图 7.11 中的驱动程序和它的两个 setHeight 方法调用。对于每个方法调用，你能分辨出是调用了两个重载方法中的哪一个吗？图 7.11 的第一个方法调用 setHeight(72.0, "in")，调用了图 7.10 的第二个 setHeight 方法，因为该方法调用中的两个参数与第二个方法标题中的两个参数一致。图 7.11 的第二个方法调用 setHeight(180.0)，调用了图 7.10 的第一个 setHeight 方法，因为该方法调用中的一个参数与第一个方法标题中的一个参数一致。

```
/*******************************************************
 * Height.java
 * Dean & Dean
 *
 * 这个类存储和输出高度值
 *******************************************************/

class Height
{
  double height;    // 一个人的高度
  String units;     // cm, 表示厘米

  //****************************************************

  public void setHeight(double height)
  {
    this.height = height;
    this.units = "cm";
  }

  //****************************************************

  public void setHeight(double height, String units)
  {
    this.height = height;
    this.units = units;
  }

  //****************************************************

  public void print()
  {
    System.out.println(this.height + " " + this.units);
  }
} // Height 类结束
```

图 7.10　带有重载方法的 Height 类

```
/**********************************************************
 * HeightDriver.java
 * Dean & Dean
 *
 * 该类是 Height 类的驱动演示
 **********************************************************/

public class HeightDriver
{
```

图 7.11　图 7.10 中驱动 Height 类的 HeightDriver 类

```
    public static void main(String[] args)
    {
      Height myHeight = new Height();

      myHeight.setHeight(72.0, "in");
      myHeight.print();
      myHeight.setHeight(180.0);
      myHeight.print();
    } // main 结束
  } // HeightDriver 类结束
```

图 7.11　（续）

7.7.4　从重载方法中调用重载方法

假设你有重载方法，你想让其中一个重载方法调用另一个重载方法。图 7.12 提供了一个例子，显示了如何做到这一点。图 7.12 的 setHeight 方法是图 7.10 的单参数 setHeight 方法的替代版本。注意它是如何调用双参数的 setHeight 方法的。

额外的方法调用使程序的效率稍有下降，但有些人可能认为它更优雅，因为它消除了代码的冗余。在图 7.10 中，this.height = height; 语句出现在两个方法中，这就是代码冗余——尽管是微不足道的代码冗余。

为什么在图 7.12 的方法主体中，setHeight 方法调用的左边没有引用变量点（.）？因为如果在一个实例方法中调用了同一类中的另一个方法，引用变量点前缀就没有必要了。而在这个例子中，两个重载的 setHeight 方法都是实例方法，而且它们确实在同一个类中。

```
    public void setHeight(double height)
    {
      setHeight(height, "cm");        ┌─────────────┐
    }                                 │ 不要在这里放引用  │
                                      │ 变量点前缀      │
                                      └─────────────┘
```

图 7.12　调用同一类中的另一个方法的例子，这有助于避免代码细节的重复和可能的内部不一致

在图 7.12 的 setHeight(height, "cm");方法调用中没有引用变量点前缀，你可能会认为该方法调用没有调用对象。实际上，有一个隐式调用对象，它是调用当前方法的同一个调用对象。复习一个知识点，你如何访问当前方法的调用对象？使用 this 引用。如果你想让 this 引用显式化，你可以在图 7.12 的 setHeight 方法调用中加入它，例如：

```
    this.setHeight(height, "cm");
```

我们指出这种替代语法并不是因为希望你使用它，而是希望你能更清楚地了解调用对象的细节。

7.7.5　程序演变

重载方法名称的能力促进了程序的优雅进化，因为它对应于自然语言经常重载单词含义的方式。例如，你的程序的第一个版本可能只定义了 setHeight 方法的单参数版本。后来，当你决定增强你的程序时，如果你尽可能地减少现有用户必须学习的新东西，那么对他们来说会更容易。

<table>
<tr><td>
通过重复使用好的名称来保持它的简单。
</td><td>

在这种情况下，你让他们要么继续使用原来的方法，要么使用改进后的方法。当他们想使用改进后的方法时，他们所要记住的就是原来的方法名称和在方法调用中加入第二个参数，即单位。这几乎是一个明显的变化，而且比不同的方法名称更容易记
</td></tr>
</table>

住。这当然比被迫为旧的任务学习一个新的方法名要容易——如果没有重载方法，这将是升级的必要代价。

7.8　构造函数

到目前为止，我们一直在使用修改器为新实例化的对象的实例变量赋值。这样做很好，但是它需要使每个实例变量拥有并调用一个修改器。作为一个替代方案，你可以在创建对象后尽快使用一个方法来初始化该对象的所有实例变量。例如，在图 7.2 的 Car 类中，你可以定义一个 initCar 方法来初始化 Car 对象，而不是定义三个修改器方法。然后你可以像下面这样使用它：

```
Car lanceCar = new Car();
lanceCar.initCar("Ford", 2019, "lime");
```

这个代码片段使用一条语句为一个新对象分配空间，并使用另一条语句来初始化该对象的实例变量。由于对象的实例化和初始化非常普遍，如果有一条语句可以同时处理这两个操作，那不是很好吗？看下面这条语句：

```
Car lanceCar = new Car("Ford", 2019, "lime");
```

这条语句将创建一个对象和初始化其实例变量统一在一个调用中。它保证对象的实例变量在对象被创建时就被初始化。new 后面的代码应该让你想起一个方法调用。这段代码和方法调用都是由一个程序员定义的词（这里是 Car），然后用括号围住一个项目列表。你可以把这段代码看作一个特殊的方法调用，因为它有自己的名称。它是用来构造对象的，因此被称为*构造函数*。

7.8.1　什么是构造函数？

构造函数是一个类方法的实体，当一个对象被实例化时，它会被自动调用。上面的 new Car("Ford", 2019, "lime")对象实例化调用一个名为 Car 的构造函数，它有三个参数，即 String、int 和 String。下面是这样一个构造函数的例子：

```
public Car(String m, int y, String c)
{
  this.make = m;
  this.year = y;
  this.color = c;
}
```

正如你所看到的，这个构造函数只是将传入的参数值分配给它们相应的实例变量。执行完构造函数后，JVM 会将新实例化和初始化的对象的地址返回构造函数被调用的地方。在上面的 Car lanceCar = new Car("Ford", 2019, "lime") 声明中，实例化的 Car 对象的地址被分配给 lanceCar 引用变量。

在看完整的程序例子之前，你应该知道几个构造函数的细节。一个构造函数的名称必须与它所关联的类相同。因此，Car 类的构造函数必须命名为 Car，C 要大写。

在一个方法标题中，必须包括一个返回类型，所以你可能期望对构造函数标题有同样的要求。不是

的。在构造函数标题中不使用返回类型[①]，因为构造函数的调用（使用 new）会自动返回它所构造的对象的引用，而这个对象的类型总是由构造函数名称本身指定。只要在左边指定 public，然后写上类的名称（也就是构造函数的名称）即可。

7.8.2　完整的示例

　　现在让我们看一个使用构造函数的完整程序例子。请看图 7.13 和图 7.14 中的 Car4 程序。在图 7.13 中，注意我们把构造函数放在了 getMake 方法的上面。在所有的类定义中，把构造函数放在方法上面是很好的风格。

```
/*********************************************************
 * Car4.java
 * Dean & Dean
 *
 * 这个类存储和检索一辆汽车的数据
 *********************************************************/

public class Car4
{
  private String make;       // 汽车的品牌
  private int year;          // 汽车的上市时间
  private String color;      // 汽车的颜色

  //*****************************************************

  public Car4(String m, int y, String c)
  {
    this.make = m;
    this.year = y;                        ←──  定义构造函数
    this.color = c;
  } // constructor 结束

  //*****************************************************

  public String getMake()
  {
    return this.make;
  } // getMake 结束
} // Car4 类结束
```

图 7.13　拥有一个构造函数的 Car4 类

[①] 如果你试图定义一个带有返回类型说明的构造函数，编译器将不承认它是一个构造函数，而会认为它是一个普通方法。

```
/*****************************************************************
 * Car4Driver.java
 * Dean & Dean
 *
 * 这个类是 Car4 类的驱动演示
 *****************************************************************/
public class Car4Driver
{
  public static void main(String[] args)
  {
    Car4 lanceCar = new Car4("Ford", 2019, "lime");
    Car4 azadehCar = new Car4("BMW", 2020, "red");

    System.out.println(lanceCar.getMake());
  } // main 结束
} // Car4Driver 类结束


输出：
Ford
```

构造函数调用

图 7.14　驱动图 7.13 中 Car4 类的 Car4Driver 类

7.8.3　适应 Java 善变的默认构造函数

任何时候你实例化一个对象（使用 new），必须有一个匹配的构造函数。也就是说，你的构造函数调用中参数的数量和类型必须与定义的构造函数中参数的数量和类型相匹配。但直到现在，我们在实例化对象时都没有任何明确的构造函数。那么这些例子是错的吗？不，它们都使用了一个隐式零参数*默认构造函数*，当且仅当没有显式定义构造函数时，Java 编译器会自动提供。图 7.15a 和图 7.15b 中的 Employee 程序说明了 Java 隐式零参数默认构造函数的使用。

在图 7.15a 中，注意 main 方法的 new Employee()代码如何调用一个零参数的构造函数。但图 7.15b 没有定义一个零参数构造函数。这没问题。因为没有其他构造函数，Java 编译器提供了默认的零参数构造函数，它与 new Employee()的零参数构造函数的调用相匹配。

```
public class EmployeeDriver
{
  public static void main(String[] args)
  {
    Employee emp = new Employee();

    emp.readName();
  } // main 结束
} // EmployeeDriver 类结束
```

调用零参数构造函数

图 7.15a　Employee 程序的驱动

```
import java.util.Scanner;

public class Employee
{
  private String name;

  //****************************************

  public void readName()
  {
    Scanner stdIn = new Scanner(System.in);

    System.out.print("Name: ");
    this.name = stdIn.nextLine();
  } // readName 结束
} // Employee 类结束
```

图 7.15b Employee 程序的驱动类

即使没有明确定义的构造函数，这也是可行的，因为 Java 编译器提供了一个匹配的默认零参数构造函数。

请注意，一旦你为一个类定义了任何类型的构造函数，Java 的默认构造函数就不可用。因此，如果你的类包含一个显式的构造函数定义，并且如果 main 方法中包含一个零参数的构造函数调用，你也必须在你的类定义中包含一个显式的零参数构造函数。

参见图 7.16a 和图 7.16b 中的 Employee2 程序。图 7.16a 中的驱动类编译成功，但图 7.16b 中的驱动产生了一个编译错误。与图 7.15a 一样，图 7.16b 中的驱动代码调用了一个零参数的构造函数。之前是成功的，为什么这次不成功了呢？这次，图 7.16a 中的驱动类明确地定义了一个构造函数，所以 Java 没有提供一个默认的零参数构造函数。如果没有这个构造函数，编译器就会报错没有匹配的构造函数来调用零参数构造函数。你如何修改 Employee2 程序以摆脱这个错误？在 Employee2 类中添加以下零参数的 Employee2 构造函数：

```
public Employee2()
{ }
```

这就是一个*伪构造函数* 的例子。它之所以被称为伪构造函数，是因为它除了满足编译器的要求外，没有做任何事情。请注意大括号是如何自成一行的，且中间有一个空白。这是一个风格问题，通过这样写伪构造函数，使空的大括号更加突出，并清楚地表明程序员的意图是使构造函数成为一个伪构造函数。

```
import java.util.Scanner;

public class Employee2
{
  private String name;
```

图 7.16a Employee2 程序的驱动类

```
//*************************************

public Employee2(String n)
{
  this.name = n;
} // constructor 结束
//*************************************

public void readName()
{
  Scanner stdIn = new Scanner(System.in);

  System.out.print("Name: ");
  this.name = stdIn.nextLine();
} // readName 结束
} // Employee2 类结束
```

> 这个单参数的构造函数是对 Employee 类的唯一修改

图 7.16a　（续）

```
public class Employee2Driver
{
  public static void main(String[] args)
  {
    Employee2 waitress = new Employee2("Olivia Leung");
    Employee2 hostess = new Employee2();

    hostess.readName();
  } // main 结束
} // Employee2Driver 类结束
```

> 零参数构造函数调用产生一项编译错误

图 7.16b　Employee2 程序的驱动

7.8.4　用构造函数初始化实例常量

正如你所看到的，构造函数的目的是初始化；也就是说，给对象的属性分配初始值。通常，当你想到一个对象的属性时，你会想到它的实例变量。但是，对象也可以有实例命名常量作为属性（通常称为*实例常量*）。构造函数对于初始化对象的实例常量特别重要。在本小节中，我们将讨论实例常量以及它们如何在构造函数中被初始化。

之前你已经看到了在方法中声明的命名常量。当一个命名常量被声明在一个方法中时，它被称为*局部命名常量*，其作用范围仅限于该方法内。如果你想让一个属性在特定对象的整个生命周期内保持不变，你需要另一种命名常量，即实例常量。研究图 7.17a 的 Employee3 程序。它在之前的 Employee 程序的基础上进行了改进，因为它使用了一个实例常量来存储员工的名字，而不是一个实例变量。下面是员工名字的实例常量声明语句：

```
public final String NAME;
```

final 修饰符将 NAME 变量确定为一个实例常量。它告诉编译器，如果你的程序在初始化后试图给实例常量赋值，就会产生一个错误。我们对 NAME 使用大写字母，因为这是实例常量的标准编码惯例。

```
/*******************************************************
* Employee3.java
* Dean & Dean
*
* 赋给员工一个固定的名字
*******************************************************/

public class Employee3
{
  public final String NAME;          ◄────  实例常量的声明

  //***************************************************

  public Employee3(String name)
  {
    this.NAME = name;                ◄────  实例常量的初始化
  } // constructor 结束
} // Employee3 类结束
```

图 7.17a　Employee3 类使用了一个实例常量

你应该在其类的顶部声明一个实例常量，在类的实例变量之上。尽管将实例常量作为其声明的一部分进行初始化是合法的，但通常你不应该这样做。相反，你应该在构造函数中初始化它，这样做允许你为不同的对象用不同的值来初始化实例常量。因此，一个实例常量可以代表一个属性，其值因对象而异，但在任何特定对象的生命周期中保持不变。它代表了该对象的一个不可分割的属性，这个属性将该对象与同一类别的所有其他对象永久地区别开来。由于 Employee3 类对员工名字使用实例常量，NAME 属性反映了人们名字的固定性质。

因为 final 修饰符使命名常量在初始化后不会被改变，所以将实例常量设置为 public 是安全的。这使得确定一个对象的永久属性的值特别容易。只需使用以下语法：

　　引用变量.实例常量

在图 7.17a 中，Employee3 程序的构造函数是像下面这样使用上述语法初始化一个员工的名字的（这是构造函数调用对象的引用变量，NAME 是实例常量）：

　　this.NAME = name;

而在图 7.17b 中，Employee3 程序的 main 方法是像下面这样使用上述语法输出 waitress 的名字的（waitress 是引用变量，NAME 是实例常量）：

　　System.out.printIn(waitress.NAME);

```
/*******************************************************
* Employee3Driver.java
* Dean & Dean
*
* 实例化一个对象并输出其固定属性
*******************************************************/
```

图 7.17b　图 7.17a 中 Employee3 类的驱动程序

```
public class Employee3Driver
{
  public static void main(String[] args)
  {
    Employee3 waitress = new Employee3("Angie Klein");

    System.out.println(waitress.NAME);  ◄─────  直接访问实例常量
  } // main 结束
} // Employee3Driver 类结束

输出：
Angie Klein
```

图 7.17b　（续）

7.8.5　优雅性

正如本节开头所描述的，你不需要实现一个构造函数来给新创建的对象分配初始值。作为一种替代方法，你可以通过调用默认的构造函数来实例化一个对象，不需要任何参数，然后调用一个方法给对象分配初始值。例如：

```
Car lexiCar = new Car();
lexiCar.initCar("Tesla", 2019, "zircon blue");
```

这很有效，但它比使用构造函数要逊色得多。通过使用构造函数，你将实例变量的初始化与你所创建的对象紧密联系在一起。此外，你还通过以下方式简化了事情：①避免了单独的方法调用步骤；②避免了为初始化方法设想一个单独的名称（因为构造函数的名称等同于类的名称）。好样的，构造函数！

7.9　重载构造函数

重载一个构造函数就像重载一个方法。当有两个或更多的构造函数具有相同的名称和不同的参数时，就会发生构造函数的重载。与重载方法一样，重载构造函数的语义大致相同，但语法不同。重载构造函数非常常见（比重载方法更常见）。这是因为你经常希望能够创建具有不同初始化量的对象。有时你想把初始值传递给构造函数，在其他时候，你想避免向构造函数传递初始值，而是依靠之后的赋值。为了实现这两种情况，你需要重载构造函数———一个带参数的构造函数和一个不带参数的构造函数。

7.9.1　示例

假设你想实现一个 Fraction 类，它可以存储一个给定分数的分子和分母。Fraction 类还存储分数的商，它是由分子除以分母产生的。通常情况下，你会通过向一个双参数的分数构造函数传递分子参数和分母参数来实例化 Fraction 类。但是对于一个整数，你应该通过向 Fraction 构造函数传递一个参数（整数）来实例化 Fraction 类，而不是传递两个参数。例如，要为整数 3 实例化一个 Fraction 对象，你应该只向 Fraction 构造函数传递一个 3，而不是传递分子参数为 3，分母参数为 1。为了处理双参数的 Fraction

实例，以及单参数的 Fraction 实例，你需要重载构造函数。解决一个问题的方法之一是写一个驱动程序，说明你希望如何使用这个解决方案。考虑到这一点，我们在图 7.18 中介绍了一个驱动程序，它说明了如何使用提出的 Fraction 类和它的重载构造函数。驱动程序的代码中包括行号，以方便之后对代码进行追踪。

```
1    /****************************************************
2    * FractionDriver.java
3    * Dean & Dean
4    *
5    * 这个驱动程序演示了 Fraction 类
6    ****************************************************/
7
8    public class FractionDriver
9    {
10     public static void main(String[] args)
11     {
12       Fraction a = new Fraction(3, 4);       调用重载的构造函数
13       Fraction b = new Fraction(3);
14
15       a.printIt();
16       b.printIt();
17     } // main 结束
18   } // FractionDriver 类结束

示例会话:
3 / 4 = 0.75
3 / 1 = 3.0
```

图 7.18　驱动图 7.19 中 Fraction 类的 FractionDriver 类

假设在 Fraction 类中，numerator 和 denominator 是 int 实例变量，商是一个 double 实例变量。双参数的构造函数应该是下面这样的：

```
public Fraction(int n, int d)
{
  this.numerator = n;
  this.denominator = d;
  this.quotient = (double) this.numerator / this.denominator;
}
```

为什么要进行 double 转换？没有它，我们将得到是整数除法和截断小数值的结果。这个转换将分子转换为 double，double 的分子将分母实例变量提升为 double，于是执行的是浮点除法，小数值被保留下来。如果分母为 0，这个转换也提供了一个更优雅的响应。整数除以 0 会导致程序崩溃，但是浮点除以 0 是可以接受的。如果分子是正数，程序会输出 Infinity；如果分子是负数，则输出 -Infinity，而程序不会崩溃。

让它变得健壮。

对于像 3 这样的整数，我们可以用 3 作为第一个参数，1 作为第二个参数来调用上面的双参数构造

函数。但是我们希望我们的 Fraction 类更加友好，即它有另一个只有一个参数的（重载的）构造函数。这个单参数构造函数可以是下面这样的：

```java
public Fraction(int n)
{
  this.numerator = n;
  this.denominator = 1;
  this.quotient = (double) this.numerator;
}
```

7.9.2　从另一个构造函数中调用一个构造函数

避免代码重复。　　　　　上面两个构造函数包含重复的代码。重复代码会使程序变得很长。更重要的是，它引入了不一致的可能性。早些时候，我们用重载方法来避免这种风险。在图 7.12 中，我们没有像图 7.10 那样重复编写代码，而是插入了对先前编写的方法的调用，该方法中已经有我们想要的代码。你可以用构造函数做同样的事情，也就是说，你可以从另一个构造函数中调用以前写的构造函数。构造函数的调用与方法调用不同，因为它们使用保留字 new 操作符，它告诉 JVM 在内存中为一个新对象分配空间。在原构造函数中，你可以使用 new 操作符来调用另一个构造函数。但这将创建一个独立于原始对象的对象。而大多数时候，这不是你想要的。通常情况下，如果调用一个重载的构造函数，你会想使用原来的对象，而不是一个新的、单独的对象。

为了避免创建一个单独的对象，Java 设计者想出了特殊的语法，允许重载构造函数调用其伙伴重载构造函数中的一个，这样就可以使用原始对象。以下是该语法：

this(*目标构造函数的参数***);**

this(*目标构造函数的参数*) 构造函数调用只能出现在构造函数的定义语句中，而且必须作为构造函数定义中的第一条语句出现。这意味着你不能在方法的定义中使用这种语法来调用一个构造函数。这也意味着你在一个构造函数的定义中只能有一个这样的构造函数调用，因为只有一个调用语句可以成为"构造函数定义中的第一条语句"。

现在看看图 7.19 中的 Fraction 类，它包含三个实例变量：numerator、denominator 和 quotient。quotient 实例变量持有分子除以分母的浮点结果。第二个构造函数就像上面的双参数构造函数，但第一个构造函数更短，它没有重复出现在第二个构造函数的代码中，而是用 this(...)命令调用第二个构造函数。

```java
1    /************************************************************
2     * Fraction.java
3     * Dean & Dean
4     *
5     * 这个类存储并输出 fractions
6     ************************************************************/
7
8    public class Fraction
9    {
10     private int numerator;
11     private int denominator;
```

图 7.19　带有重载构造函数的 Fraction 类

```
12      private double quotient; //商
13
14      //*************************************************************
15
16      public Fraction(int n)
17      {
18        this(n, 1);            ←──── 这条语句调用另一个构造函数
19      }
20
21      //*************************************************************
22
23      public Fraction(int n, int d)
24      {
25        this.numerator = n;
26        this.denominator = d;
27        this.quotient = (double) this.numerator / this.denominator;
28      }
29
30      //*************************************************************
31
32      public void printIt()
33      {
34        System.out.println(this.numerator + " / " +
35          this.denominator + " = " + this.quotient);
36      } // printIt 结束
37    } // Fraction 类结束
```

图 7.19 (续)

假设在程序开发过程中, 为了调试, 你决定在 Fraction 类的单参数构造函数中输出 "In 1-parameter constructor", 你会把这条输出语句放在哪里呢? 因为 this(n, 1)构造函数的调用必须是构造函数定义中的第一条语句, 所以你必须把输出语句放在构造函数调用语句的下面。

7.9.3 用构造函数进行追踪

图 7.20 显示了 Fraction 程序的追踪图。在下面的讨论中, 你不仅需要主动参考追踪图, 还需要参考 FractionDriver 类 (见图 7.18) 和 Fraction 类 (见图 7.19)。注意 FractionDriver 类中的第 12 行是如何将 3 和 4 传递给双参数的 Fraction 构造函数的, Fraction 构造函数又如何将 3 和 4 分配给构造函数的 n 和 d 参数。作为隐式构造函数的一部分, Fraction 类中的第 10 ~ 12 行用默认值初始化 Fraction 实例变量; 第 25 ~ 27 行覆盖了这些初始化的值。回到 FractionDriver 类中, new 返回一个对象引用 (obj1) 到引用变量 a; 然后在第 13 行, 驱动程序将 3 传递给单参数构造函数。在参数赋值和实例变量初始化之后, Fraction 类的第 18 行将 3 和 1 传递给双参数构造函数。在双参数构造函数覆盖了实例变量后, 控制流回到单参数构造函数, 并从那里回到 FractionDriver 类中, new 返回一个对象引用 (obj2) 到引用变量 b。

FractionDriver			行号	Fraction										输出
行号	main			Fraction	Fraction	printIt	obj1			obj2			
	a	b		n	d	n	this	num	den	quot	num	den	quot	
12				3	4									
			10					0						
			11						0					
			12							0.00				
			25					3						
			26						4					
			27							0.75				
12	obj1													
13						3								
			10								0			
			11									0		
			12										0.00	
			18	3	1									
			25								3			
			26									1		
			27										3.00	
13		obj2												
15							obj1							
			34											3 / 4 = 0.75
16							obj2							
			34											3 / 1 = 3.00

图 7.20　图 7.18 和图 7.19 中的 Fraction 程序的追踪

7.10　静态变量

到目前为止，本章的重点是"面向对象编程"的"对象"部分。因此，当你设想一个面向对象的解决方案时，你可能会看到独立的对象，每个对象都有自己的数据和行为集（分别是实例变量和实例方法）。这是一幅有效的图画，但你应该知道，除了个别对象特有的数据和行为外，你也可以有与整个类有关的数据和行为。这种数据和行为分别被称为*静态变量*和*静态方法*。

让我们看一个例子。假设你负责追踪 YouTube 的视频。你需要为每个 YouTube 视频实例化一个 YouTube 对象，在每个对象中，你需要存储诸如摄像师、视频的长度和视频文件本身的属性。你应该在实例变量中存储这些属性，因为它们与单个 YouTube 对象相关。你还需要存储诸如视频数量和最受欢迎的视频的属性。你应该在静态变量中存储这些属性，因为它们与整个 YouTube 对象的集合有关。

在本节中，你将学习如何声明静态变量，何时使用它们，它们的默认值是什么，以及它们的范围是什么。在下一节中，你将看到在静态方法中使用静态变量的例子。

7.10.1　静态变量声明语法

下面是静态变量声明语句的语法:

private 或 *public* **static** 类型 变量名

下面是一个例子:

 private static int mouseCount; // 老鼠对象的总数

静态变量应该是 public 的还是 private 的？这方面的原理与实例变量的原理是一样的。因为你总是可以编写 public 的 get/set 静态方法，所以你不需要 public 的静态变量，就像你不需要 public 的实例变量一样。最好的办法是尽可能地保持你的变量为 private，以保持对它们的访问方式的控制。因此，除了将实例变量设为 private 之外，还应该将静态变量也设为 private。

7.10.2　为什么使用"静态"这个词？

正如你所知，当 JVM 在程序中看到 new 操作符时，它会为指定的类实例化一个对象。在这样做的时候，它为该对象的所有实例变量分配了内存空间。之后，如果所有对该空间的引用都消失了，垃圾回收器可能会在程序停止前取消分配（带走）该内存空间。这种在程序运行时进行的内存管理，被称为动态分配。静态变量则不同。JVM 在程序启动时为静态变量分配空间，只要程序运行，该变量空间就一直被分配。这种内存管理被称为静态分配。这就是为什么我们称这些变量为静态变量。

7.10.3　静态变量实例

如你所知，每次使用new操作符都会为每个对象的所有实例变量创建一个单独的副本。此外，对于一个特定的类，每个静态变量只有一个副本，所有的对象都共享这个单一的副本。因此，你应该使用静态变量来描述一个类的对象的属性，这些属性需要被所有的对象所共享。例如，再次考虑模拟老鼠生长的问题。在以前的 Mouse 程序中，我们记录了与每只老鼠有关的数据——老鼠的生长速度、老鼠的年龄和老鼠的体重。对于一个更有用的模拟程序，你可能还想追踪群体数据和共同环境数据。例如：

mouseCount 追踪老鼠的总数。

averageLifeSpan 追踪所有老鼠的平均寿命。

simulationDuration 限制模拟迭代的次数。

researcher 确定一个负责对老鼠群体进行实验的人。

noiseOn 将表示所有老鼠听到的压力噪声是否存在。

要了解这些静态变量是如何在 Mouse 程序中声明的，请看图 7.21。如果你对 mouseCount、averageLifeSpan 等使用实例变量，每个单独的老鼠对象都会有自己的数据副本。因此，如果总共有 100 只老鼠，这 100 只老鼠中的每一只都会在它自己的 mouseCount 变量中存储数值 100，在它自己的 averageLifeSpan 变量中存储平均寿命值，以此类推。这意味着每当有新的老鼠出生或老鼠死亡或老去一年，你就必须更新 100 份单独的 mouseCount、averageLifeSpan 等副本，而且所有的信息都是完全一样的。这是多大的浪费啊？为什么不只做一次，让每个人都写入和读出同样的共同数据呢？如果

mouseCount、averageLifeSpan 等是静态变量，那么所有的 mouse 对象都可以从这些信息的单一记录中写入和读取。外部人员只要在适当的静态方法前加上类名，就可以访问这些类的属性。既没有必要也不希望通过一个特定的实例来获取这组信息。

```
public class Mouse
{
  private static int mouseCount;
  private static double averageLifeSpan = 18;  // 月
  private static int simulationDuration = 730; // 天        初始化是允许的
  private static String researcher;
  private static boolean noiseOn;          环境属性
  ...
```

图 7.21　在一个增强的 Mouse 类中的静态变量声明

7.10.4　默认值

静态变量使用与实例变量相同的默认值，见表 7-1。

表 7-1　静态变量的默认值

静态变量类型	默认值
integer	0
floating point	0.0
boolean	false
reference	null

由此可见，图 7.21 中的静态变量的默认值是：

```
mouseCount = 0
averageLifeSpan = 0.0
simulationDuration = 0
researcher = null
noiseOn = false
```

据推测，程序会在运行时更新 mouseCount 和 averageLifeSpan。averageLifeSpan 和 simulationDuration 的默认值和 mouseCount 一样都是 0，但是在图 7.21 中，默认值并不适用，因为在声明语句中进行了初始化。尽管我们希望程序重新计算 averageLifeSpan，但我们初始化它，以提供我们认为合理的数值（18）的文件。我们还初始化了 simulationDuration（730），尽管我们希望程序能用用户输入的值重新分配 simulationDuration。据推测，程序会提示用户输入要模拟的天数。通过适当的代码，用户可以被邀请输入 –1 来获得一个"标准"的 730 天模拟。

7.10.5　范围

现在我们来比较一下静态变量、实例变量和局部变量的作用范围。你可以从其类中的任何地方访问静态变量。更具体地说，这意味着你可以从实例方法以及静态方法中访问静态变量。这与实例变量相反，你只能从实例方法中访问。因此，静态变量比实例变量具有更广泛的作用范围。另外，局部变量比实例变量的作用范围更窄。它们只能在一个特定的方法中被访问。下面是作用范围的连续性。

为局部变量设置较窄的作用域似乎是件坏事，因为它不那么"强大"，但它实际上是件好事。为什么呢？更窄的范围相当于更多的封装，正如你在第 6 章中所学到的，封装意味着你不容易受到不适当的变化所带来的影响。由于静态变量广泛的范围和缺乏封装，可以从许多不同的地方被访问和更新，这使得程序难以理解和调试。拥有更广泛的范围在某些时候是必要的，但一般来说，你应该尽量避免更广泛的范围。我们鼓励你选择局部变量而不是实例变量，选择实例变量而不是静态变量。

7.11　静态方法

静态方法像静态变量一样，与整个类有关，而与单个对象无关。因此，如果你需要执行一项涉及整个类的任务，那么你应该实现并使用一个静态方法。在第 5 章中，你使用了 Java API Math 类中定义的静态方法，如 Math.round 和 Math.sqrt。现在你将学习如何编写自己的静态方法。静态方法经常访问静态变量，在编写自己的静态方法时，你将有机会看到如何访问你所定义的静态变量。

7.11.1　PennyJar 程序

我们想在一个完整程序的背景下介绍静态方法的语法细节，想到的程序便是一个存钱罐（penny jar）程序……

Jordan（作者 John 的女儿）和 Addie（Jordan 的闺蜜）在圣诞节收到了存钱罐。她们决定等到攒够 40 美元之后再打开罐子，去购买一个巨大的、十磅重的好时巧克力。她们希望有一个能模拟此番经历的程序。具体来说，这个程序能够存储每个存钱罐中的便士数量，同时也存储所有存钱罐中的便士总数。图 7.22 显示了一个*统一建模语言（UML）*的类图，PennyJar 类就是这样做的。该类图的中间部分包含了程序的三个变量：

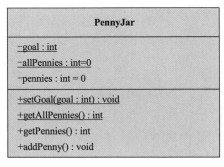

图 7.22　描述存钱罐个体和群体的类图

- goal 变量是所有存钱罐所要保存的目标便士数。因为目标是所有存钱罐共享的属性，所以它是一个静态变量。在 UML 类图中，你可以知道 goal 是一个静态变量，因为它被加了下划线（你可能记得，UML 标准建议你在类成员下加下划线以表示它是静态的）。

- allPennies 变量存储了所有存钱罐中到目前为止积累的总便士。因为 allPennies 是所有存钱罐的一个属性，它是一个静态变量，因此，在 UML 类图中它被加了下划线。注意，类图中显示 allPennies 被初始化为 0。虽然 allPennies 默认会被初始化为 0，但明确的初始化是一种自文档的形式，表明程序员需要 allPennies 从 0 开始以使程序正常工作。
- pennies 变量是一个实例变量。它记录了一个存钱罐里的便士的数量。

类图的底部部分包含了程序的四个方法：

- setGoal 方法是一个修改器方法，用于设置/分配目标变量的值。因为 setGoal 方法处理整个类中的数据（目标是一个静态变量），所以它是一个静态方法。在 UML 类图中，你可以知道 setGoal 方法是一个静态方法，因为它有下划线。
- getAllPennies 方法检索了 allPennies 静态变量的值。因为 getAllPennies 方法只处理整个类中的数据，所以它也是一个静态方法，在 UML 类图中也有下划线。
- getPennies 方法是一个访问器实例方法，它从一个特定的存钱罐中检索 pennies 实例变量的值。
- addPenny 方法是另一个实例方法。它模拟向存钱罐中添加一便士。

7.11.2　定义静态方法

在宏观地介绍了 PennyJar 程序之后，现在是时候深入研究静态方法的细节了。要定义一个静态方法，请使用下面这个语法作为方法的标题：

private 或 public static 返回类型 方法名（形参）

这与用于定义实例方法的语法相同，只是 static 出现在返回类型的左边。图 7.23 是 PennyJar 程序的 PennyJar 类的源代码。请注意，它的静态方法 setGoal 和 getAllPennies 的标题里有 static 修饰符。与实例方法一样，大多数静态方法应该使用 public 访问修饰符（我们将在下一章中讨论 private 方法）。

```
/****************************************************************
* PennyJar.java
* Dean & Dean
*
* 计算存放在存钱罐里的便士总数
****************************************************************/

public class PennyJar
{
  private static int goal;              ┐  ◄── [静态变量]
  private static int allPennies = 0;    ┘
  private int pennies = 0;

  //************************************************************

  public static void setGoal(int goal)  ┐
  {                                      │
    PennyJar.goal = goal;                ├  ◄── [静态方法]
  }                                      ┘
```

图 7.23　同时说明了实例成员和类成员的 PennyJar 类

```
//***************************************************************

public static int getAllPennies()
{
  return PennyJar.allPennies;
}

//***************************************************************

public int getPennies()
{
  return this.pennies;
}

//***************************************************************

public void addPenny()
{
  System.out.println("Clink!");
  this.pennies++;
  PennyJar.allPennies++;

  if (PennyJar.allPennies >= PennyJar.goal)
  {
    System.out.println("Time to spend!");
  }
} // addPenny 结束
} // PennyJar 类结束
```

静态方法

图 7.23 （续）

7.11.3 访问类成员

通常情况下，要访问一个类成员，你应该在类成员前加上该类成员的类名，然后加上一个点。在类成员前加上类名，然后再加上一个点，这听起来很熟悉，因为你已经对 Math.round() 和 Math.PI 等数学类成员这样用过了。在图 7.23 的 setGoal 和 getAllPennies 方法中，注意如何用 PennyJar 点前缀 PennyJar.goal 和 PennyJar.allPennies 访问静态变量 goal 和 allPennies。对于另一个例子，看看图 7.24 中的 PennyJarDriver 类。特别是，注意它的 main 方法是如何使用 PennyJar 点前缀调用静态方法 setGoal 和 getAllPennies 的：

```
PennyJar.setGoal(4000);
System.out.println(PennyJar.getAllPennies());
```

```
/***************************************************************
* PennyJarDriver.java
* Dean & Dean
*
* PennyJar 类的驱动类
```

图 7.24 图 7.23 中 PennyJar 类的驱动程序

```
****************************************************/

public class PennyJarDriver
{
  public static void main(String[] args)
  {
    PennyJar pennyJar1 = new PennyJar();
    PennyJar pennyJar2 = new PennyJar();

    PennyJar.setGoal(4000);
    pennyJar1.addPenny();
    pennyJar1.addPenny();
    pennyJar2.addPenny();
    System.out.println(pennyJar1.getPennies());
    System.out.println(PennyJar.getAllPennies());
  } // main 结束
} // PennyJarDriver 类结束

输出:
Clink!
Clink!
Clink!
2
3
```

图 7.24　（续）

　　这些例子显示了类成员是如何被静态方法访问的（setGoal、getAllPennies 和 main 都是静态方法，因为它们的标题中都使用了 static 修饰符）。因为类成员对整个类是可用的，它们当然可以从静态方法中访问。但是请注意，单个对象也可以访问类成员。因此，实例方法和构造函数（都与单个对象相关）也可以访问类成员。例如，在 PennyJar 程序的 addPenny 实例方法中，注意 allPennies 和 goal 静态变量是如何被访问的：

```
if (PennyJar.allPennies >= PennyJar.goal)
```

　　请注意，在访问一个类成员时，省略类名的点前缀有时是合法的。在访问一个类成员时，如果该类成员与被访问的类在同一个类中，编译器将允许你省略类名的点前缀。例如，上面的代码片段访问了在 PennyJar 类中声明的 allPennies 和 goal。因为代码片段本身来自 PennyJar 类，所以将代码改写成下面这样是合法的：

```
if (allPennies >= goal)
```

　　尽管有时在访问类成员时可以省略类名点前缀，但我们建议你应该总是使用类名点前缀，因为这是一种自文档的形式。它提醒阅读代码的人，被访问的成员是特殊的——它处理的是整个类中的信息。

　　静态变量总是包括类名点前缀的另一个原因是，它可以被用来避免歧义。如果你试图在一个地方访问一个静态变量，而这个地方有一个与静态变量同名的局部变量或参数，那么为了区分静态变量和同名的局部变量或参数，你必须在静态变量前加上它的类名和一个点。如果你不这样做，那么编译器将把你的访问尝试与局部变量或参数绑定，而不是与静态变量绑定。例如，为了方便起见，下面复制的

setGoal 方法使用了两个目标变量，一个是静态变量，另一个是参数。为了解决这个模糊不清的问题，静态变量必须以 PennyJar .为前缀。

```
public static void setGoal(int goal)
{
  PennyJar.goal = goal;
} //setGoal 结束
```

> 这可以识别一个静态变量，并将其与其有相同名称的参数区分开来

7.11.4 从静态方法中调用实例方法

如果你试图在一个静态方法中直接访问一个实例成员，你会得到一个编译错误。要访问一个实例成员，你首先必须有一个对象，然后通过用对象的引用变量作为前缀来访问该对象的实例成员。该引用变量通常被称为*调用对象*。这一切听起来很熟悉吗？main 方法是一个静态方法，而你从 main 方法中调用实例方法已经有一段时间了。但无论何时，你都是先实例化一个对象，并将该对象的引用分配给一个引用变量。然后，你在调用实例方法时，在其前面加上引用变量和一个点。图 7.24 中的 main 方法显示了我们正在谈论的内容：

```
public static void main(String[] args)
{
  PennyJar pennyJar1 = new PennyJar();
  pennyJar1.addPenny();
  ...
```

> 从静态方法中调用实例方法时，需要在其前面加上引用变量点前缀

如果你试图从一个静态方法中直接访问一个实例方法，而不使用引用变量点前缀，你会看到这样的错误信息：

`Non-static <方法名> cannot be referenced from a static context` (非静态的<方法名>不能从静态的上下文中被引用)

这条错误信息非常常见（你可能已经看过很多次了），因为我们很容易忘记在调用实例方法前加上引用变量。当资深的程序员看到这个错误时，他们知道该怎么做；他们确保在实例方法调用前加上一个调用对象的引用变量。但是，当初学者看到这个错误信息时，他们往往会通过不适当地试图"修复"这个错误来加重这个错误。更具体地说，当面对非静态方法的错误信息时，初学者往往会通过在方法的标题中插入 static，将出错的实例方法改为静态方法（在 PennyJar 程序中，addPenny 将被改成静态方法）。然后，他们在该方法中的任何实例变量上得到了非静态成员的错误信息。于是，他们通过将方法的实例变量改为静态变量使问题进一步复杂化（在 PennyJar 程序中，addPenny 的 pennies 变量将被改变为静态变量）。有了这样的改变，程序就可以成功地编译了，初学者就像百灵鸟一样高兴，准备去"杀下一条龙"了。然而，这种类型的解决方案导致了比编译错误更糟糕的问题——它导致了一个逻辑错误。

正如你所知，如果一个类的成员与一个对象有关，而不是与整个类有关，你应该把它变成一个实例成员。如果按照上面的描述，通过将实例成员改为类成员来"修复"一个错误，你可以让你的程序编译和运行。而且如果你只有一个对象，你的程序甚至可能产生一个有效的结果。但是如果你有两个或两个以上的对象，无论是现在还是将来，这些对象将通过静态变量共享相同的数据。如果你改变一个对象的数据，你将同时改变所有对象的数据，这通常会被认为是不正确的。对于 PennyJar 程序来说，所有的 PennyJar 对象将共享相同的 pennies 值，所以不可能追踪各个存钱罐中的钱。

7.11.5　什么时候使用静态方法？

什么时候应该把一个方法变成静态方法？一般的答案是："当你需要执行一项涉及整个类的任务时。"但让我们更具体一些，以下是适合使用静态方法的情况。

（1）如果你有一个使用静态变量、调用静态方法或两者兼而有之的方法，那么它是成为静态方法的良好候选者。例如，图 7.23 的 getAllPennies 是一个静态方法，因为它检索的是静态变量 allPennies 的值。注意，如果除了访问类成员外，该方法还访问实例成员，那么该方法必须是一个实例方法，而不是静态方法。

（2）main 方法是所有程序的起点，因此，它在任何对象的实例化之前被执行。为了适应这一功能，你需要把 main 方法变成静态方法。如果你的 main 方法相当长，并且包含定义明确的子任务，你应该考虑尝试用自己的方法实现这些子任务。关于这方面的例子，请看第 6 章前面的"间章"中的 RollDice 程序。你应该为子任务方法使用 static 修饰符，从而使它们成为静态方法。通过使它们成为静态方法，main 方法很容易调用它们（只需为它们加上类名点前缀，而不必先实例化一个对象，再为它们加上引用变量点前缀）。

（3）如果你有一个独立的通用方法，让它成为一个静态方法。我们所说的独立，是指该方法与某个特定对象无关，这样的方法被称为*实用方法*。你已经看到了实用方法的例子，如 Math 类中的 Math.round 和 Math.sqrt。在下一章中，你将学习如何在通用实用类的背景下编写自己的实用方法。

7.12　命名常量

使用名称而不是硬编码的值可以使程序更具有自文档性。当一个常量值用于代码块中的多个地方时，在该代码块的开始处定义命名常量可以最大限度地减少不一致的机会。在 Java 中，你可以在几个级别上定义命名常量。

7.12.1　局部命名常量：第 3 章的回顾

在最微观的层面上，你可以定义*局部命名常量*。在图 3.5 中定义了两个局部命名常量：FREEZING_POINT 和 CONVERSION_FACTOR，以便在一个简单的程序中自文档式地定义华氏温度值与摄氏温度值的转换公式，这个程序只是做了一个温度值转换而已。通常，我们把这种活动嵌入一些大的程序中，把它放在像这样的一个辅助方法中：

```java
private double fahrenheitToCelsius(double fahrenheit)
{
    final double FREEZING_POINT = 32.0;
    final double CONVERSION_FACTOR = 5.0 / 9.0;

    return CONVERSION_FACTOR * (fahrenheit - FREEZING_POINT);
} // fahrenheitToCelsius 结束
```

这个方法中的局部命名常量使代码更容易理解。

7.12.2　实例常量：第 7.8 节的回顾

在更高的层次上，有时你想要一个常量，它是一个对象的永久属性，并且可以被与该对象相关的所有实例方法访问。这些常量被称为实例命名常量，或者更简单地说，*实例常量*。下面是声明一个实例常量的例子，它标识了 Person 对象的一个永久属性：

```
public final String SOCIAL_SECURITY_NUMBER;
```

声明实例常量与声明局部命名常量的区别有三点：①声明实例常量应该出现在类定义的顶部，而不是在方法中；②声明实例常量语句的前面有一个 public 或 private 访问修饰符；③尽管在声明中初始化一个实例常量是合法的，但在构造函数中初始化它更为常见。

7.12.3　静态常量

在更高的层次上，有时你需要一个对一个类中所有对象都相同的常量。换句话说，你想要一个类似于静态变量的东西，但它是常量。这些常量被称为静态命名常量，或者更简单地说，*静态常量*[①]。在第 5 章中，你了解了在 Java API Math 类中定义的两个静态常量：PI 和 E。现在你将学习如何编写自己的静态常量。要声明一个静态常量，请使用下面这种语法：

private 或 private static final *类型 变量名 = 初始值*;

声明静态常量与声明实例常量的区别有两点：①静态常量包括 static 修饰符；②静态常量应该作为其声明的一部分被初始化[②]。如果你试图在以后给静态常量赋值，会产生一个编译错误。

和实例常量一样，声明静态常量语句的前面应该有一个 public 或 private 访问修饰符。如果这个常量只在类中需要（而不是在类外），你应该把它设置为 private。这允许你在修改常量的同时不影响其他人在其程序中使用你的常量。然而，如果你想让其他类也能使用该常量，那么将其设置为 public 是合适的。这样做是安全的，因为 final 修饰符使它成为不可改变的（unchangable）。

下面的 Human 类包含一个名为 NORMAL_TEMP 的常量。我们使它成为一个静态常量（带有 static 和 final 修饰符），因为所有 Human 对象都有相同的正常温度，即 98.6°F。我们让它成为一个 private 的静态常量，因为它只在 Human 类中需要。

```
public class Human
{
  private static final double NORMAL_TEMP = 98.6;
  private double currentTemp;
  ...
  public boolean isHealthy()
  {
    return Math.abs(currentTemp - NORMAL_TEMP) < 1;
  } // isHealthy 结束
  public void diagnose()
```

[①]　在 Java API 库中，Oracle 使用了"常量字段"这个术语，而不是"静态常量"。我们更喜欢"静态常量"这个术语，因为它更具描述性，而且我们需要区分静态常量和实例常量。

[②]　虽然比较少见，但作为静态初始化块的一部分声明静态常量是合法的。关于初始化块的详细信息，请参见 https://docs.oracle.com/javase/tutorial/java/javaOO/initial.html。

```
  {
    if ((currentTemp - NORMAL_TEMP) > 5)
    {
      System.out.println("Go to the emergency room now!");
      ...
  } // Human 类结束
```

让我们总结一下什么时候应该使用这三种不同类型的命名常量：如果常量只需要在一个方法中使用，则使用局部命名常量；如果常量描述的是一个对象的永久属性，则使用实例常量；如果常量是类中所有对象的集合或一般类的永久属性，则使用静态常量。

7.12.4　声明的位置

现在是一些编码风格的问题。建议把所有静态常量的声明放在所有实例常量的声明的前面。把声明放在最上面会使它们更显眼，而静态常量最显眼是合适的，因为它们有最广泛的范围。同样地，建议把所有静态变量的声明放在所有实例变量的声明之上。*字段*是静态常量、实例常量、静态变量或实例变量的通用术语。建议你把所有的字段声明都放在顶部，高于所有的构造函数和方法的声明。下面是在一个给定的类中声明的首选顺序。

（1）静态常量。

（2）实例常量。

（3）静态变量。

（4）实例变量。

（5）构造函数。

（6）修改器和访问器方法（哪种类型在前并不重要）。

（7）其他方法（静态方法或实例方法，哪种类型在前并不重要）。

7.13　用多驱动类解决问题

本书的程序代码在开始时很简单，随着学习的深入，会逐渐增加复杂性。在第 1 章到第 5 章，我们向你展示了只包含一个类和一个方法（main 方法）的程序。在第 6 章和第 7 章中，我们一直在向你展示包含两个类的程序（包含一个 main 方法的驱动类和包含几个方法的驱动类）。

到目前为止，我们只用了一个驱动类来保持程序的简单，但在现实世界中，你往往需要一个以上的驱动类。这是因为大多数现实世界的系统都是异质的——它们是包含不同类型事物的混合体。对于每一种不同类型的事物，都应该有一个不同的类。拥有一个以上的驱动类可以让你把一个复杂的问题分割成几个较简单的问题。这可以让你一次专注于一种类型的事物。当完成一个类型的事情后，你可以转到另一个类型的事情上。通过这种循序渐进的方式，你可以逐渐建立起一个大型程序。

将一个大问题分解成孤立的较简单的问题。

从一个驱动中驱动一个以上的驱动类并不是什么大事。事实上，你在第 5 章中就看到我们这样做了，当时一个 main 方法中的语句调用了多个封装类的方法，如 Integer 和 Double。唯一要记住的是在编译驱动时，编译器必须能够找到所有的驱动类。如果它们是预先构建的类，它们必须是 java.lang 包的一部分，或者你必须导入它们。如果它们是你自己编写的类，它们应该和你的驱动程序在同一个目录下。①

总结

- 当你声明一个引用变量时，JVM 会在内存中分配空间来保存对一个对象的引用。在这一点上，并没有为对象本身分配内存。

- 将一个引用变量分配给另一个引用变量并不会克隆一个对象。它只是使两个引用变量都指向同一个对象，并给这个对象一个替代的名字——别名。

- 要创建一个单独的对象，你必须使用 Java 的 new 操作符。要使第二个对象像第一个对象一样，需要把第一个对象的实例变量值复制到第二个对象的相应实例变量中。

- 一个方法可以通过返回对包含该数据的内部实例化对象的引用，来返回源自一个方法的各种数据。

- Java 的垃圾回收程序搜索不可访问的对象，并通过要求操作系统将它们在内存中的空间指定为自由空间来回收它们所占用的空间。

- 如果你用═运算符比较两个对象的引用，当且仅当这些引用指向同一个对象时，结果为 true。

- 为了查看两个不同的对象是否包含类似的数据，你必须写一个 equals 方法，单独比较各自的实例变量值。

- 为了交换两个变量的值，你需要将其中一个变量的值存储在一个临时变量中。

- 如果你传递一个引用作为参数，并且如果引用参数的实例变量被更新，那么同时也会更新调用模块中引用参数的实例变量。

- 如果一个方法返回一个对象的引用，你可以使用返回的内容来调用同一条语句中的另一个方法。这就是方法调用链。

- 为了使程序更容易理解，你可以通过在不同的方法定义中再次使用相同的名称来重载一个方法名称，该方法具有不同的参数类型序列。方法名称、参数数量和参数类型的组合被称为方法的签名。

- 构造函数使你能够为每个对象分别初始化实例变量。一个构造函数的名称与它的类名相同，并且没有返回值说明。

- 对于一个构造函数的调用，必须有一个匹配的构造函数定义，也就是一个具有相同签名的定义。

- 如果你定义了一个构造函数，默认的零参数构造函数就消失了。

- 使用构造函数来初始化实例常量，它代表单个对象的永久属性。

- 为了获得构造当前对象的帮助，可以在构造函数中调用重载的构造函数，方法是使构造函数中的第一条语句为 this (*构造方法参数*)。

- 静态变量有一个 static 修饰符。使用静态变量来表示一个类中所有对象的集合的属性。使用实例变量来表示单个对象的属性。

- 记住静态变量比实例变量有更大的作用范围，而实例变量比局部变量有更大的作用范围。为了提高封装性，你应该尝试使用作用范围较小的变量，而不是作用范围较大的变量。

- 静态方法可以直接访问类成员，但不能直接访问实例成员。为了从静态方法中访问实例成员，你需要在其前面加上引用变量点。

---

① 可以把你自己的类放在你自己的包里，放在单独的目录里，像导入预置类一样导入它们。你可以在本书的附录 4 中学习如何做到这一点。然而，如果你所有的驱动类都和你的驱动类在同一个目录下，那么就没有必要对它们进行打包和导入，我们假设本书中开发和介绍的代码就是这种情况。

- 一个实例方法可以直接访问类成员和实例成员。
- 使用静态常量来处理不与任何特定对象相关的永久数据。静态常量使用 final 和 static 修饰符。
- 实例常量只有 final 修饰符。使用实例常量来表示单个对象的永久属性。

复习题

§7.2　对象的创建：详细分析

1. 语句：
```
Car car;
```
为一个对象在内存中分配了空间。（对/错）

2. new 操作符是做什么的？

§7.3　引用赋值

3. 将一个引用变量分配给另一个引用变量，就是将右边对象的实例变量复制到左边对象的实例变量中。（对/错）

4. 什么是内存泄漏？

§7.4　测试对象的相等性

5. 考虑一下这个代码片段：
```
boolean same;
Car carX = new Car();
Car carY = carX;
same = (carX == carY);
```
same 的最终值是什么？

6. equals 方法的返回类型是什么？

7. 根据惯例，我们用 equals 这个名字来表示执行某种评价的方法。equals 方法执行的结果和==运算符之间的区别是什么？

§7.5　将引用作为参数传递

8. 当你向一个方法传递引用时，你使该方法能够修改被引用的对象。（对/错）

§7.6　方法调用链

9. 方法定义中必须包括哪两点，以便它可以作为方法调用链语句的一部分被调用？

§7.7　重载方法

10. 当同一个类中有两个或多个同名的方法时，这叫什么？

11. 如果你想让当前对象调用一个与当前类相同的不同方法，方法调用很简单——只需直接调用该方法，不需要加上引用变量点。（对/错）

§7.8　构造函数

12. 构造函数的返回类型是什么？

13. 构造函数的名称必须与它的类的名称完全相同。（对/错）

14. 标准编码惯例建议你把构造函数的定义放在所有方法的定义之后。（对/错）

§7.9　重载构造函数

15. 如果一个类的源代码中包含一个单参数的构造函数，那么这个构造函数就是重载的，因为这个单参数的构造函数与默认的零参数构造函数具有相同的名称。（对/错）

16. 假设你有一个有两个构造函数的类。从一个构造函数中调用另一个构造函数的规则是什么？

§7.10 静态变量

17. 通常情况下，你应该对静态变量使用 private 访问修饰符。（对/错）

18. 什么时候你应该声明一个变量是静态变量，而不是实例变量？

19. 静态变量的默认值是什么？

§7.11 静态方法

20. 在图 7.24 的 main 方法中加入以下语句会有什么问题？

```
PennyJar.addPenny();
```

21. 成员访问：

（1）在静态方法中使用 this 是可以的。（对/错）

（2）在调用静态方法时，使用类名作为前缀是可以的。（对/错）

（3）在一个 main 方法中，在被调用的另一个静态方法的名称前省略类名点前缀是可以的。（对/错）

22. 从实例方法和构造函数中访问一个类成员是合法的。（对/错）

23. 从静态方法中直接访问一个实例成员是合法的。（对/错）

§7.12 命名常量

24. 什么关键字可以将一个变量转换为常量？

25. 如果你想让实例方法使用的命名常量具有相同的值（无论哪个对象访问它），声明应该包括 static 修饰符。（对/错）

26. 一个静态常量应该在构造函数中被初始化。（对/错）

27. 假设你有一个评分程序，从一个考试类中实例化出多个考试对象。提供一个最低合格分数常量的声明。假设所有考试的最低合格分数是 59.5 分。

练习题

1. [§7.2]给出一个包含如下两个实例变量的 Car 类。

```
int year;
String make;
```

并描述下面这个语句执行时发生的所有操作。

```
Car shyanCar = new Car();
```

2. [§7.3]解释垃圾回收的含义。

3. [§7.3] 使用以下追踪设置追踪图 7.2 和图 7.3 中的 Car 程序。这个建议的标题中的缩写使追踪的宽度尽可能小。

CarDriver			Car													
行号	main		行号	setMake		setYear		setColor		makeCopy		disp	obj1			obj2			输出
	jCar	xCar		this	make	this	year	this	color	this	car	this	make	year	color	make	year	color	

4. [§7.5] 假设你有一个 updateAccount 方法，它有两个参数：一个名为 yearsAccumulatingInterest 的 int 变量和一个名为 bankAccount 的引用变量。bankAccount 引用变量的对象包含一个名为 balance 的实例变量。在该方法的主体中，yearsAccumulatingInterest 参数被更新，bankAccount 对象的余额被更新。在一个调用 updateAccount 方法的方法中，从 updateAccount 方法返回后，yearsAccumulatingInterest 参数的值没有变化，而

bankAccount 参数的余额值被改变。解释一下为什么会有这样的区别。

5．[§7.5] 假设你通过添加另一个实例变量 jobDescription 和另一个方法 switchJobs 来增强图 7.7 中的 Person 类。完成以下额外的switchJobs方法，将调用对象的jobDescription与传入的参数对象的jobDescription 进行交换。

```
public void switchJobs(Person otherPerson)
{
  <此处插入代码>
} // switchJobs 结束
```

6．[§7.6] 在 JavaFX CSS 中（将在第 17 章中介绍），你可以通过指定一定数量的红色、绿色和蓝色来形成一种颜色，每种颜色的数量从 0%到 100%。例如，要指定紫色，你可以使用下面这样的代码：

```
rgb(100%, 60%, 100%)
```

rgb 分别代表红、绿、蓝。红色和蓝色为 100%，得到的颜色就是紫色。在下面的 Rgb 和 RgbDriver 类程序框架中，用适当的代码替换<此处插入……>行，这样程序就能正常运行。更具体地说：

（1）在 Rgb 类中，为 setRed 方法提供一个方法定义，以便 setRed 可以作为方法调用链的一部分被调用。

（2）在 RgbDriver 类中，提供一个单一的语句，以方法调用链的方式调用 setRed、setGreen、setBlue 和 display 方法。对于你的方法调用参数，给 setRed 传递 100，给 setGreen 传递 60，给 setBlue 传递 100。有了这些参数值，你的方法调用链语句应该输出下面这个结果：

```
rgb(100%, 60%, 100%)

public class Rgb
{
  private int red;
  private int green;
  private int blue;

  <此处插入 setRed 方法定义>

  public Rgb setGreen(int green)
  {
    this.green = green;
    return this;
  } // setGreen 结束

  public Rgb setBlue(int blue)
  {
    this.blue = blue;
    return this;
  } // setBlue 结束

  public void display()
  {
    System.out.printf("rgb(%d%%, %d%%, %d%%)\n",
      this.red, this.green, this.blue);
  } // display 结束
} // Rgb 类结束
```

```
public class RgbDriver
{
  public static void main(String[] args)
  {
    Rgb rgb = new Rgb();
    <此处插入 chained 方法调用>
  }
} // RgbDriver 类结束
```

7. [§7.6] 给出下面的 main 方法，将<此处插入代码>项替换为读取两个单词并检查第一个单词是否有 5 个字符、第二个单词是否以 z 开头的代码。

```
public static void main(String[] args)
{
  Scanner stdIn = new Scanner(System.in);
  System.out.println("Can you follow instructions?");
  System.out.println(
    "Enter two words, the first must have 5 characters" +
    " and the second must start with \"z\":");
  if (<此处插入代码>)
  {
    System.out.println(
      "Congratulations! Your words match the instructions.");
  }
} // 结束
```

8. [§7.7] 重载方法

（1）在本章的 Height 类中，修改双参数 setHeight 方法，以查看单位值是否为 in、ft、mm、cm 或 m。如果是，就更新单位字段并返回 boolean 值，即 true；否则输出 "Unrecognizable units:<entered units>（无法识别的单位。<输入单位>）" 并返回 false。

（2）修改相应的 HeightDriver 类，使其仅在先前调用双参数 setHeight 方法返回 true 时才调用 Height 的输出方法。

9. [§7.8] 为一个名为 CellPhone 的类提供一个标准的三参数构造函数。该类包含三个实例变量——manufacturer、model price。构造函数只是把它的三个参数分配给这三个实例变量。

10. [§7.9] 重载构造函数。

（1）实现一个 Weight 类，它有一个双参数的 setWeight 方法来初始化 weight 和 units 变量，还有一个单参数的 setWeight 方法来使用默认的 kg 作为单位。提供相应的双参数和单参数构造函数和输出方法，用于显示重量和单位值。通过让单参数构造函数调用单参数 setWeight 方法，双参数构造函数调用双参数 setWeight 方法，使语句总数最小化。

（2）为 WeightDriver 类提供一个 main 方法，使新的 main 方法使用（1）中的一个新构造函数来生成如下输出：

```
120 lbs
```

11. [§7.9] 假设一个 BodyWeight 类中只包含一个 setWeight 方法——双参数版本，参数为 double weight 和 String units。为 BodyWeight 类写两个构造函数，一个有一个参数（double weight），另一个有两个参数（double weight 和 String units）。对于单参数的构造函数，使用默认的 kg 表示单位。为避免代码冗余，让单参数构造函数调用双参数构造函数，让双参数构造函数调用双参数 setWeight 方法。

12. [§7.9] 假设以下两个类被编译和运行，输出的结果是什么？

　　你只需显示输出，不必提供正式的追踪。但是为了确定输出，你需要在你的头脑中或用一些笔记做一个非正式的追踪。我们鼓励你通过在计算机上运行程序来验证你的答案。运行程序是为了验证，而不是为了在第一时间得出答案。你应该能够通过检查程序的代码来了解该程序的工作原理。

```java
public class ConfuseMeDriver
{
  public static void main(String[] args)
  {
    ConfuseMe confuse = new ConfuseMe();
    confuse.display();
  }
} // ConfuseMeDriver 类结束

public class ConfuseMe
{
  private int x = 40;

  public ConfuseMe()
  {
    this(25);
    System.out.println(this.x);
  }

  public ConfuseMe(int x)
  {
    System.out.println(this.x);
    System.out.println(x);
    this.x = 10;
    x = 50;
  }

  public void display()
  {
    int x = 30;
    display(x);
    System.out.println(x);
  }

  public void display(int x)
  {
    x += 15;
    System.out.println(x);
  }
} // ConfuseMe 类结束
```

　　13. [§7.10] 一个对象的方法不能改变其类中具有 private static 修饰的一个变量的值。（对/错）

　　14. [§7.10] 给定一个记录汽车经销商库存中的汽车的程序，对于以下每个程序变量，指定它应该是一个局部变量，或是一个实例变量，还是一个静态变量。

averagePrice：库存中所有车辆的平均价格

vin：车辆识别号，特定车辆的唯一标识

j：用于循环浏览所有车辆的索引变量

price：特定车辆的价格

15. [§7.10] 一般来说，为什么应该选择实例变量而不是静态变量？为什么应该选择局部变量而不是实例变量？

16. [§7.11] 如果一个方法访问一个静态变量，该方法：

    a. 必须是一个局部方法。

    b. 必须是一个实例方法。

    c. 必须是一个静态方法。

    d. 既可以是静态方法，也可以是实例方法，这取决于其他因素。

17. [§7.11] 如果你试图从一个静态方法中直接访问一个实例方法，你会看到这样的错误信息：

    Non-static <方法名> cannot be referenced from a static context（非静态<方法名>不能从静态的上下文中引用）

你应该如何修复这个错误？

18. [§7.11] 考虑以下程序：

```
public class Test
{
  private static int x;
  private int y;

  public static void doIt()
  {
    Test.x = 4;
    this.y = 3;
  }

  public void tryIt()
  {
    x = 2;
    this.y = 1;
  }

  public static void main(String[] args)
  {
    doIt();
    tryIt();
    Test t = new Test();
    t.doIt();
    Test.doIt();
    this.tryIt();
  }
} // Test 类结束
```

标记出所有有编译错误的代码行。

对于每个编译错误的行，解释它为什么不正确。

对于每个编译错误，只需提供错误发生的原因。不要试图通过展示程序的"固定"版本来解决这个问题。

19. [§7.12] 为下列命名常量写出适当的声明。在每种情况下，决定是否包括关键字 static，以及是否在声明中包括初始化。同时，要使每个常量尽可能容易地被访问，并与防止无意中的破坏一致。

（1）格式字符串"%-16s%,9.3f%,12.0f%(,12.3f\n"用于一个方法中的几条 printf 语句。

（2）质子与电子质量比：1836.15267389。

（3）一个人的出生年份。

20. [§7.12] 为什么将命名常量声明为 public 是安全的？

复习题答案

1. 错。它只是为一个引用变量分配了内存。

2. new 操作符为一个对象分配内存，并返回该对象在内存中的存储地址。

3. 错。将一个引用变量分配给另一个引用变量，会导致右边的引用变量中的地址被放到左边的引用变量中。也就是说，两个引用变量都引用了同一个对象。

4. 内存泄漏是指一个无法访问的对象被允许持续存在并占用计算机内存中的空间。

5. same 的最终值是 true。

6. equals 方法的返回类型是 boolean。

7. == 运算符比较两个相同类型的变量的值。如果这些变量是引用变量，==比较它们的地址，看它们是否引用了同一个对象。一个典型的 equals 方法会比较其参数所指对象中所有实例变量的值和调用它的对象中相应的实例变量的值。只有当所有相应的实例变量具有相同的值时，它才返回 true。

8. 对。引用给了方法对引用对象的访问权。

9. 对于作为方法调用链语句的一部分被调用的方法，包括以下内容。

● 在方法主体中，指定 return *引用变量*。

● 在方法标题中，指定引用变量的相关类作为返回类型。

10. 如果同一个类中有两个或多个同名的方法，它们被称为重载方法。

11. 对。

12. 构造函数没有返回类型，也不使用返回语句，但是当你调用一个构造函数时，new 会返回一个对构造对象的引用。

13. 对。

14. 错。标准的编码惯例建议你把构造函数的定义放在所有其他方法的定义的前面。

15. 错。只有一个构造函数，因为如果一个类包含一个程序员定义的构造函数，那么编译器就不会提供一个默认的构造函数。

16. 要调用另一个构造函数，你必须在调用构造函数的主体中插入下面的语句作为第一条语句：

this(*目标构造函数的参数* **);**

17. 对。

18. 如果一个变量持有与整个类相关的数据，你应该声明该变量为静态变量，而不是实例变量。你应该使用静态变量来描述一个类的对象的属性，这些属性需要被所有的对象所共享。

19. 静态变量的默认值与同一类型的实例变量的默认值相同。下面是相应的默认值。

整数类型为 0

浮点类型为 0.0

boolean 类型为 false

　　引用类型为 null

20．因为没有 static 修饰符，addPenny 是一个实例方法。PennyJar.addPenny();的调用使用了 PennyJar 点前缀。使用类名（PennyJar）作为实例方法调用的前缀是非法的。要调用一个实例方法，你需要使用一个引用变量的点前缀。

21．成员访问：

（1）错。你不能在静态方法中使用 this。

（2）对。你总是可以使用类的名称作为静态方法的前缀。

（3）如果 main 方法与其他方法"合并"在同一个类中，则是对的。如果另一个方法是在不同的类中，则是错的。

　　包含类名点前缀允许你以后将 main 方法移到另一个类中。

22．对。你可以从实例方法中访问一个类成员，只要在类成员前加上类名，即可从构造函数中访问一个类成员。

23．错。只有在方法名前加上一个特定对象的引用，你才能从静态方法中访问实例成员。

24．关键字 final 可以将一个变量转换成一个常量。

25．对。使用 static 修饰符使一个常量对所有对象都具有相应的值。

26．错。一个静态常量通常应该作为其声明的一部分被初始化。如果它后来被赋值，包括在构造函数中，会产生一个编译错误。

27．最低合格分数常量的声明：

```
private static final double MIN_PASSING_SCORE = 59.5;
```

第 8 章

软件工程

目标

- 逐步形成良好的代码编写风格。
- 了解先决条件和后置条件。
- 学习如何生成文档，如 Java API 文档。
- 学习如何通过封装子任务来简化复杂的算法。
- 学习如何适应用户的观点。
- 区分实例变量和局部变量的使用。
- 通过分离关注点来分析问题。
- 了解何时以及如何使用自上而下的设计策略。
- 了解何时以及如何使用自下而上的设计策略。
- 决定在可行的情况下使用预先编写的软件。
- 认识原型的作用。
- 养成频繁测试和全面测试的习惯。
- 避免在非必要时使用 this 前缀。
- 识别静态方法的适当用途。

纲要

8.1 引言

在第 6 章和第 7 章中主要关注的是 Java 编程的"科学性",包括如何声明对象、定义类、定义方法等。在本章中,将更多地关注 Java 编程的"艺术性"和"实践性",包括如何设计和开发程序,以及如何使其易于阅读。软件工程这个术语很好地总结了编程的实践性,软件工程的定义如下[①]。

(1)将系统的、规范的、可量化的方法应用于软件的开发、运行和维护。换句话说,就是工程学在软件中的应用。

(2)对(1)中所涉及的各种方法的研究。

本章的开头将深入介绍编码风格惯例,这些惯例使代码对于那些需要了解其工作原理的人来说更易阅读。然后将介绍一些较浅显的技术,从而帮助那些不需要了解代码的工作原理,只需要知道它们能实现什么的人理解代码。

接下来,将展示如何通过将一个方法中的部分工作委托给其他方法,从而将一个大任务划分为一组较小的任务。还会讨论封装,封装是合理的面向对象编程(OOP)设计的基石之一。

紧接着,将介绍三种编程策略:自上而下、自下而上和基于案例。当你处理某事时,对它的理解会逐步加深,建议你计划随着被称为迭代增强的演进过程,不断进行更加复杂精妙的重新设计。值得强调的是,如果你在编程过程中持续进行全面而频繁的测试,你的产品会更好。

为了便于模块化测试,介绍了如何在每个类中包含一个 main 方法。到目前为止,已经大量使用 this 来强调实例方法的每次执行都唯一地绑定到一个特定的对象,但在没有歧义时,则可以通过省略它来精简代码。有时,创建自己的包含静态方法的实用类很有用,其他类中的方法可以轻松调用这些静态方法。本章末尾的第一个可选部分(第 8.15 节)介绍了如何使用 Java 的 Calendar 类来解决困难的时间和日期问题。另一个可选部分(第 8.16 节)介绍了如何使用简单的图形来构建一个称为 CRC 卡的组织工具,非常方便易用。

8.2 编码风格惯例

本节将介绍一些编码风格惯例。我们之前已经提到过,并且举例说明了许多相关内容,在本节中将对它们进行回顾。后面展示更多 Java 程序时,也将提供更多的编码风格惯例。有关本书中使用的所有编码风格惯例的完整列表请参阅附录 5。我们使用的编码风格惯例大部分是 Oracle 的 Java 代码规约网站上存档的风格规约的简化子集[②]。如果附录 5 仍无法解答你关于代码风格的问题,请参阅 Oracle 网站。

我们意识到,人们在究竟哪种代码风格最好这个问题上存在合理的分歧。业界也有很多不同的标准。Oracle 尝试从常用规约中选择最佳的规约。我们赞同这种做法。如果你将阅读本书作为课程的一部分,但你的老师不同意本书的风格惯例或 Oracle 的风格规约,请遵循你老师的指导。

[①] 美国电气和电子工程师学会(IEEE)标准 610.12,https://standards.ieee.org/standard/24765-2017.html。

[②] Java 代码规约,1997 年 9 月 12 日,http://www.oracle.com/technetwork/java/codeconventions-150003.pdf。

接下来将通过图 8.1、图 8.2a 和图 8.2b 中的 Student 程序来对编码风格惯例进行说明。该程序是附录 5 后面的 Student 程序的修订版。

8.2.1　序言部分

请注意图 8.1 和图 8.2a 顶部星号框内的文字描述，它们被称为序言。应在每个文件的顶部包括一个序言部分。序言所包含的内容顺序如下：

- 一行星号。
- 文件名。
- 程序员名字。
- 带一个星号的空行。
- 描述。
- 一行星号。
- 空行。

序言通过/*……*/ 进行注释，为了使它看起来像个方框，应在文件名、程序员名字、空行和描述前面插入一个星号和一个空格。

```java
/**************************************************
 * StudentDriver.java
 * Dean & Dean
 *
 * 这个类是 Student 类的驱动类
 **************************************************/

public class StudentDriver
{
  public static void main(String[] args)
  {
    Student s1; // 第一个学生
    Student s2; // 第二个学生

    s1 = new Student();
    s1.setFirst("Adeeb");
    s1.setLast("Jarrah");
    s2 = new Student("Heejoo", "Chun");
    s2.printFullName();
  } // main 结束
} // StudentDriver 类结束
```

图 8.1　Student Driver 类

8.2.2　字段声明和初始化

对于每个类，在类主体的顶部声明并且（或者）初始化类的字段（*字段* 是静态常量、实例常量、静态变量或实例变量的通用术语）。在你的字段声明/初始化下方，应保留一个空行、一行星号和另一个空行。

8.2.3　方法描述

请注意图 8.2a 中的一个构造器以及图 8.2b 中的方法上方的描述。方法描述所包含的内容顺序如下：

- 空行。
- 一行星号。
- 空行。
- 描述。
- 空行。

```
/********************************************************************
 * Student.java
 * Dean & Dean
 *
 * 这个类用于处理学生姓名
 ********************************************************************/

import java.util.Scanner;

public class Student
{
  private String first = ""; // 学生的名字
  private String last = "";  // 学生的姓氏

  //****************************************************************

  public Student()
  { }

  // 该构造器核验每个输入名称的首字母是否为大写，之后的字母是否为小写

  public Student(String first, String last)
  {
    setFirst(first);
    setLast(last);
  }

  //****************************************************************
```

图 8.2a　Student 类——A 部分

```
    //该方法核验 first 的首字母是否为大写，之后是否包含小写字母

    public void setFirst(String first)
    {
    // [A-Z][a-z]* 是一个正则表达式，参见 API Pattern 类
    if (first.matches("[A-Z][a-z]*"))
```

图 8.2b　Student 类——B 部分

```
      {
        this.first = first;
      }
      else
      {
        System.out.println(first + " is an invalid name.\n" +
          "Names must start with an uppercase letter and have" +
          " lowercase letters thereafter.");
      }
    } // setFirst 结束

    //******************************************************************

    // 该方法核验 last 的首字母是否为大写，之后是否包含小写字母

    public void setLast(String last)
    {
      //[A-Z][a-z]* 是一个正则表达式，参见 API Pattern 类
      if (last.matches("[A-Z][a-z]*"))
      {
        this.last = last;
      }
      else
      {
        System.out.println(last + " is an invalid name.\n" +
          "Names must start with an uppercase letter and have" +
          " lowercase letters thereafter.");
      }
    } // setLast 结束

    //******************************************************************

    // 输出学生的姓名

    public void printFullName()
    {
      System.out.println(this.first + " " + this.last);
    } // printFullName 结束
} // Student 类结束
```

图 8.2b　（续）

　　对于简单明了的方法，可以省略方法描述。在较短的构造器之间，以及在较短的访问器方法和修改器方法之间，也可以省略星号行。

8.2.4　空行

　　我们通常用空行来划分不同逻辑的代码块。可以注意到，在图 8.1 的 Student 主类中，空行位于：
- 序言部分和类定义之间。
- 方法的局部变量声明之后。

Student 程序中没有空行，但对于较长的方法，应该在该方法内逻辑上分开的代码块之间插入空行。此外，当代码中有注释行时，最好在该注释行上方留有空白，从而使其更加醒目。

8.2.5　有意义的名称

类和变量应使用有意义的名称来命名。例如，图 8.2a 和图 8.2b 中的 Student（学生）类就是一个好的名称，因为这个类用于为学生建模。同样，作为一个用于设置学生姓名的实例变量的修改器方法，setName（名称设置）是一个不错的名称。与此同时，对于返回姓氏的访问器方法来说，getLast（姓氏获取）这个名称也很合适。

8.2.6　大括号和缩进

如图 8.1、图 8.2a 和图 8.2b 所示，将左大括号（ { ）放在上一行首字母的正下方，将逻辑上属于大括号内的代码全部缩进。当完成这个代码段时（也就是说，当准备好输入右大括号时），取消缩进从而使该代码段的左大括号与右大括号对齐。通过遵循这种缩进—取消缩进的方式，可以始终将一对左大括号和右大括号在同一列中对齐。例如，请注意观察在 Student 类中，所有的左大括号和右大括号是如何在同一列中对齐的。

对于左大括号（ { ）的输入建议，与 Oracle 不同，后者建议将左大括号放在上一行代码的末尾，例如：

```
public void setName(String first, String last) {
  this.first = first;
  this.last = last;
}
```

这是我们的建议与 Oracle 的建议不同的地方之一。许多程序员遵循我们所倾向的这种方式，因为通过大括号划定的代码段提供了更清晰的视觉效果。但不可否认，将左大括号放在上一行的末尾会使代码更紧凑，如果你、你的老师或你的老板倾向于在上一行的末尾使用左大括号，我们也完全支持。

缩进应保持一致。任何介于 2～5 个空格之间的缩进宽度都在可接受的范围内，只要你在整个程序中保持一致即可。本书中使用的是两个空格，因为书页宽度小于计算机屏幕宽度，我们可不想因为深度嵌套的程序占用过多的篇幅。

许多新手程序员会进行不恰当的缩进，他们要么在应该缩进时不缩进，要么在不应该缩进时缩进，或者使用不一致的缩进宽度。这会导致程序看起来很不专业，并且难以阅读。一些新手程序员会拖到完成代码调试后才输入缩进。这是大忌！应该养成在编写代码时使用恰当缩进的习惯，只要记住以下两条规则便很容易做到。

（1）用大括号将逻辑上包含在其他部分之内的代码段括起来。

（2）对大括号内的代码进行缩进。

规则（1）有个例外：

在 switch 结构的 case 子句中，-> 之后的代码逻辑上包含在 case 子句内，但不使用大括号（除非 case 子句中有多条语句，或在最终表达式之前有一条或多条语句）。

8.2.7　变量声明

如图 8.1 中的 main 方法所示，将所有局部变量声明放在方法的顶部（即使编译器对此并没有要求）。例外情况：除非你需要一个在 for 循环结束后持续存在的循环变量，否则应在 for 循环标题的初始化字段中声明局部变量。

通常，每行仅声明一个变量。例外情况：如果几个含义很明显的变量密切相关，则可以将它们组合在一行中。

为每个含义不明显的变量添加注释。例如，图 8.1 中的 main 方法中隐式局部变量声明肯定需要注释，我们还为图 8.2a 中的实例变量声明提供了注释。请注意这些注释是如何对齐的——它们的 // 符号位于同一列中。通常，如果在相邻几行的右侧添加注释，那么要尝试将它们对齐。

8.2.8　换行

如果语句太长而无法放在一行中，请在语句中的一个或多个自然断点处将其拆分。例如，在图 8.2b 的 setFirst 和 setLast 方法中对较长的输出语句进行了拆分，请注意它们的位置。一般较自然的拆分位置包括：

- 左括号后。
- 连接运算符后。
- 分隔参数的逗号后。
- 表达式中的空白处。

对长语句进行换行后，需要对下一行中语句的剩余部分进行缩进。在图 8.2b 中，请注意是如何对语句的剩余部分进行缩进的。按照惯例，所采用的是标准的两个空格宽度缩进。

相对于简单地用标准缩进宽度缩进语句中的剩余部分，有些程序员更喜欢将下一行与上一行的平行实体对齐。例如，在前面提到的输出语句中，他们会将下面的几行语句与 first 对齐，例如：

```
System.out.println(first +
                   " is an invalid name.\n" +
                   "Names must start with an uppercase" +
                   " letter and have lowercase letters" +
                   " thereafter.");
```

但在我们看来，上面的代码太靠右了，显得支离破碎。这就是为什么我们更喜欢保持简单，只用普通的缩进宽度进行缩进。

8.2.9　一条语句外部的大括号

对于仅包含一个从属项的循环语句或 if 语句，省略语句外部的大括号是合法的。例如，在图 8.2b 中的 setFirst 方法中，if-else 语句可以这样写：

```
if (first.matches("[A-Z][a-z]*"))
  this.first = first;
else
  System.out.println(first + " is an invalid name.\n" +
    "Names must start with an uppercase letter and have" +
    " lowercase letters thereafter.");
```

但是，我们建议对所有循环语句和 if 语句使用大括号，即使只包含一条语句。这样做的原因是：

● 大括号可以从视觉上提示我们要进行缩进。

● 如果你稍后添加了应该包含在循环语句或 if 语句中的代码，大括号可以帮助你避免逻辑错误。

第二点可以通过一个例子来更好地理解。假设一个程序包含如下代码：

```
if (person1.isFriendly())
  System.out.println("Hi there!");
```

假设要为友好的 person1 对象添加第二条输出语句（How are you？），粗心的程序员可能会这样做：

```
if (person1.isFriendly())
  System.out.println("Hi there!");
  System.out.println("How are you?");
```

因为第二条输出语句不在大括号内，所以不管 person1 是否友好都会执行。若问一个不友好的人"How are you？"，他的回答或许会让你感到失望。

但如果该程序员遵循了我们的风格惯例，原始代码如下：

```
if (person1.isFriendly())
{
  System.out.println("Hi there!");
}
```

之后，假如想为友好的 person1 对象添加第二条输出语句（How are you？），就很难犯错了。即使是粗心大意的程序员也可能会像这样正确地编写第二条输出语句：

```
if (person1.isFriendly())
{
  System.out.println("Hi there!");
  System.out.println("How are you?");
}
```

在上述讨论中我们建议对所有循环语句和 if 语句使用大括号。更确切地说，我们建议将所有循环语句和 if 语句合并成一个块，这个*块*指的是一组用大括号括起来的语句。

8.2.10　注释

如图 8.1、图 8.2a 和图 8.2b 所示，除了那些极短的代码段，每个代码段结尾的右大括号后面都包含了对应的注释。例如，在图 8.2b 中，请注意 setFirst 方法的右大括号所在的这行代码：

```
} // setFirst 结束
```

为什么要这样做？因为这样编写出的代码，可以帮助阅读程序的人快速识别每个代码段的末尾，而无须回到代码段的顶部查验。对于少于 5 行的短代码段，能够很容易地分辨出右大括号属于哪个代码段，可以省略右大括号后面的注释；否则，只会增加混乱。

对于典型的 Java 程序员来说，不明显的代码段应该予以注释。在图 8.2b 中，请注意出现在 setFirst 和 setLast 方法主体顶部的注释：

```
// [A-Z][a-z]* 是一个正则表达式，参见 API Pattern 类
```

这条注释尤其重要，因为后面的语句比较晦涩难懂。注释应该直接解释某些内容，或能够帮助程序员找到有关某个主题的更多信息，或两者兼而有之。每当出现难以直观理解的内容，像上面这样引用权威来源的注释特别重要，比如上面的"正则表达式"这样直接的定义、带有经验系数的公式或生僻的数学表达式。

引导读者获取更多信息。

　　每当注释太长，无法在同一行中显示在被注释内容的右侧时，请将其放在被注释行的上方，用一行或多行进行单独描述。//符号应与被注释的行采用相同的缩进。如果你单独在一行上添加注释，请确保其上方有足够的空白部分。在图 8.2b 的 setFirst 和 setLast 方法中，注释上方有足够的空白部分，因为前一行恰好是它们各自方法主体的左大括号。在其他情况下，你需要在注释上方插入一个完整的空行（是否在其下方插入空行则是可选的）。

　　不要为内容已经十分明确的代码添加单独的注释。例如，在图 8.1 中，如果对 main 方法中的第一个赋值语句进行注释，就纯粹是多此一举：

```
s1 = new Student(); // 实例化一个 Student 对象
```

　　开发具有可读性的程序是一项重要的技能，甚至可以称其为一门艺术。注释太少不好，因为会导致程序难以理解；注释太多也不好，因为会造成程序杂乱，难以阅读。空行也有相似的特点。空行太少不好，因为会导致程序难以理解；空行太多也不好，因为它会导致程序有太多的无效内容。

8.2.11　空格

　　如图 8.1、图 8.2a 和图 8.2b 所示，以下情况可留有空格。

● 序言中的单个星号之后。

● 所有操作符的前后（除了 for 循环标题中的操作符）。

● 右大括号和与之相关的注释符号（//）之间。

● 注释符号与其之后的注释内容之间。

● if、while 和 switch 的关键字之后。

同时，以下情况不能留有空格。

● 在方法调用和它的左括号之间。

● for 循环标题的三个组成部分内部。

后面这一点可以通过以下这个例子来理解。这是一个正确编写的 for 循环标题：

```
for (int i=0; i<10; i++)
```

　　可以注意到 = 运算符或 < 运算符两侧都没有空格。为什么这样做比较好？因为 for 循环标题本身比较复杂，为了缓和这种复杂性，我们在视觉上将 for 循环标题的各个部分隔开。更具体地说，我们将每个部分集中化（每个部分内没有空格），并在每个分号后插入一个空格从而划分为三个部分。

8.2.12　对构造器、修改器和访问器进行分组

　　对于简短的、显而易见的方法，则应该省略描述。例如，修改器和访问器简要而明确，因此应该省略对它们的描述。构造器有时简要而明确，但并非总是如此。如果构造器只是将参数值分配给关联的实例变量，那么它是简要而明确的，应该省略对它的描述。但如果构造器在将用户输入的值分配给关联的实例变量之前对它们进行输入验证，就不那么显而易见了，则应该对这样的构造器进行描述。

　　为了将相似的内容组合在一起，我们建议省略修改器和访问器之间，以及简要而明确的构造器之间的星号行。假设一个类包含两个简要而明确的构造器、几个修改器和访问器方法，以及两个简要而明确的其他方法，下面是这样一个类的框架：

```
<类标题>
{
```

```
<实例变量声明>
//******************************************************
<构造器声明>
<构造器声明>
//******************************************************
<修改器声明>
<修改器声明>
<访问器声明>
<访问器声明>
//******************************************************
<方法声明>
//******************************************************
<方法声明>
}
```

在这个例子中，没有对构造器、访问器或修改器的描述。在第一个修改器上方有一行星号，但在后续的修改器和访问器上方没有，这样可以将相似的内容组合在一起，使程序更具可读性。

8.3 外部人员文档

在第 8.2 节中描述了使代码更易于理解的编码策略，因此读者将能够更好地了解如何在必要时对其进行编辑或改进。本节介绍的同样是使代码更易于理解的技术，但这次的主要目标是让读者能够正确地使用代码（而不是编辑或改进它）。和你预想中一样，这些内容会有一些重叠，但这没关系。第 8.2 节中的代码风格适合一类读者，是给内部人员使用的文档。本节的代码风格适合另一类读者，是供外部人员使用的文档。

8.3.1 先决条件和后置条件

假设你正在考虑使用一段现成的代码，如类或方法。你不能或不想深入了解其工作原理的细节，仅仅需要知道它做什么用。优秀的 Java 代码在很大程度上是自文档化的。如果一个程序的类名和方法名用完整的描述性词汇来编写，可以帮助使用该程序的人识别它的作用。

类序言中的注释可以说明这个类是做什么的，或者如何实现。因此注释既可以用于和内部人员交流，又可以用于和外部人员交流。方法标题上方的注释可能描述了这个方法是做什么的，以及是如何实现的。因此，它们同样既可以用于和内部人员交流，又可以用于和外部人员交流。到目前为止，我们对这些注释内容的要求一直比较宽松。现在，让我们更多地用左脑去思考，像律师对待*法律条文*那样，尝试将方法上面的注释用更加严谨的方式进行描述。

我们可以设定两种契约。一种称为先决条件，它是一种假设，表示在该方法执行之前，某个条件或某一组条件必须为真。如果不满足先决条件，则该方法产生的结果将不可预测。另一种契约称为后置条件，它是一种担保，表示该方法承诺在完成执行后，将使某些条件为真。方法的先决条件是它所需要的，后置条件则是它所做的。

对于许多方法，如普通的访问器和修改器方法，方法和参数名称本身提供了所有必要的先决条件和后置条件信息。在其他情况下，方法名上方的普通注释提供了足够的附加信息，以明确先决条件和后置条件是什么。每当注释描述方法所依赖的参数状态、实例状态或静态变量的状态时，就是在给出先决条件的信息。与之相类似，每当注释描述方法返回的结果，或者方法更新的实例变量或静态变量的状态时，都是在给出后置条件的信息。

如果你觉得有必要强调某个特定的先决条件或某个特定的后置条件，可以考虑单独提供一个明确的先决条件或后置条件的注释。下面的例子是图 7.7 中的 swapPerson 方法的更新版本，带有明确的先决条件和后置条件注释。

```
// 该方法交换两个 Person 对象的名称
// 先决条件：otherPerson 参数不能为空（null）
// 后置条件：调用对象的名称和参数后对象的名称都被更新

public void swapPerson(Person otherPerson)
{
    ...
```

上面的先决条件特别重要，因为如果 otherPerson 值为空，程序可以编译成功，但执行时会崩溃。上面的后置条件也很重要，因为其就一些不寻常的情况向方法的使用者作出提示。通常，参数以一种方式传输信息——从调用模块到被调用的方法。但在这个例子中，otherPerson 参数的作用不仅如此。该方法同时更新了 otherPerson 的 name 这个实例变量的值，并且调用模块可以访问更新的值。

从现在开始，我们将不时提供明确的先决条件或后置条件注释，以强调方法中的重要条件。但是，为了避免让你负担过重，我们通常会尽量避免需要此类注释的情况，减小它们出现的概率。

8.3.2　javadoc 简介

接下来将从"如何做"转向"做什么"。在 Java 的应用程序编程接口（API）文档中可以看到，其中"如何做"是完全隐藏的。你有没有想过它们是如何制作这些文档的？是熟悉 Java 的人根据脑海中的信息创建了这些网页，还是计算机程序自动生成了这些网页？答案是：计算机程序会自动生成它们。该程序就是 javadoc 工具，它与 javac 和 java 都是 Oracle 的 Java 开发工具包（JDK）不可或缺的一部分。

就像文字处理器一样，javadoc 会复制 Java 源代码中某些特定格式的内容，并将它们粘贴到网页上。Java API 软件的设计者使用 javadoc 来记录他们所编写的代码。我们也可以使用 javadoc 来记录我们所编写的代码。具体操作方法是，在命令提示符下输入以下命令：

```
javadoc -d 输出目录 源文件
```

-d 输出目录选项[①]（d 表示"目的地"）使输出转到指定的输出目录。你可以将多个源代码文件的文档放入同一个文档目录中，只需在多个源文件名之间输入空格即可。

假设你想为 Student 类生成接口文档，其源代码如图 8.2a 和图 8.2b 所示。假设你当前位于包含源代码的目录中，并且希望 javadoc 的输出保存在名为 docs 的子目录下，则命令如下所示：

```
javadoc -d docs Student.java
```

要查看 javadoc 为 Student.java 创建的网页，请导航到 docs 文件夹，然后打开名为 Student.html 的文件。图 8.3 显示了 javadoc 创建的网页的顶部——"摘要"信息。这个接口文档包含了大量的信息，但并不是我们所需要的全部信息。例如，它没有包含类序言的最后一行注释（该注释对类进行了简述），没有包含对双参数构造器的注释，也没有包含对三个方法的注释。

[①] 想了解其他选项和参数，请输入 javadoc -help。

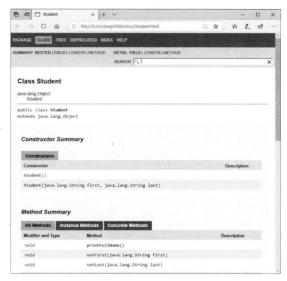

图 8.3 图 8.2a 和图 8.2b 中定义的 Student 类的 javadoc 输出页面的顶部

©Oracle/Java

为了使 javadoc 能够从源代码中提取这些额外信息，需要将所有接口信息直接放置在它所描述的任何内容的标题上方。此外，还需要将此信息包含在 *javadoc 块注释* 中，该注释以单个斜杠后跟两个星号开始，并以单个星号后跟单个斜杠结束，例如：

    /** <可提取的信息> */

由于图 8.2a 在序言和类标题之间有一个 import 语句，因此必须将一般性注释从序言中移出，并将其放入位于类标题正上方的 javadoc 块注释中。类似地，必须将构造器和方法的接口信息单独放入位于它们各自标题上方的 javadoc 块注释中。这些 javadoc 块注释有一定的灵活性，这些可提取信息不需要写在同一行里。此外，也可以将/**和*/放在文本的上一行和下一行，如图 8.4 所示。

```
/*******************************************************
 * Student_jd.java
 * Dean & Dean
 *******************************************************/

import java.util.Scanner;

/**这个类用于处理学生姓名*/   ◄─── 单行 javadoc 注释

public class Student_jd
{
  private String first = ""; // 学生的名字
  private String last = "";  // 学生的姓氏


  //***************************************************
```

图 8.4 通过修改图 8.2a 中 Student 类的顶部，以适应 javadoc

```
public Student_jd()
{ }

/**
该构造器核验每个输入名称的首字母是否为大写，          多行 javadoc 注释
之后的字母是否为小写
*/

public Student_jd(String first, String last)
{
  setFirst(first);
  setLast(last);
}
```

图 8.4　（续）

通过在 Student.java 代码中实现这些更改，图 8.5 显示了 javadoc 生成的顶部部分。如果将其与图 8.3 进行比较，将看到图 8.5 包括整个类的一般注释和双参数构造器的特殊注释。我们还更改了其余代码，在 Student_jd 方法标题上方也添加了 /**…*/ javadoc 块注释。因此，javadoc 输出还包括每个方法的特殊注释。在图 8.3 和图 8.5 的下方可以看到，输出显示了构造器和方法注释。

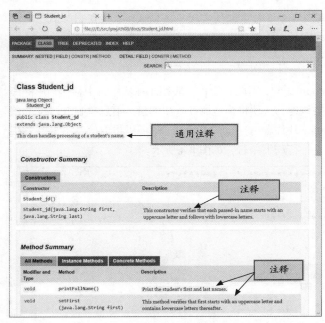

图 8.5　修改后的 Student 类的 javadoc 输出页面的顶部

©Oracle/Java

这里只简单介绍了 javadoc 块注释，更多内容请参考附录 6。在专业编程中，合理使用 javadoc 为代码生成文档十分重要。然而，就像你在附录 6 中所看到的那样，这样做明显会增加代码量，将代码和 javadoc 注释中的大部分信息同时展示会显得格外冗长。因此（除了你在本节和附录 6 中看到的内容），为了节省

书页并减轻你的负担，本书的程序不包括正确的 javadoc 文档所需的额外注释和工具。

8.4　辅助方法

在前四章中，基本上解决了在一个模块——main 方法中会遇到的所有问题。然而，随着问题变得越来越复杂，有必要将它划分为一系列子问题，并使每个子问题都在可控范围内。在前面的章节中，当 main 方法调用 Java 的 API 方法来寻求帮助时，其实已经在这样做了。

从广义上讲，任何被另一个方法调用的方法都是"辅助方法"，因为被调用的方法帮助发起调用的方法。发起调用的方法是客户端，被调用的方法（广义的辅助方法）是服务器。

从狭义上讲，如果发起调用的方法与被调用的方法在同一个类中，则被调用的方法为辅助方法。在图 8.2a 中，Student 构造器调用 Student 类中的两个方法——setFirst 和 setLast。可以判断当初编写这两个修改器是为了允许用户在对象最初初始化后更改对象中的实例变量。既然代码已经写好了，为什么不重用呢？通过在构造器中包含对这两个方法的调用，可以避免在被调用方法中重写这部分代码。因为 setFirst 和 setLast 修改器方法都包含大量的错误检测代码来帮助构造器完成它的工作，所以这种代码组织方式有助于将问题划分成小块。

辅助方法定义的范围还可以进一步缩小。到目前为止，我们介绍的所有方法都使用了公共访问修饰符（public）。这些公共方法是类*接口*的一部分，因为它们负责对象数据和外部世界之间的通信。有时你会想要创建一个不属于接口的方法，只支持在自己类中的其他方法的执行。这种特殊类型的方法，即在同一个类中并具有私有访问修饰符（private）的方法就是本节所指的*辅助方法*。

8.4.1　衬衫程序

假设你被要求编写一个程序来处理衬衫的订单条目。对于每个衬衫订单，程序应提示用户输入衬衫的主色和配色。图 8.6 显示了驱动类和典型的示例会话。

```
/****************************************
* ShirtDriver.java
* Dean & Dean
*
* 这是 Shirt 类的驱动类
****************************************/

public class ShirtDriver
{
  public static void main(String[] args)
  {
    Shirt shirt = new Shirt();

    System.out.println();
    shirt.display();
  } // main 结束
} // ShirtDriver 结束
```

图 8.6　ShirtDriver 类和相关的示例会话

```
示例会话:
Enter person's name: Corneal Conn
Enter shirt's primary color (w, r, y): m
Enter shirt's primary color (w, r, y): r
Enter shirt's trim color (w, r, y): w

Corneal Conn's shirt:
red with white trim
```

图 8.6 （续）

对于每个颜色选择，程序应该执行相同的输入验证。它应该验证输入的颜色是 w、r 或 y，分别代表白色、红色或黄色。该输入验证代码非常重要。它负责：

● 提示用户输入颜色。

● 检查输入条目是否有效。

● 如果输入无效，则重复提示。

● 将单字符颜色条目转换为全字符颜色值。

这四项任务是一组连贯的活动。因此，将它们封装（捆绑）在一个单独的模块中是合乎逻辑的。事实上，每个衬衫订单都会执行这组连贯的活动两次（一次用于选择衬衫的主色，一次用于选择衬衫的配色），这也是将它们封装在单独的模块中的另一个原因。因此，你应该将这段颜色选择代码放在一个单独的辅助方法中，然后在需要进行颜色选择时调用该方法，而不是在每次需要进行颜色选择时都在构造器中重复这四项任务的完整代码。请仔细研究图 8.6、图 8.7a 和图 8.7b 中的 Shirt 程序和示例会话，尤其是 public 构造器 Shirt 和私有辅助方法 selectColor，请注意构造器是如何两次调用 selectColor 方法的。在这个例子中，辅助方法被构造器调用，还可以从同一个类中的任何普通方法调用辅助方法。

```
/**********************************************************
* Shirt.java
* Dean & Dean
*
*这个类用于存储和显示衬衫的颜色选项
**********************************************************/

import java.util.Scanner;

public class Shirt
{
  private String name;      // 名称
  private String primary;   // 衬衫的主色
  private String trim;      // 衬衫的配色

  //****************************************************

  public Shirt()
  {
    Scanner stdIn = new Scanner(System.in);
```

图 8.7a Shirt 类——A 部分

```
    System.out.print("Enter person's name: ");
    this.name = stdIn.nextLine();

    this.primary = selectColor("primary");
    this.trim = selectColor("trim");
} // 构造器结束


//****************************************************

public void display()
{
    System.out.println(this.name + "'s shirt:\n" +
    this.primary + " with " + this.trim + " trim");
} // display 结束
```

> 这里不需要引用类型变量点前缀

图 8.7a　（续）

```
    //****************************************************

    //提示并输入用户选项的辅助方法

    private String selectColor(String colorType)
    {
        Scanner stdIn = new Scanner(System.in);
        String color; // 选择颜色，先是一个字母，后是一个单词

        do
        {
            System.out.print("Enter shirt's " + colorType +
                " color (w, r, y): ");
            color = stdIn.nextLine();
        } while (!color.equals("w") && !color.equals("r") &&
                !color.equals("y"));

        color = switch (color.charAt(0))
        {
            case 'w' -> "white";
            case 'r' -> "red";
            case 'y' -> "yellow";
            default -> null;
        }; // switch 结束

        return color;
    } // selectColor 结束
} // Shirt 类结束
```

> 辅助方法采用 private 访问修饰符

> 以上的 while 条件使它在逻辑上不是必需的，但编译器要求它 "覆盖所有可能的值"

图 8.7b　Shirt 类——B 部分

使用辅助方法主要有两个优点：通过将一些细节从 public 方法转移到 private 方法中，它们使 public 方法更加精简，从而凸显出 public 方法的主要功能，提高程序的可读性；可以减少代码冗余。为什么这么说呢？假设需要在程序内的多个位置执行特定任务（如颜色输入验证）。使用辅助方法，任务的代码只需要在程序中出现一次，每当需要执行该任务时，就会调用辅助方法。如果没有辅助方法，每当需要执行该任务时，都需要重复写一遍完整的代码，十分烦琐。

请注意，在图 8.7a 中，调用 selectColor 方法时省略了引用类型变量的前缀：

```
this.primary = selectColor("primary");
```

为什么可以这样做？如果在构造器（或实例方法）中，希望当前对象调用同一个类中的另一个方法，则可以省略引用类型变量的前缀。显然本例中的构造器和 selectColor 方法在同一个类中，所以引用类型变量的前缀不是必需的。

8.5　封装（实例变量和局部变量）

如果程序的数据是隐藏的，或者说，如果它的数据很难从"外界"访问，那么程序就会表现出封装性。为什么封装是一件好事？因为外界越是无法直接访问封装的数据，就越不容易把事情搞砸。

8.5.1　封装实现指南

实现封装有两种主要技术。

● *将一个大问题分解为不同的类，其中每个类定义了一组封装数据，这些数据描述了该类对象的当前状态。使用 private 访问修饰符来封装这些对象状态数据。如你所知，类的对象状态数据称为实例变量。*

● *将一个类中的任务分配给不同的方法，每个方法中都包含一组额外的封装数据来协助它完成工作。如你所知，方法中的数据称为局部变量。*

在类中声明实例变量是一种封装形式，在方法中声明局部变量是另一种封装形式。那么哪种封装形式更强（或者说更隐蔽）呢？所有实例方法都可以访问在同一个类中定义的所有实例变量，但只有当前方法可以访问其局部变量。因此，局部变量比实例变量更具封装性。为了实现更好的封装，应尽可能使用局部变量，而不是实例变量。

在编写方法时，你经常会发现除了当前实例变量提供的数据外，还需要更多的数据。这时我们所面临的问题就变成了应该如何存储这些数据？是存储在另一个实例变量中？还是存储在本地？我们建议你尽量遏制添加另一个实例变量的冲动，实例变量应该仅用于存储类对象的基本属性，而不是用于存储其他详细信息。将数据存储在本地将进一步实现封装的目的。通常，当我们考虑在本地存储数据时，会想到在方法内声明局部变量。请注意，作为本地存储数据的另一种方式，参数在方法标题中声明——意味着它具有局部作用域。

8.5.2　Shirt 类中的实例变量和局部变量

现在让我们看看上述理念如何在 Shirt 类中发挥作用。衬衫的基本属性是名称、主色和配色。这是在图 8.7a 中声明的三个实例变量的基础：

```
private String name;        // 名称
private String primary;     // 衬衫的主色
private String trim;        // 衬衫的配色
```

现在让我们看看在编写类的方法时需要的其他变量。所有这些其他变量都与图 8.7b 中的 selectColor 方法有关。我们需要在发起调用的 Shirt 构造器和被调用的 selectColor 方法之间双向传输数据。

首先，考虑将数据转移到 selectColor 方法。如果需要一件衬衫的主色，那么 selectColor 应该输出以下提示信息：

```
Enter shirt's primary color (w, r, b):
```

如果需要一件衬衫的配色，那么 selectColor 应该输出以下提示信息：

```
Enter shirt's trim color (w, r, b):
```

必须将数据输入到 selectColor 方法，从而告诉该方法应该输出哪条提示信息。可以通过声明另一个名为 colorType 的实例变量来传输这些数据，让 Shirt 构造器向这个实例变量写入一个值，然后让 selectorColor 方法读取这个实例变量的值。但这种方法并不好，因为它将破坏 selectColor 方法的封装性，并打乱对象属性列表。实现这种方法与方法之间通信的正确手段正是我们所采用的方法，使用实参/形参传递。

其次，考虑从 selectColor 方法中输出数据，还必须将数据从 selectColor 方法传回 Shirt 构造器。这个数据是所选颜色的字符串表示。有三种办法可以将数据传回发起调用的方法。

（1）如果只有一个值需要返回，可以将其作为返回值传回调用模块。

（2）如果有多个值要返回，则可以将这些值封装到一个对象中，在辅助方法中创建该对象，并返回对这个在本地创建的"通信对象"的引用。

（3）可以在调用模块中将"通信对象"实例化，并将对它们的引用传递给辅助方法，然后使用辅助方法中的代码与这些对象通信。

还有一种方法是声明其他实例变量，让辅助方法给它们赋值，并在辅助方法执行完毕后通过调用模块从它们那里读取数据，这样也可以将数据传回调用模块。但这种方法不可取，因为它将破坏封装性，并打乱对象属性列表。实现方法与方法之间通信的正确方式是我们所采用的：使用 return 值。在本例中，return 值是对 String 对象的引用。

Shirt 类还需要考虑另一个变量，即对键盘通信对象的 stdIn 引用。这个特定的对象同时被发起调用的构造器和被调用的辅助方法使用，并且在这两个模块中分别被实例化一次。通过使 stdIn 成为实例变量来避免重复实例化是很有吸引力的，它会很有效，但是我们不建议这样做，因为 stdIn 显然不是该类对象的基本属性，它不是一个描述衬衫状态的变量。在该程序的后续版本中，你可能会希望通过键盘输入的方法更改为其他方法，如数据文件，这将在第 16 章介绍。你甚至可能会希望使用一种输入方法来表示名称，而使用另一种输入方法来表示其他状态变量。这样就需要更改 stdIn，并且你可能希望针对不同的方法以不同的方式更改它。在本地声明它会使后续的修改也限制在本地，这是一种更好的设计思路。

反对将变量局部化的一个理由是"也许有一天我们会需要更广泛的作用域"。如果你有明确的计划，这样考虑无可厚非。但如果只是担心"也许有一天"，在"这一天"来临之前，请不要扩大变量的作用域。而当"这一天"来临时，请修改你的程序，仅在绝对必要的地方扩大作用域。

8.6　识别用户视角

假设你只是想用别人的程序，并不关心它是怎么写的。在这种情况下，你是用户，想到的当然是符合用户视角的程序。每当我们展示示例会话或 GUI 显示时，所展示的都是用户所看到的内容。

有时，目标用户是其他程序员。那么最合适的用户视角是为程序员阅读而设计的文档。这种用户视角的一个很好的例子是 Java API 文档或 javadoc 生成的输出文件，我们在第 8.3 节和附录 6 中进行了介绍。在第 5 章中，你看到了 Java 语言设计者所编写的代码的接口。我们不是在教你怎么编写那些代码，而是在教你怎么使用它。Java API 基于用户视角，这些用户本身也是程序员。

有时，目标用户可能不是程序员。他们可能是艺术家、会计师、护士、医生、侦探、图书管理员、仓库管理员或设备管理员等。有时，整本书都致力于向非程序员用户解释一个大程序，这些书的目的不是解释如何编写程序，甚至不是解释程序是如何工作的，这些书是用来解释程序的功能，以及如何使用它来解决编程世界之外的问题。图 8.8 显示了为非程序员用户编写的程序文档的主要组成部分。

当你编写一个别人会用到的程序时，应该设身处地为别人着想。如果你认识一些用户或潜在用户，就去拜访他们，询问他们的需求是什么，并试着明确他们如何看待这个项目将要解决的问题。如果可能，让他们列一个清单或者画一张草图，来描绘他们所预期的项目结果。询问他们希望程序使用哪些数据作为输入，以及他们所认可的假设条件。

试着从用户的角度来思考问题，并询问他们过去是如何解决此类问题的。当涉及数值计算时，询问他们是如何进行这些计算的。如果潜在客户在市场上寻找计算机解决方案，意味着他们期望计算机能够提供更高的准确性和更快的速度，他们期望你的解决方案优于目前的方案。如果你知道他们已经做过什么，就更有可能摸清他们的喜好，从而对项目更加胸有成竹。

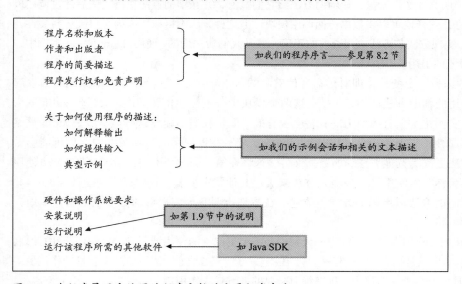

图 8.8　非程序员用户编写的程序文档的主要组成部分

在开发程序时，应始终考虑输出和输入格式，即先考虑输出格式，再考虑输入格式。不时地与潜在用户一起测试你所建议的格式。当你这样做的时候，一定要倾听客套话之外的真实反馈。你是否关注用户关心的问题？你提供的假设条件和他们所设想的一样吗？你遗漏了什么重要的内容吗？学习如何像用户一样思考能够提高你作为程序员的工作效率。

8.7　设计理念

在接下来的几节中将介绍解决问题的替代策略。这里的策略（strategies）是复数形式，因为千篇一律的策略不可能解决所有的问题。如果存在一种通用策略，编程就会很容易，任何人都能胜任，但事实并非如此。这就是优秀的程序员总是很受欢迎，还能享受高薪的原因。

8.7.1　设计初探

以下是最精简的设计思路。

（1）想清楚要做什么。

（2）想清楚该怎么做。

（3）行动。

（4）测试。

乍一看，这似乎是人尽皆知的常识。但实际上，它只适用于非常简单，几乎不需要任何策略就可以解决的问题。这个设计思路的问题在哪里呢？

第一，对于一个困难的问题，我们很难知道最终的解决方案是什么。通常需要丰富的经验才能知道我们想要做什么。大多数客户很清楚这一点，并有足够的宽容度接受一系列可能的解决方案。他们希望避免孤注一掷的决策，以免犯下代价昂贵的错误，或者错失更高回报率的机会。面对困难的问题，人们希望有更多的选择。

第二，大多数问题都有几种可选的解决方法，需要通过试验来判断解决难题的最佳方案。对于非常困难的问题，在我们解决它之前，是不可能确切知道"该怎么做"的。

第三，当我们"行动"的时候，往往不可能一步到位，总会有各种潜在的错误。有些时候，我们会找到更好的方法；而另一些时候，客户会根据项目进展而调整需求，这时就需要返工。

第四，如果我们把所有复杂的测试推迟到最后，失败几乎不可避免。项目可能会通过"终验"，但肯定会在执行任务时出现故障，因为最后的测试并不能发现所有的问题。

那么，你该如何应对这些困难呢？

（1）选择一个合理的折中方案，在严格的规范和灵活性之间保持平衡。

（2）根据不同的关注点，对问题进行划分。

（3）在所有层次进行持续测试。这可以帮助你防微杜渐，并客观评估项目进展。假设你是一个大型编程项目的负责人，你问程序员："工作进展如何？"你肯定不希望他们回答："还行吧。"你希望他们通过运行测试来展示他们当前代码的实际效果。

8.7.2　关注点分离

当面对一个大问题时，如果时间充裕，人们更喜欢将它划分为一系列便于管理的小任务。在编程中，对于将每个任务的代码分别独立放置的想法有一个正式的术语——*关注点分离*。更正式地说，关注点分离是指程序的各项功能在单独的模块中实现，功能之间的重叠部分越少越好。

在程序中实现关注点分离有不同的方法。在最细分的层次上，可以将程序分解为多个方法，每个方法执行一个任务。对于像 Java 这样的 OOP 语言，可以使用类来实现更大的关注点，其中每个类通过存储相关数据和提供相关方法来实现它自己的关注点。对于许多编程语言，如果程序有更大的关注点，则可以通过将关注点中的所有类归并到一个组里，从而实现关注点分离。Java 通过将关注点中的所有类（其中每个类都是一个文件）放在一个包中来实现这种分离。

8.7.3　设计模式

关注点分离的策略非常普及，软件设计人员已经就一些特别有用和流行的关注点分离模式达成了共识。这些模式都属于*设计模式*，是针对常见问题的通用软件解决方案，包括从高级描述到可作为初始模板的完全可操作的源代码程序。作为一名程序员，你应该花时间浏览一些常见的设计模式，了解哪些模式已经存在。这样，当遇到复杂的问题时，你就会知道是否可以借鉴别人的设计，避免完全从零开始。

如果你想了解常见的设计模式，可以从维基百科的设计模式页面入手。它描述了很多设计模式，但我们将主要关注其中之一——*模型-视图-控制器*，缩写为 *MVC*。MVC 设计模式由来已久，它实际上比设计模式这个概念本身出现得还要早。许多集成开发环境都整合了 MVC 作为模板，开发人员只需单击几下按钮就可以生成。

下面是微软对 MVC 设计模式的三个部分（关注点）的描述。[①]

- 模型。模型管理应用程序域的行为和数据，响应关于其状态信息的请求（通常来自视图），并响应更改状态的指令（通常来自控制器）。
- 视图。视图负责管理信息的显示。
- 控制器。控制器解释来自用户的鼠标和键盘输入，通知模型或视图进行适当的更改。

大多数实际工作是由模型完成的。模型存储程序数据（通常在数据库中）和操作数据的程序规则（通常称为*业务逻辑*）。视图将结果呈现给用户。通常情况下，结果使用窗口、文本、图片等通过 GUI 显示。控制器负责收集用户输入，并使用该输入告诉模型和视图该做什么。模型还可以告诉视图要做什么，但通常是间接执行的。如果视图被设置为观察模型的状态，那么当模型改变状态时，视图就会随之自动更新。

在本书后面的第 11.10 节中，你将看到一个 MVC 关注点分离设计模式的简单示例。

另一种设计模式是*复合模式*，它将对象组织成复合树。我们将在本书后面的第 13 章对它进行详细介绍。还有一种设计模式是观察者（Observer）模式，对象会将它们的状态变更"广播"给所有感兴趣的观察者。

[①]　http://msdn.microsoft.com/en-us/library/ff649643.aspx，详见 https://en.wikipedia.org/wiki/Model%E2%80%93view%E2%80%93controller。

8.7.4　测试

据说，经验丰富的程序员平均每编写 8 到 10 行代码就会犯一个错误。[①] 真是不少！错误的发生率如此之高，我们希望你充分认识到测试的重要性。

测试包括三个方面。

- 让程序处理典型的输入值。如果连这些都无法正确处理，说明你遇到了真正的麻烦。如果你的程序在普通场景下生成了错误的答案，同事和用户可能会质疑你的能力。

首先检查最明显的东西。

- 让程序处理临界值。这些临界值测试经常会发现一些细微的问题，这些问题可能需要很长时间才会暴露出来，而那时将会更难以修复。
- 让程序处理无效的输入值。为了响应无效的输入值，你的程序应该输出友好的提示消息，该消息标识出问题，并提示用户再次尝试。

许多人在产品完成后才将测试提上日程，我们不提倡这样做。因为在复杂产品生产的最后环节单独进行一次测试几乎毫无价值。如果产品没有通过这次测试，很难确定它失败的原因。如果修复问题需要进行许多调整，那么前期的大量工作可能会被浪费。如果产品通过了这个最终测试，你可能会误以为一切顺利，即使事实并非如此。通过一个单独的最终测试实际上可能比不通过更糟糕，因为这将激励你发布产品，而在产品发布后修复问题的成本要高得多[雷（Ray）对这一点再清楚不过]。切记：不要将测试环节拖到最后，在整个开发过程中定期测试你的程序。

新手程序员有时会有这样的想法：在进行测试之前对测试结果有一个先入为主的预期是"不科学的"。这种想法并不正确。在执行测试之前，对测试结果有充分的预期十分重要。在你按下"运行"按钮之前，大声说出你认为的结果，这将提高你识别错误的机会。

测试能让你保持在正轨上。在任何程序开发中，你都应该将编码和测试交替进行，这样你才能得到快速的反馈。如果一个有经验的程序员在每 8 到 10 行代码中就会犯一个错误，那么建议新手程序员每写完 4 到 5 行新代码后就执行一次某种测试，这能让你很容易地发现错误，也减轻了你的压力。你测试得越频繁，得到的积极反馈就越多，这有助于你树立信心，并给你一种"温暖的感觉"。频繁的测试将使编程成为一种更愉快的体验。

并没有一个行之有效的方法，可以从外部验证一个复杂系统的方方面面。应该在所有层次上对每个组件以及它们的组合进行测试。正如你将在后续介绍中看到的，测试通常需要编写额外的测试代码，有时是一个特殊的主类，有时是一个特殊的执行模块。编写这样的测试代码看起来像是增加了额外的工作量，因为只会在测试环境中使用，并不会在实际运行环境中使用。是的，这是额外的工作量，但这是值得的。从长远来看，编写和使用测试代码将节省你的时间，并有助于你创造更完善的最终产品。

8.7.5　使用断言（assert）语句

在本章的前面介绍了先决条件和后置条件，它们是*断言*这种通用结构的特例。先决条件和后置条件代表着与外部人员之间的非正式契约，外部人员通常希望使用你的代码，但并不关心其细节。Java 还支

[①]　当然，我们，即约翰和雷（John 和 Ray，本书作者）从不犯错。☺

持另一种断言，它针对的是内部人员，帮助程序员在开发或修改程序期间调试代码。内部人员的断言是以 Java 关键字 assert 开头的语句。它有两种形式：

　　assert *布尔条件;*

或者：

　　assert *布尔条件 : 描述错误的字符串;*

如果其布尔条件为真，则断言语句什么也不做。如果布尔条件为假，则输出关于错误已经发生的消息，说明发生了错误。[1]对于上面的第二种形式，输出包括冒号后面的描述性字符串。Java 断言语句类似于 if 语句，当 if 条件为真时输出错误消息。但是有三个区别：①assert 语句中的条件为真与相应的 *if(条件) then print* 语句中条件为假的效果一样；②assert 语句会中断程序执行；③除非显式地启用断言语句，否则程序默认忽略它们。你可以通过在命令行中指定 enable assert 选项（ea）运行 Java，具体方式如下：

　　java -ea *被编译程序的类名*

作为替代方法，如果你使用集成开发环境来运行 Java，请搜索其启用 assert 的配置选项。

常用的做法是在程序开发期间通过输出额外的语句来识别错误。在错误消失后，可以删除这些语句，以减少代码混乱，提高执行性能。如果使用 assert 语句，则可以在最终代码中保留 assert 语句。它们造成的代码混乱是最小的，而且当你不通过-ea 选项执行时，不会有性能损失。如果稍后需要修改程序，也不需要重新引入之前的额外输出语句来验证修改，而是重新通过-ea 选项启用断言语句进行验证。

想要有效地使用断言语句，应在代码中寻找可以询问对或错并能得到一致且有意义的答案的地方。接收到输入数据后的位置就是一个能够合理使用断言语句的位置。例如，要查看第 8.3 节中 swapPerson 方法标题上方描述的先决条件是否被满足，则可以将下面这条语句作为 swapPerson 主体中的第一条语句：

　　assert otherPerson ! = null;

假设你使用-ea 选项运行程序，当 assert 语句执行时，JVM 检查它的条件（otherPerson!= null）是真还是假。如果条件为真，则正常执行。如果条件为假，JVM 将输出一条错误消息，并终止程序。

另一个合乎逻辑的地方是紧接在一系列相关操作之后。例如，回头看看图 8.7b 中的 selectColor 方法。这个方法的上半部分有一个循环，其连续条件查看三种特定颜色名称的首字母。这个方法的下半部分有一个 switch 表达式，它的 case 子句应该是这三个相同的字符。上下两部分代码中的字符是否一致？我们可以通过启用下面的代码来检查一致性，将 default 子句从：

```
color = switch (color.charAt(0))
{
case 'w' -> "white";
case 'r' -> "red";
case 'y' -> "yellow";
default -> null;
}; // switch 结束
```

改为：

```
color = switch (color.charAt(0))
{
case 'w' -> "white";
case 'r' -> "red";
```

---

[1]如果条件为假，程序抛出 AssertionError 异常并终止执行。你将在本书的第 15 章学习异常处理的相关内容。

```
  case 'y' -> "yellow";
  default ->
  {
    assert false : "bad color: " + color.charAt(0);
    yield null;
  }
}; // switch 结束
```

对于 switch 表达式，如果任何 case 或 default 子句需要大括号来容纳语句，那么大括号内的其他内容也必须是语句。以 assert 开头的行是一条语句，下一行的 yield 也将 null 表达式转换为一条语句。

如果颜色规格一致，则 default 子句永远不会执行，它的 assert 语句也永远不会执行。如果颜色规格不一致，有时可以继续执行默认子句。例如，假设注释掉 switch 表达式的 case 'w' -> "white"，然后我们用-ea 指令重新编译并运行程序，并输入 w 作为衬衫的原色。assert 语句执行，而且因为它的条件总是 false，执行终止，JVM 输出一条错误消息，就像你在输入 w 后看到的这样：

```
Enter person's name: Ray
Enter shirt's primary color (w, r, y): b
Enter shirt's primary color (w, r, y): w
Exception in thread "main" java.lang.AssertionError: bad color: w
        at Shirt.selectColor(Shirt.java:62)
        at Shirt.<init>(Shirt.java:26)
        at ShirtDriver.main(ShirtDriver.java:12)
```

8.8 自上而下的设计

大型高性能系统的主要设计方法是自上而下的设计策略。自上而下的设计要求设计师首先考虑大局——顶部（层）。在完成顶层的设计后，设计师进行下一层的设计。设计过程将以这种循环方式持续下去，直到最底层（包含最详细内容的层级）。

对于 OOP 项目来说，自上而下的设计意味着从问题描述开始，使用以下指导原则朝着解决问题的方向努力。

（1）决定需要哪些类。通常应包含一个主类，要确定其他类，可以从组件对象的角度来考虑。为每个独特类型的对象指定一个类。对于有许多类的大型系统，纯粹的自上而下设计可以将标识类的具体细节的工作延后，因为这项工作本身只是大项目中的一个细节。

（2）对于每个类，决定它的实例变量，它应该是标识对象属性的状态变量。主类中不应该包含任何实例变量。

（3）对于每个类，决定它的 public 方法。主类中应该只包含一个 public 方法——main 方法。

（4）对于每个 public 方法，也可以采用自上而下的思路。将每一个 public 方法视为"顶层"方法。如果它很复杂，并且可以被分解成子任务，那么就让它调用 private 辅助方法来完成子任务。在开始编写下层的辅助方法之前，先完成顶层方法的编写。一开始，可以用 stub 标识辅助方法。*stub* 是一个虚拟方法，它充当真实方法的占位符。stub 的主体通常由 print 语句组成，语句显示类似于"In method x, parameters = a, b, c"之类的内容，其中 x 是方法名，a、b、c 是传入参数的值。如果不是 void 方法，stub 还将包括一条默认的返回语句。在本节的后面，将看到 void 虚拟方法的示例。

立即开始测试。

（5）测试并完善程序，虚拟方法的输出消息可以帮助你跟踪程序的表现。

（6）用真实的辅助方法替换虚拟方法。每完成一个替换，应重新测试并完善程序。

自上而下的设计有时被称为*逐步细化*。之所以使用逐步细化这个术语，是因为该方法鼓励程序员以循环的方式实现解决方案，其中每个步骤的解决方案都是前一个步骤的改进版本。在实现顶层任务之后，程序员返回并通过在下一层上实现子任务来细化解决方案。

8.8.1　使用自上而下设计的优点

在自上而下设计中，设计人员最初并不担心子任务实现的细节。设计人员首先着眼于"大局"。因为这个特点，自上而下的设计能够让项目朝着正确的方向发展。这有助于确保完成的程序与原始规范相匹配。

当许多程序员共同参与某个项目时，自上而下设计最为合适。前期对大局的强调使所有程序员对最终目标达成共识，促进了团队的一致性，能够防止项目在发展方向上出现分歧。自上而下的设计方法有利于严格的管理控制。

8.8.2　Square 程序：第 1 版

现在让我们将自上而下设计方法应用到一个简单的例子中。我们将实现一个 Square 类，这样每个 Square 对象可以：

想办法解决这个问题。

- 初始化正方形的宽度。
- 计算并返回其面积。
- 用星号边框或星号的实体图案绘制正方形。每次绘制时，都会提示用户是想要边框格式还是实心格式，比如：

使用自上而下的设计方法的第一步是决定类。在这个简单的例子中，很容易立即识别出所有的类：SquareDriver 类和 Square 类。第二步是决定实例变量，它们应该是对象属性（状态变量）的最小确定集。指定一个正方形只需要一个数字，我们通常使用的数字是宽度，因此将 width（宽度）作为唯一的实例变量。

你也许会问，那正方形的面积呢？面积是一个属性，但它是宽度的一个简单函数：面积等于宽度的平方。因为我们可以很容易地通过宽度来计算面积，所以把面积作为另一个状态变量是多余的。原则上，也可以用 area（面积）作为唯一的状态变量，当需要 width 的时候，只需要计算 area 的平方根即可。但是计算平方根比计算平方要困难得多，我们通常会得到一个非整数值的 width，这将很难以我们规定的星号格式显示。对于此问题，使用 width 作为唯一的实例变量更合适。

那么正方形的展示格式呢？这是一个概念性的选择。如果你想把它看作 square 类对象的固有属性，它适合于创建另一个如 boolean solid 的实例变量。但如果你仅仅把它看作一个展示选项，它就不应该有状态变量的属性，因此不应该创建实例变量。在我们这个例子中，选择把它视为一个展示选项，所以不把它作为另一个实例变量。

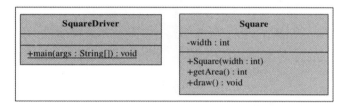

回到自上而下的设计原则，下一步是决定 public 方法。问题描述通常决定了哪些方法需要设为 public。我们需要：

- 设置正方形宽度的构造器。
- 使用 getArea——计算正方形的面积。
- 使用 draw——用星号的边框格式或实心格式显示正方形。

现在让我们后退一步，看看到目前为止我们做了什么。如图 8.9 所示，它为解决方案的类、实例变量、构造器和 public 方法提供了一个初步的 UML 类图。

SquareDriver		Square
+main(args : String[]) : void		-width : int
		+Square(width : int) +getArea() : int +draw() : void

图 8.9 Square 程序的 UML 类图：第 1 版

自上而下设计过程的下一步是在顶级类中实现主方法，如图 8.10 所示。main 方法中的代码包括对 Square 构造器和图 8.9 中标识的方法的调用，但它还没有具体说明 Square 类中的其他方法是如何实现的。

```java
/***********************************************
 * SquareDriver.java
 * Dean & Dean
 *
 * 这是正方形类的驱动类
 ***********************************************/

import java.util.Scanner;

public class SquareDriver
{
  public static void main(String[] args)
  {
    Scanner stdIn = new Scanner(System.in);
    Square square;

    System.out.print("Enter width of desired square: ");
    square = new Square(stdIn.nextInt());
    System.out.println("Area = " + square.getArea());
    square.draw();
  } // main 方法结束
} // SquareDriver 类结束
```

图 8.10 SquareDriver 类

　　下一步是在 Square 类中实现 public 方法，如图 8.11a 所示。构造器和 getArea 方法很简单，不需要解释。但是请注意，getArea 中的 get 使该方法看起来像一个简单地获取实例变量的访问器。制造这种"错误"印象没问题吗？没问题。因为实例变量属性为 private，对公共视图是隐藏的。事实上，正如我们所介绍过的，可以使用 area 作为唯一的实例变量。类的用户不必确切地知道它是如何实现的，因此在选择方法名时，不要担心方法的实现方式，应该侧重于方法的效果，getArea 准确地描述了调用该方法所产生的效果。

```java
/************************************************************
 * Square.java
 * Dean & Dean
 *
 * 这个类管理正方形
 ************************************************************/

import java.util.Scanner;

public class Square
{
  private int width;
  //*********************************************************

  public Square(int width)
  {
    this.width = width;
  }

  //*********************************************************

  public int getArea()
  {
    return this.width * this.width;
  }

  //*********************************************************

  public void draw()
  {
    Scanner stdIn = new Scanner(System.in);

    System.out.print("Print with (b)order or (s)olid? ");
    if (stdIn.nextLine().charAt(0) == 'b')
    {
      drawBorderSquare();
    }
    else
    {
      drawSolidSquare();
    }
  } // draw 方法结束
```

图 8.11a　第 1 版 Square 类——A 部分

draw 方法提示用户为正方形的显示选择边框格式或实心格式。现在可以明显看出，draw 方法并不简单。drawBorderSquare 和 drawSolidSquare 方法调用都是子任务，因此将它们分解为单独的辅助方法。

8.8.3 虚拟方法（Stub）

自上而下的设计告诉我们可以先用虚拟方法作为真实辅助方法的占位符。对于我们的 Square 程序而言，drawBorderSquare 和 drawSolidSquare 都是虚拟方法，注意图 8.11b 中的虚拟方法。

```
//*****************************************************************

private void drawBorderSquare()                    // 虚拟方法
{
  System.out.println("In drawBorderSquare");
}


//*****************************************************************

private void drawSolidSquare()                     // 虚拟方法
{
  System.out.println("In drawSolidSquare");
}
} //Square 类结束
```

图 8.11b 第 1 版 Square 类——B 部分

你或许可以推测出，虚拟方法并不能做很多事情。它的主要目的是满足编译器的要求，使程序能够编译和运行。它的次要目的是提供输出，从而确认该方法被调用，并（在适当的地方）显示输入该方法的值。当包含虚拟方法的 Square 程序运行时，它会生成以下示例会话：

```
Enter width of desired square: 5
Area = 25.0
Print with (b)order or (s)olid? b
In drawBorderSquare
```

或是这样的示例会话：

```
Enter width of desired square: 5
Area = 25.0
Print with (b)order or (s)olid? s
In drawSolidSquare
```

首先，虚拟方法可以帮助程序员测试代码的准确性；其次，可以让程序调试变得更容易。当含有虚拟方法的程序成功通过编译和执行后，每次将一个虚拟方法替换为真实方法。更新完成后，立即对其进行调试和修改。如果出现了错误，应该能很容易定位到产生错误的位置，因为错误很可能出现在刚替换的方法中。

每次测试一部分。

8.8.4 Square 程序：第 2 版

自上而下设计过程的下一步是用真实的辅助方法替换虚拟方法。我们有两个辅助方法有待处理：drawBorderSquare 和 drawSolidSquare。

让我们从 drawBorderSquare 辅助方法开始。它先输出一条水平的星号线，接着输出正方形的左右两条垂直边，最后输出另一条水平的星号线。下面是这个算法的伪代码：

```
drawBorderSquare 方法
  画水平星号线
  画两条垂直边
  画水平星号线
```

drawBorderSquare 的三条画图语句分别代表一项重要任务。因此，当我们将 drawBorderSquare 伪代码转换为 Java 方法时，我们对每个画图子任务都使用方法调用：

```java
private void drawBorderSquare()
{
  drawHorizontalLine();
  drawSides();
  drawHorizontalLine();
} // drawBorderSquare 结束
```

接下来介绍 drawSolidSquare 辅助方法。它输出一系列的水平星号线。下面是该算法的伪代码：

```
drawSolidSquare 方法
  for (int i=0; i<正方形的宽度; i++)
  {
    画水平星号线
  }
```

同样，这个 draw 语句也代表了一项重要的任务。因此，当我们将 drawSolidSquare 伪代码转换为 Java 方法时，我们对 draw 子任务使用了一个重复的方法调用：

```java
private void drawSolidSquare()
{
  for (int i=0; i<this.width; i++)
  {
    drawHorizontalLine();
  }
} // drawSolidSquare 结束
```

注意：drawBorderSquare 方法和 drawSolidSquare 方法都调用了相同的 drawHorizontalLine 辅助方法。能够共享 drawHorizontalLine 方法是对我们积极使用辅助方法的回报，并且它为以下基本原则提供了一个很好的例子：

如果两个或两个以上的方法执行相同的子任务，可以通过调用共享的辅助方法执行该子任务，从而避免代码冗余。

通过为 drawBorderSquare 和 drawSolidSquare 方法编写最终代码，并为 drawHorizontalLine 和 drawSides 方法编写虚拟方法代码，我们完成了 Square 程序的第 2 版。在 drawHorizontalLine 和 drawSides 的两个虚拟方法中使用适当的 print 语句并执行程序，第 2 版会生成以下示例会话：

```
Enter width of desired square: 5
Area = 25.0
Print with (b)order or (s)olid? b
In drawHorizontalLine
In drawSides
In drawHorizontalLine
```

或者：

```
Enter width of desired square: 5
Area = 25.0
Print with (b)order or (s)olid? s
In drawHorizontalLine
In drawHorizontalLine
In drawHorizontalLine
In drawHorizontalLine
In drawHorizontalLine
```

8.8.5　Square 程序：最终版本

为了便于管理，在程序设计过程中的各阶段对设计进行形式化是一个不错的方式。形式化通常采用 UML 类图。拥有最新的 UML 类图有助于确保项目的一致性。至少，当前的 UML 类图确保了项目的所有成员使用相同的类、实例变量和方法标题，如图 8.12 所示。 保持文档更新。

图 8.12 给出了最终完成的 Square 程序的 UML 类图。它与之前的 UML 类图相同，只是添加了辅助方法。

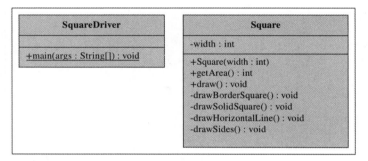

图 8.12　Square 程序的 UML 类图：最终版本

Square 程序的第 2 版包含了 drawHorizontalLine 和 drawSides 方法的虚拟实现。现在，需要用真实的方法替换它们。图 8.13a 和图 8.13b 包含最终版本的 Square 类。唯一更新的内容是 drawHorizontalLine 和 drawSides 方法，它们非常直观。我们鼓励你在图 8.13b 中自己研究它们的实现方式。

```
/*****************************************************
 * Square.java
 * Dean & Dean
 *
 * 这个类用于管理正方形
 *****************************************************/

import java.util.Scanner;

public class Square
{
  private int width;
```

图 8.13a　最终版 Square 类——A 部分（与图 8.11a 完全一致）

```
//***************************************************

public Square(int width)
{
  this.width = width;
}


//***************************************************

public double getArea()
{
  return this.width * this.width;
}


//***************************************************

public void draw()
{
  Scanner stdIn = new Scanner(System.in);

  System.out.print("Print with (b)order or (s)olid? ");
  if (stdIn.nextLine().charAt(0) == 'b')
  {
    drawBorderSquare();
  }
  else
  {
    drawSolidSquare();
  }
} // draw 结束
```

图 8.13a　（续）

```
//***************************************************

private void drawBorderSquare()
{
  drawHorizontalLine();
  drawSides();
  drawHorizontalLine();
} // drawBorderSquare 结束


//***************************************************

private void drawSolidSquare()
{
  for (int i=0; i<this.width; i++)
```

图 8.13b　最终版 Square 类——B 部分（图 8.11b 的扩充版本）

```
    {
        drawHorizontalLine();
    }
} // drawSolidSquare 结束


//**********************************************

private void drawHorizontalLine()
{
    for (int i=0; i<this.width; i++)
    {
        System.out.print("*");
    }
    System.out.println();
} // drawHorizontalLine 结束


//**********************************************

private void drawSides()
{
    for (int i=1; i<(this.width-1); i++)
    {
        System.out.print("*");
        for (int j=1; j<(this.width-1); j++)
        {
            System.out.print(" ");
        }
        System.out.println("*");
    }
} // drawSides 结束
} // Square 类结束
```

图 8.13b （续）

8.8.6 自上而下设计的缺点

几乎每个人设计的项目都必然包含某种形式的自上而下的思考。然而，纯粹的自上而下的设计有一些不良的副作用,其中之一是附属模块往往过于专门化。关于自上而下的思维方式如何导致过度专业化,有一个众所周知的令人震惊的例子,那就是五角大楼（美国国防部所在地）里价值 660 美元的烟灰缸。美国国防部雇用了大型军事承包商来制造五角大楼里使用的烟灰缸。

由于兼容性对于许多军事部件来说很重要,军方通常希望忠实地遵守其规范,承包商自然会在过程和态度上追求一致性。然而,有时候一件东西可以好到过分。烟灰缸完全符合他们的规范,但其价格是 660 美元。自上而下的设计走向了荒谬的极端。尽管一些顶层规范可能是超出常规的,但承包商依然遵循标准操作程序,试图与之完美匹配。据说承包商营销经理曾坦言:"规范要求的东西与现有的任何产品都不匹配,所以我们不得不在车间手工制作。"

你可能会想——这故事挺有意思,但是 660 美元的烟灰缸和编程有什么关系呢? 自上而下的思想会导致低效的开发实践。在极端情况下，这种理念导致军事承包商在设计和制造像烟灰缸这样简单的东西上花费了巨大的努力。总的来说，自上而下的设计理念可能会激励人们"重新发明轮子"，而忽略一些现成的东西，这往往会增加产品的整体成本，也会降低最终产品的可靠性。为什么？因为所有东西都是新的或重新发明的，没有过去的测试和调试历史可以借鉴。

8.9　自下而上的设计

　　现在，让我们看看逻辑上与自上而下设计相反的自下而上设计。自下而上的设计首先实现特定的低级任务。如果要将自下而上的设计应用到 Square 程序，可以首先实现 drawSolidSquare 方法，然后实现 drawBorderSquare 方法。在完成这些底层方法之后，将实现更高级的方法，这些方法负责更具有普遍性的任务，如绘制任意类型正方形（实心或空心）的 draw 方法。

　　当你实现每个组件时，应该立即用特定的程序来测试它。不再需要使用虚拟方法占位，因为已经测试过的低级别方法可以被当前正在测试的任何高级别方法调用。

　　对于本书中所涉及的许多简单程序而言，使用自下而上的设计方式更合适，因为它可以让你迅速聚焦最核心的本质问题，其他细节可以留待之后处理。本书中有些程序先提供了被驱动的类，之后才给出驱动程序，这些都是自下而上设计的例子，请你认真思考这些自下而上编写的程序。

　　自下而上的设计也可以使你更容易使用预先编写的软件，比如 Java API 和在第 5 章中介绍的内容。对于预先编写的软件来说，Java API 是非常好的源代码，因为它：①经过优化，速度快，内存消耗低；②经历了多年的测试和调试，可靠度高，但学习如何使用 Java API 需要时间。要了解 Java API，可以参见网址 https://docs.oracle.com/en/java/javase/13/docs/api/index-files/index-1.html。在那里，你会找到几种查找信息的方式。这里介绍两种方式。

　　（1）单击"所有类"，猜测一个可能的类名，然后使用类框架中的滚动条搜索猜测的类名。大约有4500 个类，所以找到一个特定的类需要一个好的鼠标。当你发现一个看起来可能性较高的类名时，单击它，并阅读它的公共常量和方法。

　　（2）相关的类被组合在大约 230 个包中。单击"所有包"，并使用包框架中的滚动条找到一个看起来可能性较高的包。单击该包，并浏览其中包含的类。同样，当你发现一个看起来可能性较高的类名时，单击它，并阅读它的公共常量和方法。

　　为低级模块使用预先编写好的软件可以减少开发时间和项目成本，还可以提高产品质量，因为程序中预先编写的部分可能已经经过了彻底的测试和调试。就像 Java API 代码一样，你经常会发现预先编写的低级软件非常灵活，因为它是为广泛的应用程序设计的。这种固有的低级灵活性将使你在将来升级程序时更容易扩展程序的功能。使用预先编写的软件可以促进并行开发，几个不同的程序员可以分别独立使用一个通用的从属模块，而不用尽力相互协调，因为该模块的设计已经非常成熟稳定。

　　先从关键问题入手。

　　自下而上设计的另一个好处是，它为解决最关键的任务提供了充分的自由。如果要确定某个算法是否适用于某个关键问题，当然是越早越好。采用自下而上的设计方法，不需要等待关注点的确认，可以立即实施，从而尽早确定某个问题会不会成为整个项目的短板。

　　同样地，如果有一些低级任务需要很长时间才能完成，自下而上的设计可以让你立即开始工作，避免以后出现潜在的瓶颈。

然而，使用自下而上设计有几个缺点。与自上而下设计相比，自下而上设计提供的结构和指导相对较少。通常很难知道应该从哪里入手，而且由于开发进度难以预测，大型的自下而上编程项目很难管理。特别是由于缺乏内在指导，管理人员很难让程序员保持在正轨上，程序员可能会将大量时间浪费在与最终程序无关的代码上。使用自下而上设计的另一个缺点是，它难以使最终产品精确地符合设计规范。自上而下设计在一开始就进行详细的规范，从而促进一致性，而自下而上的设计在项目开始时对规范的考虑非常粗浅。

那么，什么时候应该使用自下而上的设计呢？当你可以使用大量预先编写和预先测试的底层软件时，自下而上的设计过程使你能够轻松地围绕这些软件进行设计，使其自然地与最终程序相吻合。如果你可以使用大量预先编写的软件，并且这些软件开放检测，兼容性也已经设计好（如 Java API 软件）[1]，自下而上的设计有助于在提高质量的同时降低成本。当底层细节至关重要时，自下而上的设计可以让你首先处理棘手的问题——这让你有更多的时间来解决它们。因此，自下而上的设计也可以帮助你将交付时间最短化。

一个众所周知的自下而上软件设计的例子是 Windows 操作系统的早期开发。Windows 的原始版本建立在已经存在并且成功运行的 DOS 操作系统之上。[2]Windows 的下一个主要版本建立在一个叫作 NT（新技术）的新型底层软件核心之上。

需要注意的是，这些组件的源代码总是对系统开发人员开放，并处于其控制之下，因为它们都属于同一家公司。[3]

8.10 基于案例的设计

还有另一种基本的方法来解决问题和进行设计。正如普通人在日常生活中的大部分时间里所做的那样，我们不会考虑一系列自上而下或者自下而上的正式步骤，而是寻找有没有一个已经解决的问题与目前所面临的问题类似。这样我们可以找出那个问题的解决方案，通过修改以解决当前的问题。这种方法是全面的，它从一个完整的解决方案开始，将它重塑为一个不同的应用程序。

如果你可以访问源代码，并有权复制或修改它，然后在新的程序中重新发布它，那么你可以修改现有程序或现有代码的重要部分。有时你想借用的代码是你自己为另一个应用程序编写的，这样的代码非常合适，因为你非常熟悉它所做的工作以及它是如何做的。例如，本书中的许多项目都是为了向你展示如何解决广泛的现实世界中的问题。你可以使用项目作业中提供的算法来编写 Java 代码，从而解决这些问题。一旦你写好了代码，就可以完全自由地修改它，在任何其他环境中重新使用它，以解决这些问题

---

[1] 尽管我们一直鼓励你将 Java API 软件视为完全封装的整体，Oracle 并没有对它的源代码进行保密，Java 开发人员可以下载并查看它。

[2] 可以在 Windows 命令提示符窗口中输入的命令本质上是 DOS 命令——它们是 20 世纪 80 年代早期出现的 IBM 个人计算机遗留下来的软件。DOS 的原始版本可以安装在一张直径为 5.25 英寸、内存为 128KB 的软盘上。

[3] 原则上，可以用来自不同公司的现成商用（COTS）程序组件构建软件系统。这种策略可以在很大程度上避免"重复开发"，并且将提供给组件接口的新代码最小化。然而，编写这种接口代码比编写普通代码花费的时间要长。此外，由于系统开发人员通常无法访问组件源代码，也无法控制组件的演化，因此开发过程相对风险较大，生成的复合程序相对脆弱。基于现成商用程序组件的系统有一个独特的方法论，不在本书的讲解范围内。

的其他变体。

通常情况下，你想使用的将是其他人编写的代码。使用这样的代码是偷窃或剽窃吗？有可能。如果代码受版权保护，而你没有使用它的权限，就不应该随意使用它。当然你也有可能获得使用许可，当你使用别人写的代码时，一定要确认并显示来源。

现在由专家团队调试和维护的所谓"开源"软件越来越多[1]，任何人都可以依据自己的需求使用和修改，但必须遵守一些合理的规则：你可以对使用此类软件的产品和服务收费，但必须显示软件来源，也不能限制别人自由使用它。有时这些软件是底层代码，你可以像 Java API 软件一样使用它们，但有时它们是一个完整的程序，你可以用它来解决当前所面对的问题。

8.11　迭代增强

通常情况下，你只有开始动手处理问题，才能逐渐明白应该如何解决这个问题，这导致设计过程通常是迭代的。在第一次迭代中，你实现了问题的基本解决方案。在下一次迭代中，你将添加特性并实现改进的解决方案。你可以继续添加特性并重复设计过程，直到实现满足所有需要的解决方案。这种重复的过程称为*迭代增强*。

8.11.1　创建原型：可选的第一步

*原型*是一种非常"单薄"，类似于"骨架"的实现，或者只是所设想程序的仿真"模拟"。由于原型的功能范围有限，开发人员可以相对快速地生成原型，并在开发过程的早期阶段将其呈现给客户。

确认你所要解决的问题。
原型可以帮助用户在程序完成之前就对成品有一个大致的直观感受。它可以帮助客户提供早期反馈，从而改进产品规格。因此，原型设计是自上而下设计过程第一阶段非常有价值的一部分，它也为自下而上设计过程的早期工作做了补充。缺乏原型，解决错误问题的风险将一直存在。如果问题识别错误，即使你优雅地解决了它，也完全是在浪费时间。

生成原型有两种基本方法：一种方法是用 Java 编写最终程序的缩略版本。因为原型理论上相对简单，所以可以使用任何看起来最简单的设计方法；另一种方法是基于"指定"数据或有限的用户输入范围，使用提供良好演示的计算机应用程序来模拟最终程序的用户界面。

原型可以是一种有价值的交流工具，但要谨慎使用。假设你创建了一个原型，把它展示给客户，客户说："我觉得挺好，现在就给我一份，我明天就可以用了。"千万不要立即交付。如果你的原型是计划迭代的有序序列的早期迭代，那么将你从客户反馈中了解到的信息纳入其中，并按照最初的计划进行下一个迭代。如果你的原型只是一个由完全不同的组件拼接而成的视觉呈现，那么你要抵制将原型扩展成成品的诱惑。这很诱人，因为你可能会认为这将减少开发时间。然而，将补丁添加到拼凑在一起的模型中，通常会产生难以维护和升级的混乱结果。最终，必须重写大量的代码，而由此带来的混乱可能会毁掉整个程序。最好将这种原型仅仅看作一种交流辅助工具，通过用户的反馈改进产品规格。

---

[1]　见 https://www.fsf.org。开源软件基金会"致力于促进计算机用户使用、研究、复制、修改和重新发布计算机程序的权利"。这类软件的两个著名的例子是 GNU/Linux 操作系统（GNU 是 Gnu's Not Unix 的递归缩写）和 Apache 软件——它是大多数网络服务器的基础（https://www.apache.org）。

8.11.2 迭代

第一次普通的设计迭代，或者可选原型之后的迭代，应该是对一些已经存在的程序的简单修改，或者是使用自上而下或自下而上设计策略编写的基本框架，随后的迭代可能会采取不同的设计策略。该如何决定每次迭代使用哪种策略呢？选择最能满足你当前最大需求的策略。

● 如果你当前最大的需求是了解客户的意愿，请构建原型。

● 如果你最关心的是按时交付，请尝试对现成的软件进行改编。

● 如果你当前最关心的是某些特定功能是否能够实现，那么请使用自下而上的设计策略，从而尽快实现这些功能。

● 如果你最大的需求是可靠性和低成本，请采用自下而上的设计策略，并使用预先编写的软件。

● 如果你最关心的是整体绩效和管理控制，请使用自上而下的设计策略。

> 调整设计策略，以利用当前可用的资源满足当前最大的需求。

一个著名的迭代设计案例是美国宇航局的载人登月太空计划。约翰·F.肯尼迪（John F. Kennedy）总统在宣布这项计划时基于的是自上而下的考虑。然而，第一个实现是一个原型。"水星计划"利用当时阿特拉斯洲际弹道导弹火箭的改良版，将一名男子射入了几百英里外的大西洋。

水星计划的后续迭代使用了自下而上的方法将宇航员送入地球轨道。然后，NASA 用更新、更大的泰坦洲际弹道导弹火箭取代了阿特拉斯助推火箭，在"双子座计划"的几次迭代中，它将几个人送入了地球轨道。

NASA 的下一个迭代是一个自上而下的设计计划，被称为"阿波罗计划"。阿波罗计划最初设想使用一个名为新星的巨型助推火箭。经过一段时间的研究后，NASA 意识到，如果一个较小的月球着陆器与绕月母船分离，并且月球着陆器的返回模块与下降机制分离，那么一个较小的助推火箭（名为土星）就足够了。

阿波罗计划是一个自上而下的设计，根据 NASA 的要求进行了优化，而不是对当前已有的军事设备进行自下而上的调整。最终，涉及 Nova 的自上而下计划被废弃，取而代之的是一个完全不同的自上而下计划。这种明显跌宕起伏的开发过程是现实世界成功设计的一个很好的例子。成功软件的历史也是如此。不同的设计周期往往强调不同的设计策略，有时会有重大的变化。

8.11.3 维护

程序开发完成并投入运行后，你可能会认为已经大功告成，其实不然。真实的情况是，如果一个程序是有用的，通常在首次投入运行很久之后，程序员仍然要对它进行维护。平均而言，在一个成功的项目中，80%的工作是在项目首次投入运行后完成的。维护包括修复错误和进行改进。如果优秀的软件实践贯穿于程序的整个生命周期，维护工作会容易得多。这包括一开始就优雅地编写代码，在进行更改时继续保持这种优雅，提供并保存完整的、有条理的文档。

请记住，文档不仅仅是给程序员阅读源代码时看的注释，也包含接口信息，如果程序员想要使用已经编译好的类，可以查看这些信息。第 8.3 节和附录 6 展示了如何在源代码中嵌入接口信息，以便 javadoc 能够读取这些信息，并像 Oracle 的 Java API 文档一样呈现。文档还包括给那些并不是程序员，但需要使用程序的人提供的信息，这种类型的文档需要比 javadoc 的输出文档更面向普通用户。

如果你负责维护一个现有的程序，以下是一些有用的经验法则。

（1）尊重前辈。不要轻易修改任何你认为错误的代码，除非你已经像其他程序员（或者你本人）在最初创建它时那样花了大量的时间去思考它。即使在做法上存在问题，以某种特定方式做某件事的背后，或许存在一个重要的原因。在你进行修改之前，应该先了解这个原因。

（2）尊重继任者。当你弄清楚某段特定的代码在做什么，并且彻底理解了问题之后，修复代码和文档，以便下次更容易弄清楚。

（3）维护一个"标准"的测试输入数据集（和相应的输出数据集），并使用它来验证你所做的任何更改只会对你试图解决的问题产生影响，而不会对整个程序产生其他不必要的影响。

8.12　在被驱动类中使用驱动方法

可以在任何类中包含 main 方法。图 8.14 是一个简单的 Time 程序，它包含自己的 main 方法。

到目前为止，已为每个 OOP 程序划分不同的类，即一个驱动类和一个（或多个）被驱动类。如果将对象的概念与一个类相关联，而将实例化对象的代码与另一个类相关联，可以更容易地掌握对象的概念。驱动类和被驱动类扮演着截然不同的角色。被驱动类描述的是已被建模的事物。例如，在 Mouse 程序中，Mouse 类描述了一只老鼠。驱动类包含一个 main 方法，它驱动不同的 Mouse 类。在 Mouse 程序中，MouseDriver 类实例化 Mouse 对象并对这些对象执行操作。使用两个或更多的类可以培养将不同类型的事物放入不同模块的习惯。

尽管我们将继续在大多数程序中使用不同的类，对于仅仅用于演示某个概念的短程序，有时也会将 main 方法合并到实现程序其余部分的类中。这样做更方便，因为可以少创建一个文件，输入的代码也会少一些。

```
/***********************************************************
 * Time.java
 * Dean & Dean
 *
 * 这个类将用小时、分钟和秒的形式存储时间，并用军用格式进行输出
 ***********************************************************/

public class Time
{
  private int hours, minutes, seconds;

  //*********************************************************

  public Time(int h, int m, int s)
  {
    this.hours = h;
    this.minutes = m;
    this.seconds = s;
  }

  //*********************************************************
```

图 8.14　带有内置 main 方法的 Time 类

```
  public void printIt()
  {
    System.out.printf("%02d:%02d:%02d\n",
      this.hours, this.minutes, this.seconds);
  } //printIt 结束

  //***************************************************************

  public static void main(String[] args)
  {
    Time time = new Time(3, 59, 0);
    time.printIt();
  } // main 结束
} // Time 类结束
```

> 这是这个类中其余代码的驱动程序

图 8.14 （续）

有时，在由一个驱动类负责实例化大量其他类的大型程序中，在部分或全部其他类中插入一个附加的 main 方法是很便捷的。其他类中额外的 main 方法充当了其所在类的本地测试程序，用于测试该类中的代码。每当你更改某个类中的代码时，都可以使用它的本地 main 方法直接测试该类。这很容易操作，只需执行指定类，JVM 会自动调用该类的 main 方法。一旦验证了本地所做的更改，可以继续在高级模块中执行主类，以测试更多或整个程序。你不需要移除本地的 main 方法，可以将它们保留，以便将来对每个指定类的特性进行本地测试或演示。当你执行整个程序的主类时，JVM 会自动使用主类中的 main 方法，并忽略程序中可能出现在其他类中的任何 main 方法。

> 为每个类提供内部测试方法。

因此，你可以向任何类添加一个 main 方法，这样类就可以直接执行，并充当它自己的驱动程序。当一个包含多个类的程序包含多个 main 方法，并且每个类不超过一个 main 方法时，所使用的特定 main 方法是执行开始时当前类中的 main 方法。

8.13 不使用 this 访问实例变量

到目前为止，我们一直在方法中使用 this 来访问调用对象的实例变量。下面是对何时使用 this 的正式解释。

在实例方法或构造器中使用它来访问调用对象的实例变量。通过 this 将实例变量与恰好具有相同名称的其他变量（如局部变量和参数）区分开来。

但是，如果没有名称歧义，则可以在访问实例变量时省略 this 前缀。

涉及 this 前缀时，图 8.15 的代码中有几个地方值得一提。可以在 setAge 方法的语句中省略 this，因为实例变量名与参数名不同。但不可以在 setWeight 方法的语句中省略它，因为相同的实例变量和参数名称会造成歧义。在 print 方法的语句中省略它也是可以的，因为没有名称歧义。

```
/***************************************************
* MouseShortcut.java
* Dean & Dean
*
* 这个类演示如何使用和省略 this
***************************************************/

public class MouseShortcut
{
  private int age;          // 年龄（天）
  private double weight;   // 体重（克）

  //***************************************************

  public MouseShortcut(int age, double weight)
  {
    setAge(age);
    setWeight(weight);
  } // 结束构造器

  //***************************************************

  public void setAge(int a)
  {
    age = a;
  } // setAge 结束
```

> 可以在实例变量 age 前省略 this 前缀，因为它和参数名 a 不一致

```
  //***************************************************

  public void setWeight(double weight)
  {
    this.weight = weight;
  } // setWeight 结束
```

> 不可以在实例变量 weight 前省略 this 前缀，因为它和参数名 weight 一致

```
  //***************************************************

  public void print()
  {
    System.out.println("age = " + age +
      ", weight = " + weight);
  } // print 结束
} // MouseShortcut 类结束
```

> 可以在实例变量 age 和 weight 前省略 this 前缀

图 8.15　mouseShortcut 类演示了在什么情况下可以省略 this 前缀

　　有时，一个实例方法被一个对象调用，而它的参数引用自同一个类中的另一个对象。String 的 equals 方法中就存在这种情况。在这样的方法中，需要引用两个不同对象的代码：调用对象和由参数引用的对象。引用这两个对象的最安全、也最容易理解的方法，是使用 this 前缀引用调用对象，使用引用参数前

缀引用另一个对象。但是，在引用调用对象时也可以省略 this，而且你会经常看到这种情况，它使代码更加紧凑。

8.14　编写自己的实用程序类

到目前为止，已经实现了解决某些指定类问题的方法。假设你希望实现更通用的方法，以便多个类，甚至目前不可预见的类可以使用它们。这种类型的方法被称为实用程序方法。过去已经使用过 Math 类中的实用程序方法，如 Math.round 和 Math.sqrt。还可以编写自己的实用程序方法，并将它们放在自己的实用程序类中。

例如，图 8.16 的 PrintUtilities 类提供了面向输出的实用程序常量和方法。这两个常量：MAX_COL和 MAX_ROW，用于跟踪一张标准尺寸纸张的最大行和列。如果有多个输出报表的类，那么这些常量可以帮助确保报表大小的一致性。printCentered 方法用于将给定的字符串水平居中输出。printUnderlined 方法用于将给定的字符串带下划线输出。这些方法属于一个实用程序类，因为它们所执行的输出方式可以用于多个其他类。

```
/****************************************************************
 * PrintUtilities.java
 * Dean & Dean
 *
 * 这个类中包含实现特殊输出方式的常量和方法
 ****************************************************************/

public class PrintUtilities
{
  public static final int MAX_COL = 80; // 最大的列数
  public static final int MAX_ROW = 50; // 最大的行数

  //**************************************************************

  // 将给定的字符串水平居中输出

  public static void printCentered(String s)
  {
    int startingCol;  // 字符串的起始点
    startingCol = (MAX_COL / 2) - (s.length() / 2);

    for (int i=0; i<startingCol; i++)
    {
      System.out.print(" ");
    }
    System.out.println(s);
  } // printCentered 结束

  //**************************************************************
```

图 8.16　应对特殊输出需求的实用程序类示例

```
  // 将给定的字符串加下划线输出

  public static void printUnderlined(String s)
  {
    System.out.println(s);
    for (int i=0; i<s.length(); i++)
    {
      System.out.print("-");
    }
  } // printUnderlined 结束
} // PrintUtilities 类结束
```

图 8.16　（续）

请注意，在 PrintUtilities 类中，所有的常量和方法都使用了 public（公共）和 static（静态）修饰符。这对于实用程序类成员来说是正常的。public 和 static 修饰符使得其他类可以很容易地访问 PrintUtilities 类的成员。

8.15　使用 API Calendar 类解决问题（可选）

不要重新造轮子(意思是不要重新编写现成的代码)。

虽然很多教科书会要求你编写关于时间和日期的小程序，但如果你认真思考会发现这其实是个很复杂的问题：不同的计量方法、不同长度的月、不同的时区，以及许多不同的格式约定。如果需要使用正式的时间和日期程序，则应该使用 Java API 预先编写的软件。但是，找到正确的 Java 类并不是很容易。

例如，如果你正在处理一个需要显示日期和时间的程序，你可能倾向于使用 date 和 time 类，但这些类已经过时了。通常，你应该使用 Calendar 类。图 8.17 包含一个 CalendarDemo 程序，用于展示 Calendar 类中的一些方法。

```
/*****************************************************************
* CalendarDemo.java
* Dean & Dean
*
* 这个程序演示了如何使用 Calendar 类
*****************************************************************/

import java.util.*;                          // 导入 Scanner 和 Calendar

public class CalendarDemo
{
  public static void main(String[] args)
  {
    Scanner stdIn = new Scanner(System.in);
    Calendar time = Calendar.getInstance();  // 用当前时间实例化
```

图 8.17　Calendar 类的演示程序

```
      int day;                                    // 日期
      int hour;                                   // 时间

      System.out.println(time.getTime());
      day = time.get(Calendar.DAY_OF_YEAR);
      hour = time.get(Calendar.HOUR_OF_DAY);
      System.out.println("day of year= " + day);
      System.out.println("hour of day= " + hour);

      System.out.print("Enter number of days to add: ");
      day += stdIn.nextInt();
      System.out.print("Enter number of hours to add: ");
      hour += stdIn.nextInt();

      time.set(Calendar.DAY_OF_YEAR, day);
      time.set(Calendar.HOUR_OF_DAY, hour);
      System.out.println(time.getTime());
   } // main 结束
} // CalendarDemo 类结束

示例会话:
Sat Feb 15 13:20:40 CST 2020
day of year = 46
hour of day = 13
Enter number of days to add: 8
Enter number of hours to add: 13
Mon Feb 24 02:20:40 CST 2020
```

参数为 int 代码, 指定了所需信息的类型

图 8.17   (续)

Calendar 类在 java.util 包中。要程序中使用它, 则可以使用以下的 import 语句:

   import java.util.Calendar;

程序还需要用到 Scanner 类, 它与 Calendar 类在同一个包中, 因此使用包含通配符的 import 语句可以更便捷地使这两个类同时生效:

   import java.util.*;

在 CalendarDemo 程序的 time 初始化语句中, 给 time 变量分配了一个对 Calendar 类实例的引用。请注意, 我们并没有使用 new Calendar(), 而是通过调用 Calendar 类的 getInstance 方法获得 Calendar 的实例。如果你在 Java API 文档中查找 Calendar 类的 getInstance 方法, 你将看到该方法使用了静态修饰符, 所以它是一个静态方法。如何调用静态方法? 回想一下, 在第 5 章中, 你是如何从 Math 类中调用方法的? 在方法名前使用类名, 而不是实例变量。你不需要知道 getInstance 是如何工作的, 因为它是一个封装的模块, 但可以合理地假设它在内部实例化了一个 Calendar 对象, 并使用当前时间对它进行初始化, 然后返回对该对象的引用。尽管不是实例化新对象的标准方法, 但它是有效的。Java API 包含了一些这种间接构造对象的例子。

在程序的其余部分, 你不用记住 time 对象是如何创建的, 只需要像使用任何其他对象一样, 在其自己的类中调用实例方法。第一条输出语句使用 Calendar 类的 getTime 方法检索时间信息, 然后将其全部输出, 如示例会话的第一行所示。

> 在参数中使用 ID 号来选择许多相似变量中的一个。

接下来的两条语句使用带有 get 方法的对象引用来获取两个特定的实例变量值。但是这两个 get 方法很奇怪，它们不像 getDayOfYear 和 getHour 那样是两个独立的方法。这个类的设计者没有在方法名中标识要获取的实例变量，而是决定使用一个 int 形参值来标识它。我们不需要知道方法是如何实现的，因为它是封装的，但可以合理地猜测它的功能。例如，get 的参数可以是 switch 索引，用于将控制流引导到特定情况，并通过代码返回与索引号对应的实例变量的值。

使用索引号来标识多个实例变量中的一个也存在弊端，那就是简单的整数无法传达太多的意义。但这个问题很好解决，你只需要把每个这样的索引号改为一个命名的常量。然后，对于不同的方法参数，使用这个命名的常量，而不是数字。这就是 Calendar 类实现其泛型 get 方法的方式，用户可以轻易记住一个 get 方法，然后使用不同的命名常量作为参数，而不用逐一记住采用不同名称的 get 方法。

掌握了这个概念，你现在应该能够读懂 CalendarDemo 程序代码的其余部分了。它获取当前的日期和时间，然后将用户输入的天数添加到当前的日期，将用户输入的小时数添加到当前的时间。然后，它使用 Calendar 的泛型 set 方法来改变对象的实例变量中的日期和时间，并最终将调整后的日期和时间进行输出。

Calendar 类很好地说明了使用预先编写的软件的价值。学习使用这个类确实比编写一个实现相同功能的程序要容易得多。此外，其他人的代码有时会对可能适用于你所编写的代码的技术进行说明。但是，Calendar 类同时也举例说明了使用预先编写好的软件所存在的问题。最大的问题通常是你必须花时间弄清楚哪些代码是可用的；另一个问题是，你找到的这些代码可能并不完全符合你的需求，你可能不得不编写额外的代码，从而使预先编写的软件适用于当前的程序。许多程序员在面对这种情况时会说："见鬼，还不如我自己写呢。"有时候你的确可以这么做，但从长远来看，如果你愿意花时间了解别人已经开发了什么，就可以站在巨人的肩膀上，领先他人一步。

8.16　GUI 跟踪：使用 CRC 卡解决问题（可选）

当你开始一个全新的设计时，通常会有一段思考期。你需要绞尽脑汁地弄清楚需要哪些类，这些类分别做什么。第 8.8 节给出了一个正式的自上而下的设计思路，但有时你只需要"仔细斟酌一下"，或者进行几次头脑风暴就可以理清思路。

即使只是斟酌和进行头脑风暴，把过程记录下来仍然会有帮助。几年前，为了给这种非正式的活动提供一个最简要的框架，计算机科学家肯特·贝克（Kent Beck）和沃德·坎宁安（Ward Cunningham）[1]建议使用老式的 3 英寸×5 英寸索引卡、铅笔和橡皮来做这项工作。他们的想法是给每个类分配一张卡片，每张卡片上包含三种信息：①在卡片的顶部写上类名；②在类名下方的左侧列出一个命令列表，说明你想让这个类做什么；③在类名下方的右侧，列出与当前类交互的其他类的列表，可以是主动交互的客户端，也可以是被动交互的服务器端。CRC 这个缩写可以帮助你记住每张卡片上的三种信息：

C =类。

---

[1]OOPSLA 1989 会议论文集《面向对象编程系统、语言和应用》，路易斯安那州新奥尔良市，1989 年 10 月 1—6 日。

R =职责。

C =合作者。

在过去，当很多人进行头脑风暴时，铅笔、橡皮和白色小卡片确实是最好的媒介。但现在，如果你是唯一的设计师，在计算机屏幕上使用小窗口可能会更方便。第 16 章和及其 GUI 部分将展示用户如何轻松地将这些"卡片"上的试探性条目保存（可供后续检索）到计算机文件中，用户可以通过互联网与同事交换这些文件。

从本节开始，你将学习如何使用你已经掌握的 Java 技能和一些新的 GUI 特性设计这样的系统。本节将使用自上而下的设计过程，涉及两个类—— 一个普通类（用于创建 CRC 卡）和一个主类。普通类使用了前面章节 GUI 选读部分介绍的一些编程特性，以及本节中介绍的一些新的 GUI 特性，这个类创建了单个 CRC 卡的 GUI 版本。

在第 10 章末尾的 GUI 部分，重用了这一节的驱动类，并修改了这一节的驱动程序类。修改后的驱动程序类将使用第 10 章正文中介绍的非 GUI 技术和第 10 章末尾 GUI 跟踪中介绍的 GUI 技术。在随后的第 16 章末尾，将 get 和 set 方法添加到了本节的驱动类中，并再次修改驱动程序类，从而使用户输入的数据能够在计算机屏幕和内存中的文件之间来回传输。

图 8.18 显示了本节驱动类创建的卡片。用户可以进行以下操作：①在"类"（CLASS）右侧的文本框中修改默认的类名；②在"职责"（RESPONSIBILITIES）下方的文本区域输入职责列表；③在"合作者"（COLLABORATORS）文本区域输入合作者列表。在这个案例中，用户在职责列表内做了一些文档记录，对类的构造器应该创建的结构进行了概述。

图 8.19 显示了程序中驱动类 CRC_Card 的初始迭代，它扩展了 JavaFX 的 Stage 类。除了 Stage 中已导入的包，它还导入了其他包，用于访问其他预先编写的 JavaFX 类：Scene、TextField、TextArea、Label、SplitPane、FlowPane 和 VBox。第 1 章的 GUI 跟踪部分使用了 Label 类，第 5 章的 GUI 部分和 Interlude 使用了 Scene 类。但这是你们第一次看到 TextField、TextArea、SplitPane、FlowPane 和 VBox。这五个类都是容器，每个类都有其特殊方法自动组织其中的内容。

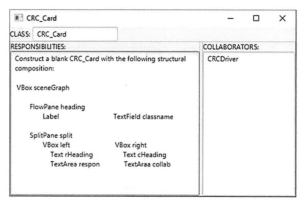

图 8.18 CRC_Card 类的构造器根据用户在 RESPONSIBILITIES 和 COLLABORATORS 条目下的 TextArea 组件中输入的内容生成的显示结果

图 8.19 显示了 CRC_Card 的代码，图 8.20 显示了 CRCDriver 的代码。

©JavaFX

```
/***********************************************************
 * CRC_Card.java
 * Dean & Dean
 *
 * 这代表一张两栏 3 英寸×5 英寸的索引卡
 ***********************************************************/

import javafx.stage.Stage;
import javafx.scene.Scene;
// TextField、TextArea、Label 和 SplitPane（这些格式的介绍详见下文）
import javafx.scene.control.*;
import javafx.scene.layout.*; // FlowPane、VBox（这些格式的介绍详见下文）

//***********************************************************

public class CRC_Card extends Stage
{
  private TextField classname = new TextField();
  private TextArea respon = new TextArea();
  private TextArea collab = new TextArea();

  public CRC_Card(String name)
  {
    FlowPane heading =
      new FlowPane(new Label("CLASS: "), classname);
    Label rHeading = new Label("RESPONSIBILITIES:");
    VBox left = new VBox(rHeading, respon);
    Label cHeading = new Label("COLLABORATORS:");
    VBox right = new VBox(cHeading, collab);
    SplitPane split = new SplitPane(left, right);
    VBox sceneGraph = new VBox(heading, split);
    Scene scene = new Scene(sceneGraph, 500, 300);

    classname.setText(name);
    respon.setWrapText(true);
    collab.setWrapText(true);
    respon.setPrefHeight(300);
    collab.setPrefHeight(300);
    split.setDividerPositions(0.67);
    setScene(scene);
  } // 构造器结束
} // CRC_Card 类结束
```

图 8.19　CRC_Card 类

这是在计算机屏幕上显示空白 CRC 卡的程序的实现部分。它由图 8.20 中的 CRCDriver 类驱动，生成图 8.18 中的卡片框架。

TextField 和 TextArea 将其中的字符串内容左对齐。默认情况下，如果字符串的长度超过了容器的宽度，就会将超出部分左移到视线之外，以便用户继续在右侧末端添加内容。当这发生在 TextArea 中时，会出现水平滚动条，TextArea 允许程序员选择在指定位置换行，这样可以保证所有文本都可见，直到文本到达容器的底部，这时会出现一个垂直滚动条。

SplitPane 允许程序员封装多个由可移动分隔符划分开来的从属对象。默认情况下，这些对象是水平排列的。FlowPane 类似于可换行的 TextArea，区别在于它的内容几乎可以是任何类型的对象，而不仅仅是字符串。与 FlowPane 类似，VBox 的内容几乎可以是任何类型的对象，但它是将构造器的参数从上到下垂直排列，因此不能选择换行的位置。

在图 8.19 的 CRC_Card 代码中，我们也可以将构造器中的三个实例变量（classname、respon 和 collab）作为局部变量。但因为它们是这个类的核心，是它的状态变量，因此将它们作为实例变量可以让它们得到应有的重视。此外，我们预计将会在后续迭代版本中添加 get 和 set 方法，这需要从构造器外部访问这些变量。因此，将它们作为实例变量更加合适。

CRC_Card 构造器用于生成卡片。每张卡片的顶部是一个称为 FlowPane heading 的水平容器，它包含 CLASS 的文本和 classname 状态变量。下面是 SplitPane split 容器，它包含从属的 VBox left 和 VBox right 容器。VBox left 容器包含 RESPONSIBILITIES:标签和 respon 状态变量。VBox right 容器包含 COLLABORATORS:标签和 collab 状态变量。FlowPane heading 和 SplitPane split 容器本身属于一个更大的 VBox，名为 sceneGraph（场景图）。场景图由场景中的所有事物组成。最后一个声明将场景图放入场景中，并规定了场景的初始宽度和高度（以像素为单位）。

声明之后的第一条语句为 calssname 状态变量建立了一个默认值，使它与卡片名相同。尽管用户可以在后续的任何时候更改类名，该构造器仍然允许一个驱动类通过在实例化过程中提供一个字符串值来自动初始化它。两个 setWrapText(true)语句允许在 RESPONSIBILITIES:和 COLLABORATORS:标题下的 TextArea 中启用文本换行。接下来的两条语句为两个 TextArea 容器设置高度。setDividerPositions 语句使左边的文字区域初始宽度是右边的两倍，但用户可以通过使用鼠标左右拖动分隔线来改变它们的相对宽度。CRC_Card 构造器的最后一条语句在 CRC_Card Stage 设置了场景（scene）。

图 8.20 显示了程序驱动程序的初始迭代。与第 1.10、3.25、5.9 节和间章中的 GUI 程序一样，这个驱动程序导入了 JavaFX Application 和 Stage 类、extends Application，并重写了 Application 的 start 方法。

```
/***********************************************************
* CRCDriver.java
* Dean & Dean
*
* 为 CRC_Card 类生成并显示一张 CRC 卡
***********************************************************/

import javafx.application.Application;
import javafx.stage.Stage;

public class CRCDriver extends Application
{
  public void start(Stage stage)
```

图 8.20 CRCDriver 类

这是在计算机屏幕上显示 CRC 卡的程序的驱动类。它驱动图 8.19 中的 CRC_Card 类生成如图 8.18 所示的输出，但是输出中没有用户输入的内容。

```
    {
      String name = "CRC_Card";
      CRC_Card card = new CRC_Card(name);

      card.setTitle(name);
      card.show();
    } // start 结束
  } // CRCDriver 类结束
```

图 8.20　（续）

　　所有的 JavaFX 程序都必须包含一个 extends Application 类和一个带有 Stage stage 参数的重写 start 方法。Appication 的隐藏软件自动创建这个初始环境，并将其传递给程序的 start 方法。这个自动创建的 stage 对象在被 stage.show 方法显式地调用时会显示在屏幕上，如第 1 章 GUI 部分的 TitleHello 和 LabelHello 程序，第 5 章 GUI 部分的 GraphicsDemoC 程序，以及间章 GUI 部分的 GraphicsDemoJ 程序中所示。但是在第 3 章 GUI 部分的 DialogDemo 程序中，这个 stage 对象并没有出现在屏幕上。在后一种情况下，屏幕上出现的是由预先编写的 JavaFX 对话框类在后台创建的特殊环境，DialogDemo 程序通过显式地调用 showAndWait 方法使它们出现在屏幕上。本节的 GUI 程序介绍了另一种方法，CRC_Card 类本身就是一个 Stage 类，它是 JavaFx 的 Stage 类的扩展。我们当前程序的驱动类使用 card.show() 来显示被驱动的 CRC_Card 的 stage，但并没有显示自己的场景。

总结

- 在每个类的开头写序言。序言应包括程序名、作者和类功能的简要描述。
- 在任何有经验的 Java 程序员可能无法理解的代码的上方或后面提供描述性注释。
- 对所有内容使用有意义的名称，不要敷衍了事。
- 将逻辑代码块用大括号括起来。左大括号和右大括号应与左大括号上一行的首字符位于同一列。
- 在块的右大括号后添加"//<块名>结束"的注释，以提高可读性。
- 在类或方法的开头，或在 for 循环的标题中对每个变量进行声明。通常每个变量占用一行，并在每个声明后面加上适当的描述性注释。
- 如果某个方法必须满足某些条件才能正常运行，应在方法标题上方用先决条件注释提示用户。
- 如果某个方法会对变量进行某种修改，应在方法标题上方用后置条件注释提示用户。
- 在构造器和方法标题使用/** 注释 */格式的 javadoc 来生成类似 Java API 的文档。
- 练习设身处地为用户着想。与用户一起测试预期的输出和输入，这不仅仅是面子工程，更重要的是检查基本假设，并修正最终目标。
- 在规划过程的早期，将项目关注点划分为实体、关系、结构、行为和外观等类别，并尝试将每个关注点与编程语言的适当特性关联起来。
- 使用从属辅助方法简化复杂的方法，减少代码冗余。将辅助方法设置为 private，从而使类接口更加清晰明了。
- 仅对对象属性（状态信息）使用实例变量。使用局部变量和输入参数在方法内部进行计算，并将数据传输到方法中。使用返回值或输入引用参数将数据从方法中传递出去。

● 计划在开发过程中频繁而彻底地测试所开发的软件，包括典型的、临界的和不合理的情况。

● 自上而下的设计适用于具有明确目标的大型项目。从一般到具体，使用虚拟方法来临时替代具体方法的实现。

● 自下而上的设计使你能够优先考虑关键细节。它促进了现有软件的重用，从而降低了开发成本并提高了系统的可靠性。但是，这种方法使大型项目难以管理。

● 项目可能会经历几次设计迭代。使用原型可以帮助客户更清楚地了解他们想要什么，但同时应避免陷入试图将笨拙的原型直接转化为最终产品的陷阱。在每个后续迭代中，选择最能解决当前最大需求或关注的设计策略。一个成功的程序需要持续维护，如果在程序的变化和演进过程中保持甚至提升代码的高质量，将使维护变得更容易。

● 为了便于模块化测试，为每个类提供一个 main 方法。

● 如果不存在名称歧义，可以在访问实例成员时省略 this 前缀。

● 当你需要在不同的应用程序中执行相同的计算时，请将它们放在自定义实用程序类的公共静态方法中。

复习题

§8.2 编码风格惯例

1. 应该避免在不同的代码段之间插入空行（因为这会导致输出程序时浪费纸张）。（对/错）

2. 请按顺序列出我们建议你在序言中包括的 7 项内容。

3. 当向变量声明添加注释时，总是在声明结束后插入一个空格，再开始注释。（对/错）

4. 为了让每一行代码尽可能多，总是在文本编辑器或集成开发环境（IDE）要求换行的位置换行。（对/错）

5. 对于主体内只包含一条语句的 if 或 while 语句，大括号是可选的。编译器不要求使用大括号，但是代码风格惯例建议你应该包含它们。请给出至少一个理由，说明为什么最好在主体的单条语句前后放置大括号。

6. 以这种形式结尾的类描述有什么问题？应该如何改进？

```
        }
    }
}
```

7. 你应该用什么来分隔大段的代码块？

8. 请判断以下加空格的位置是否合适。（在每句话后写"是"或"否"）

● 在序言中单个星号之后。

● 在方法调用与其左括号之间。

● 在 for 循环标题中的三个组件之间。

● 在 for 循环标题中的两个分号之后。

● 在右大括号和对应注释所使用的//之间。

● 在所有注释的//之后。

● 在 if、while 和 switch 关键字之后。

§8.4 辅助方法

9. 以下哪个是创建辅助方法的恰当理由？

　　a. 你希望对外部隐藏该方法。

b. 你希望将一个长而复杂的方法划分为几个较小的模块。

c. 你的类中包含两个或多个方法，这些方法中有一些重复的代码。

d. 以上皆是。

10. 类的接口中是否包含私有方法的名称？

§8.5　封装（实例变量和局部变量）

11. 为了便于封装，尽可能使用局部变量而不是实例变量。（对/错）

12. 如果一个方法修改一个特定的实例变量，并且这个方法被程序分别调用了两次，那么在该方法被第一次调用之后和被第二次调用之前，这个实例变量的值是相等的。（对/错）

§8.7　设计理念

13. 因为你的初期代码可能会在开发过程中发生更改，所以在所有工作完成之前不要浪费时间进行测试。（对/错）

14. 当你测试一个程序时，千万不要对输出结果抱有任何先入之见。（对/错）

§8.8　自上而下的设计

15. 自上而下设计的优点是：

（1）让每个人都专注于一个共同的目标。（对/错）

（2）避免了"重复发明轮子"。（对/错）

（3）保持管理层知情。（对/错）

（4）减少了解决错误问题的机会。（对/错）

（5）使总成本最低。（对/错）

（6）使未检测到的错误最少。（对/错）

16. 在自上而下的设计过程中，你首先决定的是类还是 public 方法？

§8.9　自下而上的设计

17. 什么时候应该使用自下而上的设计？

§8.11　迭代增强

18. 如果原型成功了，你应该抵制什么样的诱惑？

19. 一旦你选择了一种特定的设计方法，在整个设计过程中都应使用同一种方法，不要让其他方法"影响"最初的选择。（对/错）

§8.12　在被驱动类中使用驱动方法

20. 你可以通过在类中编写 main 方法驱动任何类，即使这个类通常是被大型程序中的另一个类驱动的，你也可以保留该 main 方法，以便将来对这个类进行测试。（对/错）

§8.14　编写自己的实用程序类

21. 实用程序类的成员通常应该使用 private 和 static 修饰符。（对/错）

练习题

1. [§8.2] 判断以下关于变量声明和相关注释风格的陈述。

（1）直到第一次使用前才对变量进行声明。（对/错）

（2）使用注释来描述含义不明显的变量。（对/错）

2. [§8.2] 调整以下程序的格式。

　　/*Resources.java 这个类用于评估资源。它是由

```
Dean & Dean 编写并编译的，因此肯定没问题
public class Resources{// 实例变量
private double initialResources;private double currentResources;
// 可再生和不可再生的环境生产
private double sustainableProduction;
// 产出与投入材料之比
private static final double yieldfactor=2.0;
// 分配矿产和化石资源
public void
setInitialResources(double resources){this.
initialResources=resources;}
// 分配剩余资源
public void setCurrentResources(double resources){this.
currentResources=resources;}
public void setSustainableProduction(double production){this.
sustainableProduction = production;}
// 取回剩余的矿产和化石资源
public double getCurrentResources(){return this.currentResources;
}/* 计算可再生和不可再生环境生产的年度组合*/
environmental production*public double produce(double
populationFraction,double extractionExpense){double extraction=
Resources.yieldfactor*extractionExpense*
(this.currentResources/this.initialResources);this.currentResources
-= extraction; return
extraction+populationFraction*this.sustainableProduction;}}
```

3. [§8.4] 使用短表或长表跟踪图 8.6、图 8.7a 和图 8.7b 中的 Shirt 程序。为了便于你开始，下面是包含输入的跟踪设置。如果使用长表，则需要向图 8.6、图 8.7a 和图 8.7b 所示的代码中添加行号。不要忽略空行的行号。例如，selectColor 方法上面的空行是第 41 行。如果使用短表，则不需要行号，下面显示的行号表头也可以去掉。

输入：
Jacob
w
r

ShirtDriver		Shirt									
	main		Shirt	display	selectColor			obj1			
行号	shirt	行号	this	this	this	cType	color	Name	prim	trim	输出

4. [§8.5]这个练习演示了使用引用形参将数据传递回方法调用中的实参。假设你想要 Car5 类包含一个方法，方法的标题为：

```
public int copyTo(Car5 newCar)
```

在这个方法中，一个 Car5 对象发起调用，另一个 Car5 对象作为参数。当调用对象的任意实例变量已经初始化，而相应的参数还没有初始化时，该方法会将调用对象变量的值赋给相应的参数，并增加一个计数器用来追踪复制的特性的数量。在将调用对象的每个实例变量值复制完成之后，该方法会返回复制的值的总数。以下的驱动程序说明了这种用法：

```
/************************************************************
* Car5Driver.java
* Dean & Dean
*
* 这个类练习 Car5 类
*************************************************************/

public class Car5Driver
{
  public static void main(String[] args)
  {
    Car5 marcusCar = new Car5();
    Car5 michaelCar = new Car5();

    System.out.println(marcusCar.copyTo(michaelCar) +
      " features copied");
    marcusCar = new Car5("Chevrolet", 2020, "blue");
    System.out.println(marcusCar.copyTo(michaelCar) +
      " features copied");
  } // main 结束
} // Car5Driver 类结束
```

输出：

```
0 features copied
3 features copied
```

为所需的 copyTo 方法编写代码。

5. [§8.7] 每当程序员被要求对一个现有的程序进行改进时，就会有引入新的错误代码的风险，这个错误可能会破坏原始程序中能够正常运行的部分。

（1）原程序员应该做什么来帮助继任者理解原程序的复杂性？

（2）原程序员应该做什么来帮助继任者确认无意中引入的错误代码没有影响程序的其余部分？

6. [§8.8] 修改图 8.13a 和图 8.13b 中的 Square 类，使用实例变量来保存边框或实习正方形的输出符号。

示例会话：

```
Enter width of desired square: 5
Area = 25
Enter symbol: *
Print with (b)order or (s)olid? b
*****
*   *
*   *
*   *
*****
```

7. [§8.8] 修改图 8.13a 中 Square 类的 draw 方法，使其不再提示用户输入边框或实心绘制方法，而是提示用户输入一个内部字符和一个边界字符。如果用户将内部字符设置为空格，结果看起来像一个边框正方形。如果用户在内部和边界输入相同的字符，结果看起来像一个实心正方形。如果用户输入不同的字符，边界看起来会与内部不同。新的 draw 方法必须完成图 8.13a 和图 8.13b 中原始的 draw、drawBorderSquare、drawSolidSquare、drawHorizontalLine 和 drawSides 方法的所有工作。这意味着 drawBorderSquare、drawSolidSquare、drawHorizontalLine

和 drawSides 方法将是不必要的。

示例会话:

```
Enter width of desired square: 6
Area = 36
Enter middle symbol: 0
Enter border symbol: #
######
#0000#
#0000#
#0000#
#0000#
######
```

8.[§8.8] 图 8.2b 中有两个 if 语句的条件,它们包含所谓的正则表达式。如前所述,这些在 Java API Pattern 类中进行了解释。本练习旨在帮助你更好地理解 Java 的正则表达式及其用法。使用 Pattern 类的 Java API 文档来回答以下问题。

(1)编写以 Z 开头的字符串的正则表达式,该字符串包含除空格和制表符外的任意数量的其他字符。

(2)为代表美国长途电话号码(3 位数字,连字符或空格,3 位数字,连字符或空格,4 位数字)的字符串编写正则表达式。

(3)图 8.2b 中出现的正则表达式 "[A-Z][a-z]*" 是什么意思?

9.[§8.8] 自上而下的设计。

(1)帮助经理控制大型软件项目的开发。(对/错)

(2)最大限度地使用预先编写的软件。(对/错)

10.[§8.8] 为图 8.2a 和图 8.2b 中的 Student 类中的所有构造器和方法编写虚拟方法。每个虚拟方法能够输出构造器或方法名,后面紧跟着输出传入的所有参数值。图 8.1 中驱动程序的一个变体可能会产生如下输出:

```
in Student
in Student, first = Jill, last = McDonald
in setFirst, first = Hyoung
in setLast, last = Jhang
in printFullName
```

11.[§8.9] 自上而下的设计使用虚拟方法来表示尚未实现的方法。自下而上的设计使用本地 main 方法来测试底层方法,这些底层方法最终将被其他类调用。下面的 public 方法绘制一个实心直角三角形。请编写一个本地 main 方法来测试它。

```
public class Triangle
{
  public void draw(double height, double tanApex)
  {
    int rows = (int) Math.ceil(height);
    int rowLength;

    for (int row=1; row<=rows; row++)
    {
      rowLength = (int) Math.ceil(row * tanApex);
      for (int j=0; j<rowLength; j++)
      {
        System.out.print("*");
      }
```

```
    System.out.println();
    }
  } // draw 结束
} // Triangle 类结束
```

示例会话：
```
Triangle height = 5
Tangent of apex angle = 0.9
*
**
***
****
*****
```

12. [§8.11] 编写 Square 程序的原型，只使用一个名为 SquarePrototype 的类，并且只使用一个 main 方法。当用户选择(b)order 选项时，程序应该生成指定的边框输出；如果用户选择了(s)olid 选项，程序应该显示"无法实现"。

13. [§8.11] 当你设计软件时，应该始终使用自上而下的方法论。（对/错）

14. [§8.12] 现有 Time 类如图 8.14 所示，请用 main 方法实现 TimeDriver 类，提示用户输入小时和分钟的值，并用这些输入值作为 hours 和 minutes 参数，用 0 作为 seconds 参数调用 Time 构造器。

15. [§8.13] 对于图 8.13a 中的 Square 类，重写 Square 构造器和 getArea 方法，从而可以不必使用 this 前缀。

16. [§8.14] 实现一个名为 Distribution 的实用程序类，包含以下两个静态方法。

（1）exponential 方法返回用以下公式计算的指数分布值，其中 mean 是一个 double 参数，它保存了分布的平均值：
```
-Math.log(Math.random()) * mean
```
（2）normal 方法返回用以下公式计算的正态分布值，其中 mean 和 deviation 是 double 参数，分别保存了分布的均值和标准差：
```
mean + deviation * Math.sqrt(-2 * Math.log(Math.random())) *
  Math.cos(2 * Math.PI * Math.random());
```

17. [§8.15] Java API 的 Calendar 类包含一个名为 getTimeInMillisec 的方法，它允许你获取任何 Calendar 对象被创建的绝对时间（以毫秒为单位）。你可以使用此功能来度量任何代码块的运行时间。你所要做的就是在测试代码开始之前创建一个 Calendar 对象，并在测试代码结束之后创建另一个 Calendar 对象，并输出这两个对象创建的时间差。如第 8.15 节所述，你可以通过调用 Calendar 类的静态方法 getInstance 来创建 Calendar 对象。对于本练习，你需要实现一个名为 MeasureRuntime 的类，用来度量以下语句（引自戴高乐 Charles de Gaulle 的名言）的运行时间：

```
System.out.println(
  "Patriotism is when love of your own people comes first;" +
  " nationalism, when hate for people other than your own" +
  " comes first.");
```

示例会话：
```
Patriotism is when love of your own people comes first; nationalism,
when hate for people other than your own comes first.

Time consumed = 31 milliseconds
```

复习题答案

1. 错。可读性是优秀代码的一个重要特征。为了节省打印纸，可以双面打印，并且可以使用较小的字体。

2. 文件序言中应包括的七项内容是：

● 一行星号。

● 文件名。

● 程序员名字。

● 带一个星号的空行。

● 描述。

● 一行星号。

● 空行。

3. 错。这将为每个注释提供最大的空间，但是优秀的程序员会将声明注释的开头对齐，并尽量使声明注释足够短，以避免换行。

4. 错。应该主动在合理的地方换行。

5. 即使没有必要，在包含一条语句 if 和 while 语句中使用大括号也是个好习惯，因为

● 大括号的视觉效果提示程序员进行缩进。

● 大括号可帮助程序员在以后添加代码时避免逻辑错误。

6. 除非一个代码块非常短，否则可能无法立即看出大括号结束的是哪个代码块。因此除了最短的代码块，用注释结束一段代码块是非常好的做法，例如：

```
    } // if 结束
   } // main 结束
  } // Whatever 类结束
```

7. 用空行分隔大块代码。

8. "是"表示包含空格，"否"表示不包含。

● 是，在序言中的单个星号之后。

● 否，在方法调用与其左括号之间。

● 否，在 for 循环标题中的三个组件中。

● 是，在 for 循环标题中的两个分号之后。

● 是，在右大括号和对应注释所使用的//之间。

● 是，在所有注释的//之后。

● 是，在 if、while 和 switch 关键字之后。

9. d. 以上皆是。

10. 否。接口不描述私有成员。

11. 对。通常情况下，你应该尽量将成员限制在局部，使用局部变量而不是实例变量可以有效地实现这一点。实例变量应该保留给描述对象状态的属性。

12. 错。一个实例变量的确存在于对象的整个生命周期，如果在第一次调用后，紧接着第二次调用相同的方法，第一次调用后实例变量的值和第二次调用时的初始值是相同的。但是，其他方法有可能会在该方法被两次调用之间更改实例变量的值。

13. 错。在开发过程中应该经常进行测试。

14．错。在进行测试之前，对测试结果有一个明确的预期是很重要的，这样识别出错误的概率会更高。

15．自上而下的设计方法好处在于：

（1）对。

（2）错。有时它迫使人们重新发明轮子。

（3）对。

（4）错。如果你担心解决错问题，那就使用原型。

（5）错。为了最小化成本，重新组织设计以重用现有的组件。

（6）错。为了最大限度地提高可靠性，重新组织设计以重用现有组件。

16．在自上而下的设计中，在公共方法之前决定类。

17．当你的程序可以利用大量预先编写的软件，或者当底层细节非常关键并需要及早注意时，你应该使用自下而上的设计。

18．如果一个原型获得了成功，那么你就必须抵制继续修改原型的诱惑。

19．错。许多问题需要吸取多种设计方法的优点。在一个设计周期（计划、实现、测试和评估）中坚持使用一种方法是个好主意，但在下一个设计迭代中可能需要切换到不同的方法。

20．对。所使用的 main 方法是执行开始时的当前方法。

21．错。实用程序类的成员通常应该使用 public 和 static 修饰符。

第 9 章

数组

目标

- 比较数组与其他对象。
- 创建和初始化数组。
- 将值从一个数组复制到另一个数组。
- 将数组中的数据进行移位。
- 画直方图。
- 在数组中搜索特定数据。
- 对数据进行排序。
- 创建和使用二维数组。
- 创建和使用对象数组。
- 学习如何使用 for-each 循环。

纲要

9.1　引言

通过前面章节的学习，已经了解到对象通常包含多个数据项，并且不同的数据项都有不同的名称。现在，我们将研究一种特殊类型的对象，它包含多个相同类型的项，并对所有项使用相同的名称。自然语言中会给同一类事物赋予相同的名称，如狼群、狮群等。Java 也会用同样的方式处理对象。

当你有一组相同类型的项，并且希望对所有项使用相同的名称时，你可以将它们定义为*数组*。数组中的每一项更正式的名称是数组中的*元素*。为了区分数组中的不同元素，可以使用数组名加上一个数字，该数字表示元素在数组中的位置。例如，如果你将一个歌曲名称集合存储在名为 songs 的数组中，则可以使用 song[0] 来表示第一首歌的名字，用 songs[1] 来表示第二首歌的名字。从这个例子可以看出，数组元素从位置 0 开始。数组的位置号（0、1、2 等）更正式的名称是*索引*。在第 9.2 节中，将进一步介绍数组索引。

对一组相似的数据使用同一个名称，并仅用数字区分它们有一个重要优势，那就是可以使代码更简单。例如，如果需要存储 100 首歌曲名称，可以声明 100 个独立变量。但是，编写 100 条声明语句并追踪 100 个不同的变量名实在让人头疼。更简单的解决方案是使用数组并只声明一个变量——songs 数组变量。

想要提前了解数组的读者可以在学完第 4 章后，学习第 9.1 至第 9.6 节。第 4 章和本章之间的关联在于：第 4 章描述了循环，而数组的使用非常依赖循环。

从第 9.7 节开始，我们将在面向对象的程序中介绍数组。更具体地说，我们将使用构造器、实例方法和静态方法编写程序，用以演示数组这一全新概念。还将介绍数组搜索和数组排序的技术。我们描述了数组的不同组织结构——二维数组和对象数组。最后，我们描述了一种特殊类型的 for 循环：for-each 循环，它允许你遍历数组中的元素，而无须声明或使用索引变量。

9.2　数组的基础知识

在本节中，我们将向你展示如何在数组上执行简单的操作，如在数组中添加数据和输出数组。我们将通过图 9.1 中的 phoneList 数组来说明这些操作。phoneList 数组保存了一个手机中的联系人列表，包含 5 个电话号码。第一个电话号码是 8167412000，第二个电话号码是 2024561111，以此类推。

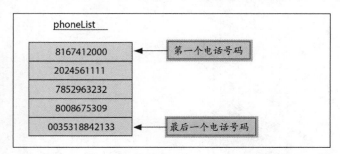

图 9.1　示例数组——用于保存联系人电话号码列表的 5 个元素的数组

9.2.1　访问数组的元素

要使用数组，需要访问数组的元素。例如，要输出数组的内容，需要访问数组的第一个元素，输出它，接着访问数组的第二个元素，输出它，以此类推。要访问数组中的元素，需要指定数组的名称，然后在方括号内提供元素的索引。图 9.2 显示了如何访问 phoneList 数组中的各个元素。第一个元素的索引是 0，因此使用 phoneList[0]访问第一个元素。为什么第一个元素的索引是 0 而不是 1 呢？因为索引是度量当前位置与数组开头的距离。如果你目前位于数组的起始位置，那么到开头的距离就是 0。所以第一个元素使用 0 作为它的索引。

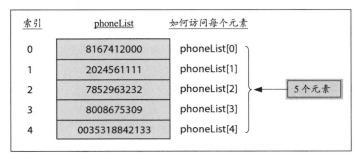

图 9.2　访问 phoneList 数组中的元素

初学者通常认为数组的最后一个索引等于数组中元素的个数。例如，初学者可能认为 phoneList 中的最后一个索引是 5，因为 phoneList 数组有 5 个元素。不是这样的，第一个索引是 0，最后一个索引是 4。请记住这条重要的规则：数组的最后一个索引等于数组中元素的个数−1。如果你试图访问一个索引超出范围，或索引小于 0 的数组元素，就会导致程序崩溃。如果你指定 phoneList[5]或 phoneList[-1]，程序就会崩溃，同时 Java 虚拟机会输出一条包含 "ArrayIndexOutOfBoundsException" 内容的错误提示消息，ArrayIndexOutOfBoundsException 是一个*异常*。将在第 15 章学习异常处理，但现在，只需要将异常视为一种复杂的错误类型，程序员可以使用它来确定错误的来源。

现在你已经知道如何访问数组元素，让我们来着手使用它。以下是把第一个电话号码改成 2013434 的方法：

```
phoneList[0] = 2013434;
```

以下是输出第二个电话号码的方法：

```
System.out.println(phoneList[1]);
```

请注意，有些人会使用术语 "下标" 来代替 "索引"，因为在英语中，下标是表示组内元素的标准方式。换句话说，平时书写时使用的 x_0、x_1、x_2 等，与 Java 中的 x[0]、x[1]、x[2]等相同。

9.2.2　示例

下面讲解如何在一个完整的程序中使用数组。在图 9.3 中，ContactList 程序提示用户输入联系人电话号码，并用这些由用户输入的电话号码填充 phoneList 数组，最后将创建的联系人列表输出来。要填充数组并输出数组元素，通常需要在索引变量的帮助下遍历数组的每个元素，该变量从 0 递增到数组最后填充的元素的索引。通常，索引变量的增量操作是在 for 循环的帮助下实现的。例如，ContactList 程序使用下面的 for 循环标题来对索引变量 i 的值进行递增：

```
for (int i=0; i<sizeOfList; i++)
```

```
/**********************************************************
 * ContactList.java
 * Dean & Dean
 *
 * 该程序创建并输出了一个联系人电话号码列表
 **********************************************************/

import java.util.Scanner;

public class ContactList
{
  public static void main(String[] args)
  {
    Scanner stdIn = new Scanner(System.in);
    long[] phoneList;    // 电话号码列表
    int sizeOfList;      // 电话号码的数量
    long phoneNum;       // 一个输入的电话号码

    System.out.print(
      "How many contact numbers would you like to enter? ");
    sizeOfList = stdIn.nextInt();
    phoneList = new long[sizeOfList];  ◄—— 创建一个用户定义长度的数组

    for (int i=0; i<sizeOfList; i++)
    {
      System.out.print("Enter phone number: ");   ┐
      phoneNum = stdIn.nextLong();                 ├◄—— 填充数组
      phoneList[i] = phoneNum;                     ┘
    } // for 结束

    System.out.println("\nContacts List:");
    for (int i=0; i<sizeOfList; i++)
    {
      System.out.println((i + 1) + ". " + phoneList[i]);  ◄—— 输出数组
    } // for 结束
  } // main 结束
} // ContactList 类结束

示例会话:
How many contact numbers would you like to enter? 2
Enter phone number: 8167412000
Enter phone number: 2024561111

Contacts List:
1. 8167412000
2. 2024561111
```

图 9.3　ContactList 程序显示了如何创建、填充和输出数组

在 for 循环的每次迭代中，i 的值从 0 到 1 到 2，以此类推，同时 i 作为 phoneList 数组中不同元素的索引。下面是循环将电话号码放入每个元素的方法：

```
phoneList[i] = phoneNum;
```

9.3 数组的声明和创建

在第 9.2 节中，介绍了如何对数组执行简单操作，并将重点放在访问数组的元素上。在本节中，将重点介绍另一个关键概念——声明和创建数组。

9.3.1 声明数组

数组是一个变量，因此，在使用它之前必须先声明它。要声明一个数组，请使用下面的语法：

元素类型[] 数组变量;

*数组变量*是数组的名称。空方括号告诉我们该变量被定义为一个数组。*元素类型*表示数组中每个元素的类型，包括 int、double、char、String 等。

下面是一些数组声明的例子：

```
double[] salaries;
String[] names;
int[] employeeIds;
```

salaries 变量是一个元素类型为 double 的数组，names 变量是一个元素类型为 String 的数组，employeeIds 变量是一个元素类型为 int 的数组。

Java 为数组提供了另一种声明格式，其中方括号在变量名后面。例如：

```
double salaries[];
```

这两种格式在功能上是相同的。大多数业内人士更喜欢第一种格式，这也是我们所使用的格式。但因为有可能在其他人的代码中看到另一种形式，你应该对它有所了解。

9.3.2 创建数组

数组是一种特殊类型的对象。与任何对象一样，数组包含一组数据项。与任何对象一样，数组可以使用 new 操作符来创建并实例化。下面是使用 new 操作符创建数组对象并将数组对象赋值给数组变量的语法：

数组变量 = new 元素类型 [数组大小];

*数组变量*表示数组中每个元素的类型。*数组*大小表示数组中元素的数量。下面的代码段创建了一个包含 10 个元素的 long 数组：

```
long[] phoneList;
phoneList = new long[10];
```

数组的创建

这两行代码执行三个操作：第一行声明了 phoneList 变量；虚线框中的代码创建了数组对象；赋值操作符将数组对象的引用赋值到 phoneList 变量中。

将数组的声明、创建和赋值操作整合在一条语句中是合法的。下面的例子将之前的两行代码段缩减为一行：

```
long[] phoneList = new long[10];
```

在这里，我们使用常量（10）来表示数组的大小，但并不一定要使用常量。可以使用任意表达式来表示数组的大小。图 9.3 中的 ContactList 程序提示用户输入数组的大小，并将用户输入的值存储在 sizeOfList 变量中，然后使用 sizeOfList 来创建数组。下面是 ContactList 程序中用于创建数组的代码：

```
phoneList = new long[sizeOfList];
```

9.3.3　数组元素的初始化

通常，需要在一个地方声明和创建数组，在另一个地方为数组元素赋值。例如，下面的代码段在一条语句中声明并创建了一个 temperatures 数组，并在一个循环中用单独的语句给 temperatures 数组赋值。

```
double[] temperatures = new double[5];    ◄──── 声明并创建一个数组
for (int i=0; i<5; i++)
{
    temperatures[i] = 98.6;    ◄──── 给数组中的第 i 个元素赋值
}
```

另外，有时你希望声明和创建一个数组，并在同一语句中为数组赋值。这叫作*数组初始化式*（array initializer）。语法如下：

元素类型[] *数组变量* = {值 1，值 2，...，值 n}；

赋值操作符左侧使用你已经熟悉的语法声明了一个数组变量，赋值操作符右侧的代码设定了一个以逗号分隔的数值列表，这些值被赋给数组中的元素。请注意以下示例：

```
double[] temperatures = {98.6, 98.6, 98.6, 98.6,  98.6};
```

将上面的语句与前面的 temperatures 代码段进行比较，可以看到它在功能上是相同的，但在结构上是不同的。关键区别：只有 1 行代码，而不是 5 行；没有 new 操作符；没有数组大小值。你认为在没有数组大小值的情况下，编译器是怎么知道数组大小的？数组的大小由元素值列表中的值的数量决定。在上面的例子中，初始化列表中有 5 个值，因此编译器创建了一个包含 5 个元素的数组。

我们提出了两种给温度数组赋值的方法，那么哪一种更好呢？5 行代码段还是 1 行数组初始化式？我们更倾向于数组初始化式方案，因为它更简单。但请记住，只有在第一次声明数组并知道应该赋哪些值时，才能使用数组初始化式方法。对于温度的例子，当第一次声明数组时，知道应该如何赋值——将每个温度初始化为 98.6，这是正常的人体华氏温度。你应该将数组初始化式的使用限制在分配的值比较少的情况下。以温度为例，赋值的数量相当少——只有 5 个。如果你需要追踪 100 个温度值，使用数组初始化式方法也是可行的，但会很麻烦：

```
double[] temperatures =
{
  98.6, 98.6, 98.6, 98.6, 98.6, 98.6, 98.6, 98.6, 98.6, 98.6,
  <重复上一行 8 次>
  98.6, 98.6, 98.6, 98.6, 98.6, 98.6, 98.6, 98.6, 98.6, 98.6
}
```

9.3.4　默认值

现在你知道了如何使用数组初始化式显式地初始化数组元素。但如果不使用数组初始化式，数组元素的默认值是什么呢？数组是一个对象，数组的元素是数组对象的实例变量。因此，在创建数组时，数组的元素获得默认值，就像任何其他实例变量获得默认值一样。以下是数组元素的默认值：

数组元素的类型	默认值
整数	0
浮点	0.0
布尔	false
引用	null

那么下面的数组中元素的默认值是什么呢？

```
double [] rainfall = new double [365];
String[] colors = new String[5];
```

rainfall 数组的 365 个元素中，每个元素的值都是 0.0。colors 数组的 5 个元素中，每个元素的值都是 null。

9.4 数组 length 属性和部分填充数组

如前所述，在处理数组时，单步遍历数组中的每个元素是很常见的。在此过程中，需要知道数组的大小和数组中已填充元素的数量。在本节中，将介绍如何获取数组的大小以及如何追踪数组中已填充元素的数量。

9.4.1 数组的 length 属性

假设有一个 5 个元素的 colors 数组，初始化如下：

```
String[] colors = {"blue", "gray", "lime", "teal", "yellow"};
```

下面的代码演示了如何输出这样一个数组：

数组大小是固定的

```
for (int i=0; i<5; i++)
{
    System.out.println(colors[i]);
}
```

这是可行的，但假设你的代码中有其他几个与颜色相关的循环，每个循环都使用 i<5。如果你需要修改程序以适应更多的颜色，并将 5 个元素的数组更改为 10 个元素的数组，则必须将所有的 i<5 都更改为 i<10。为了避免此类维护工作，将 i<5 或 i<10 替换为更通用的形式，比如 "i< 数组大小" 不是更好吗？你可以通过使用 colors 数组的 length 属性来做到这一点。每个数组对象都包含一个 length 属性，用于存储数组中元素的数量。length 属性称为 "属性"，但它实际上只是一个带有 public 和 final 修饰符的实例变量。公共修饰符表示 length 可以直接访问，而不需要访问器方法。final 修饰符使 length 成为一个已命名的常量，所以不能对它进行更新。下面是 length 属性的使用方法：

数组中元素的个数

```
for (int i=0; i<colors.length; i++)
{
    System.out.println(colors[i]);
}
```

9.4.2　数组 length 属性与 String length 方法

还记得你在 Java 语言的其他什么地方见过 length 这个词吗？String 类提供了一个 length 方法来检索字符串中的字符数。String 的 length 是一个方法，所以在调用它时必须在后面加括号。此外，数组的 length 是一个常量，所以在访问它时后面没有括号。图 9.4 中的 ContactList2 程序说明了这些概念。请注意，phoneNum.length()在检查 phoneNum 字符串长度，并将其作为输入验证的一部分时使用了括号。再来看看 phoneList.length，当检查 phoneList 数组中的元素数量，以确保有空间容纳另一个电话号码时不使用括号。

```java
/*****************************************************************
 * ContactList2.java
 * Dean & Dean
 *
 * 这个程序创建一个联系人电话号码列表并且输出已创建的列表。它使用了部分填充的数组
 *****************************************************************/

import java.util.Scanner;

public class ContactList2
{
  public static void main(String[] args)
  {
    Scanner stdIn = new Scanner(System.in);
    String[] phoneList = new String[100]; // 电话号码
    int filledElements = 0;               // 电话号码的数量
    String phoneNum;                      // 输入的电话号码

    System.out.print("Enter phone number (or q to quit): ");
    phoneNum = stdIn.nextLine();
    while (!phoneNum.equalsIgnoreCase("q") &&
        filledElements < phoneList.length)                    ← 数组的 length 属性不使用( )
    {
      if (phoneNum.length() < 1 || phoneNum.length() > 16)    ← String 的 length 方法使用( )
      {
        System.out.println("Invalid entry." +
          " Must enter between 1 and 16 characters.");
      }
      else
      {
        phoneList[filledElements] = phoneNum;
        filledElements++;                ← 更新已填充元素的数量
      }
      System.out.print("Enter phone number (or q to quit): ");
```

图 9.4　ContactList2 程序

使用数组 length 属性和 String 的 length 方法处理部分填充的数组

```
      phoneNum = stdIn.nextLine();
    } //while 结束


    System.out.println("\nContact List:");
    for (int i=0; i<filledElements; i++)
    {
      System.out.println((i + 1) + ". " + phoneList[i]);
    } // for 结束
  } // main 结束
} // ContactList2 类结束
```

┌──────────────────────────┐
│ 使用 filledElements 输出数组 │
└──────────────────────────┘

图 9.4　（续）

有时可能会很难记住什么时候该用括号，什么时候不该用，则可以使用助记符首字母缩写 ANSY 来帮助记忆，它代表：数组，否；字符串，是。"数组，否"的意思是：数组在指定长度时<u>不使用</u>括号。"字符串，是"的意思是：字符串在指定长度时<u>使用</u>括号。如果你不喜欢 DFLA①，你可以尝试通过分析来记住括号规则。数组是不包含方法的特殊对象，因此，数组的 length 必须是常量，而不是方法，并且常量不使用括号。

9.4.3　部分填充数组

在图 9.4 中，注意 ContactList2 程序如何声明含有 100 个元素的 phoneList 数组。程序会反复提示用户输入电话号码或按 q 键退出。通常，用户输入的电话号码少于 100 个。这将导致 phoneList 数组被部分填充。相对于一个完全填充的数组，如果你有一个部分填充的数组，则必须追踪数组中已填充元素的数量，以便采用不同的方式处理已填充的元素和未填充的元素。请注意，ContactList2 程序如何使用 filledElements 变量来追踪数组中的电话号码数量。filledElements 从 0 开始，并随着每次程序在数组中存储一个电话号码而递增。为了输出数组，程序在下面的 for 循环标题中使用 filledElements：

```
    for (int i=0; i<filledElements; i++)
```

对于程序员来说，意外地访问部分填充数组中的未填充元素是相当常见的。例如，假设 ContactList2 的 for 循环是这样的：

```
    for (int i=0; i<phoneList.length; i++)
    {
      System.out.println((i + 1) + ". " + phoneList[i]);
    } // for 结束
```

在 for 循环标题中使用 phoneList.length 对于输出完全填充的数组很有效，但对于输出部分填充的数组就不那么有效了。在 ContactList2 程序中，未填充元素保持 null（字符串的默认值），因此上面的 for 循环将把每个未填充元素输出成 null。这会使用户感到困惑和不满。☹

9.5　复制数组

在前面的小节中，重点介绍了数组语法的细节。在接下来的几节中，将较少地关注语法，而更多地

---

① DFLA 的意思是：由四个单词的首字母构成的缩写形式。

关注应用方面的内容。在本节中，将介绍一个非常普遍的问题——如何将数据从一个数组复制到另一个数组。

9.5.1　使用数组保存商品的价格

假设你使用数组来保存商品的价格，一个数组表示每个月的价格。以下是 1 月份的价格数组：

```
double[] pricesJanuary = {1.29, 9.99, 22.50, 4.55, 7.35, 6.49};
```

你的目的是使用 1 月份的数组作为其他月份数组的起点。具体来说，你希望将 1 月份的价格复制到其他月份的数组中，并在必要时修改其他月份的价格。下面的语句为 2 月份的价格创建了数组。注意 pricesJanuary.length 确保了 2 月份的数组的长度与 1 月份的数组的长度相同：

```
double[] pricesFebruary = new double[pricesJanuary.length];
```

假设你希望 2 月份数组中的值与 1 月份数组中的值相同，除了第二个条目，你希望将其从 9.99 更改为 10.99。换句话说，你想要获得以下的内容：

```
输出：
    Jan        Feb
    1.29       1.29
    9.99       10.99
    22.50      22.50
    4.55       4.55
    7.35       7.35
    6.49       6.49
```

为了避免重复输入并且减小犯错的概率，最好让计算机将第一个数组的值复制到第二个数组中，然后只更改第二个数组中需要更改的一个元素。下面的代码段可行吗？

```
pricesFebruary = pricesJanuary;    ◀━━━━  不是个好主意
pricesFebruary[1] = 10.99;
```

数组名只是一个引用。它包含内存中一个位置的地址，该位置是数组中数据的起始点。所以 pricesFebruary = pricesJanuary 这条语句的功能是得到 pricesJanuary 中数据的地址，并将该地址复制到 pricesFebruary 中。于是 pricesFebruary 和 pricesJanuary 引用相同的物理数据。下图说明了这一点。

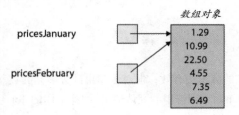

pricesFebruary 和 pricesJanuary 引用相同物理数据产生的问题是：如果更改其中一个数组的数据，就会自动更改另一个数组的数据。例如，上面的 pricesFebruary[1] = 10.99 语句不仅更新了 pricesFebruary 的第二个元素，还更新了 pricesJanuary 的第二个元素。而这个结果并不是你想要的。

通常当你复制一个数组时，你会希望复制的和原始的指向不同的数组对象。为此，每次仅为一个数组元素赋值。参见图 9.5 的 ArrayCopy 程序。它使用 for 循环将 pricesJanuary 的元素一次一个地赋值给 pricesFebruary 的元素。

```
/***********************************************************
 * ArrayCopy.java
 * Dean & Dean
 *
 * 复制一个数组并改动复制的内容
 ***********************************************************/

public class ArrayCopy
{
  public static void main(String[] args)
  {
    double[] pricesJanuary =
      {1.29, 9.99, 22.50, 4.55, 7.35, 6.49};
    double[] pricesFebruary = new double[pricesJanuary.length];

    for (int i=0; i<pricesJanuary.length; i++)
    {
      pricesFebruary[i] = pricesJanuary[i];
    }
    pricesFebruary[1] = 10.99;

    System.out.printf("%7s%7s\n", "Jan", "Feb");
    for (int i=0; i<pricesJanuary.length; i++)
    {
      System.out.printf("%7.2f%7.2f\n",
        pricesJanuary[i], pricesFebruary[i]);
    }
  } // main 结束
} // ArrayCopy 类结束
```

图 9.5　ArrayCopy 程序复制一个数组，然后更改复制的内容

以下是图 9.5 中的代码所产生的结果：

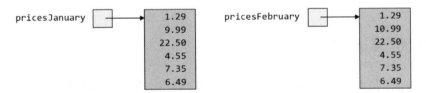

9.5.2　Java API 提供的数组复制方法

将数据从一个数组复制到另一个数组是一种非常常见的操作，因此 Java 设计人员为此提供了几种方法。clone 方法对所有对象都是免费的，它所做的正是我们所期望的：实例化原始对象的新版本。要创建一个单独的数组副本，可以这样做：

```
pricesFebruary = pricesJanuary.clone();
```

System.arraycopy 方法允许将任意数量的元素从一个数组的任意位置复制到另一个数组的任意位置。下面是如何使用它来复制图 9.5 的 pricesJanuary 数组到 pricesFebruary 数组：

```
System.arraycopy(pricesJanuary, 0, pricesFebruary, 0, 6);
```

与 clone 方法不同，arraycopy 方法不会实例化新对象，因此在调用它之前，需要显式地实例化目标数组。在数组方法调用中，第一个参数是源数组名，即要复制的数组名。第二个参数是要复制的源数组第一个元素的索引。第三个参数是目标数组名称，也就是要复制到的数组的名称。第四个参数是目标数组要替换的第一个元素的索引。最后一个参数是要复制的元素总数。

Arrays 类提供了几个额外的数组复制方法——copyOf 和 copyOfRange。需要在程序中使用 import 语句来访问它们：

```
import java.util.Arrays;
```

就像 System.arraycopy 方法一样。copyOf 和 copyOfRange 方法不会实例化一个新对象，因此在调用它们之前，需要显式地实例化目标数组。

Arrays.copyOf 方法从指定源数组的索引 0 开始，将指定数量的元素复制到返回的目标数组。复制的元素在两个数组中具有相同的索引。指定的元素数量还确定了目标数组的长度。如果目标数组的长度超过源数组的长度，目标数组中的额外元素将获得默认值。下面是如何使用它将图 9.5 中的 pricesJanuary 数组复制到 pricesFebruary 数组：

```
double[] pricesFebruary = Arrays.copyOf(
    pricesJanuary, pricesJanuary.length);
```

第一个参数是源数组的名称。第二个参数是目标数组的长度。此方法的重载版本允许元素是任何类型的原始值或对象，并且目标数组的元素自动变成与源数组的元素相同的类型。

Arrays.copyOfRange 方法将指定范围内的元素从指定的源数组复制到返回的目标数组。下面是如何使用它来复制图 9.5 中的 pricesJanuary 数组到 pricesFebruary 数组：

```
double[] pricesFebruary = Arrays.copyOfRange(
    pricesJanuary, 0, 6);
```

与前一个方法一样，第一个参数是源数组名。第二个参数是要从源数组复制的第一个元素的索引。第三个参数是要从源数组复制的最后一个元素的索引+1。这使得复制的元素总数等于第三个参数减去第二个参数。这个差异决定了目标数组的长度。如果目标数组的长度超过源数组的长度，则生成的目标数组中的额外元素将获得默认值。此方法的重载版本允许元素为任何类型的原始值或对象，并且目标数组的元素会自动变成与源数组的元素相同的类型。

9.6　通过数组案例分析解决问题

通过案例学习。 在本节中，将介绍两个基于数组的案例研究。对于每个案例研究，会先提出问题，然后研究其解决方案。这些案例研究的重点不是要求你记住细节，而是让你找到解决面向数组的问题的感觉。这样，当你成为一个真正的程序员时，就有了一个解决问题的"小锦囊"。你可能必须修改这些案例研究中的解决方案，使它们更适合解决你在现实世界中遇到的具体问题。这很正常，毕竟最终你得自己挣钱养活自己。

9.6.1　移动数组元素的值

考虑图 9.6 中的 hours 数组。hours 数组包含某人在 31 天内的计划工作时长。第一个元素（hours[0]）包含他当天的计划工作时长。最后一个元素（hours[30]）包含他在未来第 31 天的计划工作时长。在每一天的开始，工作时长需要向前移动一个索引位置。例如，hours[1]值需要移动到 hours[0]元素。因为在开始新的一天时，你需要把原本第二天的计划工作时长（hours[1]）变成今天的计划工作时长（hours[0]）。

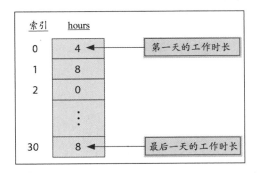

图 9.6　hours 数组：31 天的计划工作时长

接下来介绍执行这个移动操作的 Java 代码。我们希望将每个 hours 元素的值移动到与其相邻的前一个索引元素。换句话说，我们希望将第二个元素的值复制到第一个元素中，将第三个元素的值复制到第二个元素中，以此类推。然后，我们希望将用户输入的值分配给最后一个元素。代码如下：

```java
for (int d=0; d<hours.length-1; d++)
{
  hours[d] = hours[d+1];
}
System.out.print("Enter last day's scheduled hours: ");
hours[hours.length-1] = stdIn.nextInt();
```

> 要将值移动到低索引位置，必须从低索引端开始，向高索引端移动

关于这段代码有几方面需要注意。首先，在[]中允许使用表达式——使用 hours[d+1]来访问 hours[d]的下一个元素。其次，注意如何先移动低索引端的元素，如果从高索引端开始移动会发生什么？你会重写想要移动的下一个元素，并最终用一开始位于最高索引元素中的值填充整个数组。这样做肯定是不行的。

9.6.2　计算移动平均线

现在，从上面的示例中借用代码，并将其应用到另一个问题中。假设你需要在每个营业日结束时展示道琼斯工业平均指数的四天移动平均线（DJIA）。假设你已经有一个 4 个元素的数组，保存了过去 4 天每天收盘时的道琼斯指数，4 天前的指数在索引 0，3 天前的指数在索引 1，2 天前的指数在索引 2，昨天的指数在索引 3。对于今天的 4 天移动平均线，你想要的是过去 3 天值的总和，再加上今天的值。这意味着你需要将数组中的所有内容向前移动一个索引位置，并将今天的值插入到高索引端。然后你需要对数组中的所有内容求和，再除以数组的长度。可能会将移位的数组保存在某个地方，并在未来的每一天结束时做同样的事。你可以在不同的循环中进行移位和求和，但在同一个循环中更容易做到这一点，如图 9.7 所示。

> 借用代码并修改它。

为了允许不同的时间长度，不要对数组长度进行硬编码。相反，总是使用*数组名*.length。仔细考虑每一个边界。注意：在内部 for 循环中第一条语句的右侧使用的索引[d+1]比 count 变量值 d 大 1。需要记住的是，数组的最大索引值总是比数组的长度小 1。所以 count 变量的最大值应该是数组的长度减去

2。这就是循环延续条件设置为 d<days.length-1 的原因。另外请注意，在循环结束后为数组插入新的最终值，然后在计算平均值之前将这个最终值包含在总和中。下面是使用这个程序的一个例子：

示例会话：

```
Enter number of days to evaluate: 4
Enter next day's value: 9800
Moving average = 9650
Enter next day's value: 9800
Moving average = 9725
Enter next day's value: 9700
Moving average = 9750
Enter next day's value: 9600
Moving average = 9725
```

移动平均线比瞬时图更平滑，但注意它的值有滞后性。

有一个更简单的方法来进行移位。还记得第 9.2 节中提到的 arraycopy 方法吗？可以用下面的代码段将值移动到低索引位置的元素中：

```
System.arraycopy(days, 1, days, 0, days.length-1);
System.out.print("Enter next day's value: ");
days[days.length-1] = stdIn.nextInt();
```

```
/*****************************************************************
 * MovingAverage.java
 * Dean & Dean
 *
 * 这个程序包含一个操作，将每个数组元素移动到下一个较低的元素，并将一个新的
 * 元素输入加载到最后一个元素中
 *****************************************************************/

import java.util.Scanner;

public class MovingAverage
{
  public static void main(String[] args)
  {
    Scanner stdIn = new Scanner(System.in);
    int[] days = {9400, 9500, 9600, 9700}; // 上涨行情
    double sum;
    int samples;

    System.out.print("Enter number of days to evaluate: ");
    samples = stdIn.nextInt();
    for (int j=0; j<samples; j++)
    {
      // 向下平移并求和
      sum = 0.0;
```

图 9.7　移动平均线的计算

```
        for (int d=0; d<days.length-1; d++)
        {
            days[d] = days[d+1];          ← 将值移动到低索引的位置
            sum += days[d];               ← 对已经移动的值进行累加
        }
        System.out.print("Enter next day's value: ");
        days[days.length-1] = stdIn.nextInt();   ← 将最近的值移入
        sum += days[days.length-1];
        System.out.printf(
            "Moving average = %5.0f\n", sum / days.length);
    } // for 结束
} // main 结束
} // MovingAverage 类结束
```

图 9.7   （续）

从概念上讲，arraycopy 方法将从元素 1 到最后一个元素的所有内容复制到一个临时数组中，然后将它从这个临时数组复制回从元素 0 开始的原始数组中。这消除了图 9.7 中的内部 for 循环。不幸的是，我们仍然需要使用内部 for 循环来计算平均值所需的和。但你可以使用一个技巧，当数组很大的时候，它会让此类程序更高效。如果你追踪数组中所有元素的总和，每当你移动数组元素的值时，只需要修正这个总和，而不是完全重新计算。减去移出的值，再加上新增的值就可以修正总和，例如：

```
sum -= days[0];
System.arraycopy(days, 1, days, 0, days.length-1);
System.out.print("Enter next day's value: ");
days[days.length-1] = stdIn.nextInt();
sum += days[days.length-1];
```

9.6.3 直方图

在本小节中，将使用数组作为直方图程序的一部分。但在展示程序之前，先对直方图进行概述。*直方图*是显示一组类别数量的图表。通常，它用条形图表示类别数量——较短的条形图表示较小的数量，较长的条形图表示较大的数量。例如，图 9.8 中的直方图显示了发达国家的婴儿死亡率。直方图是表示统计数据的一种常用方法，因为它们能快速、清晰地表示数据的分布。

假设你有三枚硬币。当你同时抛起它们时，你会想要知道零次正面、一次正面、两次正面、三次正面的概率。换句话说，你想知道正面次数的频率分布。

你可以用数学方法计算频率分布（使用二项式近似分布公式），但你决定编写一个程序来模拟抛硬币。如果你模拟出的抛硬币次数足够多，那么结果将与数学计算的结果类似。

> 通过模拟得到数学解决方法的相似结果。

在你的程序中，应该模拟投掷三枚硬币一百万次，并以直方图的形式输出模拟结果。对于以上四种情况中的每一种，输出一系列的*（星号），其中星号的数量与这种情况发生的次数成比例。每一串星号代表一个条形图。以下的示例输出可以帮助大家理解：

```
Number of times each head count occurred:
0   124960   **************
```

```
1    375127   *******************************************
2    375261   *******************************************
3    124652   **************
```

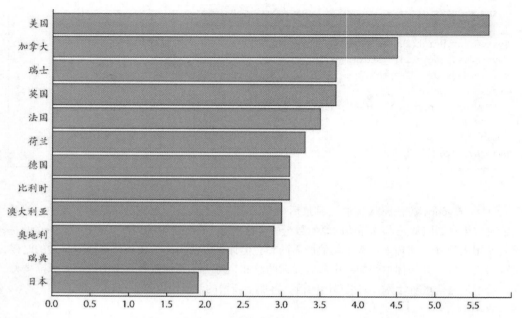

图 9.8   来自世界银行和凯撒家庭基金会的直方图示例

在过去十年中至少有一年的国内生产总值和人均国内生产总值超过中位数的国家的婴儿死亡率（一项广泛使用的人口健康指标）比较

　　注意第一行星号是一个水平的"条形图"，用来描述没有正面出现的次数。左边的 0 表示没有正面出现。124960 是没有正面出现的具体次数。或者换种说法，124960 是没有正面出现的频率。需要注意的是，没有正面和全部正面的频率（分别为 124960 和 124652）几乎相同，一次正面和两次正面的频率（分别为 375127 和 375261）也几乎相同。还要注意，没有正面和全是正面的频率都近似等于一次正面和两次正面频率的三分之一。通过其他独立的计算方法来预测计算机给出的答案是个好主意。在这个简单的问题中，计算出准确答案是相对容易的。假设 T 表示反面，H 表示正面，下面列举了所有可能的结果：

将程序运行结果和预测结果相比较。

```
TTT(0 正面)
TTH(1 正面)
THT(1 正面)
THH(2 正面)
HTT(1 正面)
HTH(2 正面)
HHT(2 正面)
HHH(3 正面)
```

　　通过上述枚举可以看出，只有一种方法可以得到零次正面，也只有一种方法可以得到三次正面，但是三种方法可以得到一次正面，还有三种方法可以得到两次正面。所以没有正面和全部正面的频率应该是一次正面和两次正面频率的三分之一。如果你查看上述示例输出中的数字和条形图长度，你将看到计算机输出的结果大致符合这个预期。

参见图 9.9 的 CoinFlips 程序。它完成了我们的要求，模拟投掷三枚硬币一百万次，并以直方图的形式输出模拟结果。它使用了包含四个元素的 frequency 数组来追踪每种组合结果出现的次数。frequency 数组中的每一个元素都称为*容器*。通常，一个*容器*包含某事件发生的次数。对于 CoinFlips 程序而言，frequency[0]元素是第一个*容器*，它保存了没有正面出现的结果的次数。

```java
/*********************************************************************
 * CoinFlips.java
 * Dean & Dean
 *
 * 这生成了抛硬币的直方图
 *********************************************************************/

public class CoinFlips
{
  public static void main(String[] args)
  {
    final int NUM_OF_COINS = 3;        // 一组硬币的数量
    final int NUM_OF_REPS = 1000000;   // 重复抛掷一组硬币的次数

    //频率数组保存某一特定数量的正面出现的次数
    int[] frequency = new int[NUM_OF_COINS + 1];
    int heads;              // 在当前抛掷的这组硬币中出现正面
    double fractionOfReps;  // 特定数量的正面出现的次数/重复抛掷一组硬币的次数
    int numOfAsterisks;     // 一个条形图中的星号

    for (int rep=0; rep<NUM_OF_REPS; rep++)    这个循环填满频率容
    {                                          器。每次迭代模拟一组
      // 抛掷一组硬币                            三次抛硬币的结果
      heads = 0;
      for (int i=0; i<NUM_OF_COINS; i++)
      {
        heads += (int) (Math.random() * 2);
      }
      frequency[heads]++;   // 更新合适的容器
    } // for 结束
    System.out.println(
      "Number of times each head count occurred:");
    for (heads=0; heads<=NUM_OF_COINS; heads++)    这个循环输出直方图。每次迭
    {                                              代输出直方图中的一个条形图
      System.out.print(
        " " + heads + "   " + frequency[heads] + " ");
      fractionOfReps = (float) frequency[heads] / NUM_OF_REPS;
      numOfAsterisks = (int) Math.round(fractionOfReps * 100);
```

图 9.9　CoinFlips 程序，可生成模拟抛硬币结果的直方图

```
        for (int i=0; i<numOfAsterisks; i++)
        {
          System.out.print("*");
        }
        System.out.println();
      } // for 结束
    } // main 结束
  } // CoinFlips 类结束
```

图 9.9　（续）

frequency[1]元素是第二个容器，它包含三枚硬币中有一枚正面朝上的次数。在每次投掷三枚硬币的模拟迭代之后，程序向适当的容器中添加 1。例如，如果一个特定的迭代产生了一枚硬币正面向上的情况，程序就将 frequency[1]容器加 1。如果一个特定的迭代产生了两枚硬币正面向上的情况，程序就将 frequency[2]容器加 1。

接下来研究一下 CoinFlips 程序是如何输出由星号条形图构成的直方图的。如图 9.9 中的第二个方框标注所示，第二个大型 for 循环输出直方图。for 循环的每次迭代输出容器标签（0、1、2 或 3）以及该容器中的次数。然后，通过将当前容器中的次数除以总重复次数并乘以 100，计算要输出的星号数量。最后使用内部 for 循环来显示计算出的星号数量。

9.7　搜索数组

为了使用数组，需要访问它的各个元素。如果你知道感兴趣的元素的位置，那么只需将元素的索引放在方括号内即可访问该元素。但是如果你不知道元素的位置，就需要搜索它。例如，假设你正在编写一个程序，用于追踪学生注册课程的情况。该程序应该能够添加学生、删除学生、查看学生数据等。所有这些操作都要求首先在学生 ids 数组中搜索该学生（即使是添加一个学生的操作也需要搜索，以确保该学生不在数组中）。在本节中，将介绍搜索数组的两种方法。

9.7.1　顺序搜索

如果数组很短（少于 20 个元素），搜索它的最佳方法同时也是最简单的方法：按顺序遍历数组，并将每个数组元素的值与搜索的值进行比较。当你找到匹配值时，执行一些操作并返回。下面是顺序搜索算法的伪代码描述：

```
i ← 0
当 i <被填充的元素个数
{
  如果 list[i] 等于搜索的值
    <进行操作并终止循环>
  将 i 值加 1
}
```

为特殊情况匹配合适的通用算法。

通常情况下，算法比 Java 的实现更为通用。解决问题过程的其中一环就是为特殊情况寻找适当的算法。因此“进行操作”的代码在不同案例中会有所不同。图 9.10 中的 findStudent 方法展示了一种顺序搜索算法的实现。这个特定的方法可能是实现 Course 类的一部分。Course 类存储了课程的名称、选修该课程的学生的 ID 数组和选修该课程的学生人数。findStudent 方法在学生 ids 数组中搜索给定的学生 ID。一旦找到了学生 ID，就返回它的索引；否则返回−1。注意 findStudent 的代码是如何与顺序搜索算法的逻辑相匹配的。特别要注意的是，findStudent 如何使用 return i 语句实现<*进行操作并终止循环*>。return i 通过返回找到的学生 ID 的索引实现了"进行操作"。它通过从方法返回并同时终止循环来实现"终止循环"。

```java
/*****************************************************************
 * Course.java
 * Dean & Dean
 *
 * 这个类代表学校里的一门特定课程
 *****************************************************************/

public class Course
{
  private String courseName;      // 课程名称
  private int[] ids;              // 选修这门课程的学生 ID
  private int filledElements;     // 已填充元素的个数

  //****************************************************************

  public Course(String courseName, int[] ids, int filledElements)
  {
    this.courseName = courseName;
    this.ids = ids;
    this.filledElements = filledElements;
  } // 构造器结束

  //****************************************************************

  // 这个方法返回其所找到的 ID 的索引，如果没有找到则返回-1

  public int findStudent(int id)
  {
    for (int i=0; i<filledElements; i++)
    {
      if (ids[i] == id)
      {
        return i;
      }
    } // for 结束

    return -1;
  } // findStudent 结束
} // Course 类结束
```

图 9.10 Course 类，其中包括一个顺序搜索方法（findStudent）

　　在研究 findStudent 方法时，你可能会问自己："返回索引的实际用途是什么呢？"在 ids 数组中对 ID 做任何操作（添加、删除等）都需要用到 ID 的索引。如果你事先不知道 ID 的索引，findStudent 方法会为你查找到。你是否还在问自己："当没有找到 ID 时，返回的-1 的实际用途又是什么呢？"-1 可以被调用模块用来检查学生 ID 是否无效。

　　图 9.11 中的 CourseDriver 类驱动图 9.10 中的 Course 类。CourseDriver 类相当简单，它创建了一个学生 ID 数组，将该数组存储在 Course 对象中，提示用户输入特定的学生 ID，然后调用 findStudent 来查看该学生是否选修了这门课程。为了方便起见，使用初始化式来创建 ids 数组。对于更通用的主类，你可能希望用循环来替代初始化式，该循环重复提示用户输入学生 ID 或-1 退出。

```java
/****************************************************************
* CourseDriver.java
* Dean & Dean
*
* 这个类创建一个 Course 对象并在新创建的 Course 对象中搜索一个学生的 ID
****************************************************************/

import java.util.Scanner;

public class CourseDriver
{
  public static void main(String[] args)
  {
    Scanner stdIn = new Scanner(System.in);
    int[] ids = {4142, 3001, 6020};
    Course course = new Course("CS101", ids, ids.length);
    int id;        // 搜索的 ID
    int index;     // 被搜索到的 ID 的索引，如果没有搜索到则为-1

    System.out.print("Enter 4-digit ID: ");
    id = stdIn.nextInt();
    index = course.findStudent(id);
    if (index >= 0)
    {
      System.out.println("found at index " + index);
    }
    else
    {
      System.out.println("not found");
    }
  } // main 结束
} // CourseDriver 类结束

示例会话:
Enter 4-digit ID: 3001
found at index 1
```

图 9.11　Course 程序的驱动类程序，它展示了一个顺序搜索

如果选择该选项，则需要将已填充元素的数量存储在 filledElements 变量中，并在 Course 构造器调用中将 filledElements 变量作为第三个参数。构造器调用如下：

```
Course course = new Course("CS101", ids, filledElements);
```

9.7.2　二分搜索

如果有一个数组包含大量的元素，如 100000 个，那么顺序搜索通常会花费很长时间。如果需要对这样的数组进行多次搜索，那么使用二分搜索通常是值得的。二分搜索的名称来自它将数值列表一分为二，从而将其搜索范围缩小到原来的一半。

为了在数组上进行二分搜索，数组必须按照字母或数字的顺序进行排序。第 9.8 节将介绍许多可用的排序方法之一。这种初始排序比单次顺序搜索需要花费更多的时间，但仅需执行一次。

在数组被排序之后，即使数组非常长，也可以使用二分搜索快速查找数组中的值。最坏（最慢）的情况是搜索值不在数组中。这种情况下使用顺序搜索花费的时间与数组长度成正比，而使用二分搜索花费的时间与数组长度的对数成正比。当数组很长时，线性和对数之间的差异是巨大的。例如，假设长度是 100000，那么 $\log_2(100000) \approx 17$。因为 17 大约是 100000 的 1/6000，所以对于 100000 元素的数组来说，二分搜索大约要比顺序搜索快 6000 倍。

注意图 9.12 中的 binarySearch 方法，特别是它的 static 修饰符。可以使用实例方法或静态方法来实现搜索。在前面的小节中，我们用实例方法实现了搜索。这一次，我们使用静态方法来实现搜索，如果你希望一个方法更加通用，这种方法更合适。要使其泛型（即使其能够被不同的程序使用），你应该将该方法放在一个单独的类中，并将该方法设置为静态方法。因为 binarySearch 方法是一个静态方法，不同的程序可以很容易地通过 binarySearch 的类名，而不是使用调用对象来调用它。例如，如果你把 binarySearch 方法放进一个 Utilities 类，你可以像这样调用它：

```
Utilities.binarySearch(
    数组名称, 已填充元素的数量, 搜索值);
```

在 binarySearch 方法调用中，注意数组参数。作为一个静态方法，binarySearch 不能访问实例变量。更具体地说，它不能将搜索的数组作为实例变量访问。因此，搜索的数组必须作为参数传入。这允许将该方法用于方法类之外定义的数组。但是你可能还记得在第 7.5 节中，传递引用（数组名称就是引用）允许将改动传回发起调用的代码。不要担心，图 9.12 顶部的后置条件注释保证了这个特殊的方法不会改变它的数组参数。

二分搜索算法基于一种古老的策略——分而治之。先确定排序数组的中间元素。然后算出搜索值位于中间元素之前还是之后。如果它位于中间元素之前，就可以把搜索范围缩小到前一半（索引值较小的那一半元素）；如果它位于中间元素之后，就可以把搜索范围缩小到后一半。然后不断重复这一过程直到搜索结束。

将问题分解为一系列小问题。

```
    // 先决条件：数组必须由最低到最高排序
    // 后置条件：数组没有发生改变

    public static int binarySearch(
        int[] array, int filledElements, int value)
```

图 9.12　对已经升序排序的数组进行二分搜索的方法

```
{
    int mid;                       // 中间元素的索引
    int midValue;                  // 中间元素的值
    int low = 0;                   // 最低元素的索引
    int high = filledElements - 1; // 最高元素的索引

    while (low <= high)
    {
        mid = (low + high) / 2;    // 下一个中间点
        midValue = array[mid];     // 所在位置的值
        if (value == midValue)
        {
            return mid;            // 找到了
        }
        else if (value < midValue)
        {
            high = mid - 1;        // 下一次，使用较低的一半
        }
        else
        {
            low = mid + 1;         // 下一次，使用较高的一半
        }
    } //while 结束

    return -1;
} // binarySearch 结束
```

图 9.12　（续）

　　换句话说，在范围缩小的那一半元素中，继续找出中间的元素，算出来搜索值是在中间元素之前还是之后，然后相应地继续缩小搜索范围。每次这样做的时候，就把问题减半了，这使你能够快速锁定目标值——如果它确实存在于数组中。将数组分成两半是"分而治之"中的"分"的部分，锁定搜索值在哪一半中之后找到它，是"治"的部分。

　　下面介绍 binarySearch 方法如何实现分治算法。该方法声明了 mid、low 和 high 变量，用于追踪中间元素和数组搜索范围始末的两个元素的索引。如图 9.13 中的左图所示，使用 while 循环，该方法反复计算 mid（中间元素的索引），并检查 mid 元素的值是否为搜索值。如果 mid 元素的值就是搜索值，则该方法返回 mid 索引；否则，该方法将搜索范围缩小到数组的前半部分或后半部分。有关该过程的示例请参见图 9.13。

　　该方法重复这一循环，直到找到搜索值，或者搜索范围缩小到 low 的索引大于 high 的索引。

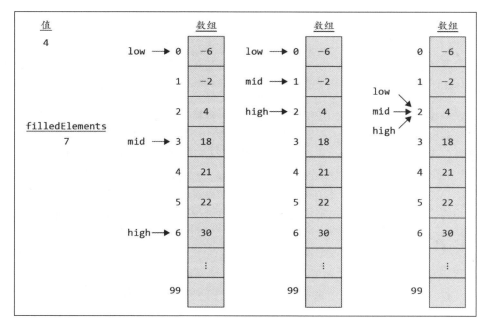

图 9.13 图 9.12 中的 binarySearch 方法执行示例

9.8 对数组排序

计算机非常擅长存储大量数据并快速读取这些数据。正如第 9.7 节中所讲解的,二分搜索是快速查找和访问数据的有效方法。但在使用二分搜索之前,必须对数据进行排序。对数据进行排序不仅仅是为了二分搜索。计算机会对数据进行排序,以便能以更友好的形式展现给用户。例如,电子邮件通常是按日期排序的,最近的邮件排在前面。大多数电子邮箱还允许使用其他方式对邮件进行排序,如使用"发件人"或使用邮件的大小。在本节中,将介绍排序的基础知识。首先会给出一个排序算法,然后以程序的形式给出它的实现,该程序对数组中的值进行排序。

9.8.1 选择排序

排序算法有很多种,其复杂度和效率各不相同。有时候,在计算机上解决问题的最好方法是模拟人们在现实生活中的解决方式。为了说明这一点,介绍一下人们在玩纸牌游戏时是如何对纸牌进行排序的。假设你想按升序排列,最小的牌在左边。你搜索并选择最小的牌,并将其移动到最左边的位置。然后在未排序的牌中搜索下一张最小的牌,并把它移动到左侧第二个位置。重复搜索和移动的过程,已经排序过的牌都集中在左边,直到所有牌都顺序排列为止。以上的这段描述,正是*选择排序*算法的概述。

作为实现选择排序逻辑的第一步,让我们来看看伪代码解决方案。我们在上文中提到"重复搜索和移动的过程"。只要出现重复,就应该考虑使用循环。下面的算法使用一个循环来重复搜索和移动的过程。请注意索引 i 是如何追踪搜索开始的位置的。第一次执行循环时,搜索从第一个元素(索引 0 处)开始,下一次搜索从第二个位置开始。每次循环,找到当前的最小值并将其移动到列表的相应位置(i

值也会告诉你当前的最小值应该放在哪里）。

```
for (i ← 0; i < 列表长度; i++)
{
    找出列表中从 list[i] 到最后一个元素中最小的值
    将找到的值与 list[i] 中的值交换位置
}
```

循环的最后一行是将找到的值与 list[i] 中的值交换位置。它负责将最小值移动到列表中已排序的位置。交换机制可能与大多数人在对纸牌排序时所做的不同。大多数人会在合适位置插入刚刚找到的最小牌，并移动其他牌来为它腾出空间。我们用交换代替移位可以简化程序，这就是简单的选择排序算法的工作方式。插入和移动的排序方式模拟了一种不同的排序算法：*插入排序*，在本章末尾的练习中有介绍。

在前面的伪代码中，在给定的 for 循环中有一个隐式循环。"查找最小值"操作需要遍历列表并检查每个元素是否为最小值。内环的长度随着外环的进展而缩小。一张图片胜过千言万语，图 9.14 展示了选择排序算法的实际应用，使用五张图片展示了使用选择排序算法对列表进行排序的不同阶段，每个阶段的白色部分是未排序的。左边的原始阶段全是白色，表示它完全未排序。每个阶段的阴影部分表示已被排序。右边的阶段都是阴影，表示排序完成。双向箭头表示找到最小值后发生的情况：最小的值（在双向箭头的底部）向上交换到列表的未排序部分的顶部。例如，从第一幅图移到第二幅图时，最小值-3 被交换到 5 所在的位置，即列表未排序部分的顶部。

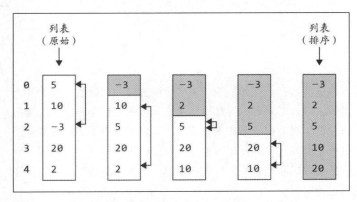

图 9.14　选择排序算法执行中的各个阶段示例

接下来实现选择排序算法的 Java 版本。可以使用实例方法或静态方法。在第 9.7 节中，使用静态方法实现了二分搜索。作为额外的练习，在这里将对选择排序做同样的操作。通过使用静态方法实现选择排序，可以轻松地从任何需要对数字列表进行排序的程序中调用它——只需在方法调用前加上类名作为前缀即可。

参见图 9.15 中的 Sort 类。请注意 sort 方法的主体与伪代码非常相似，因为 sort 方法使用的是自上而下设计。sort 方法中没有包含搜索最小值的代码，而是调用了 indexOfNextSmallest 辅助方法。sort 方法中也没有包含交换元素的代码，而是调用了 swap 辅助方法。sort 方法和 sort 算法之间唯一实质性的区别是：sort 方法的 for 循环在运行到数组中最后一个元素前终止（因为你已经知道最后一个元素肯定是列表中未排序元素的最小值，所以不需要再进行搜索）。我们不是担心这会影响算法效率，比起这样的细节，我们更关心的是算法的底层逻辑。

```
/******************************************************************
* Sort.java
* Dean & Dean
*
* 该类使用选择排序法对单个数组进行排序
*******************************************************************/

public class Sort
{
  public static void sort(int[] list)
  {
    int j;                         // 最小值的索引

    for (int i=0; i<list.length-1; i++)
    {
      j = indexOfNextSmallest(list, i);
      swap(list, i, j);
    }
  } // sort 结束

  //****************************************************************

  private static int indexOfNextSmallest(
    int[] list, int startIndex)
  {
    int minIndex = startIndex;   // 最小值的索引

    for (int i=startIndex+1; i<list.length; i++)
    {
      if (list[i] < list[minIndex])
      {
        minIndex = i;
      }
    } //for 结束

    return minIndex;
  } //indexOfNextSmallest 结束

  //****************************************************************

  private static void swap(int[] list, int i, int j)
  {
    int temp;                    // 用于临时存储数值

    temp = list[i];
    list[i] = list[j];
    list[j] = temp;
  } // swap 结束
} // Sort 结束
```

图 9.15 Sort 类，包含按升序对整数数组进行排序的方法

9.8.2　将数组作为参数传递

　　图 9.16 包含了一个用于驱动图 9.15 中的 Sort 类的驱动程序。大多数代码相当简单，但请注意 Sort.sort 方法调用中的 studentIds 参数。这是另一个将数组传递给方法的例子。数组是一个对象，因此 studentIds 是对数组对象的引用。如第 7.5 节所述，一个引用实参（在方法调用中）和它相应的引用形参（在方法标题中）指向同一个对象。所以如果在方法中更新了引用形参的对象，就同时在调用模块中更新了引用实参的对象。把这个概念应用到 Sort 程序中，当 studentIds 引用传递给 sort 方法并对数组进行排序后，不需要使用 return 语句返回已更新的（已排序的）数组。这是因为 studentIds 引用指向已在 sort 方法中排序的相同数组对象。因此，尽管 sort 方法中不包含 return 语句，也依然能得到我们想要的结果。

```
/****************************************************
 * SortDriver.java
 * Dean & Dean
 *
 * 执行 Sort 类中的选择排序
 ****************************************************/

public class SortDriver
{
  public static void main(String[] args)
  {
    int[] studentIds = {3333, 1234, 2222, 1000};

    Sort.sort(studentIds);   ◄──────  调用 sort 方法
    for (int i=0; i<studentIds.length; i++)
    {
      System.out.print(studentIds[i] + " ");
    }
  } // main 结束
} // SortDriver 类结束
```

图 9.16　执行图 9.15 中的排序方法的驱动类

9.8.3　使用 Java API 方法进行排序

　　当一个数组中的元素超过 20 个时，最好使用比刚刚介绍过的选择排序算法更高效的算法，Java API 中有一个排序方法使用了更高效的排序算法。那就是 Arrays 类中的 sort 方法。

　　下面是使用 Arrays 类的 sort 方法的代码框架：

```
import java.util.Arrays;
...
  int[] studentIds = {...};
  ...
  Arrays.sort(studentIds);
```

建议使用这个 API 方法进行大规模排序。这是一个重载方法，所以它也适用于其他类型的原始变量数组。第 11 章中介绍了另一种排序技术，它几乎与 Java API 的排序方法一样高效，而且相对容易理解。该章节还描述了二分搜索的另一种实现。如果你愿意，现在就可以直接跳到第 11 章学习相关内容。

9.9　二维数组

数组适合将相关数据分组在一起。到目前为止，我们已经使用标准的一维数组对数据进行了分组。如果相关数据以表格的形式出现，则应该考虑使用二维数组。本节将介绍二维数组和高维数组。

9.9.1　二维数组的语法

二维数组使用与一维数组相同的基本语法，但增加了第二对方括号（[]）。每对方括号包含一个索引。依照惯例，第一个索引标识行，第二个索引标识该行中列的位置。

例如，这里有一个两行三列的数组，名为 x：

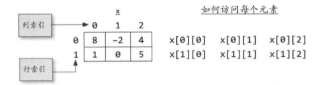

在右边的"如何访问每个元素"标题下方，显示了如何访问数组中的 6 个元素。例如，为了访问位于行索引 1 和列索引 2 处的 5 这个值，需要指定 x[1][2]。

与一维数组一样，为二维数组的元素赋值的方法有两种。可以使用数组初始化式，其中元素赋值是数组声明的一部分。也可以使用标准赋值语句，其中赋值语句与数组的声明和创建是分离的。首先介绍数组初始化式。下面是使用数组初始化式声明上面的二维 x 数组并给它的元素赋值的语句：

```
int[][] x = {{8, -2, 4}, {1, 0, 5}};
```
> 一个 2 行 3 列数组的初始化式

注意：数组初始化式包含两个内部组，每个内部组表示一行。{8，-2，4}表示第一行；{1，0，5}表示第二行。元素和组之间均用半角逗号分隔，每个内部组和内部组的集合都用大括号括起来。

只有当在第一次声明数组时知道应该给每个元素赋什么值时，才能使用数组初始化式技术；否则，需要将数组元素赋值语句与数组的声明和创建分开。例如，图 9.17 的代码段在一条语句中声明并创建了 x 数组，并在嵌套的 for 循环内的另一条语句中为 x 的元素赋值。

```java
int[][] x = new int[2][3];
for (int i=0; i<x.length; i++)
{
  for (int j=0; j<x[0].length; j++)
  {
    System.out.print("Enter value for row " + i + ", col " + j + ": ");
    x[i][j] = stdIn.nextInt();
  } // for j 结束
} // for i 结束
```
> 声明并创建一个 2 行 3 列的数组
> 赋值给第 i 行第 j 列的元素

图 9.17　使用嵌套的 for 循环和 length 属性给二维数组赋值

在处理二维数组时，经常使用嵌套的 for 循环。在图 9.17 中，注意索引变量为 i 的外部 for 循环和索引变量为 j 的内部 for 循环。外部 for 循环遍历每一行，而内部 for 循环则遍历特定行中的每个元素。

图 9.17 的第一行声明 x 是一个 2 行 3 列的数组，共有 6 个元素。所以你可能会认为第一个 for 循环的 x.length 值为 6，不是这样的。尽管把 x 看作一个包含 6 个 int 元素的矩形框很正常（也很有用），但 x 实际上是一个 2 元素数组的引用，而这两个元素中的每个元素又都分别是一个 3 元素 int 数组的引用。下图说明了以上的讨论。

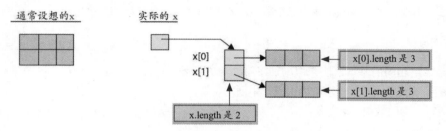

因为 x 实际上是一个 2 元素数组的引用。x.length 的值为 2。或者用"正常"思维理解 x（左上图）。x.length 保存 x 中的行数。正如你在上面看到的，x[0]是一个 3 元素数组的引用。因此，x[0].length 的值为 3。还可以用另一种"正常"思维理解 x（左上图）。x[0].length 保存 x 中的列数。重点是 length 属性可用于遍历二维数组中的所有元素。在图 9.17 中，注意第一个循环如何使用 x.length 来遍历 x 中的行，第二个循环如何使用 x[0].length 来遍历每行中的列。

9.9.2　示例

下面在完整的程序中使用二维数组来实践已经学过的概念。该程序为一家服务于堪萨斯州和密苏里州之间的航空公司设计，用于通知客户飞机将在何时抵达堪萨斯州和密苏里州的各个机场。它使用一个二维数组来存储城市之间的飞行时间，输出如下：

	Wch	Top	KC	Col	StL
Wch	0	22	30	42	55
Top	23	0	9	25	37
KC	31	10	0	11	28
Col	44	27	12	0	12
StL	59	41	30	14	0

从托皮卡飞到哥伦比亚需要 25 分钟

不同的行对应不同的出发城市，不同的列对应不同的到达城市。标签是城市名称的缩写：Wch 代表堪萨斯州的威奇托（Wichta）；Top 代表堪萨斯州的托皮卡（Topeka）；KC 代表密苏里州的堪萨斯城（Kansas）；Col 代表密苏里州的哥伦比亚（Columbia）；StL 代表密苏里州的圣路易斯（St. Louis）。例如，从托皮卡飞到哥伦比亚需要 25 分钟。从哥伦比亚飞到托皮卡要多长时间呢？27 分钟。从哥伦比亚到托皮卡需要更长的时间，因为这段旅程是从东到西的，而且飞机需要对抗北美由西向东的逆气流。

下面从图 9.18 中的 FlightTimesDriver 类开始分析这个程序。注意 main 方法是如何使用二维数组初始化式声明和创建 flightTimes 表的。初始化式中，数组的每一行都用单独的一行代码列出。这不是编译器的要求，但它可以生成优雅的、自文档化的代码。之所以说它自文档化，是因为读者可以通过查看一行代码轻松地识别表格中的一行数据。在初始化 flightTimes 表之后，main 将初始化一个一维的城市名称数组，然后调用 flightTimes 构造器、displayFlightTimesTable 方法和 promptForFlightTime 方法。接下来将介绍构造器和这两个方法。

```
/*********************************************************
 * FlightTimesDriver.java
 * Dean & Dean
 *
 * 这是一个城际航班时刻表
 *********************************************************/

public class FlightTimesDriver
{
  public static void main(String[] args)
  {
    int[][] flightTimes =
    {
      {0, 22, 30, 42, 55},
      {23, 0, 9, 25, 37},
      {31, 10, 0, 11, 28},
      {44, 27, 12, 0, 12},
      {59, 41, 30, 14, 0}
    };
    String[] cities = {"Wch", "Top", "KC", "Col", "StL"};
    FlightTimes ft = new FlightTimes(flightTimes, cities);

    System.out.println("\nFlight times for KansMo Airlines:\n");
    ft.displayFlightTimesTable();
    System.out.println();
    ft.promptForFlightTime();
  } // main 结束
} // FlightTimesDriver 类结束

示例会话:
Flight times for  KansMo Airlines:

        Wch    Top    KC    Col    StL
  Wch     0     22    30     42     55
  Top    23      0     9     25     37
  KC     31     10     0     11     28
  Col    44     27    12      0     12
  StL    59     41    30     14      0
1 = Wch
2 = Top
3 = KC
4 = Col
5 = StL
Enter departure city's number: 5
Enter destination city's number: 1
Flight time = 59 minutes.
```

图 9.18　图 9.19a 和 9.19b 中 FlightTimes 类的驱动类

　　图 9.19a 和图 9.19b 包含程序的核心——FlightTimes 类。在图 9.19a 中，FlightTimes 类的构造器用驱动程序的构造器调用传递给它的数据初始化 flightTimes 和 cities 实例变量数组。注意，它使用=操作符将传入的 ft 和 c 数组引用赋值给实例变量。之前你已经学习了使用 for 循环，而不是=操作符来复制数组。为什么这里可以接受=操作符？因为之后不需要再对这些数组进行复制。在构造器的第一个赋值操作之后，flightTimes 实例变量数组引用和 ft 形参数组引用指向同一个数组对象。这是合适的。同样，在构造器的第二个赋值操作之后，cities 实例变量数组引用和 c 形参数组引用指向同一个数组对象。

```java
/***************************************************************
* FlightTimes.java
* Dean & Dean
*
* 这是一个城际航班时刻表
***************************************************************/

import java.util.Scanner;

public class FlightTimes
{
  private int[][] flightTimes;        // 航班时刻表
  private String[] cities;            // 航班时刻表中的城市

  //***********************************************************

  public FlightTimes(int[][] ft, String[] c)
  {
    flightTimes = ft;
    cities = c;
  }

  //***********************************************************

  // 提示用户输入城市名称，并输出相关的航班时刻

  public void promptForFlightTime()
  {
    Scanner stdIn = new Scanner(System.in);
    int departure;                    // 出发城市的索引
    int destination;                  // 到达城市的索引

    for (int i=0; i<cities.length; i++)
    {
      System.out.println(i+1 + " = " + cities[i]);
    }
    System.out.print("Enter departure city's number: ");
```

输出城市对应的序号

图 9.19a　显示城际航班时刻的 FlightTimes 类——A 部分

```
      departure = stdIn.nextInt() - 1;
      System.out.print("Enter destination city's number: ");
      destination = stdIn.nextInt() - 1;
      System.out.println("Flight time = " +
        flightTimes[departure][destination] + " minutes.");
    } // promptForFlightTime 结束
```

图 9.19a （续）

```
      //*********************************************************

      // 该方法输出所有航班时刻的表

      public void displayFlightTimesTable()
      {
        final String CITY_FMT_STR = "%5s";  ┐
        final String TIME_FMT_STR = "%5d";  ┘ ◄──── 格式字符串

        System.out.printf(CITY_FMT_STR, ""); // 左上角的空白
        for (int col=0; col<cities.length; col++)
        {
          System.out.printf(CITY_FMT_STR, cities[col]);
        }
        System.out.println();

        for (int row=0; row<flightTimes.length; row++)
        {
          System.out.printf(CITY_FMT_STR, cities[row]);
          for (int col=0; col<flightTimes[0].length; col++)
          {
            System.out.printf(TIME_FMT_STR, flightTimes[row][col]);
          }
          System.out.println();
        } // for 结束
      } // displayFlightTimesTable 结束
    } // FlightTimes 类结束
```

图 9.19b 显示城际航班时刻的 FlightTimes 类——B 部分

图 9.19a 中的 promptForFlightTime 方法提示用户输入出发城市和到达城市，并显示该航班的飞行时间。更具体地说，它显示一个数字及其对应的城市名称（如 1 = 威奇托、2 =托皮卡等），提示用户输入出发城市和到达城市所对应的数字，并显示指定城市之间的飞行时间。注意用户输入的城市编号是以 1 而不是 0 开头的（1 =威奇托）。这使得程序更加人性化，因为人们通常更喜欢从 1 而不是 0 开始计数。在内部，该程序将城市名称存储在一个数组中。因为所有数组都以 0 开头，所以程序必须在用户输入的城市编号（从 1 开始）和城市数组索引（从 0 开始）之间进行转换。请注意 promptForFlightTime 方法是如何通过+1 和-1 来完成这种转换的。

图 9.19b 中的 displayFlightTimesTable 方法显示了航班时刻表。在此过程中，它使用了一种有趣的格式化方法。首先，两个本地命名常量分别定义格式字符串。在 printf 方法调用的参数中，你已经使用嵌入文本字符串的文字格式字符串一段时间了。但是，如果将它们单独声明为命名常量，而不是嵌入文字格式字符串，有时会更容易理解。如果你回去计算一下飞行时间的 6 列表格中的空格，你会发现每一列正好是 5 个空格宽。因此，列顶部的标签和列中的数字都必须格式化为恰好使用 5 个空格。因此，标签（CITY_FMT_STR）的格式字符串应该是 "%5s"，并且整数项（TIME_FMT_STR）的格式字符串应该是 "%5d"。为格式字符串使用命名常量可以让每个格式字符串在不同地方使用，并且在以后可以方便和安全地更改它们——只需在方法开始时更改分配给命名常量的值。

在 displayFlightTimesTable 方法中，注意三个 for 循环标题信息。它们都使用 length 属性作为终止条件。由于 length 的值为 5，如果你将长度终止条件替换为硬编码的 5，程序将正确运行。但请不要这样做。使用 length 属性可以使实现更具可伸缩性。*可伸缩性*意味着可以很容易地更改程序使用的数据量。例如，在 FlightTimes 程序中，使用 cities.length 作为循环终止条件，意味着如果你改变了程序中的城市数量，程序仍然可以正常工作。

9.9.3　多维数组

数组可以有两个以上的维度。三个或更多维的数组使用相同的基本语法，只是它们有额外的[]。第一对方括号对应最大的规模，随后的每一对方括号嵌套在前一对中，规模逐渐缩小。例如，假设密苏里州堪萨斯航空公司决定走 "环保" 路线，用新型太阳能飞机和燃烧风力发电机产生的氢气的飞机来扩充其机组。这种新型飞机的飞行时间与原来的燃油飞机不同。因此，它们需要自己的航班时刻表。解决方案是创建一个三维数组，其中第一个维度指定飞机类型——0 为喷气燃料飞机，1 为太阳能飞机，2 为氢动力飞机。下面展示了如何声明新的三维 flightTimes 数组实例变量：

```
private int[ ][ ][ ] flightTimes;
```

9.10　对象数组

在前一节中已经介绍了一个二维数组实际上是一个引用数组，其中每个引用指向一个数组对象。现在让来看一个相关的场景。展示一个引用数组，其中每个引用指向一个程序员定义的对象。例如，假设你想存储百货商店中每个售货员的总销售额。如果售货员 Amanda 以 55.45 美元和 22.01 美元的价格出售了两件商品，那么你想把 77.46 美元作为她的总销售额。可以将销售人员数据存储在一个 clerks 数组中，其中每个元素保存对 SalesClerk 对象的引用。每个 SalesClerk 对象包含一个销售人员的姓名和该销售人员的总销售额。通过图 9.20 来思考所介绍的内容。

clerks 数组是一个引用数组。但大多数业内人士会把它称为一个对象数组，我们也会这么做。对象数组与原始数组没有太大区别。在这两种情况下，都使用方括号访问每个数组元素（如 clerks[0]、clerks[1]）。但是你应该注意其中的一些差异，这些差异正是本节的重点。

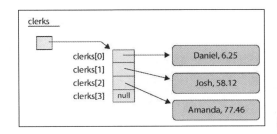

图 9.20　用于存放销售员销售数据的对象数组

9.10.1　需要实例化对象数组和该数组中的对象

对于原始数组，仅需执行一次实例化——实例化数组对象。但是对于对象数组，除了实例化数组对象，还必须实例化存储在数组中的每个元素对象。单个元素对象的实例化很容易忘记，如果忘记了，那么元素将包含默认值 null，如图 9.20 中的 clerks[3]所示。对于数组的未填充部分，null 是允许的，但是对于数组已填充的部分，需要用一个对象的引用覆盖 null。下面介绍了一个如何创建对象数组的示例——更具体地说，展示了如何创建如图 9.20 所示的 clerks 对象数组。注意，程序中使用 new 操作符分 ⚠ 别实例化了 clerks 数组和每个 SalesClerk 对象。

```
SalesClerk[] clerks = new SalesClerk[4];
clerks[0] = new SalesClerk("Daniel", 6.25);
clerks[1] = new SalesClerk("Josh", 58.12);
clerks[2] = new SalesClerk("Amanda",  77.46);
```

9.10.2　不能直接访问数组数据

使用原始数组，你可以直接访问数组的数据，即直接访问原始值。例如，下面的代码段展示了如何在 rainfall 数组中分配和输出第一个降雨量值。注意 rainfall[0]是如何直接访问该值的：

```
double[] rainfall = new double[365];
rainfall[0] = .8;
System.out.println(rainfall[0]);
```

但对于对象数组，通常不能直接访问数组的数据。数据存储在对象内部的变量中。因为这些变量通常是 private，所以通常必须调用构造器或方法才能访问它们。例如，下面的代码段展示了如何使用构造器将 Daniel 和 6.25 赋值给 clerks 数组中的第一个对象，还展示了如何使用访问器方法输出第一个对象的姓名和销售数据：

```
SalesClerk[] clerks = new SalesClerk[4];
clerks[0] = new SalesClerk("Daniel", 6.25);
System.out.println(
  clerks[0].getName() + ", " + clerks[0].getSales());
```

9.10.3　SalesClerks 程序

接下来实现一个完整的程序，该程序为百货商店中的一组销售员添加销售额并输出销售额。正如在第 8.8 节中所描述的，将首先通过展示 UML 类图来获得事物的宏观视图。图 9.21 的类图显示了两个类。SalesClerks 类表示整个百货商店的销售数据，而 SalesClerk 类表示某个特定销售员的总销售额。

> 从创建 UML 类图开始，以获得宏观的理解。

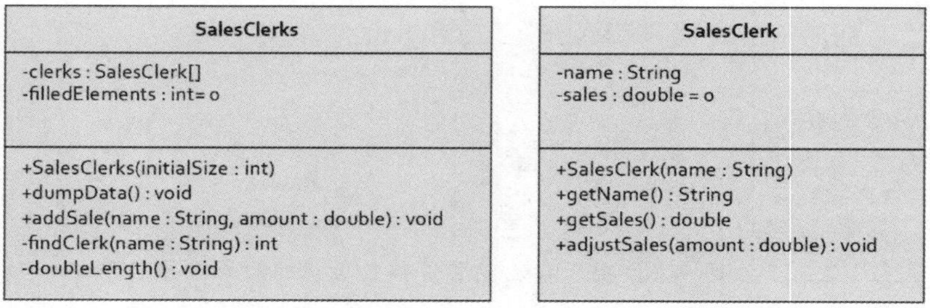

图 9.21　SalesClerks 程序的 UML 类图

　　SalesClerks 类包含两个实例变量：clerks 和 filledElements。clerks 是 SalesClerk 对象的数组。filledElements 存储到目前为止 clerks 数组中已填充的元素数量。filledElements 的示例可参见图 9.20，其中 filledElements 的值是 3。SalesClerks 的构造器实例化 clerks 数组，并使用 initialSize 形参来表示数组的大小。

　　图 9.22a 和图 9.22b 中的 SalesClerks 类包含四个方法：dumpData、addSale、findClerk 和 doubleLength。dumpData 方法是这四个方法中最简单的。它输出 clerks 数组中的所有数据。*dump* 是一个计算机术语，指的是程序数据的简单（未经格式化的）显示。参见图 9.22b 中的 dumpData 方法，并验证它是否输出了 clerks 数组中的数据。

　　addSale 方法处理特定销售员的销售数据。更具体地说，addSale 方法找到由其 name 参数指定的销售员，并用 amount 参数中的值更新该销售员的总销售额。为了找到销售员，addSale 方法调用 findClerk 辅助方法。findClerk 方法在 clerks 数组中执行顺序搜索，并返回找到的销售员的索引，如果没有找到，则返回−1。如果没有找到销售员，addSale 将向 clerks 数组添加一个新的 SalesClerk 对象，以便在其中存储这笔新的销售额。在向 clerks 数组添加新的 SalesClerk 对象时，addSale 会进行检查，以确保在 clerks 数组中有可用于新 SalesClerk 对象的空间。如果 clerks 数组已满（即 filledElements 等于 clerks.length），那么 addSale 必须进行一些操作来支持更多的元素。这就是 doubleLength 辅助方法发挥作用的地方。

　　顾名思义，doubleLength 方法将销售员数组的大小增加一倍。为此，它实例化一个新数组 clerks2，该数组的长度是原来的 clerks 数组的两倍。然后它将所有数据从 clerks 数组复制到 clerks2 数组中索引最低的元素中。最后，它将 clerks2 数组分配给 clerks 数组，从而使 clerks 数组指向新的更长的数组。参见图 9.22a 和图 9.22b 中的 addSale、findClerk 和 doubleLength 方法，并验证它们是否执行了既定操作。

```
/*****************************************************************
 * SalesClerks.java
 * Dean & Dean
 *
 * 这个类存储销售员的姓名和销售额
 *****************************************************************/

class SalesClerks
{
```

图 9.22a　SalesClerks 类——A 部分

```
private SalesClerk[] clerks;     // 包含姓名和销售额
private int filledElements = 0;   // 已填充元素的数量


//**************************************************************

public SalesClerks(int initialSize)
{
  clerks = new SalesClerk[initialSize];
} // SalesClerks 构造器结束


//**************************************************************

// 统计传入姓名的销售员的销售额
// 后置条件：如果该姓名不在销售员数组中，则创建一个新对象并将其引用插入下一个数组元素，
// 如果有必要，则将数组的长度加倍

public void addSale(String name, double amount)
{
  int clerkIndex = findClerk(name);

  if (clerkIndex == -1)           // 添加一个新的销售员
  {
    if (filledElements == clerks.length)
    {
      doubleLength();
    }
    clerkIndex = filledElements;
    clerks[clerkIndex] = new SalesClerk(name);
    filledElements++;
  } // if 结束

  clerks[clerkIndex].adjustSales(amount);
} // addSale 结束
```

图 9.22a （续）

```
//**************************************************************

// 输出所有数据——销售员的姓名和销售额

public void dumpData()
{
  for (int i=0; i<filledElements; i++)
  {
    System.out.printf("%s: %6.2f\n",
      clerks[i].getName(), clerks[i].getSales());
  }
```

图 9.22b SalesClerks 类——B 部分

```
    } // dumpData 结束


    //**************************************************************

    // 搜索给定的姓名。如果找到，返回索引；否则，返回-1

    private int findClerk(String name)
    {
      for (int i=0; i<filledElements; i++)
      {
        if (clerks[i].getName().equals(name))
        {
          return i;
        }
      } // for 结束
      return -1;
    } // findClerk 结束


    //**************************************************************

    // 将数组的长度加倍

    private void doubleLength()
    {
      SalesClerk[] clerks2 = new SalesClerk[2 * clerks.length];
      System.arraycopy(clerks, 0, clerks2, 0, clerks.length);
      clerks = clerks2;
    } // doubleLength 结束
  } // SalesClerks 类结束
```

图 9.22b　（续）

　　SalesClerk 类（见图 9.21 右图）相当简单。它包含两个实例变量：name 和 sales，用于存储销售员的姓名和总销售额。它包含两个访问器方法：getName 和 getSales；还包含一个 adjustSales 方法，该方法通过将传入的 amount 添加到 sales 实例变量来更新销售员的总销售额。请参见图 9.23 中的 SalesClerk 类，并验证它是否执行了既定操作。

```
/**************************************************************
 * SalesClerk.java
 * Dean & Dean
 *
 * 这个类存储和检索销售员的数据
 **************************************************************/

public class SalesClerk
{
```

图 9.23　SalesClerk类

```
    private String name;        // 销售员的姓名
    private double sales = 0.0;  // 销售员的总销售额

    //***********************************************************

    public SalesClerk(String name)
    {
      this.name = name;
    }

    //***********************************************************

    public String getName()
    {
      return name;
    }

    public double getSales()
    {
      return sales;
    }

    //***********************************************************

    // 通过累计传入的销售额来调整销售员的总销售额

    public void adjustSales(double amount)
    {
      sales += amount;
    }
  } // SalesClerk 类结束
```

图 9.23　（续）

接下来看看图 9.24a 中的 SalesClerksDriver 类中的 main 方法。声明实例化 SalesClerks 对象，将初始数组长度值 2 传递给 SalesClerks 构造器。然后反复提示用户输入销售员的姓名和销售额，并调用 addSale 将用户输入的数据插入 SalesClerks 对象。当用户为下一个姓名输入 q 时，循环停止。最后 main 调用 dumpData 来显示汇总的销售数据。输出结果如图 9.24b 所示。

```
/***********************************************************
 * SalesClerksDriver.java
 * Dean & Dean
 *
 * SalesClerks 类的驱动程序
 ***********************************************************/

import java.util.Scanner;
```

图 9.24a　SalesClerks 程序（见图 9.22a、图 9.22b 和图 9.23）的驱动程序

```
public class SalesClerksDriver
{
  public static void main(String[] args)
  {
    Scanner stdIn = new Scanner(System.in);
    SalesClerks clerks = new SalesClerks(2);
    String name;

    System.out.print("Enter clerk's name (q to quit): ");
    name = stdIn.nextLine();
    while (!name.equals("q"))
    {
      System.out.print("Enter sale amount: ");
      clerks.addSale(name, stdIn.nextDouble());
      stdIn.nextLine();            // 刷新换行符
      System.out.print("Enter clerk's name (q to quit): ");
      name = stdIn.nextLine();
    } // while 结束
    clerks.dumpData();
  } // main 结束
} // SalesClerksDriver 结束
```

图 9.24a　（续）

```
示例会话：
Enter clerk's name (q to quit): Daniel
Enter sale amount: 6.25
Enter clerk's name (q to quit): Josh
Enter sale amount: 58.12
Enter clerk's name (q to quit): Amanda
Enter sale amount: 40
Enter clerk's name (q to quit): Daniel
Enter sale amount: -6.25
Enter clerk's name (q to quit): Josh
Enter sale amount: 12.88
Enter clerk's name (q to quit): q
Daniel:     0.00
Josh: 71.00
Amanda: 40.00
```

图 9.24b　SalesClerks 程序的输出结果

9.11　for-each 循环

for-each 循环（有时称为增强的 *for 循环*）是传统 for 循环的修改版本。当你不知道或不关心特定元素的确切位置时，它提供了一种简便的方法来遍历数组中的所有元素。下面是 for-each 循环的语法：

```
for(元素类型 元素名称 : 数组引用变量)
{
```

```
    ...
  }
```

你是否想过，尽管语法中没有体现出"每一个"，为什么 for-each 循环被称为 for-each（为每一个）循环？这是因为大多数人在读取 for-each 循环标题时会对自己说："为每一个（循环一次）。"

例如，考虑下面的代码段，它输出给定质数数组中的所有数字：

```java
int[] primes = {2, 3, 5, 7, 11, 13};
for (int p : primes)
{
    System.out.println(p);
}
```

当我们看到 for-each 循环时，会在心中默念："为 primes 数组中的每一个 p，循环一次输出 p 的操作。"这个口头表达解释了 for-each 术语。

注意 for-each 循环标题与前面的语法一致。primes 引用变量指向整个数组，而 p 变量保存该数组中的一个典型元素。为元素选择任何名称都是合法的。通常，好的 Java 编程风格要求对变量使用较长的描述性名称，这意味着我们应该使用一个描述性的词，比如对于本例中引用的典型元素而言，变量应命名为 prime。但是因为 for-each 循环标题的含义显而易见，所以在 for-each 循环中缩写元素名是可以接受的做法，就像在普通的 for 循环中缩写索引一样。因为这是被接受的、普遍的做法，我们在这里展示给大家。但是你在任何时候都可以使用较长的描述性名称。它确实有助于理解变量的含义，而且当 for-each 循环很大时，我们更喜欢完整的名称而不是名称的缩写。

作为另一个例子，考虑图 9.22b 的 SalesClerks 类中的 dumpData 方法的替代实现。它使用 for-each 循环遍历 clerks 数组中的元素：

```java
public void dumpData()
{
    for (SalesClerk sc : clerks)
    {
        if (sc != null)
        {
            System.out.printf("%s: %6.2f\n",
                sc.getName(), sc.getSales());
        }
    }
} // dumpData 结束
```

当你查看这个特定的 for-each 循环标题时，会在心中默念："对 clerks 中的每一个 SalesClerk，……"

for-each 循环避免了索引的初始化、测试和递增，还简化了元素方法调用。在这个例子中，必须将 printf 语句放在 if 语句中，以避免在迭代超出 filledElements 限制时发生错误。乍一看，增加的复杂性抵消了简化的效果。但是，如果一个现有的销售员退出了，我们从数组中删除了那个销售员的名字，会发生什么呢？当迭代遇到数组中的 null 单元格时，普通的 for 循环将报错。因此，实际上，我们为使 dumpData 在 for-each 循环中工作而添加的 null 测试也应该包含在普通的 for 循环中。下一章将介绍一个数组替代方案（ArrayList），它可以根据元素的添加和删除自动扩展和收缩。因此，我们可以在不需要显式地进行 null 元素测试的情况下使用 for-each 循环。

for-each 循环是个不错的方法，但在使用它时应该注意以下几个问题：它是在 Java 5.0 中引入的，所以不能在旧的编译器中工作；for-each 循环不使用索引变量来遍历它的元素。这样做的好处是简化代码，但如果循环中需要用到索引，这就成了缺点。例如，假设你有一个初始化的质数数组，你想这样显示它：

```
primes[0] = 2
primes[1] = 3
    ⋮
primes[5] = 13
```

方括号内的数字是索引值。因此，如果你用 for-each 循环来实现，就必须在代码中添加一个索引变量，并在每次循环中对它进行递增。但如果你用传统的 for 循环来实现，会自动获得递增的索引变量。

总结

- 数组适用于相似数据集合的展示和操作。使用数组名[index]访问数组元素，其中 index 是一个从 0 开始的非负整数。
- 可以在一条语句中创建并完全初始化数组，例如：

  元素类型[] *数组名* = {*元素0,元素1,...*};
- 然而，通常情况下，推迟元素初始化并使用 new 创建一个未初始化元素的数组更有用，例如：

  元素类型[] *数组名* = new *元素类型*[*数组大小*];
- 数组创建后，可以随时在数组名称后的方括号中插入合适的索引值，直接对数组元素进行读写操作。
- 每个数组都会自动包含一个名为 length 的 public 属性，可以通过数组名直接访问该属性。最高索引值为*数组名*.length-1。
- 要复制数组，请分别复制数组中的每个元素，或使用 System.arraycopy 方法将一个数组中的任意元素子集复制到另一个数组中的任意位置。
- 直方图是一组元素，其中每个元素的值是某一事件发生的次数。
- 顺序搜索是在长度小于 20 的数组中搜索匹配项的好方法，但对于长数组，应首先使用 Arrays.sort 方法对数组进行排序，然后使用二分搜索。
- 二维数组是数组的数组，在元素类型标识后用两组方括号声明。可以使用初始化式来实例化它，也可以使用 new 后跟元素类型和两个方括号，方括号中包含两个数组的大小。
- 在创建对象数组时，需要多次实例化。在实例化数组之后，还需要实例化数组中的各个元素对象。
- 当不知道或不关心元素的确切位置时，可以使用 for-each 循环。

复习题

§9.2 数组的基础知识

1. 在一个标准数组中同时存储整型和浮点型数据是合法的。（对/错）
2. 给定一个名为 myArray 的数组，可以使用 myArray[0]访问数组中的第一个元素。（对/错）

§9.3 数组的声明和创建

3. 为名为 names 的字符串数组提供声明。
4. 思考任意 main 方法的标题：

   ```
   public static void main(String[] args)
   ```

args 指的是什么？

5. 假设用下面的语句创建一个数组：

```
int[] choices = new int[4];
```

这个数组中典型元素的默认值是什么？它是无用的数据还是某个特定值？

§9.4 数组 length 属性和部分填充数组

6. 数组长度的值等于该数组可接受的最大索引的值。（对/错）

§9.5 复制数组

7. 给定

```
String letters = "abcdefghijklmnopqrstuvwxyz";
char[] alphabet = new char[26];
```

编写一个 for 循环，用 letters 中的字符初始化 alphabet。

8. 编写一条语句，复制

```
char[] arr1 = {'x', 'y', 'z'};
```

中的所有元素到

```
char[] arr2 = new char[26];
```

的最后三个元素。

§9.6 通过数组案例分析解决问题

9. 在图 9.7 中的 MovingAverage 程序中，假设你想向另一个方向移动。你将如何编写内部 for 循环标题，以及如何在内部 for 循环中编写数组赋值语句？

10. 一个典型的直方图"容器"包含什么样的值？

§9.7 搜索数组

11. 可以在数组 ids 中搜索一个等于 id 的元素，只需要这样：

```
int i;
for (i=0; i<ids.length && id != ids[i]; i++)
{ }
if (<布尔表达式>)
{
    return i;
}
```

表示 i 已被找到的<布尔表达式>是什么？

§9.8 对数组排序

12. 我们选择使用静态方法来实现我们的排序算法，这样做有什么好处呢？

13. Java 的 API sort 方法在什么类中？

§9.9 二维数组

14. 我们说过一个二维数组是数组的数组。考虑下面的声明：

```
double[][] myArray = new double[5][8];
```

从数组的数组这个角度看，myArray[3]是什么意思？

§9.10 对象数组

15. 在创建对象数组时，必须实例化数组对象，还必须实例化存储在数组中的每个元素对象。（对/错）

§9.11 for-each 循环

16. 当你需要遍历元素集合时必须使用 for-each 循环，而不是传统的 for 循环。（对/错）

练习题

1. [§9.2] 在长度为 60 的数组中，最后一个元素的索引是＿＿。

2. [§9.3] 声明一个名为 zipCodes 的数组用于保存 int 值。

3. [§9.3] 提供一条初始化语句，将一个名为 ids 的 4 元素数组中的所有元素初始化为-1，ids 是一个 long 元素数组。

4. [§9.4] 池塘程序：

作为你在帕克维尔公园和娱乐部门实习的一部分，你被要求写一个程序来记录池塘里的东西。你的程序不需要做很多事情，只需要展示池塘里有什么。在这个练习中，提供一个使用以下两个实例变量的 Pond 类，并支持以下的 main 方法：

```java
private String city;
private String[] life = new String[] {"no life"};

public static void main(String[] args)
{
  Pond pond1 = new Pond();
  Pond pond2 = new Pond("Parkville", null);
  Pond pond3 = new Pond("Parkville",
    new String[] {"sunfish", "algae", "beer cans", "tires"});

  pond1.display();
  pond2.display();
  pond3.display();
} // main 结束
```

当运行时，main 方法应该输出以下内容：

```
No pond
Parkville pond: no life
Parkville pond: sunfish, algae, beer cans, tires
```

我们鼓励你编写一个完整的程序来测试 Pond 类，但这不是硬性要求。

5. [§9.5] 假设以下代码段可以正常编译并运行。它的输出是什么？在显示输出时要精确。

```java
int[] x = new int[4];
int[] y;

for (int i=0; i<x.length; i++)
{
  x[i] = 10;
}
y = x;
x[0] = 20;
y[1] = 30;
System.out.println("x[1]=" + x[1]);
System.out.println("y[0]=" + y[0] + "\ny[2]=" + y[2]);
```

6. [§9.5] 依据下面的 allPrices 初始化式，为 suvPrices 数组提供一个声明语句，使新数组的大小是 allPrices 数组的一半。你可以假设 allPrices 数组中有偶数个元素。提供一个 arraycopy 方法调用，将一半的值（索引值较小的那一半）从 allPrices 复制到 suvPrices。

```java
double[] allPrices = {10000, 11000, 25000, 18000,
```

```
        30000, 9000, 12000, 21000};
```

7. [§9.5] 下面的程序用来倒置 scientists 数组中的元素。它可以编译和运行，但不能正常工作。

```java
import java.util.Arrays;

public class Reverse
{
  public static void main(String[] args)
  {
    String[] scientists = {"Sheldon", "Amy", "Raj"};
    reverse(scientists);
    System.out.println(
      scientists[0] + " " + scientists[1] + " " + scientists[2]);
  } // main 结束
  public static void reverse(String[] list)
  {
    String[] temp = Arrays.copyOf(list, list.length);
    for (int i=0; i<list.length; i++)
    {
      temp[i] = list[list.length-i-1];
    }
    list = temp;
  } // reverse 结束
} // Reverse 类结束
```

示例会话：

```
Sheldon Amy Raj
```

倒置并没有发生。请通过重写 reverse 方法来解决这个问题。提示：你仅需要修改一行代码。另外，虽然不是必需的，但为了减少混乱，你应该删除另一行代码。

8. [§9.6] 编写一个程序，使数组中的元素向左平移一位。通过让程序平移以下这个特定数组中的元素来演示这种效果：

```java
String[] scientists = {"Sheldon", "Amy", "Raj"};
```

这个平移将会把数组元素的顺序变为 Amy、Raj 和 Sheldon。然后它应该输出新的序列。你的方案应该在不创建另一个数组的情况下执行平移，但需要一个变量来临时保存元素的值。

9. [§9.8] 依据下面的列表数组，使用选择排序算法对数组进行排序。显示选择排序过程的每个步骤。不要提供每码，仅需提供每个元素交换之后列表数组的图示。

	列表 （原始）			列表 （排序）
0	18		0	-5
1	2		1	2
2	6		2	5
3	-5		3	6
4	5		4	18

10. [§9.8] 在对诸如手牌等数目较小（通常小于 20）的项进行排序时，插入排序算法可以替代选择排序算法。如果数组只是稍微有点乱，那么它比选择排序效率更高，但对于大量的数据项，它的效率相对较低。下面的代码实现了降序插入排序算法：

```java
1    public static void insertionSort(int[] cards)
```

```
 2   {
 3     int pick;
 4     int j;
 5
 6     for (int i=1; i<cards.length; i++)
 7     {
 8       pick = cards[i];        // 选取下一个元素
 9       // 移动所有已经排序的较小元素
10       for (j=i; j>0 && pick>cards[j-1]; j--)
11       {
12         cards[j] = cards[j-1];
13       }
14       cards[j] = pick;        // 作为下一个最高的元素插入
15     }
16   } // insertionSort 结束
```

注意，计数变量 j 的作用域超出了使用它的 for 循环的作用域。假设已经实例化了一个 int 数组，并且调用 insertionSort 方法时将该数组的引用作为参数传入。使用以下循环标题和初始项追踪该方法的执行。

| | Sort | | | | <*arrays*> | | | | |
| | insertionSort | | | | arr1 | | | | |
行号	(cards)	i	j	pick	length	0	1	2	3	4
					5	3	2	6	9	5
1	arr1									

11. [§9.8] 编写一个程序，使用 Arrays 类中的 sort 方法对 String 元素数组中的元素按字母顺序进行排序。使用这个数组的代码如下：

```
String[] friends =
  {"Sheldon", "Amy", "Leonard", "Bernadette", "Raj"};
```

示例会话：

```
Amy Bernadette Leonard Raj Sheldon
```

12. [§9.9] 编写一条语句，用 double 元素初始化一个名为 rectangles 的二维数组。为三个矩形中的每一个提供一行，并为每一行提供两列，一列表示宽度，另一列表示高度。将所有宽度和高度值初始化为 1.0。

13. [§9.9] 正如之前所讲解的，一个二维数组实际上是对其他（从属）一维数组引用的一维数组，这些一维数组可能有不同的长度。要使下面的程序输出 cousins 数组的内容。请用适当的代码替换<*在此插入代码*>一行。

```
import java.util.Arrays;

public class Cousins
{
  public static void main(String[] args)
  {
    String[] bradKids = {"Maddy", "Ross", "Henry"};
    String[] jayKids = {"Brian", "Kevin", "Kristin"};
    String[] annKids = {};
    String[] libbyKids = {"Ellie", "Hanna", "Jack", "Ben"};
```

```
    String[][] cousins = {bradKids, jayKids, annKids, libbyKids};
    <在此插入代码>
    } // main 结束
} // Cousins 类结束
```

输出：
cousins:
Maddy Ross Henry
Brian Kevin Kristin
Ellie Hanna Jack Ben

14. [§9.9] 编程术语 mask 是指从另一个数组构建的一个数组，或一系列 0 和 1。这意味着如果另一个数组中的任何元素满足某种条件，则相应的掩码元素就是 1，否则对应的掩码元素为 0。假设名为 birth 的二维数组中的每一行都包含一个家庭中孩子的出生年份。若我们想要一个名为 getVotingMask 的方法返回一个掩码，该掩码的 1 或 0 元素表示一个孩子是否达到或超过 18 岁（18 岁是美国投票的合法年龄）。getVotingMask 方法的第一个参数是对 birth 数组的引用，它的第二个参数是当前年份。希望该方法返回一个掩码，如果孩子的年龄小于 18 岁，则该掩码的元素值为 0；如果孩子的年龄大于或等于 18 岁，则该掩码的元素值为 1。在 getVotingMask 方法中提供缺少的代码。

```
static int[][] getVotingMask(int[][] birth, int currentYear)
{
  int[][] mask = new int[birth.length][];
  int[] row;

  for (int i=0; i<birth.length; i++)
  {
    <在此插入代码>
  }
  return mask;
} // getVotingMask 结束
```

15. [§9.10] 修改 SalesClerks 程序，使 SalesClerk 数组的长度始终等于当前的销售员数量。这意味着 SalesClerks 数组的初始长度应为 0。因为当前的销售员数量总是等于 clerks.length，因此可以省去 filledElements 变量和 doubleLength 方法，并且可以通过以下代码块完成在 addSale 方法中增加 clerks 数组长度的工作。

if (clerkIndex == -1).

16. [§9.10] 以下是《生活大爆炸》（*Big Bang Theory*）中各角色的相关信息。用实现 displayActor 方法的代码替换<*在此插入 displayActor 代码*>一行。该方法接收角色的姓名，并在 BigBangCharacter 对象数组中搜索姓名。如果找到该角色，显示扮演该角色的演员；否则，输出未找到该角色的相关信息。有关输出格式的详细信息，请参阅示例会话。

```
import java.util.Scanner;

public class BigBangCast
{
  private BigBangCharacter[] characters;

  public BigBangCast(BigBangCharacter[] characters)
  {
```

```
      this.characters = characters;
    }

    <在此插入 displayActor 代码>

    public static void main(String[] args)
    {
      Scanner stdIn = new Scanner(System.in);
      String character;
      BigBangCharacter[] characters =
        {new BigBangCharacter("Bernadette", "Melissa Rauch"),
         new BigBangCharacter("Raj", "Kunal Nayyar"),
         new BigBangCharacter("Amy", "Mayim Bialik"),
         new BigBangCharacter("Sheldon", "Jim Parsons"),
         new BigBangCharacter("Howard", "Simon Helberg"),
         new BigBangCharacter("Leonard", "Johnny Galecki")};
      BigBangCast cast = new BigBangCast(characters);
      System.out.print("Enter a Big Bang Theory character: ");
      character = stdIn.nextLine();
      cast.displayActor(character);
    } // main 结束
} // BigBangCast 类结束

public class BigBangCharacter
{
  private String name;
  private String actor;

  public BigBangCharacter(String name, String actor)
  {
    this.name = name;
    this.actor = actor;
  }

  public String getName()
  {
    return this.name;
  }

  public String getActor()
  {
    return this.actor;
  }
} // BigBangCharacter 类结束
```

示例会话：
```
Enter a Big Bang Theory character: Amy
Amy is played by Mayim Bialik.
```

另一个示例会话：

Enter a Big Bang Theory character: *Trevor Noah*
Sorry - couldn't find Trevor Noah in the list of characters.

17. [§9.11] 在本章的 FlightTimes 类中，修改 displayFlightTimesTable 方法，将两个遍历列的 for 循环转换为 for-each 循环。

注意：对遍历行的 for 循环进行转换并没有明显的优势。为什么？因为如果将它转换为 for-each 循环，就没有 row 索引变量了，而这个变量之后需要作为 cities 数组的索引：

```
System.out.printf(CITY_FMT_STR, cities[row]);
```

复习题答案

1. 错。特定数组中的数据元素的类型必须相同。

2. 对。

3. 声明名为 names 的字符串数组：
```
String[] names;
```

4. main 中的 args 形参指的是一个字符串数组。

5. 数组的元素和对象中的实例变量类似。数组元素的默认值不是无用的数据。int[]元素的默认值是 0。

6. 错。可接受的最大索引值比数组的长度小 1。

7. 这段代码初始化字符数组 alphabet：
```
for (int i=0; i<26; i++)
{
  alphabet[i] = letters.charAt(i);
}
```

8. 可以通过以下语句将 arr1[] = {'x', 'y', 'z'} 复制到 arr2[] = new char[26] 的末尾。
```
System.arraycopy(arr1, 0, arr2, 23, 3);
```

9. 在 MovingAverage 程序中，为了向另一个方向移动，内部的 for 循环标题是：
```
for (int d=days.length-1; d>0; d--)
```
这个循环中的数组元素赋值语句是：
```
days[d] = days[d-1];
```

10. 直方图 "容器" 包含事件发生的次数。

11. 表示 i 已被找到的布尔表达式为：
```
(ids.length != 0 && i != ids.length)
```

12. 使用静态方法的好处是：排序方法可以用于任何传入的数组，而不仅仅是特定的实例变量数组。

13. Java 的 API sort 方法在 Arrays 类中。

14. myArray[3]指的是第 4 行，它是一个由 8 个 double 值组成的数组。

15. 对。

16. 错。你可以使用传统的 for 循环（或 for-each 循环）来遍历元素集合。

第 10 章

ArrayList 和 Java 集合框架介绍

目标

- 了解 ArrayList 类如何使数组更灵活。
- 理解自动装箱（autoboxing）。
- 将匿名对象传入方法和从方法传出匿名对象。
- 了解 ArrayList 元素插入和删除的便利性。
- 理解 LinkedList 结构。
- 比较不同软件实现的性能。
- 了解 Java API 如何对方法接口进行分组来管理功能描述。
- 使用列表、队列、堆栈、集合和映射的 Java API 实现。
- 网络建模，并模拟网络中的信息流。

纲要

10.1　引言

对象用于存储相关数据的集合，其中的数据可以是不同类型的。数组也可以存储相关数据的集合，但这些数据必须是相同类型的。在本章中，你将了解存储相同类型的相关数据集合的其他方法。

我们首先介绍 Java API ArrayList 类。与数组类似，ArrayList 存储相同类型的相关数据的有序列表。但与数组不同的是，当你向 ArrayList 添加或移除元素时，它会动态地扩展和收缩。当你事先不知道元素的数量时，这将是一大优势。ArrayList 能够存储对象（实际上存储的是对象的引用），但不能直接存储原始值（如 int 和 double）。在本章中，我们将介绍如何克服这个限制。所采用的方法是将原始值放入各自的包装器类，再添加到 ArrayList 中。

关于 ArrayList 的介绍占据了本章篇幅的三分之一。后面的章节将大量使用它，所以在继续学习之前，请确保你已经很好地掌握了它。ArrayList 类是 Java 集合框架的一部分，Java 集合框架是一个 Java API 类库，用于存储相关数据组。本章的其余部分将介绍 Java 集合框架中的其他类，以及其他相关主题。本书后面的章节并不依赖这些内容，所以如果你决定跳过它们也没关系。但是如果你现在跳过它们，我们建议你在以后有空的时候尽量完成对这部分的学习，因为它们非常有用！

在 ArrayList 之后，本章介绍了另一种数据结构——链表。类似于数组和 ArrayList，链表存储相同类型的相关数据的有序链表，但是链表使用引用链来连接它的元素。在一些编程语言中，用引用链连接列表元素的策略可以更有效地在列表中间插入和删除。为了看看这是否适用于 Java，本章比较了两个 Java API 类，LinkedList 和 ArrayList 来衡量它们执行各种操作（如访问、插入和删除列表元素）的速度。你会发现 ArrayList 通常比 LinkedList 快得多。

接下来，本章描述 List 接口。我们将在第 14 章详细介绍接口，但现在，只把接口看作设计具有某些特性的类的模板。ArrayList 和 LinkedList 类都实现了列表，因此，它们具有所有列表所共有的某些特性。因此，为了保持一致性，使用 List 接口作为模板构建它们。

ArrayList、链表和 List 接口都很通用，而另外两种数据结构——队列和堆栈，用途则相对特殊。与前面提到的其他数据结构一样，队列和堆栈存储相同类型的相关数据的有序列表。但与其他数据结构不同的是，队列和堆栈在操作哪些元素方面受到限制。对于队列，你在后端添加元素，并从前端删除元素。在堆栈中，只从一端添加和删除元素，这一端称为顶部。在描述了队列和堆栈概念之后，本章展示了使用 Java API ArrayDeque 类实现队列和堆栈的程序。

接下来，本章描述了 Java 集合框架中相当多（但远非全部）的类和接口，并使用图片说明它们是如何连接的。本章倒数第二节展示了一个完整的程序，用来说明如何使用一些相对重要的 Java 集合框架类和接口。我们希望你会发现这个程序的主题（网络）是吸引人的，因为网络无处不在。

最后一节通过 GUI 跟踪说明了如何使用 Java 集合框架的接口和类（Map、LinkedHashMap、Set 和 LinkedHashSet），提供了在第 3.25 节中引入的 ChoiceDialog 和 TextInputDialog 类的另一个使用示例，展示了 JavaFX GUI 程序如何从 Application 类的 Parameters 变量中检索命令提示符参数，并演示了 PrinterJob 类的使用。

10.2　ArrayList 类

正如你在第 9 章中所了解的，数组允许你对相同类型的相关数据的有序列表进行操作。数组对许多列表都很有效，但如果你的列表中元素的数量难以预测，那么它们就不能很好地工作。如果你不知道元素的数量，你必须从一个足够大的数组开始，以应对需要容纳大量元素的可能性，或者当数组满了，需要更多的空间容纳更多元素时，创建一个新的更大的数组。第一个解决方案浪费计算机内存，因为它需要为大多数元素都未使用的大型数组分配空间。第二个解决方案是我们在图 9.22b 中的 SalesClerks 类的 doubleLength 方法中所做的。从节省内存的角度来看，它是可行的，但它需要程序员做额外的工作（编写创建更大数组的代码）。

为了帮助处理难以预测元素数量的列表，Java 语言设计人员提出了 ArrayList 类。ArrayList 类是使用数组构建的，但数组隐藏在后台，因此不能直接访问它。因为有后台的数组，ArrayList 类能够提供标准数组附带的基本功能；因为包含各种方法，ArrayList 类可以提供附加功能，在你不知道元素数量时提供帮助。在本节中，我们将介绍如何创建 ArrayList 类以及如何使用它所包含的方法。

10.2.1　创建 ArrayList 类

ArrayList 类在 Java API 的 java.util 包中定义，如果要使用该类，你应该提供以下 import 语句：

```
import java.util.ArrayList;
```

要初始化 ArrayList 引用变量，请使用以下语法：

```
ArrayList<元素类型 > 引用变量 = new ArrayList<>();
```

注意元素类型周围的尖括号，尖括号是语法的组成部分。斜体字*元素类型* 和*引用变量* 是描述，你应该用 ArrayList 的元素类型替换元素类型，用实际的引用变量替换引用变量。例如，假设你定义了一个 Student 类，你想要一个 Student 对象的 ArrayList。下面的语句创建了这样一个 ArrayList，并命名为 students：

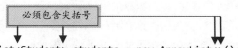

```
ArrayList<Student> students = new ArrayList<>();
```

在上面的代码中，右边的尖括号构成了*菱形运算符*。之所以这样命名这个运算符，是因为两个空的尖括号看起来像一个菱形（< >）。菱形运算符要求编译器执行*类型推断*，这意味着编译器通过查看之前的代码寻找线索来确定实例化的 ArrayList 元素的类型。在上面的例子中，"线索"是在 ArrayList 中找到的声明，声明中表示 ArrayList 中的每个元素都需要是 Student 类型。你可能会问："菱形运算符在发现和应用这些线索上的表现如何？"菱形运算符的能力实际上相当有限。它们只在构造器调用时起作用，类型推断必须在程序的上下文中明显可见。Oracle 建议，仅当构造器调用是变量声明初始化语句的一部分时才使用菱形运算符。

菱形运算符和声明类型的尖括号表明它们是*泛型类*，或者说，是*泛型类型*。在使用泛型类时，需要指定一个或多个类型参数，其中类型参数作为在类定义中声明的变量的类型。对于 ArrayList，它的类型参数指定了 ArrayList 元素的类型。泛型类可以支持不同的类作为其类型参数。在 ArrayList 中，它支持使用包装器类作为类型参数。

除了尖括号外，上面的示例中还有两个方面值得注意。第一，没有尺寸规格。这是因为 ArrayList 对象开始时没有元素，它们会随着添加到其中的任意数量元素自动扩展。第二，元素类型 Student 是一个类名。对于 ArrayList，必须将元素类型指定为类名，而不是原始类型。指定类名意味着 ArrayList 只能保存对对象的引用，而不能保存原始值，如 int 或 double。这在技术上是正确的，但有一种简单的方法可以模拟在 ArrayList 中存储原始值。我们将在 10.3 节中介绍如何做到这一点。

如上所述，可以在实例化 ArrayList 时使用菱形运算符作为初始化的一部分。另一方面，如果你之后需要实例化一个新的 ArrayList，然后将它赋值到之前声明的 ArrayList 引用变量中，应该用如下所示的方法，用尖括号括住 ArrayList 的元素类型，从而实例化这个 ArrayList：

```
ArrayList<String> students;
...
students = new ArrayList<String>();
```

在上面的赋值语句中，如果你使用菱形运算符（即使用<>而不是<String>），编辑器可能会报错（由于类型推断失败）。

10.2.2　向 ArrayList 中添加元素

要让一个实例化的空 ArrayList 发挥作用，需要向它添加元素。要在 ArrayList 的末尾添加元素，请使用下面的语法：

```
ArrayList-引用变量.add（项）；
```

添加项 的类型必须与 ArrayList 的声明中所指定的元素类型相同。也许最简单的元素对象类型是字符串，所以让我们从字符串的 ArrayList 开始。假设你想编写一个代码段来创建这个 ArrayList 对象：

在继续学习之前，请尝试自己编写代码。当你完成之后，把你的答案和下面的比较一下：

```
import java.util.ArrayList;
...
ArrayList<String> colors = new ArrayList<>();
colors.add("red");
colors.add("green");
colors.add("blue");
```

colors	
0	"red"
1	"green"
2	"blue"

添加元素的顺序决定了元素的位置。因为我们首先添加了 red，所以它的索引位置是 0。接着我们添加了 green，它在索引位置 1。以此类推，blue 位于索引位置 2。

10.2.3　API 标题

在描述 ArrayList 类时，我们将通过 API 标题 来显示 ArrayList 类中的方法。你或许还记得在第 5 章中学过，API 代表应用程序编程接口，API 标题是预构建 Java 类的 Java 库中的方法和构造器的源代码标题。API 标题通过显示方法和构造器的参数与返回类型告诉你如何使用它们。例如，这是 Math 类的 pow 方法的 API 标题：

```
public static double pow(double num, double power)
```

上面这行代码告诉你使用 pow 方法需要知道的一切。调用 pow 方法时，传入两个 double 参数：一个参数表示基值，另一个参数表示幂值。static 修饰符告诉你使用类名后加上一个 "."来调用它。double 返回值告诉你应该在可以使用 double 值的地方调用该方法。下面是一个计算球体体积的例子：

```
double volume = (4.0 / 3) * Math.PI * Math.pow(radius, 3)
```

10.2.4 访问 ArrayList 中的元素

我们使用方括号读取和更新标准数组中的元素。但是对于 ArrayList，是使用 get 方法读取元素的值，并使用 set 方法更新元素的值，不再使用方括号。

下面是 ArrayList 的 get 方法的 API 标题：

```
public E get(int index)
```

index 参数指定了所需元素在 ArrayList 调用对象中的位置。例如，下面的方法调用检索 colors ArrayList 中的第二个元素：

```
colors.get (1);
```

如果 index 参数指向不存在的元素，则会发生运行时错误。例如，如果 colors 包含三个元素，则下面的代码会生成一个运行时错误：

```
colors.get (3);
```

在 get 方法的 API 标题中，注意 E 返回类型：

```
public E get(int index)
```

E 代表"元素"，表示 ArrayList 中元素的数据类型，无论该数据类型是什么。因此，如果 ArrayList 声明为 String 元素，则 get 方法返回 String 值；如果 ArrayList 声明为 Student 元素，则 get 方法返回 Student 值。get 方法标题中的 E 是元素类型的通用名称。将类型设置为泛型名称是一个重要的概念，其他方法也会用到这个概念。

ArrayList 中可以将类型设置为泛型名称，因为 ArrayList 类通过在类标题中使用<E>来将其定义为泛型类：

```
public class ArrayList<E>
```

要使用 ArrayList，你不需要了解泛型类的详细信息。但是如果你想要了解这些信息，请访问 https://docs.oracle.com/javase/tutorial/java/generics/。

10.2.5 更新 ArrayList 中的元素

现在来看 get 方法的伙伴：set 方法。set 方法允许你给 ArrayList 元素赋值。下面是 ArrayList 的 set 方法的 API 标题。

```
public E set(int index, E elem)
```

在 set 方法的 API 标题中，index 参数指定了目标元素的位置。如果 index 指向一个不存在的元素，则会发生运行时错误；如果 index 有效，则 set 将 elem 参数赋值给指定的元素。注意，elem 是用 E 来声明它的类型的。与 set 方法一样，E 表示 ArrayList 元素的数据类型。elem 和 ArrayList 元素的类型是一样的。我们来看看下面这个例子：

```
String mixedColor;
ArrayList<String> colors = new ArrayList<>();

colors.add("red");
colors.add("green");
colors.add("blue");
mixedColor = colors.get(0) + colors.get(1);
colors.set(2, mixedColor);
```

注意：mixedColor 被声明为一个字符串，colors 被声明为一个字符串的 ArrayList。因此，在最后一条语句中，当我们在 set 方法调用中使用 mixedColor 作为第二个参数时，参数类型的确与 colors 的元素类型相同。

你能判断代码段执行后 colors ArrayList 看起来是什么样吗？在继续学习之前，请自己绘制一张 colors ArrayList 的示意图。完成后，将你的答案与右侧的图进行比较。

在 set 方法的 API 标题中，注意返回类型 E。大多数 mutator/set 方法只用来赋值，仅此而已。但 ArrayList 的 set 方法除了赋值，还返回一个值——在元素被更新之前指定元素的值。通常不需要对这个原始值进行任何操作，我们只调用 set，返回的值会消失。这就是上面代码段中所发生的情况。但如果你想对原始值进行处理，也很容易实现，因为 set 会将它返回。

10.2.6　其他的 ArrayList 方法

我们已经介绍了 ArrayList 类最重要的方法，除此之外还有很多。图 10.1 提供了它们的 API 标题和简要介绍。当你学习这张图时，会发现大多数方法都很简单，但有些问题可能需要阐明。在 ArrayList 中搜索传入的 elem 参数第一次出现的位置，indexOf 方法声明 elem 的类型为 Object。Object 类型意味着参数可以是任何类型的对象。当然，如果参数的实际类型与 ArrayList 中元素的类型不同，那么 indexOf 的搜索将出现空值并返回 -1 以表示未发现 elem。

```
public boolean add(E elem)
    将指定的 elem 参数附加到列表的末尾。boolean 返回类型是必要的，以使方法与其他集合类兼容，如果添加
    了重复的元素，其中一些集合类返回 false。ArrayList 的单参数 add 方法总是返回 true。

public void add(int index, E elem)
    从指定的 index 位置开始，add 方法将 index 位置及更高位置的原始元素平移到下一个更高索引的位置。然后
    在指定的 index 位置插入 elem 参数。

public boolean contains(Object elem)
    如果列表包含指定的 elem 参数，则返回 true。

public int indexOf(Object elem)
    在列表中搜索 elem 参数第一次出现的位置，并返回该元素的位置索引。如果没有找到元素，indexOf 方法返
    回 -1。

public E get(int index)
    返回指定索引处的对象。

public boolean isEmpty()
    如果列表不包含任何元素，则返回 true。

public int lastIndexOf(Object elem)
    在列表中搜索 elem 参数最后一次出现的位置，并返回该元素的位置索引。如果没有找到元素，lastIndexOf
    方法返回 -1。
```

图 10.1　一些 ArrayList 方法的 API 标题和描述

```
public E remove(int index)
    移除并返回指定 index 位置的元素。要处理被移除元素的空缺，请使用 remove 方法将所有高索引位置的元素
    平移一个位置到低索引处。

public E set(int index, E elem)
    将指定 index 位置的元素替换为指定的 elem 参数，并返回被替换的元素。

public int size()
返回列表中当前元素的个数。
```

图 10.1　（续）

我们将在第 14 章更详细地介绍 Object 类型（它实际上是一个 Object 类）。之前，我们介绍了一个单参数 add 方法，它在 ArrayList 的末尾添加一个元素。图 10.1 的重载双参数 add 方法在 ArrayList 的指定位置添加元素。

10.2.7　饥饿游戏示例

为了巩固到目前为止所学的知识，让我们看看如何在可运行的程序中使用 ArrayList 类。参见图 10.2 中的 HungerGames 程序。它通过实例化一个 ArrayList 对象，并调用 add 方法向列表添加贡品（tribates），创建一个贡品列表；① 然后随机选择一个贡品并从列表中删除该贡品；最后输出关于被删除的贡品和其余贡品的消息。

```
/****************************************************************
 * HungerGames.java
 * Dean & Dean
 *
 * 这个类创建了一个贡品 ArrayList，它随机选择一个贡品并移除他
 ****************************************************************/

import java.util.ArrayList;

public class HungerGames
{
  public static void main(String[] args)
  {
    int deceasedIndex;  // 死去贡品的索引
    String deceased;     // 死去贡品的姓名
    ArrayList<String> tributes = new ArrayList<>();

    tributes.add("Cato");
```

图 10.2　HungerGames 程序

———————————
① 由苏珊娜·柯林斯（Suzanne Collins）撰写的《饥饿游戏》（*The Hunger Games*, New York: Scholastic Press, 2008）描述了一个反乌托邦的世界，在这个世界里，12 个地区的每个地区必须向中央政府提供两个"贡品"（一个女孩和一个男孩，年龄在 12～18 岁）。贡品被置于一个荒野竞技场中，被迫在生存游戏中展开角逐。

```
        tributes.add("Katniss");
        tributes.add("Peeta");
        tributes.add("Rue");
        tributes.add(1, "Finnick");
        deceasedIndex = (int) (Math.random() * tributes.size());
        deceased = tributes.remove(deceasedIndex);
        System.out.println(deceased + " is no longer in the game.");
        System.out.println("Remaining: " + tributes);
    } // main 结束
} // HungerGames 结束


示例会话:
Peeta is no longer in the game.
Remaining: [Cato, Finnick, Katniss, Rue]
```

图 10.2 （续）

注意图 10.2 底部输出行中贡品列表的格式——方括号包围着逗号分隔的列表。你能找到输出该列表的源代码吗？如果你试图寻找方括号和循环，还是算了吧，因为它们并不存在。那么方括号里的列表是怎么输出的呢？在程序底部的最后一条 println 语句中，tributes ArrayList 被连接到一个字符串。这导致 JVM 在幕后进行了一些操作。如果你试图将一个 ArrayList 连接到一个字符串或输出一个 ArrayList，ArrayList 将返回一个列表，该列表中 ArrayList 的元素被方括号（[]）包围，并用半角逗号分隔。这就是执行图 10.2 的最后一条语句时所发生的情况。

10.3 在 ArrayList 中存储原始信息

如前所述，ArrayLists 存储引用。例如，在《饥饿游戏》中，tributes 是字符串的 ArrayList，而字符串是引用。你不能在 ArrayList 中直接存储原始信息，但如果原始信息被包装在包装器类中，[1] 可以将包装后的对象存储在 ArrayList 中。在本节中，我们将向你展示如何做到这一点。

10.3.1 StockAverage 程序

图 10.3 中的 StockAverage 程序读取加权股票值并将其存储在 ArrayList 中。简而言之，加权股票价值就是某只股票的市场价格乘以某一数字，该数字调节股票价格升降，从而反映该股票所属公司在整个市场上的重要性。StockAverage 程序将加权后的股票值存储在 ArrayList 中，之后该程序计算所有输入的加权股票价值的平均值。为什么 ArrayList 适合计算股票平均值？因为 ArrayList 的大小可以按照需求自行扩展。这非常适用于计算股票平均值，因为有很多种股票平均值的计算策略（也称*股票指数*），它们在计算时使用了不同的股票数量。例如，道琼斯工业平均指数使用的是 30 家公司的股票价值，而罗素 3000 指数使用的是 3000 家公司的股票价值。因为使用了 ArrayList，StockAverage 程序同时适用于这两种情况。

---

[1] 如果你需要重新学习包装器类，请阅读第 5 章。

```
/***********************************************************************
 * StockAverage.java
 * Dean & Dean
 *
 *这个程序使用 ArrayList 存储用户输入的股票价值。它输出股票的平均价值
 ***********************************************************************/

import java.util.Scanner;
import java.util.ArrayList;

public class StockAverage
{
  public static void main(String[] args)
  {
    Scanner stdIn = new Scanner(System.in);
    ArrayList<Double> stocks = new ArrayList<>();
    double stock;                      // 一只股票的价值
    double stockSum = 0;               // 股票价值总和

    System.out.print("Enter a stock value (-1 to quit): ");
    stock = stdIn.nextDouble();

    while (stock >= 0)
    {
      stocks.add(stock);
      System.out.print("Enter a stock value (-1 to quit): ");
      stock = stdIn.nextDouble();
    } // while 结束

    for (int i=0; i<stocks.size(); i++)
    {
      stock = stocks.get(i);
      stockSum += stock;
    }

    if (stocks.size() != 0)
    {
      System.out.printf("\nAverage stock value = $%.2f\n",
      stockSum / stocks.size());
    }
  } // main 结束
} // StockAverage 类结束
```

注释：这里必须是包装器类，而不是原始类型

注释：这里进行了自动装箱

注释：这里进行了拆箱

图 10.3　StockAverage 程序：阐明 Double 对象的 ArrayList

　　StockAverage 程序将股票值存储在名为 stocks 的 ArrayList 中。股票值来源于用户输入的 double 类型数值，如 25.6、36.0 等。你已经了解到 ArrayList 无法直接存储原始值，只能存储引用。因此，StockAverage 程序在将对象存储到 stocks ArrayList 之前，将 double 类型数值包装为 Double 包装对象。

你可以想象，包装对象是包装器类的实例，每个*包装对象存储一个被"包装"的原始类型数值*。你不必太担心 ArrayList 的包装对象，在大多数情况下，你可以认为 ArrayList 可以保存原始值。例如，StockAverage 程序的下面这行代码似乎给 stocks ArrayList 添加了一个原始值（stock）：

```
stocks.add(stock);
```

在幕后实际发生的是，stock 原始值在被添加到 stocks ArrayList 之前被自动转换为包装对象。实际上，在 ArrayList 中使用原始值时你只需要担心一件事：当你创建 ArrayList 对象来保存原始类型数值时，在尖括号中指定的类型必须是原始类型的包装版本，也就是说，用 Double 代替 double，用 Integer 代替 int 等。从 StockAverage 程序中的这一行可以得到更直观的理解：

```
ArrayList<Double> stocks = new ArrayList<>();
```

10.3.2　自动装箱和拆箱

在大多数地方，原始类型数值和包装对象可以互换使用。JVM 会在适当的时候自动包装原始类型数值，或展开包装对象。例如，当 JVM 看到赋值语句的右侧是一个 int 值，左侧是一个 Integer 变量，它会想："嗯，为了使它工作，我需要将 int 值转换为一个 Integer 包装对象。"于是拿出泡沫聚苯乙烯塑料包装和胶带，把 int 值包装成 Integer 包装对象。这个过程被称为*自动装箱*。反之，如果 JVM 看到赋值语句右侧是一个 Integer 包装对象，左侧是一个 int 变量，它会想："嗯，为了使它工作，我需要从 Integer 包装对象中提取 int 值。"于是它会拆掉 Integer 包装对象的外包装，获得其中的 int 值。这个过程叫作*拆箱*。

更正式地说，自动装箱是当程序员在需要引用的地方试图使用原始值时，在适当的包装器类中自动包装原始值的过程。参考图 10.3 中的 stocks.add(stock); 语句，该语句引发自动装箱。stocks.add 方法调用需要一个引用参数。具体来说，它期望的参数是对 Double 包装对象的引用（因为 stocks 被声明为 Double 引用的 ArrayList）。当 JVM 看到一个原始值参数(stock)时，会自动将该参数包装在 Double 包装器类中。

而拆箱是当程序员在需要原始值的地方试图使用包装对象时，自动从包装对象中提取原始值的过程。参考图 10.3 中的 "stock = stocks.get(i);" 语句，该语句引发拆箱。因为 stock 是一个原始类型变量，JVM 期望给它分配一个原始值。当 JVM 在赋值语句的右侧看到包装对象时（stocks 存储的是 Double 包装对象，get(i))检索第 i 个这样的包装对象），会自动从包装对象中提取原始值。

自动装箱和拆箱过程在后台自动进行，大大简化了程序员的工作，这可太棒了！

10.3.3　原始值和包装对象之间的显式转换

要显式地将一个原始值转换为其对应的对象，可以使用静态 valueOf 方法，并将原始值作为参数。要在图 10.3 的 StockAverage 程序中使用这种技术，你需要将自动装箱语句 "stock .add(stock);" 替换为：

```
stocks.add(Double.valueOf(stock));
```

反过来，从 Double 对象中显式地提取 double 值，可以让 Double 包装对象调用它的 doubleValue 方法。要在图 10.3 的 StockAverage 程序中使用这种技术，你可以用下面的语句替换拆箱语句 "stock = (stocks.get(i));"：

```
stock = stocks.get(i).doubleValue();
```

如前所述，stocks 存储 Double 包装对象，而 get(i)检索第 i 个这样的包装对象。doubleValue()方法调用从检索到的包装对象中提取 double 原始值。

10.4　使用匿名对象和 for-each 循环的 ArrayList 示例

*匿名对象*和 for-each 循环是特别适合与 ArrayList 一起使用的编程构造。在本节中，我们通过展示如何在 ArrayList 程序中使用 for-each 循环和匿名对象来介绍它们的详细信息。但是在开始这个程序之前，我们先简要介绍一下这两个新构造。

通常，当你创建一个对象时，会立即将对象的引用存储在引用变量中。这样你就可以在以后使用引用变量的名称来引用该对象。如果你创建了一个对象，但没有立即将对象的引用赋给引用变量，那么你就创建了一个匿名对象，之所以叫匿名是因为它没有名字。

for-each 循环是传统 for 循环的修改版本。每当需要遍历数据集合中的所有元素时都可以使用它。ArrayList 是数据的集合，因此，for-each 循环可用于遍历 ArrayList 中的所有元素。

10.4.1　玩具熊商店示例

假设你想为一个销售定制玩具熊的商店建模。你需要一个 Bear 类来表示每一只玩具熊，一个 BearStore 类来表示商店，以及 BearStoreDriver 类来驱动程序。让我们首先来研究图 10.4 中的 Bear 类。Bear 类定义了两个实例命名常量，分别代表玩具熊的两个永久属性：MAKER（玩具熊的制造商，如 Gund）和 TYPE（玩具熊的类型，如 "维尼熊" 或者 "愤怒的营地熊"）。构造器初始化这两个实例常量，然后通过 display 方法显示它们。

```
/*************************************************************
 * Bear.java
 * Dean & Dean
 *
 * 这个类为一个玩具熊建模
 *************************************************************/
public class Bear
{
    private final String MAKER; // 玩具熊的制造商
    private final String TYPE;  // 玩具熊的类型

    //*******************************************************

    public Bear(String maker, String type)
    {
      MAKER = maker;
      TYPE = type;
    }

    //*******************************************************

    public void display()
    {
      System.out.println(MAKER + " " + TYPE);
    }
} // Bear 类结束
```

图 10.4　表示玩具熊的类

现在让我们来研究 BearStore 类的第一部分，如图 10.5a 所示。BearStore 类有一个实例变量 bears，它被声明为 Bear 引用的 ArrayList，用于存储商店里的玩具熊集合。BearStore 类的 addStdBears 方法用指定数量的标准泰迪熊填充 bears ArrayList。

```
/******************************************************
 * BearStore.java
 * Dean & Dean
 *
 * 这个类实现了一个卖玩具熊的商店
 ******************************************************/

import java.util.Scanner;
import java.util.ArrayList;

public class BearStore
{
  ArrayList<Bear> bears = new ArrayList<>();

  //****************************************************

  // 在商店中填充指定数量的标准的泰迪熊

  public void addStdBears(int num)
  {
    for (int i=0; i<num; i++)
    {
      bears.add(new Bear("Acme", "brown teddy"));     ◀──  匿名对象作为参数
    }
  } // addStdBears 结束

  //****************************************************

  // 在商店中填充指定数量的定制的熊

  public void addUserSpecifiedBears(int num)
  {                                                        返回的匿名对象
    for (int i=0; i<num; i++)                              作为这个方法调
    {                                                      用中的参数
      bears.add(getUserSpecifiedBear());
    }
  } // addUserSpecifiedBears 结束
```

图 10.5a　实现玩具熊商店的类——A 部分

以下的声明向 ArrayList 添加了一个标准泰迪熊：

```
bears.add(new Bear("Acme", "brown teddy"));
```

该语句实例化了一个 Bear 对象，并将 Bear 对象的引用传递给 bears.add 方法调用。该语句并没有将 Bear 对象的引用赋值给 Bear 引用变量。因为 Bear 引用变量没有被赋值，所以它是一个匿名对象。作为一种替代方法，该语句可以使用 Bear 引用变量，并写成以下形式：

```
Bear stdBear = new Bear("Acme", "brown teddy");
```

```
    bears.add(stdBear);
```

但既然可以使用一条语句，何必用两条呢？新的 bear 的引用存储在 bears ArrayList 中，并在此进行处理。不需要将它存储在其他位置（如 stdBear 引用变量中），因此为了代码的紧凑性，不要这样做。

现在让我们研究一下 BearStore 类的最后一部分，如图 10.5b 所示。BearStore 类的 getUserSpecifiedBear 方法提示用户输入特定的玩具熊制造商和类型，并返回新创建的玩具熊。return 语句如下所示：

```
    return new Bear(maker, type);
```

```
    //**********************************************************

    //提示用户输入玩具熊的制造商和类型，并返回玩具熊

    private Bear getUserSpecifiedBear()
    {
      Scanner stdIn = new Scanner(System.in);
      String maker, type;

      System.out.print("Enter bear's maker: ");
      maker = stdIn.nextLine();
      System.out.print("Enter bear's type: ");
      type = stdIn.nextLine();
      return new Bear(maker, type);          ◄── 匿名对象作为返回值
    } // getUserSpecifiedBear 结束


    //**********************************************************

    // 输出商店中的所有玩具熊

    public void displayInventory()
    {
      for (Bear bear : bears)
      {
        bear.display();                      ◄── for-each 循环
      }
    } // displayInventory 结束


    //**********************************************************

    public static void main(String[] args)
    {
      BearStore store = new BearStore();
      store.addStdBears(3);
      store.addUserSpecifiedBears(2);
      store.displayInventory();
    } // main 结束
  } // BearStore 类结束
```

图 10.5b　实现玩具熊商店的类——B 部分

注意：新玩具熊没有引用变量。因此，新玩具熊被看作一个匿名对象。return 语句将新玩具熊返回给 addUserSpecifiedBears 方法，并使用该方法将它添加到 bears ArrayList 中。

10.4.2 何时使用匿名对象

玩具熊商店程序中包含几个使用匿名对象的具体示例。通常，我们会在两种情况下使用匿名对象。

（1）将新创建的对象传递给方法或构造器时。例如：

```
bears.add(new Bear("Gund", "Teddy"));
```

（2）当从方法返回新创建的对象时。例如：

```
return new Bear(maker, type);
```

10.4.3 嵌入式驱动程序

在 BearStore 类的底部，我们嵌入了驱动程序类（main）。它实例化一个 BearStore 对象，将 3 只标准玩具熊和两只用户定制的玩具熊添加到玩具熊商店内，然后通过调用 displayInventory 显示商店内的玩具熊库存。在显示商店的库存时，displayInventory 方法在 for-each 循环的帮助下访问 bears ArrayList 中的每只玩具熊。在 10.4.4 小节中，将了解 for-each 循环的细节。

10.4.4 for - each 循环

如前所述，在需要遍历数据集合中的所有元素时，可以使用 for-each 循环。下面是 ArrayList 的 for-each 循环语法：

```
for （元素类型 元素名称: ArrayList 引用变量)
{
  ...
}
```

下面是图 10.5b 中的 displayInventory 方法的 for-each 循环示例：

```
for (Bear bear : bears)
{
  bear.display();
}
```

注意：for-each 循环标题是如何与前面的语法相匹配的。bears 是 ArrayList 的引用变量，bear 是 bear ArrayList 中元素的名称，Bear 是元素的类型。为元素选择任何名称都是合法的，通常的做法是使用缩写，但这里我们选择描述性名称 bear。在 for-each 循环的每次迭代中，都使用元素名引用当前元素。例如，bear.display() 调用当前 bear 元素的 display 方法。

作为一种替代方法，你可以使用传统的 for 循环而不是 for-each 循环来实现 displayInventory 方法。下面是一个传统的 for 循环的实现。

```
for (int i=0; i<bears.size(); i++)
{
  bears.get(i).display();
}
```

for-each 循环的实现方式更好，因为它更简单：不需要声明索引变量，也不需要计算和指定 ArrayList 的第一个和最后一个索引值。

10.5　ArrayList 与标准数组的比较

ArrayList 和标准数组的功能有很多重叠之处。那么你怎么知道该用哪一个呢？在不同的情况下，答案会有所不同。可以参考下表作出决策：

ArrayList 优于标准数组	标准数组优于 ArrayList
ArrayList 更容易扩展，只需调用 add 方法即可	标准数组使用方括号[]来访问数组元素（这比使用 get 和 set 方法更容易）
程序员可以很容易地在 ArrayList 中插入或删除元素，只需调用 add 或 remove 方法，并指定元素的索引位置	标准数组在存储原始值时效率更高

上表中 ArrayList 的第一个优点是：容易扩展，请回忆一下增加标准数组的大小需要做多少工作。对于标准数组，程序员需要实例化一个更大的数组，然后将旧数组的内容复制到新的更大的数组中。而对于 ArrayList，程序员只需要调用 add 方法。请注意，JVM 在后台实现 add 方法时需要进行一些操作，但其代价很小。ArrayList 是在底层标准数组的帮助下实现的。通常，底层数组的元素数量比 ArrayList 多，因此向 ArrayList 添加另一个元素很容易——JVM 只需从底层数组借用一个未使用的元素。作为程序员，你不需要考虑或编写这些细节，"借用"过程是自动发生的。

上表中 ArrayList 的第二个优点是：程序员可以很容易地在 ArrayList 内部插入或删除元素，但这并不意味着对 JVM 也很容易。实际上，当 JVM 在 ArrayList 内部添加或删除内容时，需要做很多工作。为了插入元素，JVM 必须通过移动索引较高的元素来调整底层数组，为新元素腾出空间；为了删除元素，JVM 必须通过移动索引更高的元素来覆盖被删除的元素，从而调整底层数组。

10.6　LinkedList 类

在第 9 章和第 10.1 节中，学习了数组和 ArrayList，它们是存储相同类型的相关数据的有序列表。现在介绍另一种存储相同类型的相关数据的有序列表——*链表*。数组和 ArrayList 将相邻的元素存储在内存中的相邻位置，而链表则使用引用链来连接其中的元素。因为历史原因，链表的元素被称为节点。但我们将继续称它们为元素，因为通过前面的学习，你已经习惯了这个名称。Oracle 在引用数组、ArrayList 和链表中的项时也一贯使用"元素"这个术语。

在 Java 中，链表通常使用 API 库中的 LinkedList 类来实现。LinkedList 对象形成了*双向链接*的元素，这意味着每个元素都包含两个引用——一个指向它前面的元素，另一个指向它后面的元素。示意图参见图 10.6，显示了如何向链表中添加和删除元素。

要创建一个链表来存储你喜欢的 Android 应用的名字，可以像这样实例化 LinkedList 类：

```
LinkedList<String> androidApps = new LinkedList<>();
```
链表的名字 androidApps 是一个引用变量，最初指向 null，这意味着链表是空的。

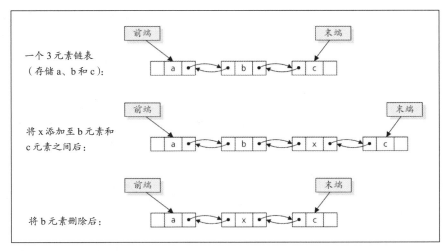

图 10.6　在双向链表中添加和删除元素

LinkedList 实现了很多与 ArrayList 相同的方法。add 方法就是个重要的例子。LinkedList 的单参数 add 方法将一个元素追加到链表的末尾，就像 ArrayList 的单参数 add 方法将一个元素追加到 ArrayList 的高索引末端一样。链表的末尾通常被称为链表的末端，这也是我们所使用的，但有时它也被称为链表的尾部。LinkedList 的双参数 add 方法（其中第一个参数是索引）可以在链表的任何地方插入新元素，就像 ArrayList 的双参数 add 方法一样。访问链表元素的过程从两端中的任意一端开始。因此最容易查找、添加或删除靠近其中一端的元素。一旦在链表中找到了元素，删除它或在那里添加一个新元素就相对容易了，但如果链表很大，找到位于中间的元素就需要相当长的时间，比在 ArrayList 中查找元素所花费的时间要长得多。在 ArrayList 中，底层数组有助于程序快速跳转到任何有索引的位置。

10.7　List 接口

ArrayList 和 LinkedList 实现了许多相同的方法——get、set、add、remove、clear 和 size 等。使用相同的名称很方便，因为 Java 程序员只需要记住一组名称即可。而且，每个相同名称的方法使用相同数量的参数和参数类型，这使它们更容易被记住。为了鼓励和标准化这种让类使用具有相同签名（相同的方法名和相同的参数类型）的方法的策略，Java 依赖于*接口*。接口是设计具有某些特性的类的模板。ArrayList 和 LinkedList 类都实现列表，因此，它们具有所有列表所共有的某些特性。为了保持一致性，使用 List 接口作为模板来实现它们。要使用接口来实现类，只需在类标题附加一个 implements 子句。例如，如果你在 Java API 库中查看 ArrayList 类，你会看到：

```
public class ArrayList<E> implements List<E>
```

如第 10.2 节所述，在将来声明 ArrayList 并指定类型之前，E 充当该指定类型的泛型占位符。例如，如果你使用 ArrayList<String> iPhoneApps;声明一个字符串的 ArrayList，那么 String 将匹配 ArrayList 的类标题中的 E；或者，如果你使用 ArrayList<Bear> bears;声明 Bear 对象的 ArrayList，那么 Bear 将与 ArrayList 的类标题中的 E 匹配。

过去，你会在左边声明一个原始类型的变量或一个类名。例如：

```
double distance;
Student student;
```

你也可以在左边声明一个带有接口的变量，例如：

```
List<String> iPhoneApps;
```

如果将变量声明为 double，则必须将数值赋给该变量。同样，如果声明一个带有接口的变量，则必须将引用赋给该变量，以便该引用指向实现该接口的类的实例。例如，给定上面 iPhoneApps 的声明，你可以将一个 ArrayList 对象赋值给 iPhoneApps，之后再将一个 LinkedList 对象赋值给 iPhoneApps。代码如下：

```
iPhoneApps = new ArrayList<String>;
...
iPhoneApps = new LinkedList<String>;
```

这段代码运行正常，但你可能会想："为什么我要将不同类型的列表分配给同一个变量？"假设你想编写一个方法来反转传入的 list 参数中元素的顺序，并且能够处理实现 List 接口的任何类型的列表。为此，你应该使用 List 接口声明 list 参数。下面是合适的方法标题：

```
public void reverseList(List<String> list)
```

因为 ArrayList 和 LinkedList 都实现了 List 接口，所以你应该能够将这两个类中的任何一个的实例传递给 reverseList 方法，并且能顺利实现列表的反转，真棒！

可见，用接口声明类型可以使代码更加灵活。与此同时，用接口声明类型也可以约束代码。它防止变量调用接口未指定的方法。例如，LinkedList 指定了 List 中没有指定的其他几个方法。这些附加的 LinkedList 方法使 LinkedList 对象能够做 ArrayList 对象不能做的事情。但是，如果将保存 LinkedList 对象的变量声明为 List 类型，则该对象不能调用任何这些附加的 LinkedList 方法。

10.8　解决问题：如何比较方法执行时间

因为 LinkedList 类和 ArrayList 类都实现了 List 接口，所以这两个类中任何一个的实例都可以调用 List 接口中指定的任何方法。因此，如果你只使用 List 接口指定的那些方法，则可以自由地用 LinkedList 对象替换 ArrayList 对象，反之亦然。因此，你可以回到本章之前的任何程序，导入 java.util 包，并将每次出现的 ArrayList 替换为 LinkedList。例如，在图 10.5a 中的 BearStore 程序中，可以使用 LinkedList<Bear>而不是 ArrayList<Bear>。问题在于，如果 ArrayList 和 LinkedList 生成相同的结果，如何决定使用哪一个呢？用运行得更快的那个。但你怎么知道哪个运行得更快呢？确定两个实现中哪个运行得更快的最佳方法是度量它们完成相同工作所花费的时间。我们可以告诉你哪种类型的列表运行得更快（我们最终会这么做的），但本节的重点是教你如何判断方法的相对性能，这样你就可以将该技术应用于其他感兴趣的方法。

要确定特定代码段的执行时间，可以调用 System.nanoTime()，它将返回以纳秒（十亿分之一秒）为单位的当前时间。当然，测量的时间差随硬件的不同而不同。即使在相同的硬件上，由于不可预测的后台活动，每次的运行结果也会有所不同。尽管如此，比较度量仍然是一种有用的技术，因为软件性能差异通常是相当大的，而且很容易看到。

我们将从 get 和 set 操作开始进行比较，它们分别用于检索和更新指定列表的元素值。我们将确定当分别使用 ArrayList 和 LinkedList 时，这些操作的执行速度。图 10.7a 和图 10.7b 所示的 ListExecutionTimes 程序将帮助我们完成这项工作。注意第一部分中 list 变量被声明为 ArrayList。在被注释掉的代码中，list 变量被声明为 LinkedList。我们将运行程序两次，第二次会切换注释//的位置。

```
/****************************************************************
 * ListExecutionTimes.java
 * Dean & Dean
 *
 * 度量执行索引操作的平均时间
 ****************************************************************/

import java.util.*; // ArrayList、LinkedList、ArrayDeque 和 Random

public class ListExecutionTimes
{
  public static void main(String[] args)
  {
    String operationType = "average get and set time";
//    String operationType = "average remove and add time";
    int length = 1000;
    int[] indicesA = getIndices(length);  // 随机序列
    int[] indicesB = getIndices(length);  // 随机序列
    ArrayList<Double> list = new ArrayList<>();
//    LinkedList<Double> list = new LinkedList<>();        替代的实现方法
    Double element;
    long time0, time1;
    for (int i=0; i<length; i++)
    {
      list.add(Double.valueOf(i));
    }
    time0 = System.nanoTime();
    for (int i=1; i<length; i++)
    {
      element = list.get(indicesA[i]);
      list.set(indicesB[i], element);
//      element = list.remove(indicesA[i]);          替代的被度量的操作
//      list.add(indicesB[i], element);
    }
    time1 = System.nanoTime();
    System.out.println(list.getClass());
    System.out.printf("for length = %d, %s = %,d ns\n",
      length, operationType, (time1 - time0) / length);
  } // main 结束
```

图 10.7a　ListExecutionTimes 程序——A 部分
用注释语句替代前面的操作语句，可使用替代的评估方法。

```
//*************************************************************

// 返回一个数组，它包括 0 到 length 之间的所有整数，并且是一个没有重复的随机序列

private static int[] getIndices (int length)
{
  Random random = new Random();
  ArrayList<Integer> integers = new ArrayList<>();
  int[] indices = new int[length];
  for (int i=0; i<length; i++)
  {
    integers.add(random.nextInt(i+1), Integer.valueOf(i));
  }
  for (int i=0; i<length; i++)
  {
    indices[i] = integers.get(i);
  }
  return indices;
} // getIndices 结束
} // ListExecutionTimes 类结束
```

图 10.7b　ListExecutionTimes 程序——B 部分

这个辅助方法生成一个由 0 到 length 之间的所有整数组成的随机序列。

ListExecutionTimes 程序度量检索随机索引上的每个元素，然后将这些元素更新到不同的随机索引上的平均时间。我们随意将列表长度定为 1000，调用 getIndices 辅助方法来生成两个索引数组：indicesA 和 indicesB。每个数组都包含一个 0 到 length 范围内所有整数的随机序列，而且它们的序列是不同的。

在图 10.7a 中，对 System.nanoTime()的调用将当前时间分配给 time0 和 time1。由于这些赋值包围着重复调用 get 和 set 的循环，通过(time1-time0)可以计算出执行所有 get 和 set 操作所需的总时间。在图 10.7a 的底部，注意表达式(time1-time0) / length。该表达式计算每对 get 和 set 方法调用的平均时间（以纳秒为单位）。

图 10.8 的第一个输出会话中显示了使用 ArrayList 的 get 和 set 操作的典型执行时间。为了与 LinkedList 进行比较，在图 10.7a 中，我们将

```
ArrayList<Double> list = new ArrayList<>();
```

替换为

```
LinkedList<Double> list = new LinkedList<>();
```

然后我们重新编译并运行程序，从而获得图 10.8 所示的第二个输出的结果。虽然测量的时间对运行程序的计算机的硬件和后台活动很敏感，但它们的相对值应该是相当准确的。LinkedList 实现实际上需要更长的时间来执行 get 和 set，因为它不是直接跳转到所需的元素，而是必须逐步遍历列表，直到步骤计数等于索引号。在 length = 100 的情况下，ArrayList 的平均 get 和 set 时间约为 401 纳秒，LinkedList 则约为 1248 纳秒。

```
输出:
class java.util.ArrayList
for length = 1000, average get and set time = 156 ns

输出:
class java.util.LinkedList
for length = 1000, average get and set time = 1,861 ns
```

图 10.8　使用图 10.7a 和图 10.7b 中的程序 get 和 set 索引元素的大约平均时间

第一个输出使用的是该程序的 ArrayList 版本，第二个输出使用的是该程序的 LinkedList 版本。

在 length = 1000 的情况下，ArrayList 的平均 get 和 set 时间约为 74 纳秒，LinkedList 则约为 8597 纳秒。当列表很长时，LinkedList 会慢得多。

在第二次比较中，我们查看两个改变列表结构的方法——remove 方法和双参数的 add 方法。人们通常希望链表在改变结构的操作中有更好的表现，让我们看看这是不是真的。为了比较将一个元素从一个索引移动到另一个索引的时间(通过调用 remove 和 add)，我们将图 10.7a 中的

```
String operationType = "average get and set time";
```
替换为
```
String operationType = "average remove and add time";
```
并将
```
element = list.get(indicesA[i]);
list.set(indicesB[i], element);
```
替换为
```
element = list.remove(indicesA[i]);
list.add(indicesB[i], element);
```

用 ArrayList 实现 list，重新编译并运行会生成图 10.9 的第一个输出。用 LinkedList 实现 list 时，重新编译并运行会生成图 10.9 的第二个输出。

```
输出:
class java.util.ArrayList
for length = 1000, average remove and add time = 558 ns

输出:
class java.util.LinkedList
for length = 1000, average remove and add time = 2,198 ns
```

图 10.9　在一个索引处删除元素并在另一个索引处添加元素的大约平均时间

第一个输出使用了该程序的 ArrayList 版本，第二个输出使用了该程序的 LinkedList 版本。

在执行 remove 方法时，JVM 执行两个操作：首先查找元素，然后删除它。使用 ArrayList，查找操作很快（它使用指定的索引直接访问元素），但删除操作很慢（删除元素后，必须通过将所有高索引元素向下移动一个索引来修复底层数组）。而 LinkedList 的问题则相反。对于 LinkedList，查找操作很慢（因为它必须从某一端开始搜索），但是删除操作很快（只需要更改几个引用）。

与 remove 方法一样，双参数的 add 方法也是一个两步操作。首先，它找到元素，然后将元素插入

列表中指定的位置。在 ArrayList 和 LinkedList 之间进行选择时，add 和 remove 在性能的优劣势方面是相同的。

对于大多数 remove 和 add 操作来说，ArrayList 的性能优于 LinkedList 的性能，见图 10.9。在很短的列表和很长的列表中，ArrayList 都具有优势。对于 length = 100 的 ArrayList，平均 remove 和 add 时间约为 655 纳秒，LinkedList 则约为 1288 纳秒。对于 length = 10000 的 ArrayList，平均移动时间约 1912 纳秒，LinkedList 则约为 21419 纳秒。

尽管这些实验表明，ArrayList 的平均表现优于相应的 LinkedList，LinkedList 在改变列表低索引端的结构时性能优于 ArrayList。这是因为对于 ArrayList 来说，要在列表的低索引端添加或删除元素，JVM 必须通过将所有较高索引的元素分别向上或向下移动一个索引位置来调整底层数组。与 ArrayList 相比，LinkedList 的性能优势很小。

当你添加或删除一系列彼此接近的列表元素（相邻，或中间没有太多元素）时，LinkedList 的相对性能会有所改进。这种接近很重要，因为作为程序员，你可以使用迭代器来追踪 LinkedList 中最近被访问的元素的位置。有了迭代器，就不需要从某一端开始搜索元素了。你可以从最近访问的元素开始搜索，这样可以节省时间。要了解迭代器，请在 Java API 库中查看 ListIterator。

10.9　队列、堆栈和 ArrayDeque 类

让我们对到目前为止学习的相同类型数据的集合进行归纳：在知道元素数量的情况下使用数组，当需要在列表中的任何地方添加或删除元素时使用 ArrayList，在需要添加或删除一系列相互靠近的列表元素的特殊情况下使用 LinkedList。在本节中，我们将介绍另外两种特殊情况，即只允许在末端添加和删除元素的情况、只允许在一端添加和删除元素的情况。这两种情况分别由队列和堆栈处理。

10.9.1　队列

在现实生活中，排队等候的人可以构成一个队列。新来的人被排在队伍的末端，排队时间最长的人最先接受服务，并从队伍的最前端移走。这种策略被称为先进先出（FIFO），因为先到的人先得到服务。在计算机程序的世界中，队列数据结构映射了一队等待的人。对于普通队列，你只能从末端添加元素，从前端删除元素。示意图请参见图 10.10。

尽管你可以使用 ArrayList 或 LinkedList 来实现队列，为了让效率最大化，你应该使用 Java API 的 ArrayDeque 类。ArrayDeque 中的 deque 代表双端队列。对于双端队列，你可以从任意一端添加或删除元素。

在后台，ArrayDeque 是用数组实现的，它比链表占用的内存更少，这也是它速度提高的原因之一。从本质上讲，数组是一个静态实体，因此为了适应队列动态增长和收缩的特点，需要一些后台的技巧。技巧 1：当使用 ArrayDeque 实例化时，JVM 创建一个包含 16 个元素的空数组。如果在数组已满的情况下需要添加另一个元素，JVM 就会用容量是原数组两倍的新数组替换数组。技巧 2：任何时候试图删除一个元素，都不需要移动所有的高索引元素来填充前端元素的位置。JVM 会调整队列的前端，使其指向原来前端元素的下一个元素，这将释放原来的前端元素，并使其以后可用于保存队列末端的其他元素。使用*环形数组*可以实现用原来前端元素的位置容纳未来的末端元素。环形数组是由常规数组构成的。它之所以是"环形"，是因为它能够将最高索引元素视为与 0 索引元素相邻的元素，因此这些元素构成

了一个连续的虚拟环形。作为添加操作的一部分，环形数组的末端元素的索引值将递增。如果递增导致末端元素的索引值大于数组的最高索引值，那么末端元素的索引值将被重新赋值为 0。删除操作的工作原理相同，但它使用前端元素而不是末端元素。

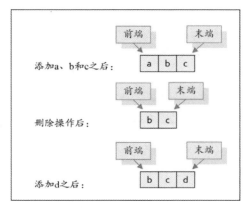

图 10.10　队列操作

基于 ArrayDeque 内置的上述策略，当你向 ArrayDeque 添加一个元素时，JVM 只是简单地给一个数组元素赋值并更新 ArrayDeque 的内部末端和大小属性（除非需要展开底层数组）。从 ArrayDeque 删除一个元素也同样简单。

现在让我们深入了解使用 ArrayDeque 的细节，从而在你的程序中创建和操作队列。要创建一个在 Chipotle Mexican Grill 餐厅中排队等餐的顾客的空队列，可以这样实例化 ArrayDeque:

```
Queue<String> chipotlesQueue = new ArrayDeque<>();
```

在上面的代码中，注意 chipotlesQueue 是用 Queue 声明的。Queue 是一个接口。如前所述，可以使用接口来约束对象，以便对象只能调用接口中包含的方法。ArrayDeque 类中有很多方法，其中一些方法不适合队列。例如，ArrayDeque 类包含一个 removeLast 方法，它删除队列末端的元素。因为普通队列只能从前端删除元素，而不能从末端删除元素，所以 Queue 接口不包含 removeLast 方法，而只包含 remove 方法，该方法从前端删除元素。请注意，remove 方法在尝试删除前端元素之前不会检查队列是否为空。因此，如果你从空队列中调用 remove，程序会崩溃。为了防止这种情况，可以在调用 remove 之前调用 Queue 的 isEmpty 方法。请研究图 10.11 的 ChipotlesQueue 程序中的 while 循环进一步了解。

要将元素添加到队列的末端，可以使用 Queue 的 add 方法。例如，下面的代码展示了 ChipotlesQueue 程序如何将 Alexa 添加到食品订购队列中：

```
chipotlesQueue.add("Alexa");
```

```
/*****************************************************************
 * ChipotlesQueue.java
 * Dean & Dean
 *
 * 这说明了普通 FIFO 队列的创建和使用
 *****************************************************************/
```

图 10.11　ChipotlesQueue 程序

```
import java.util.*;        // 为了导入 ArrayDeque 和 Queue

public class ChipotlesQueue
{
  public static void main(String[] args)
  {
    String servedPerson; // 从队列前端移走的人
    Queue<String> chipotlesQueue = new ArrayDeque<>();

    chipotlesQueue.add("Alexa");
    chipotlesQueue.add("Carolyn");

    while (!chipotlesQueue.isEmpty())
    {
      servedPerson = chipotlesQueue.remove();
      System.out.println("What is your order, " + servedPerson + "?");
    }
  } // main 结束
} // ChipotlesQueue 类结束

输出：
What is your order, Alexa?
What is your order, Carolyn?
```

> 在试图删除前面的元素之前，检查一个空队列

图 10.11　（续）

10.9.2　堆栈

与队列一样，*堆栈*也是一个限制元素访问方式的有序列表。在堆栈中，你只在一端添加和删除元素，这一端称为*顶部*。典型的例子是餐盘的使用，大多数人会把盘子叠放起来，使用的时候从最上面开始取盘子。等清理并擦干它们之后，再放回到最上面。堆栈策略被称为*后进先出*（LIFO），因为最后一个放在堆栈顶部的项目就是第一个从堆栈中移除的项目。研究图 10.12，了解如何向堆栈中添加和删除元素。如图 10.12 所示，对于堆栈，添加操作称为*推入*，删除操作称为*弹出*。

堆栈和队列一样，可以通过 ArrayDeque 有效地实现。对于队列，存在一个接口，即 Queue 接口，可用于强制 ArrayDeque 像队列一样工作。但是，没有类似的接口来强制 ArrayDeque 充当堆栈。如果你想创建一个被限制为堆栈操作的列表（从堆栈顶部推入和弹出），你可以使用 Stack 类而不是 ArrayDeque 类，或者用 ArrayDeque 实例变量以及推入和弹出方法编写自己的堆栈类。这两种技术都有很多拥趸，你可以随意使用它们中的任意一种。然而，它们都是相对较慢的解决方案（是的，对于堆栈操作，Java API Stack 类比 ArrayDeque 类慢）。为了避免对性能的影响，我们宁可在 ArrayDeque 类上提供一个仅限于堆栈操作的约束。我们将只使用 ArrayDeque 类，因为它应该用于堆栈，并确保之后没有人会通过调用不适当的 ArrayDeque 方法来编辑我们的源代码（例如，堆栈不适合调用 removeLast，因为它删除了堆栈底部的元素）。

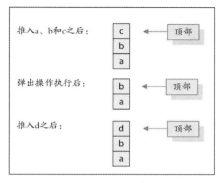

图 10.12　堆栈操作

在图 10.13a、10.13b 和 10.13c 中，我们展示了一个 DrivewayParking 程序，演示了如何使用 ArrayDeque 来处理堆栈。该项目旨在为大学运动会提供低预算的停车服务，车辆可以停在两条狭长车道中的其中一条。该程序通过基于 ArrayDeque 的堆栈实现车道。下面是实例化代码：

```
private ArrayDeque<String> driveway1 = new ArrayDeque<>();
private ArrayDeque<String> driveway2 = new ArrayDeque<>();
```

```
/****************************************************************
 * DrivewayParking.java
 * Dean & Dean
 *
 * 这个程序使用堆栈来帮助提供车道停车服务
 ****************************************************************/

import java.util.*; // ArrayDeque 和 Scanner

public class DrivewayParking
{
  private ArrayDeque<String> driveway1 = new ArrayDeque<>();
  private ArrayDeque<String> driveway2 = new ArrayDeque<>();

  //**************************************************************

  public void describeDriveways()
  {
    System.out.println("driveway1 " + driveway1);
    System.out.println("driveway2 " + driveway2);
  } // describeDriveways()结束

  //**************************************************************

  // 这个方法将车停在车辆最少的车道上

  private void parkCar(String licensePlate)
  {
```

图 10.13a　DrivewayParking 程序——A 部分

```
    if (driveway1.size() <= driveway2.size())
    {
      driveway1.push(licensePlate);
    }
    else
    {
      driveway2.push(licensePlate);
    }
  } // parkCar 结束
```

通过把车辆推入最空闲的堆栈中进行停车

图 10.13a　（续）

```
//**************************************************************/

// 当且仅当找到 licensePlate 时返回 true

private boolean getCar(String licensePlate)
{
  String otherPlate;

  if (driveway1.contains(licensePlate))
  {
    otherPlate = driveway1.pop();
    while (!otherPlate.equals(licensePlate))
    {
      driveway2.push(otherPlate);
      otherPlate = driveway1.pop();
    }
    return true;
  }
  else if (driveway2.contains(licensePlate))
  {
    otherPlate = driveway2.pop();
    while (!otherPlate.equals(licensePlate))
    {
      driveway1.push(otherPlate);
      otherPlate = driveway2.pop();
    }
    return true;
  }
  else
  {
    return false;
  }
} // getCar 结束
```

如果找到了被搜索的汽车，将后面的汽车从堆栈中取出来

图 10.13b　DrivewayParking 程序——B 部分

```
//**********************************************************

public static void main(String[] args)
{
  Scanner stdIn = new Scanner(System.in);
  char action;
  String licensePlate;
  DrivewayParking attendant = new DrivewayParking();

  do
  {
    attendant.describeDriveways();
    System.out.print("Enter +license to add, " +
      "-license to remove, or q to quit: ");
    licensePlate = stdIn.nextLine();
    action = licensePlate.charAt(0);
    licensePlate = licensePlate.substring(1);
    if (action == '+')
      attendant.parkCar(licensePlate);
    else if (action == '-' && !attendant.getCar(licensePlate))
      System.out.println("Sorry, couldn't find it.");
  } while (action != 'q');
} // main 结束
} // DrivewayParking 类结束
```

图 10.13c　DrivewayParking 程序——C 部分

　　使用堆栈是有帮助的，因为它的后进先出策略模拟了汽车驶入和驶出车道的情况。当有车辆到达的时候，泊车员把车停在相对空闲的车道上，并记录下车牌号，类似于把数据推到相对空闲的堆栈中，下面是 DrivewayParking 程序的 parkCar 方法的相关代码：

```
if (driveway1.size() <= driveway2.size())
{
  driveway1.push(licensePlate);
}
else
{
  driveway2.push(licensePlate);
}
```

　　当车主返回时，泊车员通过为每个车道堆栈调用 ArrayDeque 的 contains 方法来确定车辆的位置。如果传入的车牌号存储在堆栈中，contains 方法将返回 true。如果在其中一个堆栈中找到车牌号，则将从该堆栈中弹出车辆（使用 ArrayDeque 的 pop 方法），并推入另一个堆栈，直到车主的汽车可以被弹出。然后，泊车员模仿程序的弹出和推入过程，把该车辆后面的每一辆车倒出来，停在另一条车道上。要了解它是如何工作的，可使用图 10.14 的示例会话作为向导，追踪 DrivewayParking 程序。

```
示例会话:
driveway1 []
driveway2 []
Enter +license to add, -license to remove, or q to quit: +1234

driveway1 [1234]
driveway2 []
Enter +license to add, -license to remove, or q to quit: +2345

driveway1 [1234]
driveway2 [2345]
Enter +license to add, -license to remove, or q to quit: +3456

driveway1 [3456, 1234]
driveway2 [2345]
Enter +license to add, -license to remove, or q to quit: +4567

driveway1 [3456, 1234]
driveway2 [4567, 2345]
Enter +license to add, -license to remove, or q to quit: +5678

driveway1 [5678, 3456, 1234]
driveway2 [4567, 2345]
Enter +license to add, -license to remove, or q to quit: -4321

Sorry, couldn't find it.
driveway1 [5678, 3456, 1234]
driveway2 [4567, 2345]
Enter +license to add, -license to remove, or q to quit: -1234

driveway1 []
driveway2 [3456, 5678, 4567, 2345]
Enter +license to add, -license to remove, or q to quit: q
```

图 10.14　DrivewayParking 程序的示例会话

车道堆栈的顶部位于左侧。

10.10　Java 集合框架概述

ArrayList、LinkedList 和 ArrayDeque 类以及 List、Queue 和 Deque 接口是称为 Java 集合框架的大型 Java API 软件体系中的一小部分。[1]除了列表和队列之外，这个框架还包括描述和实现其他类型数据结构的接口和类，如集合和映射。

图 10.15 显示了这个框架顶层的一部分。这里显示的所有接口和类都在 java.util 包中。图 10.15 中的斜体文本表示接口。

---

[1]　参见集合框架概述：https://docs.oracle.com/javase/8/docs/technotes/guides/collections/overview.html。

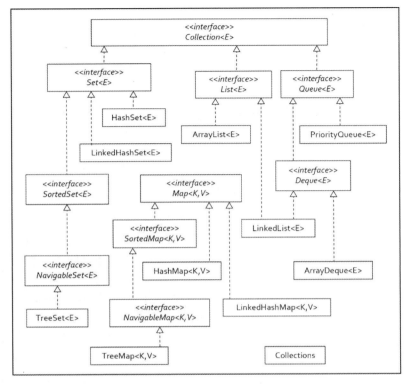

图 10.15　Java 集合框架接口层次结构顶层的一部分

非斜体文本是可实例化的类。Java 集合框架有两个接口层次结构：集合层次结构和映射层次结构，前者基于图片顶部的 Collection 接口；后者基于图片中心位置的 Map 接口。一部分从下方接口指向上方更通用的接口的虚线箭头[1]，表示下方的接口是上方通用接口的扩展。*扩展*接口意味着指定额外的方法。另一部分从下方的类指向上方的接口的虚线箭头，表示下方的类用于实现上方的接口。这些类定义了它们实现的接口所指定的所有方法。

现在让我们在图 10.15 的背景下重新考虑图 10.1 中的方法。图 10.15 显示了 ArrayList 类实现了 List 接口。Oracle 文档中说 List 接口指定了图 10.1 中标识的所有方法。LinkedList 类也实现了 List 接口。因此，ArrayList 类和 LinkedList 类都实现了图 10.1 中的所有方法。

Oracle 文档还显示，Collection 接口指定了图 10.1 中的四个方法：boolean add(E e)、boolean contains(Object o)、boolean isEmpty()和 int size()。因此，不仅仅是 ArrayList 和 LinkedList，还有其他 50 多个实现 Collection 接口的类也以某种方式实现了这四个方法。图 10.15 显示了其中的一部分，如 HashSet、LinkedHashSet、TreeSet、PriorityQueue 和 ArrayDeque，还有很大一部分没有显示。

图 10.15 中所有实现 Collection 接口的类不仅提供了像本章示例中那样的零参数构造器，而且还提供了像下面这样的单参数构造器：

```
ArrayList(Collection<? extends E> c)
```

---

[1]　这些花哨的箭头是统一建模语言（UML）符号，见附录 7。

```
LinkedList(Collection<? extends E> c)
```

这种单参数构造器用传入的 Collection 对象的内容初始化调用对象（Collection 对象）。

所有实现 Collection 接口的类还提供了一个 addAll 方法，该方法将任何其他 Collection 对象的内容添加到调用对象中：

```
public boolean addAll(Collection<? extends E> c)
```

如果调用对象是实现 List 接口的类的实例，上面的 addAll 方法会将新元素追加到列表的末端。

作为一种替代方法，同一个 List 接口调用对象可以调用以下双参数的 addAll 方法：

```
public boolean addAll(int index, Collection<? extends E> c)
```

它将把传入的集合元素按照 index 参数指示的位置插入到调用对象中。

List、Set 和 Map 接口本身提供了特殊的方法，即*静态工厂方法*，使用下面的语法：

```
static <E> List<E> of(E... elements)
```

E…elements 参数是一个以逗号分隔的对象列表。of 方法返回 List 接口的一个不可变实例。

因为 List 接口扩展了 Collection 接口，你可以提供一个由上面的 List.of 方法调用生成的 List 参数，而不是给构造器和方法提供一个 Collection 参数。尽管这样的列表本身不可变，但当被前面的 ArrayList 或 LinkedList 构造器或 addAll 方法引入时，它的内容是可变的。

例如，在图 10.2 的 HungerGames 程序中，我们不再像这样使用单独的 add 方法调用填充 ArrayList：

```
ArrayList<String> tributes = new ArrayList<>();

tributes.add("Cato");
tributes.add("Katniss");
tributes.add("Peeta");
tributes.add("Rue");
```

而是像这样用一个 addAll 方法调用来填充 ArrayList：

```
ArrayList<String> tributes = new ArrayList<>();
tributes.addAll(List.of("Cato", "Katniss", "Peeta", "Rue"));
```

或者可以在初始化 ArrayList 时像这样填充它：

```
ArrayList<String> tributes =
    new ArrayList<>(List.of("Cato", "Katniss", "Peeta", "Rue"));
```

现在让我们考虑图 10.15 中的其他一些接口。你已经对 List 接口所指定的内容有所了解，也知道它们十分有用。除了 Collection 接口所指定的方法之外，Set 接口只额外多指定了几个方法（如 of 方法）。但是它添加了一个约定：一个 Set 不包含重复的元素。这是一个非常有用的性质。

如前所述，Queue 接口指定描述排队行为的方法。它的 add 方法将一个元素添加到队列的末端。它的 remove 方法从队列的前端删除一个元素。注意，LinkedList 类同时实现了 List 和 Queue 接口，并实现了额外的 Deque 方法，它允许从任意一端添加或删除元素。

还有另一种类型的队列——优先级队列，它的行为与普通队列不同。优先级队列是元素按照优先级顺序排列的队列，而不管它们是按照什么顺序添加到集合中的。优先级队列的 add 方法将元素插入到队列中，以便低索引值元素总是在高索引值元素之前被删除。优先级队列的 remove 方法会将具有最小值的元素删除。Java 集合框架在其 PriorityQueue 类中实现了优先级队列的功能。PriorityQueue 类实现了 Queue 接口，而不是 Deque 接口。

我们把 Map 接口放在图 10.15 的中间位置是为了强调：映射将一个集合中的对象（位于左边）与另

一个对象（位于右边）联系起来，这个对象可以是另一个集合、列表或队列。映射可以执行与列表相同的数学操作。这两种结构都像一个数学公式。对于数学公式，你可以提供一个独立的输入值（如ArrayList 索引），公式给出相应的输出值（如该索引值）。映射也通过接收非整数输入来实现这一点。例如，映射中的独立变量——映射的键可以是整数的包装形式、字符、字符串、浮点数或任何其他类型的对象。唯一的约束是所有的键必须是不同的，不能有重复。因此，映射的键组成了一个可以通过调用keySet 方法检索的集合。

将映射看作一个两列查找表是很有帮助的。第一列包含你所知道的项（键）。第二列包含你要查找的项（值）。将类型为 K 的键所标识的类型为 V 的值添加到 Java Map 中，使用以下方法：

```
public V put(K key, V value)
```

如果已经有一个与此键相关联的值，则可以使用 put 方法返回那个预先存在的值。要获取由 key 标识的值的引用，请使用以下方法：

```
public V get(Object key)
```

要删除并返回由 key 标识的值，请使用以下方法：

```
public E remove(K key)
```

在 10.11 节的程序中，我们将使用映射，把作为对象标识符的整数与它所标识的对象关联起来。只要有可能，该程序就会使用标识整数，但当它需要访问或修改对象中的一个细节时，它将使用映射来获取对象，并查看或更改它的内部细节。①

注意图 10.15 右下角的 Collections 类。它是一个独立的实用程序类，没有构造器，并且所有方法都是静态方法。这些方法为 Java 集合框架的其他成员提供通用服务。我们在此列举一些非常有用的方法：addAll、binarySearch、fill、max、min、replaceAll、reverseOrder、rotate、shuffle、sort 和 swap。你可以在 Java API 文档中了解更多关于它们的信息。这个类中的 API 方法标题经常使用看起来很奇怪的泛型语法，但如果你只是用它们做一些显而易见的操作，它们通常能够正常工作并达到你想要的效果。

10.11 节中的程序将使用图 10.15 中的四个类：TreeSet（一个集合）、LinkedHashSet（另一个集合）、ArrayDeque（一个队列）和 HashMap（一个映射）。TreeSet 按照默认或规定的顺序对元素进行排序。在接下来的程序中，TreeSet 元素将是整数，默认情况下，TreeSet 将保持它们从低到高的顺序。LinkedHashSet 以进入的顺序保存它的元素。接下来的程序将使用 ArrayDeque 来实现 FIFO 队列。TreeMap 与它的 TreeSet 键具有相同的顺序。LinkedHashMap 与 HashSet 键的顺序相同。HashMap 的顺序是不可预测的，但 HashMap 是最有效的映射类型。因为简单查找时的顺序并不重要，接下来的程序中将使用 HashMap 作为查找表。

10.11 集合示例：朋友网中的信息流

现在让我们来看一个示例，它演示了如何使用 Java 集合框架中的软件。详情如下：假设有一组公民，每个公民有一组随机的朋友。假设所有的朋友关系都是双向的。也就是说，任何一位公民的所有朋

---

① 映射的键不一定只是一个独立变量，可以是两个或两个以上的独立变量。这些变量可以是不同类型的对象。要将几个不同对象的组合转换为单键，可以让每个对象调用一个通用的 hashCode 方法，该方法返回一个 int 值；然后将这些返回的 int 值相加，形成组合的单键。当这个组合的单键被引入 Map 的某个方法时，Java 会自动将其转换为 Integer。

友都把这位公民视为自己的朋友之一。不同的公民通常有不同的朋友，朋友的数量也不同。

当我们创建了公民和朋友关系网之后，我们通过执行以下实验来观察信息是如何在网络中流动的：我们选择一个特定的公民，并传递给他一条信息。我们要求这位公民将这一信息发送给他的所有朋友，并要求这些朋友将将信息传递给他们的朋友。这种状态会一直持续下去，直到所有能联系到的人都获得这条信息为止。

在最高级别，只有两个基本步骤，即构建网络和分发消息。所以顶层算法很简单。细节决定成败，构建网络最困难的地方是决定如何存储配置信息，以及决定在哪里放置生成信息的方法。分发消息最困难的地方是如何避免无限重复。

我们首先来考虑如何存储配置信息。要画出一个大的随机网络完整图是很困难的，即使能画出来也很难存储。一个更好的策略是存储部分列表。我们可以存储具有关联关系的公民列表，也可以存储具有关联公民的关系列表。存储具体的项目（公民）会更直观，再将朋友关系与具体的公民关联起来。这就是我们要做的。

因为这个程序大量使用集合，所以每个公民都需要一个唯一的标识符。初始化公民标识符的明显方法是通过构造器形参。但是，如果调用该构造器的代码在两个不同的实例化中使用了相同的 ID 呢？我们将如何检查这种可能性？如果它发生了，我们将如何应对？我们将通过在定义公民的类中封装 ID 赋值来避免这些问题。

10.11.1 顶层代码

图 10.16 显示了程序的主类。在 main 方法中，第一个局部变量是检索键盘输入的 Scanner 对象；第二个局部变量是表示社区的对象；第三个局部变量是社区居民的映射；第四个局部变量是最终保存消息传播实验结果的集合。

```
/***************************************************************
 * CommunityDriver.java
 * Dean & Dean
 *
 * 生成公民，建立朋友关系，并通过朋友网络传播信息
 ***************************************************************/

import java.util.*; // Scanner、Map 和 Set

public class CommunityDriver
{
  public static void main(String[] args)
  {
    Scanner stdIn = new Scanner(System.in);
    Community community;
    Map<Integer, Citizen> citizens;
    Set<Integer> informedCitizens;

    // 生成朋友关系网
    System.out.print("Enter citizen & relation quantities: ");
```

图 10.16 CommunityDriver 类

```
        community =
          new Community(stdIn.nextInt(), stdIn.nextInt());
        citizens = community.getCitizens();
        System.out.println("Citizen\tFriends");
        for (Integer id : citizens.keySet())
        {
          // 使用 Citizen 的 toString 方法显示公民信息
          System.out.println(citizens.get(id));
        }

        // 通过它传播消息
        System.out.print("Enter information source ID: ");
        informedCitizens = community.spreadWord(stdIn.nextInt());
        System.out.println("Citizen\tDelay");
        for (Integer citizenID : informedCitizens)
        {
          System.out.printf("%d\t%d\n",
            citizenID, citizens.get(citizenID).getDelay());
        }
      } // main 结束
    } // CommunityDriver 结束
```

图 10.16 （续）

第一段代码创建了网络。它要求用户输入两个用空格分隔的整数。第一个项是公民总数。第二项是不同公民之间的关系（友谊）的总数。下一条语句实例化一个 Community 对象，其构造器构建网络。下一条语句获取公民映射的引用。第一段代码中的 for 循环显示社区的公民及其朋友，每行一个公民。在每一行中，第一列包含一个公民的 ID，第二列包含该公民所有朋友的 ID。这个 for 循环中的 println 语句通过使用名为 citizens 的 Map 来检索特定的公民对象，然后要求该对象调用其 toString 方法，从而显示公民信息。

第二段代码通过网络传播消息。它要求用户输入发消息的公民的 ID。下一条语句要求名为 spreadWord 的 Community 方法传播消息。此代码块中的其余语句描述消息的传播。在每一行中，第一列包含接收消息的公民的 ID，第二列包含消息到达该公民所需的总步骤数——延迟。

10.11.2 构建网络

图 10.17a 显示了 Community 类的第一部分。实例变量 citizens 指的是包含公民数据的映射。映射的键是每个公民的 ID，对应的值是与这些 ID 对应的个体公民对象。因为个体公民对象最终包含所有的朋友关系，所以这个映射是所有网络数据的存储库。正如你在前面的驱动程序中看到的，它也是查找数据的便捷工具。

Community 构造器有公民总数和公民两两之间关系的参数。它为一个叫作 random 的随机数生成器创建了一个局部变量，为 Citizen 对象声明一个局部变量，还为两个公民 ID 声明了局部变量。第一个 for 循环实例化每个公民，并使用内部生成的该公民 ID，它将该公民输入到通用数据存储库——称为 citizens 的映射。这段代码假设不可变的公民 ID 是一个 public 实例变量。

```
/**********************************************************
 * Community.java
 * Dean & Dean
 *
 * 这描述了社区结构和行为
 **********************************************************/

// Random、Map、HashMap、Set、LinkedHashSet、Queue、ArrayDeque
import java.util.*;

public class Community
{
  private Map<Integer, Citizen> citizens = new HashMap<>();

  //********************************************************

  // 后置条件:所有连接都是双向的

  public Community(
    int citizenQuantity, int relationQuantity)
  {
    Random random = new Random(0);
    Citizen citizen;                   // 任意公民对象
    int self, other;                   // ID 号

    for (int i=0; i<citizenQuantity; i++)
    {
      citizen = new Citizen();
      citizens.put(citizen.ID, citizen); // ID 是公共（public）的
    }
    for (int j=0; j<relationQuantity; j++)
    {
      self = random.nextInt(citizens.size());
      do
      {
        other = random.nextInt(citizens.size());
      } while (other == self ||
          citizens.get(self).getFriends().contains(other));
      citizens.get(self).addFriend(other);
      citizens.get(other).addFriend(self);
    }
  } // 构造器结束

  //********************************************************

  public Map<Integer, Citizen> getCitizens()
  {
    return this.citizens;
  } // getCitizens 结束
```

图 10.17a　Community 类——A 部分

它创建了公民，并建立了朋友关系网。

第二个 for 循环创建朋友关系。它随机选择一个公民，再随机选择另一个公民，他既不是第一个公民本身，也不是第一个公民已经存在的朋友。注意它如何在 do 循环的 while 条件中使用 Java Collection 的 contains 方法，从而快速执行为避免重复所需的复杂逻辑。在确定一个唯一的新关系之后，该方法将涉及该关系的每个公民分别添加到其对应的朋友关系集合。最后两条语句中的一对 addFriend 方法调用创建双向链接。对于单向链接，你可以执行这两个方法调用中的一个。

图 10.17a 底部的 getCitizens 方法将使外部方法能够访问称为 citizens 的映射。一旦有了这个映射，它们就可以在 citizens.get 方法调用中使用公民 ID 参数来检索相应的 Citizen 对象。你可以在图 10.16 的驱动程序的 for 循环中看到这些操作的示例。

10.11.3　消息传播

图 10.17b 包含了通过网络传播消息的方法。该方法的参数 sender 最初包含消息发起者的 ID。被称为 informedCitizens 的集合将收集所有收到消息的公民的 ID。因为它是一个 LinkedHashSet，它将内容按照输入的顺序保存。名为 sendersQueue 的 Queue 是一个 FIFO 队列，其中包含已经获得消息，但尚未将它转发给朋友的公民。

```
//************************************************************

// 先决条件:发送方是已建立的网络中的成员
// 后置条件:返回包含所有已连接的公民的集合

public Set<Integer> spreadWord(int sender)
{
  Set<Integer> informedCitizens = new LinkedHashSet<>();
  Queue<Integer> sendersQueue = new ArrayDeque<>();

  citizens.get(sender).setDelay(0); // 发起者
  informedCitizens.add(sender);
  sendersQueue.add(sender);
  do
  {
    sender = sendersQueue.remove();
    for (Integer friend : citizens.get(sender).getFriends())
    {
      if (!informedCitizens.contains(friend))
      {
        citizens.get(friend).setDelay(
          citizens.get(sender).getDelay() + 1);
        informedCitizens.add(friend);
        sendersQueue.add(friend);
      }
    } // 将消息传播给每个不知情的朋友结束
  } while (!sendersQueue.isEmpty());
  return informedCitizens;
} // spreadWord 结束
} // Community 类结束
```

图 10.17b　Community 类——B 部分
通过网络传播消息。

setDelay 方法调用记录发送方收到它所转发的消息的相对时间（延迟）。将原始发送者的延迟设置为 0，spreadWord 将原始发送者的 ID 添加到 informedCitizens 和 senderQueue 中。

然后 spreadWord 方法进入一个 do 循环。这个 do 循环中的第一条语句提取队列前端的 ID 并将其分配给 sender。最初，从队列中提取 ID 只是对原始发送者的 ID 进行重新赋值。但是在随后的 do 循环迭代中，sender 存储不同公民的 ID，作用类似于一个本地变量。

每增加一个新的发送者，spreadWord 就会进入一个 for-each 循环，遍历发送者的所有朋友。如果某个朋友还没有获得信息，这个朋友将得到一个延迟，这个延迟等于发送者的延迟加 1。然后这个朋友的 ID 会进入 informedCitizens 和 senderQueue。随着这个过程的进行，越来越多的朋友会获得消息。因为已经获得消息的公民不满足 if 语句的判定条件，它们不会重新进入队列。随着新条目越来越少，最终队列变为空，do 循环终止，spreadWord 返回所有获得消息的公民的集合。

10.11.4　Citizen 类

图 10.18 显示了 Citizen 类。第一条语句定义了一个 private 静态变量 nextID，它为每个新实例提供唯一的标识符。第二条语句用 nextID 的当前值初始化 ID 实例常量，然后立即增加 nextID 为下一个实例做准备。因为 ID 是常量，所以我们可以将它设为 public，从而避免定义和调用 getID 方法。

```java
/**********************************************************
 * Citizen.java
 * Dean & Dean
 *
 * 这代表了公民网络中的一个元素
 **********************************************************/

import java.util.*;                              // Set 和 TreeSet

public class Citizen
{
  private static int nextID = 0;                 // 为唯一的 Id
  public final int ID = nextID++;                // 不能改变
  private Set<Integer> friends = new TreeSet<>();
  private int delay;

  //******************************************************
  public void addFriend(int friendID)
  {
    this.friends.add(friendID);
  } // addFriend 结束

  public Set<Integer> getFriends()
  {
    return this.friends;
  } // getFriends 结束
```

图 10.18　Citizen 类

被图 10.16 中的 CommunityDriver 以及图 10.17a 和图 10.17b 中的 Community 使用。

```
    public void setDelay(int delay)
    {
      this.delay = delay;
    } // setDelay 结束

    public int getDelay()
    {
      return this.delay;
    } // getDelay 结束

    //***************************************************************

    public String toString()
    {
      return String.format("%d\t%s", ID, friends);
    } // toString 结束
  } // Citizen 类结束
```

图 10.18 （续）

　　friends 实例变量是对一组 friend ID 的引用，我们给这个变量一个 TreeSet 的实例，因为我们希望朋友 ID 以数字的大小顺序存储。如果 ID 是名称而不是数字，则变量声明将是 Set<String>，相应的 TreeSet 会将朋友 ID 按字母顺序存储。如果我们将 friends 实例化为 LinkedHashSet，它会先存储最先添加的朋友。下一个实例变量是 delay，记录当前公民收到消息的相对时间，这取决于发送者是谁。

　　注意：这里没有显式构造器，也没有 setID 方法。所以外人不可能意外地复制公民身份标识。Citizen 实例初始化当前公民的 ID，并创建一个集合来保存好友 ID，但它不扩展 friends 集合，那是接下来在对 addFriend 方法的单独连续调用中做的事。getFriends（获取朋友关系）、setDelay（设置延迟）和 getDelay（获取延迟）方法的功能显而易见。toString 方法显示当前公民的 ID。然后使用 Java API TreeSet 类提供的默认 toString 方法，显示该公民的朋友们的 ID。

10.11.5　典型的输出

　　图 10.19 显示了程序执行通常所产生的结果。前两个输入指定总共 16 个公民和总共 16 组朋友关系。在 Citizens Friends 下的第 16 行输出描述了 Community 构造器中零种子随机数生成器创建的网络。第一列中的数字是所选公民的 ID。第二列中的数字是第一列中公民的朋友们的 ID。在每种情况下，朋友的 ID 都是升序的，因为每一组朋友都是 TreeSet 类的一个实例。注意，所有的朋友关系都是相互的。也就是说，如果公民 B 是公民 A 的朋友，那么公民 A 也是公民 B 的朋友。这使得表中的朋友总数（32）等于（双向）朋友关系数量的两倍。另外需要注意的是，不同的公民有不同数量的朋友，比如公民 7 就没有朋友。

　　第三个输入任意指定一个原始发送者：citizen 4。该输入下面的两列描述消息传播。sendersQueue 队列中的第一个发送者（公民 4）将消息发送给好友 1、2、5 和 10，于是这些好友依次进入队列。队列的下一个发送者（公民 1）发现 4 已经获得了消息，并将消息发送给 8，于是 8 进入队列。队列中的下一个发送者（公民 2）的朋友都已经获得消息。再下一个发送者（公民 5）发现 2 和 4 已经被通知，并将消息发送给 11。此过程将继续，直到队列变为空。因为公民 7 不是任何人的朋友（可怜的家伙！），他完全不知情。

```
示例会话：
Enter citizen & relation quantities: 16 16
Citizen Friends
0        [8, 9, 15]
1        [4, 8]
2        [4, 5]
3        [9]
4        [1, 2, 5, 10]
5        [2, 4, 11]
6        [9, 10]
7        []
8        [0, 1]
9        [0, 3, 6, 12]
10       [4, 6]
11       [5, 13]
12       [9]
13       [11]
14       [15]
15       [0, 14]
Enter information source ID: 4
Citizen Delay
4        0
1        1
2        1
5        1
10       1
8        2
11       2
6        2
0        3
13       3
9        3
15       4
3        4
12       4
14       5
```

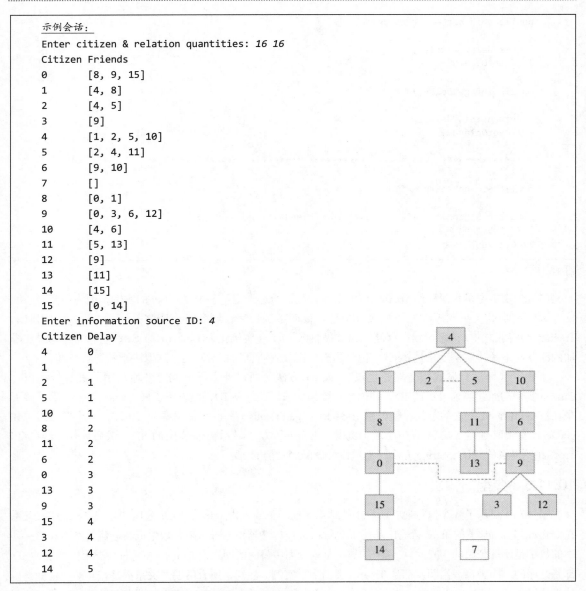

图 10.19　图 10.16 中 CommunityDriver 程序的典型输出

在右侧的图形中，实线表示与未获得消息的朋友的连接。虚线表示与已获得消息的朋友的连接。没有朋友的 7 号公民未被通知。

　　因为 spreadWord 方法返回的 informedCitizen 集合是一个 LinkedHashSet，所以输出中的发送者 ID 序列与 informedCitizen 集合中的条目序列相同。注意，输出序列逐行扫描朋友关系网，从左到右穿过每一行，然后向下移动到下一行，直到所有可以通知的公民都通知到了。如果你喜欢花哨的术语，那么这个序列可被称为*广度优先遍历*。

10.12 GUI 跟踪：用 CRC 卡解决问题第 2 版（可选）

本节通过 GUI 演示了一些 Java 集合框架接口和类（Map、LinkedHashMap、Set 和 LinkedHashSet）。它是第 8 章 GUI 部分介绍的 CRC_Card 类的第 2 版，本次迭代使用了第 8 章的 CRC_Card 类和一个新的、改进的驱动程序，它允许用户创建和显示多张卡，随后输出其中的任何一张。

假设用户执行类名后有两个参数的程序，例如：

> java CRCDriver2 CRC_Card CRCDriver2

该程序立即在计算机屏幕的左上方叠放显示两张 CRC 卡，它们已被标签和命名，但除此之外是空白的。每个执行参数出现在每张卡片的两个位置——一处是作为阶段标题显示在标题栏的最左边，另一处是作为默认的 classname 显示在 CLASS 标签后的文本框中。在靠近屏幕中心的地方，程序还显示了一个标题为 "CRC Card Mangement" 的 ChoiceDialog（管理对话框）。

管理对话框的默认选择是 Quit。其他选择包括 Add、Show All 和 Print Card。当管理对话框中显示 Quit 时，用户单击该对话框的 OK 按钮，驱动程序代码关闭管理对话框并终止程序执行。单击管理对话框的 Cancel 按钮或标题栏的×按钮将关闭对话框，并终止任何对话框中所选择的程序的执行。

当管理对话框可见时，用户可以选择 Add 选项，然后单击 OK 按钮。这时将出现一个 TextInputDialog（添加对话框），并请求输入新的卡片名称。假设用户输入了一些文本（不是什么都没输入，或者输入 null），然后单击这个添加对话框的 OK 按钮，程序将创建一个新的 CRC 卡并将用户输入的文本作为卡片名和默认的 classname。然后程序自动以叠放的形式重新显示所有的卡（包括新卡），如图 10.20 所示。重新显示的时候总是按照指定的或添加的顺序叠放卡片，从第一个执行参数开始，到最后添加的卡片结束。

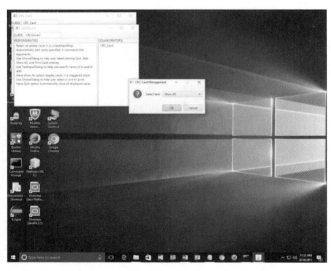

图 10.20　CRC_Card 程序第二次迭代产生的典型显示，在执行时指定了两张卡，随后由用户输入 RESPONSIBILITIES 和 COLLABORATORS 中的内容。图 8.19 是被驱动类的代码。图 10.21a 到图 10.21d 是新的驱动程序代码。

©JavaFX

　　用户任何时候都可以修改 CLASS 后面的方框中的类名，也可以在 RESPONSIBILITIES 或 COLLABORATORS 下较大的方框中输入文本或修改之前的文本。在此之前，用户可能希望通过临时单击标题栏中的短横线来隐藏管理对话框，然后通过将 CRC 卡拖动到屏幕上的不同位置来分离它们。图 10.20 显示了在两张 CRC 卡的 RESPONSIBILITIES 和 COLLABORATORS 中输入描述当前程序中的两个类的适当内容后，恢复可能被隐藏的对话框，并选择 Show All 选项后你将看到的画面，所有内容都显示在默认的位置上。

　　如果用户单击任何一张 CRC 卡标题栏的×按钮，该卡的图像将消失。但是程序会记住它和所有用户输入的文本信息。稍后，用户可以通过在屏幕上恢复管理对话框，选择 Show All 并单击 OK 按钮来重新显示所有 CRC 卡以及之前用户输入的文本信息，所有 CRC 卡以标准形式叠放。

　　当管理对话框可见时，用户可以选择 Print Card 并单击 OK 按钮。这时会弹出另一个选择对话框（打印对话框），默认选项为空。打印对话框的其他选择将是程序记住的所有 CRC 卡，包括所有用户输入的信息。所选卡片当前不需要显示在计算机屏幕上。要获得指定卡片的纸质打印输出，用户可以在打印对话框中选择卡片的名字，然后单击打印对话框中的 OK 按钮。

　　图 10.21a 显示了这个迭代驱动程序的第一部分。JavaFX 导入提供了对 Stage 和 Modality 类、ChoiceDialog 和 TextInputDialog 类以及 PrinterJob 类的访问。我们将使用 Modality 允许用户在管理对话框和卡片状态之间来回跳转。你可能还记得第 3 章末尾选读的 GUI 部分中的 ChoiceDialog 和 TextInputDialog。java.util 包提供对 JavaFX 对话框所使用的 Optional 类以及 Map、Set、LinkedHashMap 和 LinkedHashSet 类的访问。这最后四个类是本章前几节中描述的 Java 集合框架的成员。

```
/***********************************************************
 * CRCDriver2.java
 * Dean & Dean
 *
 * 添加、显示和打印 CRC_Cards
 ***********************************************************/

import javafx.application.Application;
import javafx.stage.*;          // Stage 和 Modality
// Map、Set、LinkedHashMap、LinkedHashSet 和 Optional
import java.util.*;
import javafx.scene.control.*; // ChoiceDialog 和 TextInputDialog
import javafx.print.PrinterJob;

public class CRCDriver2 extends Application
{
  private Map<String, CRC_Card> cards = new LinkedHashMap<>();

  //*********************************************************

  public void start(Stage stage)
  {
    Set<String> names =
```

图 10.21a　CRCDriver2 类，用于管理图 8.19 的 CRC 卡——A 部分

```
        new LinkedHashSet<>(getParameters().getRaw());
    CRC_Card card;

    for (String name : names)
    {
      card = new CRC_Card(name); // name 是默认的类名
      card.setTitle(name);        // title 是唯一的卡片名
      cards.put(name, card);
    }
    showAll();
    selectTask();
  } // start 结束
```

图 10.21a   （续）

CRCDriver2 唯一的实例变量是一个 CRC_Card 对象的 LinkedHashMap，通过键值访问，键值是这些卡的名称。每个键必须是唯一的，因此键值是一个集合。LinkedHashMap 是一种相对高效的 Map，它总是按照插入的顺序遍历其内容。

在 start 方法中，第一个声明加载一个 LinkedHashSet，其中包含 JavaFX Application 类扩展中的 Parameters 变量的内容。回想一下，每个 main 方法都有一个 String[] args 参数。这个 args 是一个由空格分隔的 String 单词组成的数组，用户可以在程序执行命令中添加到类名中。如第 3 章所述，任何 Java 程序的 main 方法都可能包含使用这些可选执行参数的代码。JavaFX 具有同样的能力，可以接收可选 String 单词，它们附加在程序执行命令中的类名后面，由空格划分。但不是把这些数据作为一个 main 方法①的参数，而是将其放入 Properties 变量中。我们的程序通过扩展的 Application 对象调用 getParameters().getRaw()将命令行参数复制到一个 List 中。然后，它将这个列表的内容放入一个 LinkedHashSet 中，LinkedHashSet（像 LinkedHashMap 一样）总是按照插入的顺序遍历其内容。

我们的 start 方法中的 for-each 循环为 LinkedHashSet 中的每个名称创建一个 CRC_Card，然后将该卡片插入 LinkedHashMap 中，并将该卡片的名称作为键。然后在计算机屏幕上显示所有卡片，并调用图 10.21b 中的 selectTask 辅助方法。

```
//**********************************************************

private void selectTask()
{
  ChoiceDialog<String> task = new ChoiceDialog<>("Quit",
    "Quit", "Add", "Show All", "Print Card");
  task.setTitle("CRC Card Management");
  task.setHeaderText(null);
```

图 10.21b   CRCDriver2 类，用于管理图 8.19 的 CRC 卡——B 部分

---

① JavaFX 程序可能包含一个 main 方法。然而，如果 main 方法存在，它必须包含一条 launch(args);语句调用程序的 start 方法，并将可能的命令行参数传递给 Parameters 变量。也可以从不扩展 Application 的另一个类的 main 方法启动 JavaFX 代码。例如，如果另一个类和 CRCDriver2 在相同的目录或包中，你可以将 CRCDriver2.launch(CRCDriver2.class,args);包含在该类的 main 方法中。然而，由于程序可能只调用 launch 一次，我们不建议在 JavaFX 中用这样复杂的方式使用 main 方法。

```
        task.setContentText("Select task");
        task.initModality(Modality.NONE); // 启用其他窗口
    Optional<String> result;
    boolean done = false;

    while (!done)
    {
      result = task.showAndWait();
      if (result.isPresent())          // 用户单击 OK 按钮或×按钮
      {
        switch (result.get())
        {
          case "Add" ->
          {
            add();
            showAll();
          }
          case "Show All" -> showAll();
          case "Print Card" -> printCard();
          case "Quit" -> done = close();
        } // switch 结束
        task.setResult("Quit");        // 为单击 X 按钮做准备
      } // result present 结束
      else                             // 用户单击 Cancel 按钮
      {
        done = close();
      }
    } // while 结束
  } // selectTask 结束
```

图 10.21b　（续）

selectTask 方法生成了图 10.20 中间位置的管理对话框。Modality.NONE 规范允许用户在管理对话框和单个卡片之间来回跳转。Optional result 获得 ChoiceDialog 构造器中描述的四个选项之一。while 循环会一直重复，直到 else 子句中的 close 方法调用返回的 boolean 将 done 设置为 true。当 result 的值为 Quit 时，就会发生这种情况。

在图 10.21b 的 switch 语句中，注意方法调用 add、showAll、printCard 和 close 这些从属辅助方法。这个 switch 语句不需要 default 子句，因为它的 case 子句包含了所有的 ChoiceDialog 选项。

这段代码中唯一奇怪的部分是 switch 语句之后的 task.setResult("Quit")语句。我们添加这条额外语句是为了处理这样一种特殊情况：用户之前选择了 Quit 以外的内容，但现在试图通过单击标题栏的 × 按钮来退出。当出现这种情况时，result 会出现，但这个 result 里保存的仍然是之前所选择的内容。"额外的"setResult 方法调用会将 result 重置为原来的 Quit 默认值。

图 10.21c 包含从属辅助方法 add 和 showAll。add 方法使用 TextInputDialog（添加对话框）向用户询问新卡片的名称。如果用户没有输入，或者单击×按钮或 Cancel 按钮，该方法什么也不做，并且对话框会关闭。如果用户输入一些内容并单击 OK 按钮，该方法将创建一个卡片，卡片名称和默认类名称

等于输入的文本。如果新的卡片名称与之前所有的都不同，[①] putIfAbsent 方法调用将该卡片添加到
LinkedHashMap 中的其他卡片中。showAll 方法遍历 LinkedHashMap 键中的卡片名称，并以标准叠放方
式重新显示它们。

```
//**************************************************

private void add()
{
  TextInputDialog input = new TextInputDialog("");
  Optional<String> result;
  String name = "";             // 卡片名和初始类名
  CRC_Card card;

  input.setHeaderText(null);
  input.setContentText("Enter name of new card: ");
  result = input.showAndWait();
  if (result.isPresent() && !result.get().equals(""))
  {
    name = result.get();
    card = new CRC_Card(name);
    card.setTitle(name);
    cards.putIfAbsent(name, card);
  }
} // add 结束

//**************************************************

private void showAll()
{
  int X = 10, Y = 10;

  for (String cardName : cards.keySet())
  {
    cards.get(cardName).close();
    cards.get(cardName).setX(X);
    cards.get(cardName).setY(Y);
    cards.get(cardName).show();
    X += 10;
    Y += 50;
  }
} // showAll 结束
```

图 10.21c　CRCDriver2 类，用于管理图 8.19 的 CRC 卡——C 部分

　　图 10.21d 包含了从属辅助方法 printCard 和 close。printCard 方法使用另一个 ChoiceDialog 来要求

[①]　如果希望为现有类添加一张不同版本的新卡，可以在创建新版本的卡时将新版本号附加到原始名称后，并在新卡的显
示中将 CLASS 中的文本更改为原始类名。这使程序能够记住并显示同一个类的多个版本。

用户选择默认的无内容（""）或其中一张卡片当前在 LinkedHashMap 中。如果用户选择了默认值以外的内容并单击 OK 按钮，cards.get(result.get())方法调用使用 result 的 String 值作为名称键，从 LinkedHashMap 中检索对所选卡片的引用。然后，在一系列方法调用中，这个引用检索对该卡片的场景的引用，而后者返回对该场景中的根对象的引用。这个根对象是 CRC_Card 类中名为 sceneGraph 的 VBox，它包含除了阶段和场景边界之外的所有内容。这个根对象成为 PrinterJob 的 printPage 方法调用的参数，也就是打印机打印的内容。

```java
//*********************************************************
private void printCard()
{
  ChoiceDialog<String> choice = new ChoiceDialog<>("");
  Optional<String> result;
  PrinterJob job = PrinterJob.createPrinterJob();

  choice.setHeaderText(null);
  choice.setContentText("Select card name: ");
  for (String cardName : cards.keySet())
  {
    choice.getItems().add(cardName);
  }
  result = choice.showAndWait();
  if (result.isPresent() && !result.get().equals(""))
  {
    if (job.printPage(
      cards.get(result.get()).getScene().getRoot()))
    {
      job.endJob();
    }
  }
} // printCard 结束


//*********************************************************
private boolean close()
{
  for (String name : cards.keySet())
  {
    cards.get(name).close();
  }
  return true;
} // close 结束
} // CRCDriver2 类结束
```

图 10.21d　CRCDriver2 类，用于管理图 8.19 的 CRC 卡——D 部分

CRCDriver2 最终的 close 方法很简单。它遍历 LinkedHashMap 中的所有键，使用每个键检索其对应的卡片对象的引用，并关闭该卡片的屏幕图像；然后将 boolean 值 true 返回给前面描述的 selectTask 方

法中调用它的对象——switch 语句的 default 子句中的语句设置，或者 else 子句中的语句设置，它用于没有结果的情况。在上述任意一种情况下，close 方法的 return 语句都会终止 selectTask 的 while 循环。

总结

- 如果需要在数组中插入或删除一些元素，可以考虑使用 ArrayList，而不是使用数组。当你声明一个 ArrayList 变量时，必须在 ArrayList 集合类型名称之后的尖括号中包含元素类型。如果声明语句同时进行实例化，则可以在实例化中省略元素类型，如以下 Car 元素的 ArrayList 所示：

  ```
  ArrayList<Car> Car = new ArrayList<>();
  ```

- 如果实例化之后才进行，则应该包括元素类型，例如：

  ```
  car = new ArrayList<Car>();
  ```

- ArrayList 会根据所包含元素数量的变化自动调整长度，可以使用 ArrayList 的 add(E elem)将一个元素添加到 ArrayList 的末尾，或使用 add(int index, E elem)在特定位置插入一个元素。要从特定位置删除元素，使用 remove(int index)。size 方法返回当前包含的元素的总数。

- ArrayList 仅存储对象。自动装箱和拆箱会自动在原始值和包装原始值之间进行必要的转换，所以你不必担心这个问题。但是如果你想要一个像 int 这样的原始类型的 ArrayList，你必须用包装器类声明它，像这样：

  ```
  ArrayList<Integer> num = new ArrayList<>();
  ```

- 可以匿名地在方法之间传递对象。

- 由于 LinkedList 实现了 ArrayList 所实现的几乎所有方法，因此它可以执行与 ArrayList 相同的功能。但是链表不是将其元素保存在数组中的，而是通过前向和向后引用将它们链接在一起。

- 接口是实现具有共同特征的类的模板。

- 可以使用 System.nanoTime 方法调用来度量和比较代码性能。

- 链接使在 LinkedList 中的访问操作比在 ArrayList 中慢。

- 队列使用先进先出（FIFO）策略添加和删除元素。

- 堆栈使用后进先出（LIFO）策略添加和删除元素。

- 你可以使用 ArrayDeque 有效地实现队列和堆栈。

- 像 List、Queue、Set 和 Map 这样的接口将 Java 集合框架中功能一致的方法组织起来。

复习题

§10.2 ArrayList 类

1. ArrayList 为什么比数组更通用？
2. 为了避免运行时错误，必须在声明 ArrayList 时指定其大小。（对/错）
3. ArrayList 类的 get 方法的返回类型是什么？
4. 当你调用 ArrayList 方法 add(i, x)时，原来在位置 i 的元素会发生什么？

§10.3 在 ArrayList 中存储原始信息

5. 具体来说，自动装箱在什么情况下发生？
6. 写一条语句，将 double 值 56.85 追加到一个名为 prices 的 ArrayList 的末尾。
7. 写一条语句来显示 Doubles 的 ArrayList 中所有的值，该 ArrayList 称为 prices。

显示结果中，完整列表用方括号括起来，并使用逗号和空格分隔列表中的不同值。

§10.4　使用匿名对象和 for-each 循环的 ArrayList 示例

8．什么是匿名对象？

§10.5　ArrayList 与标准数组的比较

9．假定：

- 你有一个 WeatherDay 类，它存储某一天的天气信息。
- 希望存储一整年的 WeatherDay 对象。
- 程序的首要任务是创建不同的 WeatherDay 对象的排序集合（按温度、风速等进行排序）。

应该如何存储 WeatherDay 对象——在 ArrayList 中还是在标准数组中？请给出答案并说明原因。

§10.6　LinkedList 类

10．JVM 从哪里开始尝试访问链表内部的元素？

§10.7　List 接口

11．基于你目前学到的知识，什么是 Java 接口？

§10.8　解决问题：如何比较方法执行时间

12．对于给定的一组输入，给定程序的执行时间总是相同的。（对/错）

13．当从 ArrayList 的中心移除一个元素时，高索引的元素必须向下移动。当从链表中移除一个元素时，这种移位就不需要了。那么，为什么从链表中心移除一个元素通常要花更多的时间呢？

§10.9　队列、堆栈和 ArrayDeque 类

14．因为 ArrayDeque 是基于数组的，当你从 ArrayDeque 的前端移除一个元素时，计算机必须将所有高位的元素向下移动 1。（对/错）

15．队列和堆栈之间的区别是什么？

§10.10　Java 集合框架概述

16．在 Java 集合框架中，两个接口层次结构顶端的接口是什么？

17．什么是集合？

§10.11　集合示例：朋友网中的信息流

18．为什么我们不使用构造器参数来创建 Citizen 的 ID？

练习题

1．[§10.2] ArrayList 的 set 方法功能是什么？

2．[§10.3] 浮点数可以被认为是一个分数。提供一条语句（一条初始化语句），声明一个名为 fractions 的 ArrayList，并将一个新实例化的空 ArrayList 赋值给它。实例化的 ArrayList 应该能够存储 double 值。

3．[§10.3] 浮点数可以被认为是一个分数。提供一个代码段，将由 Math.random 生成的 8 个随机数存储在一个存储 Double 值的、名为 fractions 的 ArrayList 中。在这个代码段中使用标准的 for 循环。然后提供一个额外的代码段，使用 for-each 循环来显示 fractions ArrayList 的内容。

4．[§10.4] 提供以下这个代码段的一个更紧凑（但功能等效）的版本：

```
ArrayList<Student> students = new ArrayList<Student>();

Student student1 = new Student("Alex Trotsky", "History");
students.add(student1);
```

```
Student student2 =
    new Student("Megan Cooper", "Computer Science");
students.add(student2);
```

5. [§10.4]假设你有练习 4 中名为 students 的 ArrayList，并且 Student 类有一个 getName 方法。提供一个 for-each 循环，输出所有学生的名字，每行一个名字。

6. [§10.5]用 ArrayList 替代普通数组，修改第 9 章中的 Sort 程序。使用 ArrayList 的 remove 和 add 方法，而不是对元素进行交换。在 sort 方法中使用嵌套的 for 循环后，将不再需要 indexOfNextSmallest 和 swap 方法。在下面的方法框架中，用适当的代码替换<*插入内部 for 循环*>。

```
public static void sort(ArrayList<Integer> list)
{
  int indexNextSmallest;
  int nextSmallest;

  for (int i=0; i<list.size(); i++)
  {
    indexNextSmallest = i;
    nextSmallest = list.get(indexNextSmallest);
    // 找出未排序值中的最小值

    <插入内部 for 循环>

    // 将下一个最小值移动到未排序值的末尾
    list.add(i, list.remove(indexNextSmallest));
  } // 结束所有循环
} // sort 结束
```

7. [§10.6]假设 Customer 类有一个带有 name 参数的构造器，用于初始化 name 实例变量，并假设该类包含一个 getName 方法。这个类的驱动程序包括以下代码：

```
LinkedList<Customer> customers = new LinkedList<>();
Customer friend = new Customer("Pratima");
int index;

customers.add(new Customer("Pranoj"));
customers.add(new Customer("Rachel"));
customers.add(friend);
customers.add(new Customer("Mohammad"));
customers.add(new Customer("Jasur"));
customers.add(new Customer("Shyan"));
```

添加代码，将名为 Peter 的新客户插入到 customers 列表中。插入位置在 friend 对象的前面。

8. [§10.6] 前面的练习中描述了 Customer 类和驱动程序，添加代码，从 customers 列表中删除紧跟在 friend 客户之后的不友好的客户，然后生成以下输出：

　　<不友好的客户的姓名>　goes　home

9. [§10.8] ListExecutionTimes 程序中的 main 方法包含以下局部变量初始化语句：

```
ArrayList<Double> list = new ArrayList<>();
```

在确定 ArrayList 的执行时间后，我们修改了程序，将上面的语句替换为：

```
LinkedList<Double> list = new LinkedList<>();
```

声明 list 变量，从而可以先给它分配一个 ArrayList 对象，之后再给它分配一个 LinkedList 对象。具体而言，提供一条声明语句给 list，一条赋值语句给 ArrayList，一条赋值语句给 LinkedList。为什么可以将 ArrayList 对象或 LinkedList 对象赋值给同一个变量？

10．[§10.8] ListExecutionTimes 程序度量的时间不仅包括执行目标 get 和 set 操作所需的时间，还包括执行 for 循环操作和 System.nanotime 方法调用所需的时间。你可以通过在删除 get 和 set 方法调用的情况下运行程序来测量这部分的时间开销。修改本章的 ListExecutionTimes 类，以度量删除了 for 循环开销和 nanotime 方法调用开销之后，获取和设置所需的净平均时间。

11．[§10.9] 假设一个堆栈已经被 ArrayDeque 类声明并实例化。请给出以下代码段生成的输出：

```java
stack.push('Z');
stack.push('Y');
System.out.println(stack.peek());
stack.push('X');
System.out.println(stack.pop());
stack.push('W');

while (!stack.isEmpty())
{
  System.out.println(stack.pop());
}
System.out.println(stack.peek());
```

你或许已经在大脑中得出了结论，但我们鼓励你编写并运行程序来确认你的答案。

12．[§10.10] 假设一个普通的队列已经用 Queue 接口声明，并用 ArrayDeque 类实例化。另外，假设一个优先级队列已经用 Queue 接口声明，并用 PriorityQueue 类实例化。图 10.15 显示了 PriorityQueue 类也实现了 Queue 接口。因此，PriorityQueue 类也实现了 add 和 remove 方法。它的 remove 方法和 ArrayDeque 的 remove 方法完成同样的工作，但存在差异。当添加元素时，优先级队列将它们插入队列中，以便值较低的元素总是更靠近前端。换句话说，在优先级队列中，值较低的元素具有插队的优先级。基于对这一概念的理解，请给出以下代码段生成的输出：

```java
ordinaryCustomers.add("Pranoj");
ordinaryCustomers.add("Rachel");
ordinaryCustomers.add("Pratima");
System.out.println(ordinaryCustomers.remove());
ordinaryCustomers.add("Mohammad");
ordinaryCustomers.add("Jasur");
ordinaryCustomers.add("Shyan");

while (!ordinaryCustomers.isEmpty())
{
  priorityCustomers.add(ordinaryCustomers.remove());
}

while (!priorityCustomers.isEmpty())
{
  System.out.println(priorityCustomers.remove());
}
```

你或许已经在大脑中得出了结论，但我们鼓励你编写并运行程序来确认你的答案。

13．[§10.10] 像 ArrayList<Student> students 这样的集合可以包含对同一个对象的两个或多个引用（同一个学生选修了不止一门课程）。因此，students.size() 不一定会返回学校学生群体中不同的 Student 对象的总数。然而，所有 Java 集合框架类都有从任何其他集合类型创建当前集合类型的构造器。鉴于声明：

```
int totalStudents;
```

提供一条语句，将 students 集合中不同的 Student 对象的总数分配给 totalStudents。

14. [§10.10] 在 ListExecutionTimes 程序中，getIndices 方法用随机排序的索引填充 ArrayList，然后将 ArrayList 的值复制到一个数组中。编写代码替代 getIndices 方法，并返回类似结果。先调用零参数 add 方法，用数组中顺序排列的索引填充 ArrayList，再从 Collections 类调用 shuffle 方法来打乱排列，然后将 ArrayList 的值复制到一个数组中。

15. [§10.10] 改进 HungerGames 程序。创建一个带有三个实例变量的 Tribute 类：name（一个 String）、district（一个 int）和 gender（一个 char）。为这个新的 Tribute 类提供一个构造器来初始化它的实例变量，并使用 get 方法来访问它们。修改 HungerGames 类，将 String deceased 改为 Tribute deceased，使 tributes 列表成为 Tribute 对象的列表，并提供这个额外的局部变量：

```
Map<String, Tribute> tributeMap = new HashMap<>();
```

用以下对象填充 tributes 列表：

```
Tribute("Jody", 3, 'f')
Tribute("Harve", 3, 'm')
Tribute("Newt", 5, 'm')
Tribute("Claire", 6, 'f')
Tribute("Ruth", 10, 'f')
```

然后，在遍历 tributes 列表的 for-each 循环中，使用 Map 的 put 方法将每个贡品放入 tributeMap 中，使用每个 tribute 的名字作为对象的键从而更完整地描述该 tribute。不再使用 Math.random 选择随机索引，而是使用 Collections 类的 shuffle 方法来打乱 tributes 列表的序列。然后，在一个普通的 for 循环中执行以下操作，该循环遍历整个已打乱的贡品列表中除最后一个元素外的所有元素。

（1）使用 tributes.get(i) 获取 tributes 列表中的下一个对象。

（2）使用 Map 的 remove 方法从 tributesMap 映射中移除该对象。

（3）显示被移除对象的三个属性。在这个 for 循环之后，在 print 语句中调用 tributesMap.keySet() 来显示 tributesMap 中所有剩余条目的键。从映射中删除一个条目的操作是否也从列表中删除一个元素？

16. [§10.11] 修改 Community 程序，使用户可以探索其他的社区关系。具体而言，修改 Community 构造器，使它要求用户提供一个整型种子数（seed number）。

复习题答案

1. 使用 ArrayList，你可以在序列的任何地方插入和删除元素，并且列表长度可以动态扩展和收缩。
2. 错。声明 ArrayList 时通常不需要指定它的大小。
3. get 方法的返回类型是 E，它指的是 ArrayList 中每个元素的类型。
4. 原来在位置 i 的元素会移动到下一个更高的索引位置。
5. 当在需要引用的地方使用原始值时，自动装箱就会发生。
6. prices.add (56.85);。
7. System.out.println(prices);。
8. 匿名对象是一个实例化，但没有存储在变量中的对象。
9. 应该将 WeatherDay 对象存储在标准数组中。

理由是：

- 由于数组的大小固定为 366，因此不需要增加或减小数组的大小（标准数组的大小是固定的）。
- 在排序时，需要经常访问对象（使用标准数组更容易访问）。

10．访问链表元素的过程从两端的任意一端开始。

11．Java 接口是用于设计类的模板，这些类具有某些相同的功能。

12．错。执行情况因硬件而异，即使在相同的硬件中，每次运行时间也存在差异。

13．与在 ArrayList 中直接跳转到中心元素相比，在 LinkedList 中从两端跳转到中心元素需要相对较长的时间。

14．错。在移除 ArrayDeque 前端的元素后，计算机不是将所有高索引值的元素向下移动 1，而是将前端的元素向上移动 1。

15．队列是先进先出（FIFO）结构，移除元素的端与添加元素的端相反；堆栈是后进先出（LIFO）结构。移除元素（弹出）的端与添加元素（推入）的端相同。

16．Java 集合框架中两个接口层次结构顶端的接口是 Collection<E>接口和 Map<K,V>接口。

17．集合是不同对象的集合，没有重复值。

18．我们不使用构造器参数来创建 Citizen 的 ID，是因为我们要避免将相同的 ID 分配给两个不同的公民。我们需要不同的公民 ID 作为称为 citizens 的 Java Map 的 keySet 的成员，以及作为称为 informedCitizens 的 Java Set 的成员。